CHANYE ZHUANLI
FENXI BAOGAO

产业专利分析报告

（第29册）——绿色建筑材料

杨铁军◎主编

1. 泡沫混凝土
2. 锆基耐火材料
3. 供热终端

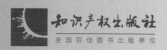
知识产权出版社
全国百佳图书出版单位

图书在版编目（CIP）数据

产业专利分析报告. 第29册，绿色建筑材料/杨铁军主编. —北京：知识产权出版社，2015.6
ISBN 978 - 7 - 5130 - 3341 - 1

Ⅰ. ①产… Ⅱ. ①杨… Ⅲ. ①建筑材料—无污染技术—专利—研究报告—世界 Ⅳ. ①G306.71
②TU5

中国版本图书馆 CIP 数据核字（2015）第 025669 号

内容提要

本书是绿色建筑材料行业的专利分析报告。报告从该行业的专利（国内、国外）申请、授权、申请人的已有专利状态、其他先进国家的专利状况、同领域领先企业的专利壁垒等方面入手，充分结合相关数据，展开分析，并得出分析结果。本书是了解该行业技术发展现状并预测未来走向，帮助企业做好专利预警的必备工具书。

| 责任编辑：卢海鹰 胡文彬 | 责任校对：董志英 |
| 内文设计：王祝兰 胡文彬 | 责任出版：刘译文 |

产业专利分析报告（第 29 册）
——绿色建筑材料

杨铁军　主　编

出版发行：知识产权出版社 有限责任公司	网　　址：http://www.ipph.cn
社　　址：北京市海淀区马甸南村 1 号	邮　　编：100088
责编电话：010 - 82000860 转 8031	责编邮箱：huwenbin@cnipr.com
发行电话：010 - 82000860 转 8101/8102	发行传真：010 - 82000893/82005070/82000270
印　　刷：保定市中画美凯印刷有限公司	经　　销：各大网络书店、新华书店及相关专业书店
开　　本：787mm×1092mm　1/16	印　　张：29.5
版　　次：2015 年 6 月第 1 版	印　　次：2015 年 6 月第 1 次印刷
字　　数：648 千字	定　　价：120.00 元

ISBN 978-7-5130-3341-1

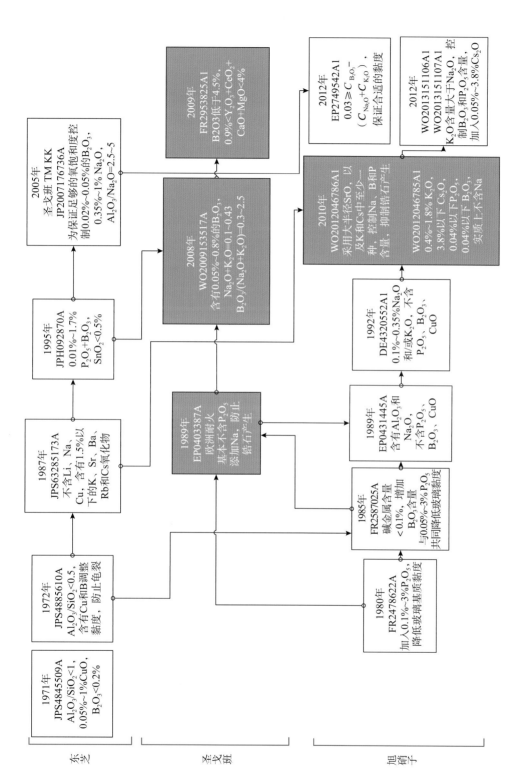

（关键技术二）图2-3-1 高含量熔铸氧化锆耐火材料防止开裂技术路线

（正文说明见第152页；图中年份表示优先权年份）

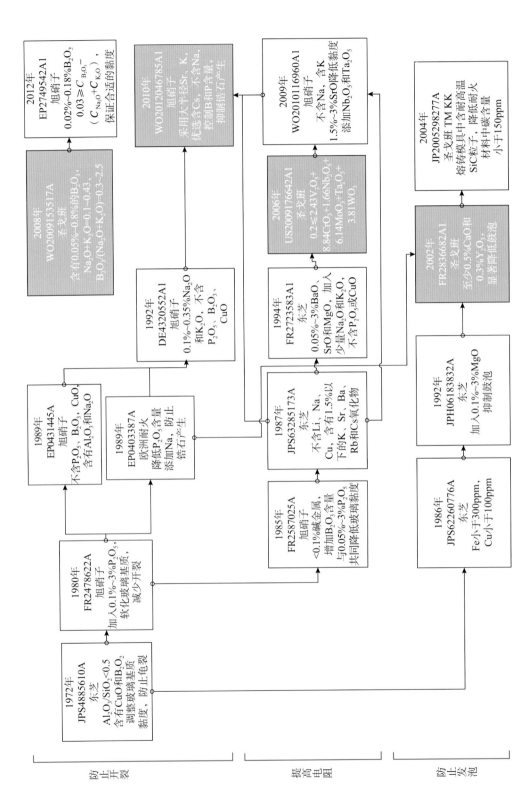

（关键技术二）图2-3-4　全球高含量熔铸氧化锆耐火材料整体技术路线

（正文说明见第161页；图中年份表示优先权年份）

2010年1月28日
FR2955577A1
（CN102741175A）
ZrO₂+HfO₂: 到100%的余量；
4.0%<SiO₂<6.5%；Al₂O₃≤0.75%；
0.2%<B₂O₃<1.5%；
0.3%<Ta₂O₅<1.5%，优选地
Nb₂O₅<1.5%；
Ta₂O₅+Nb₂O₅<1.4%；
Na₂O+K₂O<0.2%；
BaO<0.2%；P₂O₅<0.15%；
Fe₂O₃+TiO₂<0.55%；
其他氧化物种类：<1.5%；
按重量计Al₂O₃/B₂O₃含量的
比率"A/B"是小于1.50

2010年1月28日
FR2955578A1
（CN102741194A）
ZrO₂+HfO₂: 至100%的余量，
4.5%≤SiO₂<6.0%；
0.80%≤Al₂O₃<1.10%；
0.3%<B₂O₃<1.5%；
Ta₂O₅+Nb₂O₅<0.15%；
Na₂O+K₂O<0.1%；
K₂O<0.04%；
CaO+SrO+MgO+ZnO+BaO<0.4%；
P₂O₅<0.05%；Fe₂O₃+TiO₂<0.55%；
其他氧化物种类：<1.5%；
按重量计Al₂O₃/B₂O₃含量的
比率"A/B"在0.75与1.6之间

XiLEC5

FR2897861A1

FR2955578A1
FR2955577A1
XiLEC5

FR2897861A1

FR2942468A1
XiLEC9
FR2920152A1
FR2920153A1

2009年2月25日
FR2942468A1
（CN102325729A）
ZrO₂+HfO₂补足余数至100%：
SiO₂: 7%~11%；
Al₂O₃: 0.2%~0.7%；
Na₂O+K₂O: <0.1%；
B₂O₃: 0.3%~1.5%；
CaO+SrO+MgO+ZnO+BaO<0.4%；
K₂O: <0.15%；
Fe₂O₃+TiO₂: <0.55%；
其他氧化物：<1.5%；
选自Nb₂O₅、Ta₂O₅及其混合物的
掺杂剂的质量含量小于或等于
1.0%；Al₂O₃质量含量/B₂O₃质量
含量，即"A/B"比小于或等于2.0；
不包括CN101443290A，
CN101784503A，
CN101784504A及其同族中
所公开的化学组成

XiLEC9

2007年8月24日（CN101784504A）
ZrO₂+HfO₂: >85%；
SiO₂: 大于10%且小于等于12%；
Al₂O₃: 0.1%~2.4%；B₂O₃: <1.5%；
以及选自V₂O₅、CrO₃、
Nb₂O₅、MoO₃、Ta₂O₅、
WO₃及它们的混合物形成的
的掺杂物，掺杂物
组中选出的掺杂物的重量含量如下所示：
0.2%≤2.43V₂O₅+4.42CrO₃+
1.66Nb₂O₃+3.07MoO₃+Ta₂O₅+1.91WO₃

2007年8月24日（CN101784503A）
ZrO₂+HfO₂: >85%；
SiO₂: 6%~12%；
Al₂O₃: 0.4%~1%；
Y₂O₃: ≤0.2%；
选自Nb₂O₅、Ta₂O₅以及它们的
混合物构成的组的掺杂剂，其中，
ZrO₂/（Nb₂O₅+Ta₂O₅）的摩尔
比值在200~350的范围

核心专利

2006年2月24日
FR2897861A1
（CN101443290A）
ZrO₂+HfO₂: >85%；
SiO₂: 1%~10%；
Al₂O₃: 0.1%~2.4%；
B₂O₃: <1.5%；
和选自CrO₃、Nb₂O₅、
MoO₃、Ta₂O₅、
WO₃及其混合物的掺杂剂，
掺杂剂的加权量促使得：
0.2%≤8.84CrO₃+1.66Nb₂O₅+
6.14MoO₃+Ta₂O₅+3.81WO₃

（关键技术二）图2-4-2 圣戈班电熔炉用高含量氧化锆耐火材料专利申请策略

（正文说明见第164页）

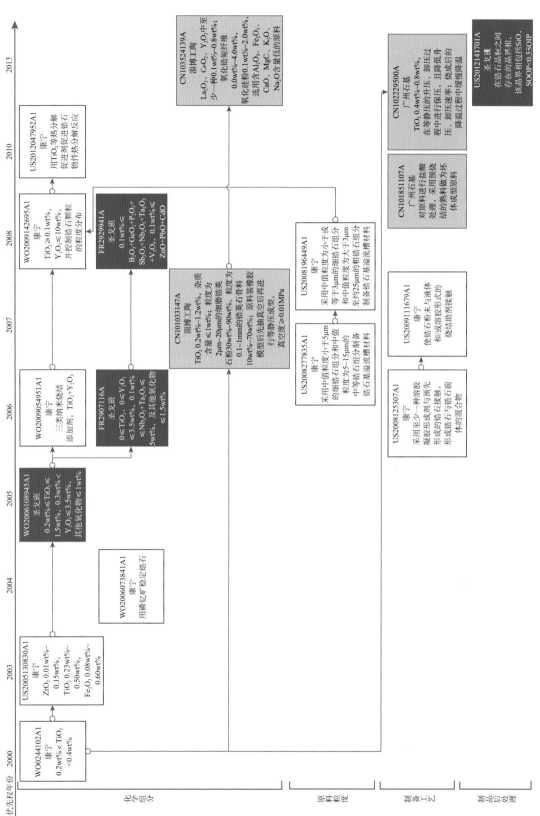

（关键技术二）图3-3-8　溢流槽用锆英石耐火材料专利技术演进路线（I）

（正文说明见第188页）

（关键技术二）图3-5-1　WO0244102A1专利申请施引文件关系

（正文说明见第198页）

康宁
溢流下拉技术

US20082021641A1
WO2009070263A1
US2011126587A1
US2013015180A1
WO2013016157
WO2003055813A1
WO2006091389A2
WO2006091730A1
US2006236722A1
WO2007130298A1

圣戈班

FR2907116A

电气硝子

JP2004315286A

KR994403B1

KR116433B1

康宁
+彼特拉多/
布鲁斯科技

US2006016219A1
US2007144210A1
US2007056323A1

康宁
其他耐火材料

US201021363A1
WO2007145847A2

WO0244102A1

康宁
锆石耐火材料

US2005130830A1
US2008125307A1
US2008196449A1
WO2006073841A1
US2008277835A1
WO2009054951A1
US2009272482A1
WO2009142695A2
WO2011106221A1
US2012047952A1

彼特拉多
利/或
布鲁斯科技

WO2003014032A1
US2010162763A1
US2004154336A1
US2010139321A1
US2005092027A1
US20102 29603A1

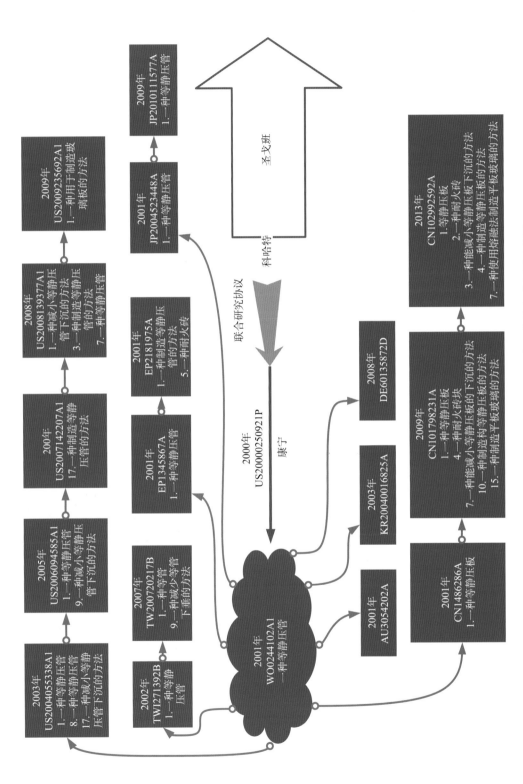

2003年
US200405533A1
1.一种等静压管
8.一种等静压管
17.一种减小等静压
压管下沉的方法

2005年
US2006094585A1
1.一种等静压管
9.一种减小等静压
管下沉的方法

200年
US2007142207A1
17.一种制造等静
压管的方法

2008年
US2008139377A1
1.一种减小等静压
管下沉的方法
3.一种制造等静压
管的方法
7.一种等静压管

2009年
US2009235692A1
1.一种用于制造玻
璃板的方法

2002年
TWI271392B
1.一种等静压管

2007年
TW200720217B
1.一种等静压管
9.一种减少等静管
下垂的方法

2001年
EP1345867A
1.一种等静压管

2001年
EP2181975A
1.一种制造等静压
管的方法
5.一种耐火砖

2001年
JP2004523448A
1.一种等静压管

2009年
JP2010111577A
1.一种等静压管

2001年
WO0244102A1
一种等静压管

2001年
AU3054202A

2003年
KR20040016825A

2008年
DE60135872D

2001年
CN1486286A
1.一种等静压板

2009年
CN101798231A
1.一种等静压板
4.一种耐火砖块
7.一种能减小等静压板的下沉的方法
10.一种制造柯等静压板的方法
15.一种制造平板玻璃的方法

2013年
CN102992592A
1.等静压板
2.一种耐火砖
3.一种能减小等静压板下沉的方法
4.一种制造等静压板的方法
7.一种使用熔融法制造平板玻璃的方法

圣戈班

联合研究协议

2000年
US2000025092IP

康宁

科哈特

（关键技术二）图3-5-2　WO0244102A1专利申请全球布局示意图

（正文说明见第199页）

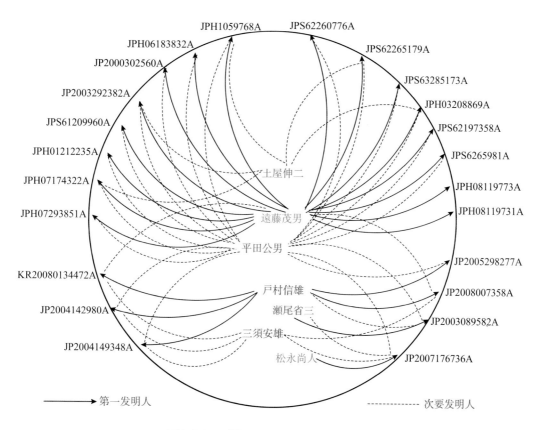

（关键技术二）**图5-3-2 遠藤茂男研发团队**

（正文说明见第239页）

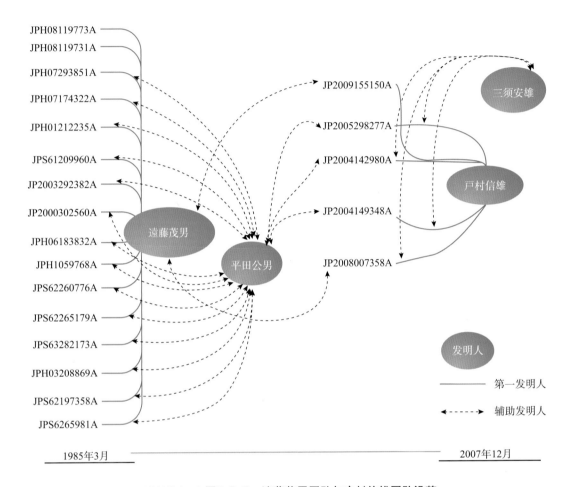

（关键技术二）**图5-3-5 遠藤茂男团队与户村信雄团队沿革**

（正文说明見第242页）

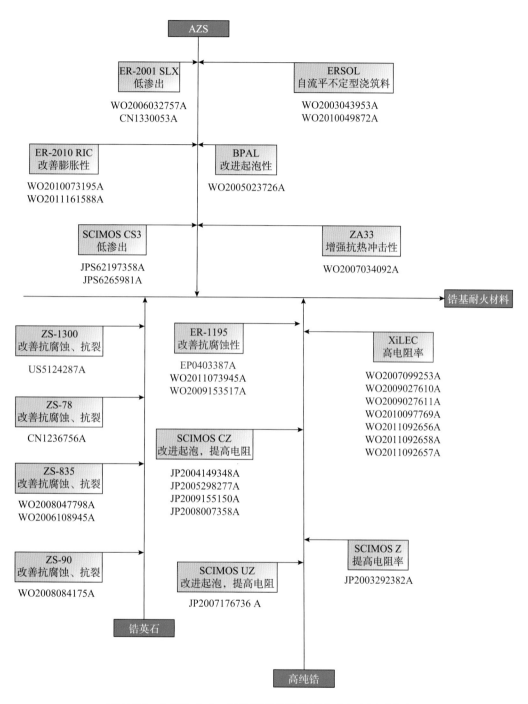

（关键技术二）**图5-4-2　圣戈班西普锆基耐火重点产品对应专利**

（正文说明见第251页）

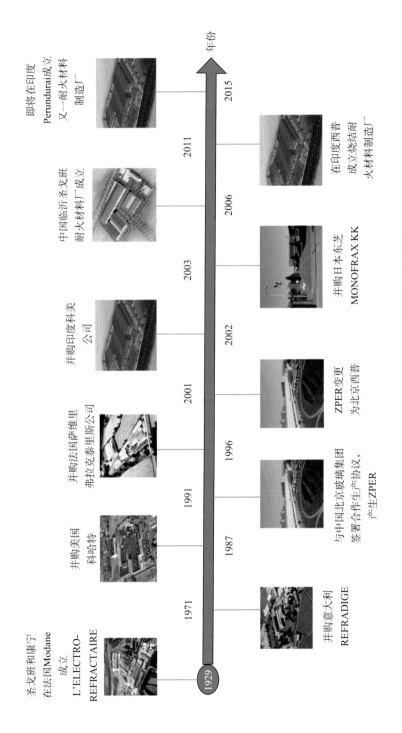

圣戈班和康宁在法国Modane成立
L'ELECTRO-
REFRACTAIRE

并购美国科哈特

并购法国萨维里弗拉克泰里斯公司

并购印度科美公司

中国临沂圣戈班耐火材料厂成立

即将在印度Perundurai成立又一耐火材料制造厂

1929　1971　1987　1991　1996　2001　2002　2003　2006　2011　2015　年份

并购意大利REFRADIGE

与中国北京玻璃集团签署合作生产协议，产生ZPER

ZPER变更为北京西普

并购日本东芝MONOFRAX KK

在印度西普成立烧结耐火材料制造厂

（关键技术二）图6-2-1　圣戈班耐火材料公司并购历程

（正文说明见第263页）

编 委 会

序

　　新常态带来新机遇，新目标引领新发展。自党的十八大提出了"实施知识产权战略，加强知识产权保护"的重大命题后，知识产权与经济发展的联系变得越加紧密。促进专利信息利用与产业发展的融合，推动专利分析情报在产业决策中的运用，对于提升我国创新主体的创新水平和运用知识产权的能力具有重要意义。

　　国家知识产权局在"十二五"期间组织实施的专利分析普及推广项目已经步入第五年，该项目选择战略性新兴产业、高新技术产业等关系国计民生的重点产业开展专利分析，在定量与定性、专利与市场、技术与经济等方面不断对分析方法作出有益的尝试，形成了一套科学规范的专利分析方法。作为项目成果的重要载体，《产业专利分析报告》丛书从专利的分析入手，致力于做到讲研发、讲市场、讲竞争、讲价值，切实解决迫切的产业需求，推动产业发展。

　　《产业专利分析报告》（第29～38册），定位于服务我国科技创新和经济转型过程中的关键产业，着眼于探索解决产业发展道路上的实际问题，精心为广大读者奉献了项目的最新研究成果。衷心希望，在国家知识产权局开放五局专利数据的背景下，《产业专利分析报告》丛书的相继出版，可以促进广大企业专利运用水平的提升，为"大众创业、万众创新"和加快实施创新驱动发展战略提供有益的支撑。

国家知识产权局副局长

杨铁军

前　言

"十二五"期间，专利分析普及推广项目每年选择若干行业开展专利分析研究，推广专利分析成果，普及专利分析方法。《产业专利分析报告》（第1~28册）出版以来，受到各行业广大读者的广泛欢迎，有力推动了各产业的技术创新和转型升级。

2014年度专利分析普及推广项目继续秉承"源于产业、依靠产业、推动产业"的工作原则，在综合考虑来自行业主管部门、行业协会、创新主体的众多需求后，最终选定了10个产业开展专利分析研究工作。这10个产业包括绿色建筑材料、清洁油品、移动互联网、新型显示、智能识别、高端存储、关键基础零部件、抗肿瘤药物、高性能膜材料、新能源汽车，均属于我国科技创新和经济转型的核心产业。近一年来，约200名专利审查员参与项目研究，对10个产业的35个关键技术进行深入分析，几经易稿，形成了10份内容实、质量高、特色多、紧扣行业需求的专利分析报告，共计约900万字、2000余幅图表。

2014年度的产业专利分析报告继续加强方法创新，深化了研发团队、专利并购、标准与专利、外观设计专利的分析等多个方面的方法研究，并在课题研究中得到了充分的应用和验证。例如，智能识别课题组在如何识别专利并购对象方面做了有益的探索，进一步梳理了专利并购的方法和策略；新能源汽车课题组对外观设计专利分析方法做了有益的探索；移动互联网课题组则对标准与专利的交叉运用做了进一步的探讨。

2014年度专利分析普及推广项目的研究得到了社会各界的广泛关注和大力支持。例如，中国工程院院士沈倍奋女士、中国电子学会秘书长徐晓兰女士、中国电子企业协会会长董云庭先生等专家多次参与课题评审和指导工作，对课题成果给予较高评价。高性能膜材料课题组的合作单位中国石油和化学工业联合会组织大量企业参与课题具体研究工作，为课题研究的顺利开展奠定了基础。《产业专利分析报告》（第29～38册）凝聚社会各界智慧，旨在服务产业发展。希望各地方政府、各相关行业、相关企业以及科研院所能够充分发掘专利分析报告的应用价值，为专利信息利用提供工作指引，为行业政策研究提供有益参考，为行业技术创新提供有效支撑。

由于报告中专利文献的数据采集范围和专利分析工具的限制，加之研究人员水平有限，报告的数据、结论和建议仅供社会各界借鉴研究。

《产业专利分析报告》丛书编委会
2015 年 5 月

项目联系人

褚战星　62084456/18612188384/chuzhanxing@ sipo. gov. cn

王　冀　62085829/18500089067/wangji@ sipo. gov. cn

李宗韦　62084394/15101508208/lizongwei@ sipo. gov. cn

泡沫混凝土行业专利分析课题研究团队

一、项目指导

国家知识产权局：杨铁军　张茂于　胡文辉　葛　树　郑慧芬

　　　　　　　　毕　囡　韩秀成

二、项目管理

国家知识产权局专利局：冯小兵　张小凤　褚战星　王　冀　李宗韦

三、课题组

承 担 部 门：国家知识产权局专利局材料工程发明审查部

课 题 负 责 人：闫　娜

课 题 组 组 长：米春艳

课 题 组 成 员：陈　龙　焦　磊　肖　凯　彭　飞　褚战星　赵　艳

四、研究分工

数据检索：米春艳　陈　龙　焦　磊

数据清理：肖　凯　彭　飞

数据标引：米春艳　陈　龙　焦　磊

图表制作：陈　龙　焦　磊　彭　飞

报告执笔：米春艳　陈　龙　焦　磊　肖　凯　彭　飞

报告统稿：米春艳　彭　飞

报告编辑：彭　飞

报告审校：闫　娜　褚战星　赵　艳

五、报告撰稿

米春艳：主要执笔第 7 章，参与执笔第 3 章

陈　龙：主要执笔第 4 章

焦　磊：主要执笔第 2 章

肖　凯：主要执笔第 1 章、第 5 章

彭　飞：主要执笔第 3 章、第 6 章

六、指导专家

行业专家（按姓氏音序排序）

陈立新　中国建筑材料联合会

李泽瑞　中国建筑材料联合会

孙芹先　中国混凝土与水泥制品协会

技术专家（按姓氏音序排序）

李玲玉　上海建工材料工程有限公司

唐晓蒙　上海建工材料工程有限公司

朱敏涛　上海建工材料工程有限公司

专利分析专家

褚战星　国家知识产权局专利局审查业务管理部

赵　艳　国家知识产权局专利局材料工程发明审查部

李宗韦　国家知识产权局专利局化学发明审查部

七、合作单位（排序不分先后）

中国建筑材料联合会、中国混凝土与水泥制品协会、上海建工材料工程有限公司、北京中科筑诚建材科技有限公司、广西建筑科学研究设计院

锆基耐火材料行业专利分析课题研究团队

一、项目指导

国家知识产权局：杨铁军　张茂于　胡文辉　葛　树　郑慧芬

　　　　　　　　　毕　囡　韩秀成

二、项目管理

国家知识产权局专利局：冯小兵　张小凤　褚战星　王　冀　李宗韦

三、课题组

承　担　部　门：国家知识产权局专利局材料工程发明审查部

课 题 负 责 人：闫　娜

课 题 组 组 长：米春艳

课 题 组 成 员：刘史敏　牛文婧　谭晓倩　彭　飞　褚战星　赵　艳

四、研究分工

数据检索：刘史敏　牛文婧　谭晓倩

数据清理：牛文婧　彭　飞

数据标引：刘史敏　谭晓倩

图表制作：刘史敏　谭晓倩

报告执笔：刘史敏　牛文婧　谭晓倩　彭　飞

报告统稿：米春艳　谭晓倩

报告编辑：谭晓倩

报告审校：闫　娜　褚战星　赵　艳

五、报告撰稿

刘史敏：主要执笔第 3 章、第 7 章

牛文婧：主要执笔第 1 章、第 2 章

谭晓倩：主要执笔第 5 章、第 6 章

彭　飞：主要执笔第 4 章

六、指导专家

行业专家（按姓氏音序排序）

陈立新　中国建筑材料联合会

李泽瑞　中国建筑材料联合会

专利分析专家

褚战星　国家知识产权局专利局审查业务管理部

赵　艳　国家知识产权局专利局材料工程发明审查部

李宗韦　国家知识产权局专利局化学发明审查部

七、合作单位（排序不分先后）

中国建筑材料联合会、河南省知识产权保护协会、中钢集团洛阳耐火材料研究院有限公司

供热终端行业专利分析课题研究团队

一、项目指导

国家知识产权局： 杨铁军　张茂于　胡文辉　葛　树　郑慧芬

　　　　　　　　　毕　囡　韩秀成

二、项目管理

国家知识产权局专利局： 冯小兵　张小凤　褚战星　王　冀　李宗韦

三、课题组

承　担　部　门： 国家知识产权局专利局材料工程发明审查部

课 题 负 责 人： 闫　娜

课 题 组 组 长： 刘　凡

课 题 组 成 员： 倪建民　闫　磊　王　颖　王美芳　褚战星　赵　艳

四、研究分工

数据检索： 倪建民　王　颖

数据清理： 闫　磊　王美芳

数据标引： 倪建民　闫　磊　王　颖　王美芳

图表制作： 闫　磊

报告执笔： 倪建民　闫　磊　王　颖　王美芳

报告统稿： 刘　凡　倪建民

报告编辑： 倪建民

报告审校： 闫　娜　褚战星　赵　艳

五、报告撰稿

倪建民： 主要执笔第1章、第4章、第6章

闫　磊： 主要执笔第2章

王　颖： 主要执笔第5章、第7章

王美芳： 主要执笔第3章

六、指导专家

行业专家

林 峰 上海安贞暖通设备有限公司

技术专家（按姓氏音序排序）

葛跃进 江苏德威科技集团

许 杰 北京清华索兰环能技术研究所

专利分析专家

褚战星 国家知识产权局专利局审查业务管理部

赵 艳 国家知识产权局专利局材料工程发明审查部

李宗韦 国家知识产权局专利局化学发明审查部

七、合作单位（排序不分先后）

江苏德威科技集团、上海安贞暖通设备有限公司、北京清华索兰环能技术研究所

总 目 录

关键技术三 / **供热终端** / **281**

引　言

一、课题研究背景

1. 产业和技术发展概况

随着全球性气候问题的加剧，环境保护已经成为全世界共同要面对和解决的问题，人们的环保意识日益增强，健康生活理念不断深入人心，加强生态文明建设、倡导绿色低碳生活已形成一种共识与潮流。1992 年，国际学术界明确提出绿色建筑材料的定义。绿色建筑材料又称生态建材、环保建材和健康建材，是指采用清洁生产技术，不用或少用天然资源和能源，大量使用工业或城市固态废弃物生产的无毒害、无污染、无放射性、达到使用周期后可回收利用、有利于环境保护和人体健康的建筑材料。❶ 绿色建筑材料与传统的建筑材料相比，其优势主要是能改善传统建筑材料会对环境造成严重污染这一不足之处，有利于环境保护和人体健康，或者具有能够大幅度地减少建筑能耗等功能。❷

绿色建筑材料产业在中国仍处于起步阶段，但是国家对于绿色建筑和绿色建筑材料的发展给予了强有力的政策支持。2012 年 9 月 28 日，国务院印发《"十二五"国家战略性新兴产业发展规划的通知（综合）》，提出提高新建建筑节能标准，开展既有建筑节能改造，大力发展绿色建筑，推广绿色建筑材料。由于顺应了经济发展的需求并得到了政策的支持，绿色建筑材料产业发展迅速，市场潜力巨大。"十二五"期间，我国将要完成新建绿色建筑 10 亿平方米，现有建筑绿色化节能改造近 6 亿平方米，绿色建筑材料的市场规模将近 2 万亿人民币❸。

根据绿色建筑材料的技术情况，用表 1 示出了绿色建材的技术分解表。本报告的研究主题为绿色建筑材料，分为泡沫混凝土、锆基耐火材料和供热终端 3 个部分。

2. 产业技术分解

绿色建筑离不开建筑主体结构和玻璃，而混凝土和耐火材料与建筑主体结构和玻璃的生产密切相关，建筑内供暖对节能和舒适性的要求也越来越高，研究供热终端的能耗和舒适性也被绿色建筑材料行业广泛关注。本报告主要研究混凝土、耐火材料和供热终端 3 个技术分支，具体技术分解情况见表 1。

---

❶ 黄煜镔，范英儒，钱觉时. 绿色生态建筑材料［M］. 北京：化学工业出版社，2011.
❷ 庞延德. 绿色低碳建筑材料应用现状及发展前景研究［J］. 城市建筑，2013（14）：170.
❸ 张敏. 绿色建筑产业链市场规模或超万亿［N］. 云南经济日报，2013 – 01 – 09（01）.

表1 绿色建筑材料的技术分解表

研究主题	一级技术分支	二级技术分支	三级技术分支	四级技术分支
绿色建筑材料	混凝土	泡沫混凝土	原料	填料
				骨料
				发泡剂
				外加剂
			工艺	添加物选择
				起泡
				成型
				养护
				其他
			应用	保温板
				砌块
				现浇混凝土
				特殊应用
				其他
		重混凝土	重晶石混凝土	
			钢渣混凝土	
		普通混凝土		
	耐火材料	锆基耐火材料	高含量氧化锆耐火材料	熔铸氧化锆
				烧结氧化锆
			锆英石耐火材料	
			锆刚玉耐火材料	熔铸锆刚玉
				烧结锆刚玉
				不定形锆刚玉耐火材料
		碳基耐火材料		
		镁基耐火材料		
		硅酸铝基耐火材料		
	供热终端	自然对流		

续表

研究主题	一级技术分支	二级技术分支	三级技术分支	四级技术分支
绿色建筑材料	供热终端	辐射	水加热	蓄热
				常规热源
				低品位热源
			电加热	蓄热
				电热膜
				发热电缆
				碳晶
		强制对流		

3. 关键技术选取背景

（1）泡沫混凝土

随着我国城市化进程的不断发展，既有建筑、新建建筑数量庞大，且多为高能耗建筑，保温隔热性能普遍很差，单位面积采暖能耗约为发达国家的 2~4 倍。预计到 2030 年左右，我国建筑能耗将超过工业能耗成为全社会第一能耗大户，因此我国对建筑节能的要求相当急迫，其中通过围护结构散失的热量能耗占据建筑能耗的绝大部分比例。因此，发展高性能建筑围护结构保温材料以改善建筑物围护结构的热工性能是世界各国建筑节能研究的重要方向。而泡沫混凝土独特的结构特性赋予其优异的物理力学性能和使用功能，正是体现了节能、保温、隔热、轻质、耐火等性能的一种多功能材料，完全符合国家的相关产业政策，也可以说，包括我们在内的世界性的泡沫混凝土热是建筑节能、绿色建材发展的产物，国家、地方政策也为泡沫混凝土的发展创造了良好的条件，这一点必然决定了泡沫混凝土将在我国持续高速发展。2013 年，根据国务院《关于加快培育和发展战略性新兴产业的决定》，国家发展和改革委员会（以下简称"国家发改委"）会同科学技术部（以下简称"科技部"）、工业和信息化部（以下简称"工信部"）、财政部等有关部门和地方发展改革委，在相关研究机构、行业协会和专家学者建议并公开征求社会各方面意见的基础上，研究起草了《战略性新兴产业重点产品和服务指导目录》（以下简称《指导目录》）。在《指导目录》中，明确指出了将高效节能新型墙体材料、保温隔热材料、无机防火保温材料以及集防火、保温、降噪等多功能于一体的新型建筑墙体和屋面系统等绿色建筑材料作为新兴产业重点推进。因此，必须抓住国家节能减排的契机，大力发展泡沫混凝土相关行业，力争在建筑节能领域发挥越来越重要的作用。由此，本报告选取泡沫混凝土作为绿色建筑材料的一个关键技术分支进行研究，具有重要的现实意义和指导价值。

（2）锆基耐火材料

耐火材料是为冶金、玻璃、陶瓷等高温工业服务的基础材料，耐火材料性能的提升对推动高温工业的节能降耗有重要意义。改革开放以来，经过20多年的努力，我国耐火材料技术得到了很大发展，许多产品已达到或接近国际先进水平，我国已成为耐火材料生产大国，耐火材料总产量居世界第一，基本满足钢铁、玻璃等工业发展的需求。但我国耐火材料整体技术水平与国际先进水平相比还存在相当大的差距，一部分关键耐火材料产品仍需进口。特别是作为高档耐火材料的锆基耐火材料，其核心技术基本被几家国外跨国公司所掌握。中国国内使用的锆基耐火材料产品主要来自国外公司设立于中国的合资公司，中国本土企业发展迅速但在技术实力和品牌影响力上仍不及国外公司。《指导目录》的"绿色建筑材料"部分中高性能建筑玻璃、低辐射玻璃、光伏一体化建筑用外墙玻璃等新型建筑材料的发展和提高，都有赖于熔融窑耐火材料技术的创新。另外，《指导目录》中指出重点推进高效节能产业，其中高效节能锅炉窑炉的发展很大程度上依赖于耐火材料的技术提升。同时，太阳能产业中光伏电池基板和太阳能集热管的制造，新型功能材料产业中功能玻璃、特种玻璃和新型光学材料的制备，这些都与耐火材料产品的性能紧密相关，特别是锆基耐火材料等高档产品的技术创新，可以有力推动上述战略性新兴产业重点产品的发展。因此，利用国家加快培育和发展战略性新兴产业的良好时机，推动我国包括锆基耐火材料在内的高档耐火材料的创新发展具有重大的意义。由此，本报告选取高档耐火材料中的锆基耐火材料作为绿色建筑材料的一个关键技术分支进行专利分析和研究。

（3）辐射供热终端

供热终端在有供暖需求的地区极为重要，尤其是我国北方冬季供暖关系到国计民生。辐射供热方式是目前公认的最节能、最舒适的供热方式，而辐射供热中以地板辐射供热方式是节能与舒适的最佳结合。根据国家倡导的节能和环保的发展政策，电力将是今后能源应用的重点，尤其是我国目前大力发展核电、风电等清洁电力能源行业，用户供热终端应用电力是方便、环保的，因此采用电地板采暖符合我国的宏观发展政策。随着20世纪70年代国际能源危机的出现，业界意识到常规电力和燃料能源的紧缺性，使用低品位能源代替传统热源进行辐射地板采暖成为节约能源和环境保护的有效措施。为了响应国家对电力填谷平峰的政策，使用蓄热材料在用电低谷时段进行蓄热，在用电高峰时段进行放热，是节约电力的有效途径。采用低品位能源通常有时间上的限制因素，使用蓄热材料将太阳能储存起来，在太阳能不可获得时进行放热，也是节约能源的有效途径。《指导目录》第1.1.7节将绿色建筑材料作为节能环保产业提出，其中涉及太阳能和热泵技术在建筑上的应用。《指导目录》将太阳能设备作为太阳能产业提出，其中涉及热利用装备，包括太阳能采暖系统与设备、太阳能与空气源热泵热水系统、太阳能与建筑结合集热系统。《指导目录》将余热利用作为节能环保产业提出，其中涉及余热回收发电（供热）技术。《指导目录》将非常规水源利用作为节能环保产业提出，其中涉及电力、钢铁、有色金属、石油石化、化工、造纸、纺织印染、食品加工、机械、电子等高用水行业废水回收处理，回收可利用的资源。上述废水中通常还含有大量的废热，在回收废水的同时，将这些废热加以回收利用也是非常必要和重要的。《指导目录》将高效节能电器作为节能环保产业提出，其中涉及相变储能装置，电力和太阳能结合相变储能装置具有突出的节能效果。蓄热材料与地板的集成就是一种轻质复合保温板材，亦属于《指导目录》中绿色建筑材料的一种。蓄热地板采暖的控制技术是一种供热系统智能控制节能改造技术，该技术也被列在《指导目录》中。因此，本报告选取供热终端中的辐射供热终端作为绿色建筑材料的一个关键技术分支进行专利分析和研究。

二、数据处理

对于检索得到的数据，根据研究领域的不同，在报告研究过程中，采用批量分类号去除噪声，分组手工标引去噪等方式对检索得到的全领域数据进行标引和处理，具体技术分支的数据处理在各技术分支中详细给出。

三、相关事项和约定

此处对本报告上下文中出现的以下术语或现象，一并给出解释。

（1）关于专利申请量统计中的"项"和"件"的说明

项：同一项发明可能在多个国家或地区提出专利申请，WPI 数据库将这些相关的多件申请作为一条记录收录。在进行专利申请数量统计时，对于数据库中以一族（这里的"族"指的是同族专利中的"族"）数据的形式出现的一系列专利文献，计算为"1 项"。一般情况下，专利申请的项数对应于技术的数目。

件：在进行专利申请数量统计时，例如为了分析申请人在不同国家、地区或组织所提出的专利申请的分布情况，将同族专利申请分开进行统计，所得到的结果对应于申请的件数。1 项专利申请可能对应于 1 件或多件专利申请。

（2）**同族专利**：同一项发明创造在多个国家或地区申请专利而产生的一组内容相同或基本相同的专利文献出版物，称为一个专利族或同族专利。从技术角度来看，属于同一专利族的多件专利申请可视为同一项技术。在本报告中，针对技术和专利技术原创国分析时对同族专利进行了合并统计，针对专利在国家或地区的公开情况进行分析时各件专利进行了单独统计。

（3）**日期规定**：依照申请的最早优先权日确定每年的专利数量，无优先权的以申请日为准。

（4）**专利所属国家或地区**：本报告中专利所属的国家或地区是以专利申请的首次申请优先权国别来确定的，没有优先权的专利申请以该项申请的最早申请国别确定。

（7）**有效**：在本报告中"有效"专利是指到检索截止日为止，专利权处于有效状态的专利申请。

（5）**未决**：在本报告中，专利申请未显示结案状态，称为"未决"。此类专利申请可能还未进入实质审查程序或者处于实质审查程序中，也有可能处于复审等其他法律状态。

（6）**图表数据约定**：由于 2013 年和 2014 年数据的不完整性，其不能完全代表真正的专利申请趋势。

（7）**专利被引频次**：指专利文献被在后申请的其他专利文献引用的次数。

关键技术一

泡沫混凝土

目　录

第1章 研究概况

1.1 技术概况

随着社会的快速发展，当前能源枯竭的趋势日益明显，而我国工业能耗、交通能耗和建筑能耗成为能源消耗的三大主要组成部分，其中建筑能耗约占社会总能耗的1/3，并且随着我国城市化进程的不断发展，预计到2030年左右，我国建筑能耗将超过工业能耗成为第一能耗大户。因此，建筑节能将是我国保证国家能源安全和建设节约型、友好型社会的重要举措。而建筑节能中，建筑围护结构作为建筑物的重要组成部分又是热量能耗的关键，建筑围护结构包括屋面、外墙、地面、门窗等部分，占据建筑能耗的绝大部分比例。因此，利用绿色建筑材料改善建筑物围护结构的热工性能，夏季隔绝室外热量进入室内，冬季防止室内热量泄出室外，使建筑物室内温度尽可能接近舒适温度，减少通过辅助设备来达到合理舒适室内温度的负荷，以达到节能效果，是世界各国建筑节能研究的重要方向之一，其中发展高性能绿色建筑材料，特别是建筑围护结构保温材料、制品及其系统又是实现建筑节能的关键。[❶]

绿色建筑材料（以下简称"绿色建材"），又称生态建材、环保建材和健康建材，指健康型、环保型、安全型的建筑材料，在国际上也称为"健康建材"或"环保建材"。绿色建材不是指单独的建材产品，而是对建材"健康、环保、安全"品性的评价，其能够减少建筑能耗，注重建材对人体健康和环保所造成的影响及安全防火性能，普遍具有消磁、消声、调光、调温、隔热、防火、抗静电等性能。

而泡沫混凝土作为混凝土大家族中的一员，具有密度小、质量轻、防火、保温、隔音、抗震等性能，具备上述绿色建材的基本特征，属于一种新型绿色建材。作为轻质混凝土的后起之秀，它是加气混凝土的一个变种，采用特殊生产方式，是对加气混凝土的一种补充。泡沫混凝土的基本原料为水泥、石灰、水、泡沫，在此基础上掺加一些填料、骨料及外加剂，一般通过发泡机的发泡系统将发泡剂用机械方式充分发泡，并将泡沫与水泥浆均匀混合，然后经过发泡机的泵送系统进行现浇施工或模具成型，经自然养护或蒸压养护形成，是一种含有大量封闭气孔的新型轻质混凝土材料。

就泡沫混凝土的技术发展而言，1923年，欧洲人首次提出了用预制气泡和水泥砂浆相拌合生产多孔混凝土的方法，世界上首次出现了真正近代意义上的泡沫混凝土，该阶段为技术萌芽阶段。20世纪30年代初期至50年代初期的20年，是泡沫混凝土工业化技术体系形成的时期。这一时期正值"二战"爆发，生产加气混凝土的铝粉供应

---

❶ 刘伟庆. 建筑节能技术及应用 [M]. 北京：中国电力出版社，2011.

紧张，于是欧洲各国纷纷转为以泡沫取代铝粉，以泡沫混凝土取代加气混凝土，应用领域以建筑保温为主，形成了其发展的第一个高潮，泡沫混凝土技术成熟并走向工业化生产阶段。自20世纪50年代开始，泡沫混凝土技术开始从它的发源地欧洲以两个渠道向世界各地传播。一个渠道是苏联将其技术传播到中国及东欧的波兰等国，另一个渠道是德国、英国、瑞典、荷兰等欧洲国家将其传播到北美及亚洲的韩国及日本等国。这一阶段是泡沫混凝土技术在世界各地的传播及发展阶段。1979年，美国的Yamads等人首次将泡沫混凝土在油田固井方面获得成功，使泡沫混凝土走出了保温的单一领域，开始向多领域发展。其后，日本将其成功用于岩土工程的回填，韩国及日本将其应用于地暖保温层。进入21世纪之后，泡沫混凝土在吸音隔音领域、吸能吸波领域、耐火材料领域等许多新的应用方面研究活跃，并逐步形成了规范化应用。自1979年至今的数十年，是泡沫混凝土技术水平的提高与应用领域的高速扩展阶段。目前，其应用领域已达20多个，并由民用扩展到军用、航空、工业应用等高端领域，为它未来的发展开辟了宽阔的道路。目前，泡沫混凝土最为发达的3个地区是：欧洲、北美、亚洲的中日韩及东南亚。❶

1.1.1　生产工艺技术概况

泡沫混凝土性能表现与制备工艺具有十分密切的关系。泡沫混凝土的制备包括发泡、泡沫料浆制备、浇筑养护等工序。泡沫混凝土按工艺类型分为制品生产工艺和现浇工艺两种。两种工艺只是在浇筑和养护方式这两个后期工序上有些差别，在发泡和泡沫料浆制备这两个核心工艺上基本相同。泡沫混凝土的生产设备主要包括水泥发泡机、泡沫混凝土搅拌机、泵送机等。泡沫混凝土的制备工艺中，对产品性能具有重要影响的技术因素包括胶凝材料、泡沫性能、掺合料、外加剂、生产设备、养护工艺等几个方面。

1.1.2　发泡剂技术概况

发泡剂就是能使其水溶液在机械作用力引入空气的情况下产生大量泡沫的一类物质，这类物质就是表面活性剂或者表面活性物质。其均具有较高的表面活性，能有效降低液体的表面张力，并在液膜表面双电子层排列而包围空气，形成气泡，再由单个气泡组成泡沫，其实质就是它的表面活性作用。没有表面活性作用，就不能发泡，也就不能成为发泡剂，表面活性是发泡剂的核心。❷

发泡剂质量的好坏直接关系到泡沫混凝土的质量。发泡剂由单一成分逐渐向多成分复合发展。

（1）松香树脂类发泡剂

这类发泡剂均以松香为主要原料制成，世界上最早问世的发泡剂"文沙"树脂，

---

❶ 闫振甲. 泡沫混凝土发展状况与发展趋势［J］. 混凝土世界，2009（5）：48－55.
❷ 杨永，衣兰梅，王如峰，等. 发泡剂与发泡机——发泡菱镁水泥成败之关键［J］. 科技与企业，2012（10）：283－284.

即属于这类发泡剂，因此它是应用最早、也最为普遍的一类传统发泡剂。松香树脂类发泡剂最初在工程领域是作为混凝土砂浆引气剂使用的，后来才扩展到泡沫混凝土发泡剂。

（2）合成表面活性剂类发泡剂

以表面活性剂分子溶于水后亲水基团是否解离以及解离成何种离子为依据，合成表面活性剂类发泡剂主要有阴离子型发泡剂（如十二烷基苯磺酸钠）、阳离子型发泡剂（如十六烷基三甲基溴化铵）、非离子型发泡剂（如聚氧乙烯烷基酰胺）、两性发泡剂（如十二烷基甜菜碱）。此外特殊表面活性剂如以氟碳为疏水基的表面活性剂，表面活性高且化学性质极其稳定。

（3）蛋白类发泡剂

蛋白类发泡剂按原料成分可分为植物蛋白和动物蛋白两种。植物蛋白发泡剂以植物原料的品种不同分为茶皂素型和皂角苷类型等；动物蛋白发泡剂主要有水解动物蹄角型、水解毛发型、水解血胶型3种。

（4）复合类发泡剂

单一成分的松香树脂类发泡剂、合成表面活性剂类发泡剂、蛋白类发泡剂这三大类发泡剂，虽然应用较广，但都存在性能不够全面，不能完全适应泡沫混凝土实际生产的弊端。没有一种发泡剂能完全满足所有的生产要求，因此世界各国都在发展多种功能组分复合而成的复合型发泡剂。❶

1.1.3　应用概况

近年来，各地保温建筑工程火灾事故频发，其中由建筑易燃可燃外保温材料引发的火灾已呈多发势头，给社会造成了大量的人员伤亡和财产损失。针对有机保温材料涉及严重的防火安全问题，各国均出台法规加以严格限制。特别是为遏制当前建筑易燃可燃外保温材料火灾高发的势头，我国政府出台多项法规、政策，基于泡沫混凝土轻质、低碳减震的优点，将泡沫混凝土等无机保温材料列为推广类产品。目前，我国泡沫混凝土主要应用于保温、隔声建材领域、地面垫层、回填工程等，且技术发展已相对成熟。基于泡沫混凝土表现出的诸多优点，其应用领域还有很大的发展空间，而且从泡沫混凝土工艺方法发展来看，每当有新的应用出现时，往往也会推动新的制备工艺出现，为行业技术发展提供新的动力。

1.2　产业现状

我国泡沫混凝土技术整体上与国外还存在差距，特别是在装备技术及特殊应用领域，我国和发达国家相比还有很大差距，但在一般常规应用领域，特别是建筑保温领域，发展占优。对于泡沫混凝土制品而言，与国外相比，整体规模偏小，技术水平不

---

❶ 周美莲. 混凝土新型发泡剂的研究与应用［D］. 长沙：湖南大学，2013.

高，没有大宗应用的主导产品；对于一些泡沫混凝土设备，我国已经从进口国发展成为一个出口国。

目前，我国泡沫混凝土企业总数估计超过 1500 家，以小企业居多，一半以上的企业以生产泡沫混凝土制品为主，其中生产泡沫混凝土保温板的企业约有 1000 家，现浇泡沫混凝土的企业约占 40%，设备加工企业及外加剂企业约占总量的 5% ~ 10%。据中国混凝土与水泥制口协会泡沫混凝土分会 2012 年度不完全统计，企业地域分布数量由高到低次序前五名为江苏、四川、河南、河北、山东；而西藏、海南等省区地处边远地区，泡沫混凝土最不发达，企业数量很少。

就制品产量而言，2012 年我国泡沫混凝土总产量估算达 1700 万平方米，应用泡沫混凝土施工的建筑保温层面积预计接近 2 亿平方米，其中泡沫混凝土保温板外墙保温（包括外墙外保温、外墙内保温、防火隔离带等）占据主导地位，其次是现浇地暖泡沫混凝土绝热层、泡沫混凝土屋面保温隔热层（现浇与粘贴保温板）、泡沫混凝土隔墙板及保温墙板、集成住宅、自保温墙体、各类回填、土建工程等。总量比 2010 年增长 60% 以上，实现了飞跃式发展。总体来看，我国泡沫混凝土行业正处于起步发展阶段向繁荣阶段过渡的转折期后端，即将迎来泡沫混凝土的全面普及应用期。❶

1.3 行业需求

《国家中长期科学和技术发展规划纲要（2006—2020 年)》明确提出"重点研究开发节能建材和绿色建材"，作为节能绿色建材的泡沫混凝土成为研究热点。国务院发布的《关于加快培育和发展战略新兴产业的决定》中也多次提及绿色节能保温建材。国家发展和改革委员会、科学技术部（以下简称"科技部"）、商务部和国家知识产权局颁布的《当前优先发展的高技术产业化重点领域指南（2007 年度)》提出重点"发展高性能外墙自保温墙体材料、高效外墙和屋面保温材料、楼地面隔热保温材料以及利用工业固体废弃物生产复合材料、轻质建材、工程结构制品等技术及设备，电厂粉煤灰及煤矿矸石、冶金废渣等废弃物的资源回收与综合利用技术"。

使得泡沫混凝土作为一种防火安全型的保温材料出现了"井喷"行情的政策性文件为 2011 年 3 月公安部发布的《关于进一步明确民用建筑外保温材料消防监督管理有关要求的通知》（公消〔2011〕65 号）（以下简称"65 号文"）。该文件的发布为一里程碑式事件。它使得泡沫混凝土得到了全社会的广泛关注和重视，极大促进了包括泡沫混凝土在内的绿色建材在各个领域的大量应用。

此外，国家相关部门和地方也出台了一些鼓励泡沫混凝土等节能材料的文件。

① 2010 年 9 月 19 日，科技部、中国建材联合会将泡沫混凝土列入国家科技支撑计划重点项目——"节能绿色建筑材料开发与集成应用示范"。该项目的重要内容就包括开展泡沫混凝土等一系列新型绿色节能材料性能、制备关键技术及产业化生产技术的

---

❶ 闫振甲. 泡沫混凝土发展状况与发展趋势［J］. 混凝土世界，2009（5）：48 – 55.

研究示范。

②2010 年 5 月 21 日，住房和城乡建设部（以下简称"住建部"）和科技部联合发文，将泡沫混凝土列入《村镇宜居型住宅技术推广目录》和《既有建筑节能改造技术推广目录》。

③2010 年 3 月 15 日，北京市住房和城乡建设委员会公布了新版的《北京市推广、限制、禁止使用的建筑材料目录》草案。近年来，我国建筑节能工程大量使用聚苯板、挤塑板、聚氨酯硬泡等有机保温材料，由于燃烧性较高，火灾层出不穷，央视大楼、济南奥体中心、哈尔滨双子星大厦、北京大学体育馆、南京中环大楼、中央美院的火灾……出现大量的保温工程火灾事故，绝非偶然，暴露出聚苯板、挤塑板、聚氨酯硬泡保温材料的重大安全隐患，因此禁止上述材料使用，选出耐火替代品成为必然。在无机不燃材料中，泡沫玻璃、泡沫陶瓷的价格较高，而岩棉矿棉等纤维保温材料虽然价格略低，但仍远高于泡沫混凝土，且污染环境。综合比较，泡沫混凝土仍是取代聚苯板的最佳选择之一。❶可见，文件中将泡沫混凝土被列为推广类、"模塑聚苯乙烯保温板"和"挤塑聚苯乙烯保温板"被列入限制目录意义重大。

虽然泡沫混凝土得到了国家和地方相关产业政策的大力扶持，但中国泡沫混凝土的产品质量依然参差不齐，地区发展极不平衡，更为重要的是整个泡沫混凝土的产业链仍未打通，特别是在产业链高端的装备技术和产业链后端的特殊应用领域与国外相比存在巨大差距。目前，国内已经有一些企业或研究单位在装备技术或特殊应用方面作出努力。其中，青岛中科旭阳建材科技公司、北京广慧精研泡沫混凝土科技有限公司等设备企业在装备自动化、大型化等方面已经处于领先地位，为泡沫混凝土保温板生产设备的大型化和自动化起到了推动作用。另一方面，中国企业或科研机构虽然在创新方面不断努力，但专利产出质量不高，专利布局意识不足，急需掌握科学的专利信息分析方法，以提高其"借力现有技术、寻找研发突破口和保护知识产权"的能力。

---

❶　李应权，闫振甲，徐洛屹，等. 我国泡沫混凝土行业蓬勃发展［J］. 混凝土世界，2013（2）：24 - 29.

第2章　泡沫混凝土工艺专利分析

工程上常用的泡沫混凝土制备工艺是用机械搅拌的方法，将大量细密的气－液相泡沫与硅质材料（粉煤灰、矿渣粉和砂等）、钙质材料（水泥、石灰等）、水及附加剂混合在一起，注模成型或直接现浇、经养护而成多孔的混凝土。一直以来，国内泡沫混凝土砌块制品普遍采用非蒸养工艺，导致干缩开裂问题突出，而制造成本又是制约产品质量提高的关键因素。此外，我国泡沫混凝土生产的技术装备以小型化设备居多，难以满足大规模的生产需求。本章将对国内外有关泡沫混凝土制备工艺的专利申请进行重点研究，以期全面展示国内外该领域专利技术的发展概况、技术路线、发展趋势、重要申请人等有关信息，为提高我国相关领域的技术水平和专利申请水平，解决现实中的实际问题提供借鉴。

本章的专利申请数据来源于 CPRS 和 WPI 检索系统，截至 2014 年 4 月 20 日，泡沫混凝土制备工艺全球专利申请量为 179 项、308 件，中国专利申请量为 169 件。

2.1　全球专利申请态势

2.1.1　申请趋势

本小节对泡沫混凝土制备工艺全球专利整体申请趋势进行分析。由于中国泡沫混凝土制备工艺专利申请具有明显的特殊性，因此趋势分析中特意增加了除中国之外时全球专利申请的趋势分析，以进一步反映世界其他国家整体申请变化情况，即趋势分析分为全球专利申请趋势分析和全球除中国外其他国家专利申请趋势分析。

（1）泡沫混凝土工艺的全球专利申请趋势

从图 2－1－1 所示泡沫混凝土工艺全球专利申请趋势可以看出，泡沫混凝土制备工艺的专利申请从 20 世纪 60 年代即已出现，之后的发展有起有伏，既出现了某些年份的申请量为 0 的情况，也有申请量增长平稳的发展期。总体来说，在 2009 年以前，泡沫混凝土工艺的申请量比较稳定；2009 年以后，泡沫混凝土工艺的申请数量急剧增长，形成井喷态势。泡沫混凝土是混凝土技术的一个分支，混凝土行业属于基础建设领域，一方面作为传统行业技术发展已比较成熟，突破性、结构性的改进比较难，也比较少，另一方面行业发展受政策导向和基建产业规模影响较大，这些原因共同导致了如上所述的申请趋势。

图 2-1-1　泡沫混凝土工艺全球专利申请趋势

（2）泡沫混凝土工艺除中国外的全球专利申请趋势（即国外申请趋势）

从图 2-1-2 所示的泡沫混凝土工艺国外申请趋势可以看出，在排除中国申请的情况下，泡沫混凝土制备工艺全球申请量在 20 世纪 90 年代达到高峰，此后有明显的下降趋势，这与之前图 2-1-1 所反映的态势明显不同。尽管图 2-1-2 中 2013 年的数据量并不完整，没有包括至今还未公开的申请，但整个 20 世纪 90 年代以后的趋势已经相对明朗，即申请量稳中有降，而且年申请量绝对数量较小，反映出整体上行业发展缺少刺激，工艺技术进展较为缓慢，缺少突破性技术进展的态势。

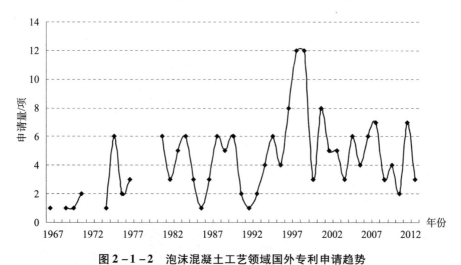

图 2-1-2　泡沫混凝土工艺领域国外专利申请趋势

（3）主要区域申请趋势

为了更明确地体现各主要区域泡沫混凝土工艺申请量的变化趋势，下面针对申请量较大的几个区域分别进行申请量趋势分析，目的在于展现各主要区域各自的申请量变化以及与全球整体趋势的契合度。图 2-1-3 展示了主要申请国美国、日本、俄罗斯、德国的泡沫混凝土工艺专利申请趋势。

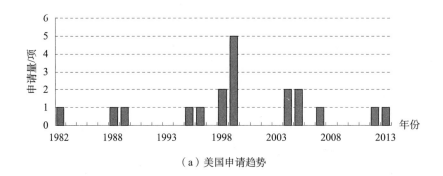

（a）美国申请趋势

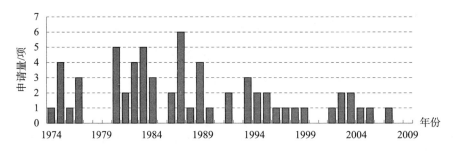

（b）日本申请趋势

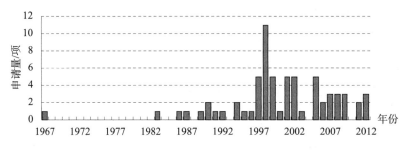

（c）俄罗斯申请趋势

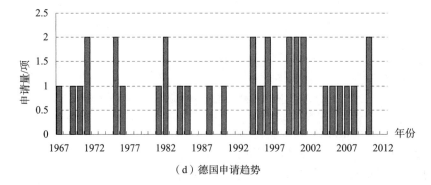

（d）德国申请趋势

图2-1-3　四大主要申请国泡沫混凝土工艺专利申请趋势

美国、俄罗斯、日本、德国是世界上泡沫混凝土工艺方法申请较为活跃的4个主要国家。通过对这些国家的申请量趋势分析可以看出，美国、日本和俄罗斯的申请量高峰都出现在20世纪八九十年代，此后便逐渐趋于萎缩，这与除中国外的全球整体趋势是相吻合的。德国的申请量趋势虽然有起有落，但由于其申请的绝对数量一直较小，因此应该说基本上是一种比较稳定的状态。

图2-1-1至图2-1-3反映出一个共同的现象：不论全球也好，单个国家也罢，在经历一个申请量快速增长的时期，即繁荣期后，都会逐渐趋冷，没有形成持续的发展态势。其原因一方面在于建筑业受经济大环境和产业政策影响较大，在缺少良好的外界环境时技术研究也难免动力不足，另一方面则是混凝土行业已发展运行多年，工艺技术都已较为成熟，如果没有较好的技术创新的突破口，技术改进的空间就会显得狭窄。

2.1.2　区域分布

（1）专利申请全球分布

图2-1-4展示了泡沫混凝土工艺全球专利申请的目标国或地区分布。

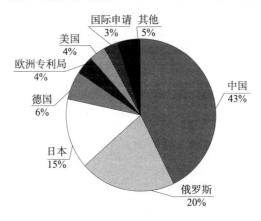

图2-1-4　泡沫混凝土工艺领域全球专利申请目标国或地区分布

根据图2-1-4可以看出，中国由于近些年来的大量申请，已占据泡沫混凝土工艺全球申请量的近一半。排名靠前的其他国家或地区分别是俄罗斯（包括苏联，下同）、日本、德国、美国、欧洲专利局等，这基本体现了除中国外，世界其他泡沫混凝土工艺研究、应用较为发达的国家和地区。

俄罗斯国土大部分处于高寒地区，建筑保温节能需求较高，对泡沫混凝土的使用和研究也具有较长的历史，在国家排名中占据了次席。日本和欧洲国家早已将节能、环保作为经济、科技发展的重要支撑，在节能建筑材料方面有大量的投入和传统，排名也比较靠前。中国在泡沫混凝土工艺的专利申请中占据首位，得益于我国近年来对绿色、节能建材的大力倡导和政策支持，反映了产业规划、政策导向在该行业中的巨大作用。

（2）主要申请国的专利申请分布分析

本小节以俄罗斯、德国、日本、美国和中国5个主要的申请国为研究对象，通过同族专利的分布国家，考察它们各自在全球范围内的申请布局，以期分析、展现各国主要的专利布局地区和布局策略。

图2-1-5显示了俄罗斯、德国、日本、美国和中国同族专利的申请区域分布。

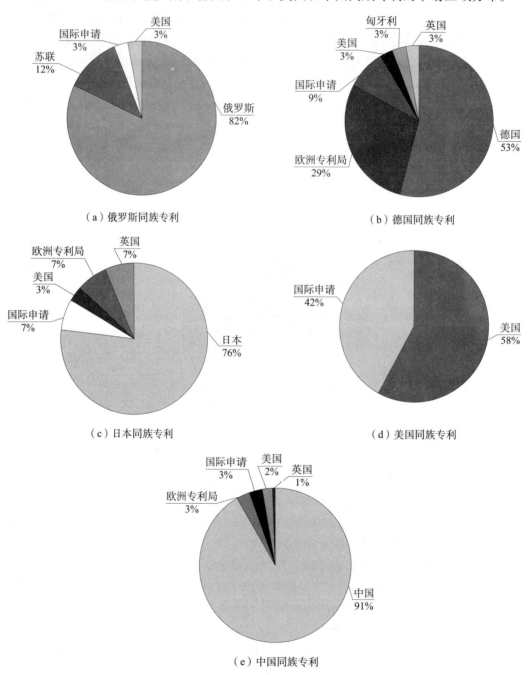

（a）俄罗斯同族专利

（b）德国同族专利

（c）日本同族专利

（d）美国同族专利

（e）中国同族专利

图2-1-5　泡沫混凝土工艺领域五大主要申请国同族专利布局

从图2-1-5可以看出，除美国外，其他主要申请国家基本上只以某一国为申请的重点布局区，而且布局比重相当大；而对于其他的非重点区域，则很少进入，只做某一两点的布局；对于泡沫混凝土非热点应用区域，甚至直接忽略。美国同族申请中虽然国际申请占有很大比例，但美国本国仍然是其主要的布局地。

通过以上分析不难发现，泡沫混凝土工艺的技术发展还没有形成全球性的竞争环境，各主要国家都主要着眼于自身国内市场，海外专利布局还没有成为抢占海外市场的重要武器。中国作为一个新兴市场，近年来基础建设蓬勃发展，但各国在中国的泡沫混凝土制备工艺领域专利申请量较小，没有强有力的布局。这对于我国的泡沫混凝土企业来说，可以说是一个难得的机遇期。一方面，国内泡沫混凝土市场迅猛发展，技术改进需求旺盛；另一方面，国外的企业和科研机构很少在我国国内申请专利，并未形成技术垄断，这就有利于我国企业直接利用国外的相关先进技术对自身进行改造升级，而无须付出高昂的研发费用或支付专利许可费用。

2.1.3　申请人排名

图2-1-6列出了泡沫混凝土工艺领域全球申请人中排除中国申请人后按申请量的排名情况。

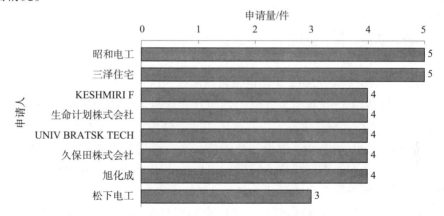

图2-1-6　泡沫混凝土工艺领域全球专利申请人排名（不包括中国）

通过图2-1-6可以看出，在泡沫混凝土工艺领域，总体表现出申请人比较分散、数量不成规模、缺少大型垄断性企业的特点。申请人分布与申请人所属国家分布趋势相近，排名靠前的申请人均来自俄罗斯和日本；而从主要申请人的行业领域来看，多为跨领域的集团企业。

排名前八位的申请人包括1位个人申请人，1家俄罗斯大学，以及6家日本公司，但所有单个申请人的申请量都不多，排名第一位的日本昭和电工株式会社（以下简称"昭和电工"）及三泽住宅有限公司（以下简称"三泽住宅"）申请量均为5件。这反映出在泡沫混凝土制备工艺领域，缺少全球性的大型龙头企业，也缺乏在该项技术中占据主导地位的权威研究机构。究其根源，是由于基础建设领域目前还没有形成一个全球化的市场，而行业竞争具有建筑业自身的特点所致。

2.2 中国专利申请态势

2.2.1 专利申请趋势

图2-2-1显示了泡沫混凝土工艺的中国专利申请趋势。

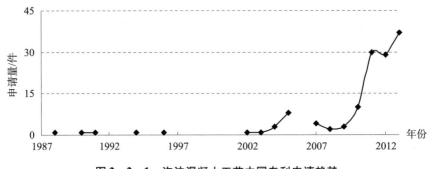

图2-2-1 泡沫混凝土工艺中国专利申请趋势

从图2-2-1中可以看出，中国专利相关申请发端于1987年。当时还处于我国专利制度建立之初，可见我国泡沫混凝土工艺技术具有相当的技术储备基础，相对来说起步并不算晚。然而，在之后相当长一段时间内几乎没有明显的发展，申请时断时续。截至2008年，申请量最高的年份年申请量也不超过10件。但是在2009年之后，申请量呈现井喷之势，2011年、2012年年申请量均超过30件，2013年接近50件。以上申请量的变化与国家相关产业政策、条例的颁布和实施有着密切的关系，例如前面提到的65号文件颁布之后，泡沫混凝土保温板成为外墙外保温材料的理想选择，极大地推动了相关制备工艺的专利申请。值得注意的是，这一时期的高速增长是国家产业政策推动所致，而不是由产业更新或技术突破所主导的，因此技术的发展和进度一方面要符合国情，另一方面中国在泡沫混凝土方面的创新还要进一步加强。

根据全球申请量发展的趋势变化，我们也可以预见到，我国在经历了2010年至2013年申请量爆发式增长之后，也即将迎来泡沫混凝土工艺专利申请的平稳期，尤其是在当前整体行业缺少对技术突破口的研究和尝试，同时65号文被取消的情况下，专利申请量的这一趋势是不可避免的。因此希望在本行业中创新型的专利申请量能够上升，这也是传统行业的突破所在。

2.2.2 中国专利申请区域分布

对于国内的专利申请区域分布，主要根据申请人所属省份进行分类，结合国内泡沫混凝土生产企业的省份分布，研究展示国内各省份在泡沫混凝土工艺专利申请方面的排名和份额。

我国泡沫混凝土企业总数约有1500家，企业的地域分布中，泡沫混凝土生产最为发达的山东、河北、河南、天津、北京、江苏、广东、辽宁、吉林、陕西、四川，约占全国企业总数的 60%；上海、湖北、浙江、福建、安徽、江西、山西、内蒙古、新疆诸省区市次之，约占企业总数的 30%；广西、甘肃、宁夏、重庆、湖南、云南、贵州诸省区市，泡沫混凝土刚刚起步，企业数量较少，约占全国企业总数的 10%；西藏、青海、黑龙江、海南四省区由于地处边远，泡沫混凝土最不发达，企业数量最少。❶

根据企业数量排名靠前的主要省份以及申请数量排名靠前的省份，以图 2 - 2 - 2 展示国内申请的分布特点。

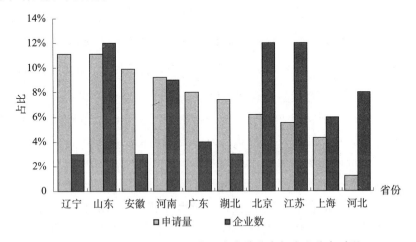

图 2 - 2 - 2　泡沫混凝土工艺国内申请分布与企业分布对照

根据中国泡沫混凝土生产企业分布和专利申请来源分布对比可以看出，生产企业排名靠前的省份在专利申请数量上的表现呈现出较大差异。山东、河南、上海的申请量比重与其在全国企业数量中所占比重基本相当，体现出这三地的企业在专利申请方面相对比较重视，技术储备与企业发展较为一致。北京、江苏、河北三地的企业申请量比重明显低于其企业数量在全国的地位，这其中北京相对特殊，其企业数量排名靠前更多的是由于不少外地企业选择在北京注册，实际与北京并无太大联系。江苏、河北是 2011 年以来泡沫混凝土生产企业迅速增长的省份，出现行业发展过快、技术储备未能同步跟上的现象。辽宁、安徽、广东、湖北四省，虽然在企业数量方面并不靠前，但在专利申请方面却表现突出，技术创新活跃，表现出积极向上的发展态势。

2.2.3　申请人状况

（1）申请量排名

图 2 - 2 - 3 列出了中国申请人按申请量的排名情况。

---

❶　闫振甲. 泡沫混凝土发展状况与发展趋势［J］. 混凝土世界，2009（11）.
　　李应权. 我国泡沫混凝土行业蓬勃发展［J］. 混凝土世界，2013（2）.

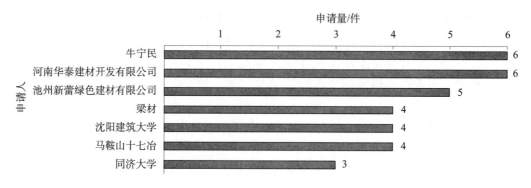

图2-2-3 泡沫混凝土工艺领域国内申请人排名

根据图2-2-3可以看出，排名前七位的申请人的申请量都比较低，最多的只有6件。国内泡沫混凝土生产企业数量众多，已有1500多家，但在申请人排名中并没有突出表现的企业。这一方面反映了我国泡沫混凝土生产企业虽然数量众多但缺少技术领军型企业，存在重生产、轻研发的现状，另一方面也反映出国内企业对专利申请还不够重视，还没有形成以技术促优势、以专利占市场的理念。

以申请量排在第一位的河南华泰建材开发有限公司为例，该公司是国内进行泡沫混凝土研究、应用较早的企业，早在1999年就开始在建筑节能和保温材料领域崭露头角，还参与了泡沫混凝土领域多项行业标准的编制，可以说是国内泡沫混凝土行业中的龙头企业。但是从申请数量来看，该公司在专利申请领域并没有特别突出的表现。总的来说，该公司的申请数量并不多，难以有效地覆盖泡沫混凝土领域的众多技术分支，未能形成有效的专利布局网络。

从申请的授权和有效性来看，申请量并列第一的申请人牛宁民，其全部申请均未获得授权，反映出国内个人申请人的申请质量还有待于进一步提高。在河南华泰建材开发有限公司的6件专利申请中，实用新型专利有3件，占了一半，已授权专利中只有1件已经失效，而且此件专利是在维持了4年之后才被放弃，反映出该企业专利技术的利用较为充分，与生产结合较好。

（2）申请人类型分析

图2-2-4展示了国内申请人的类型分布。

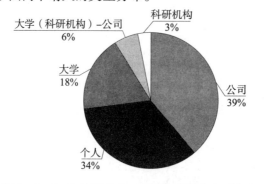

图2-2-4 泡沫混凝土工艺国内申请人类型分布

由图 2-2-4 可以看出，企业申请人和个人申请人占比都超过了 1/3。由于个人申请人往往是相关企业的企业所有者或负责人，因此这一数据也反映出我国泡沫混凝土行业小型、微型企业众多的特点。此外，大学、科研机构申请人所占比例较低，而大学、科研机构与企业合作的申请更是只有 6%，充分说明在本领域科研力量与产业、企业的结合还不够充分，企业和大学、科研机构之间联系沟通不够紧密，未能发挥出科研机构的人才优势，导致先进专利技术不能及时转化。

（3）国内申请存活率分析

申请的存活率也即有效专利率，是指截至某一时间点，专利权处于维持状态的专利。专利的有效状况，可以体现专利技术的运用情况和市场价值，是衡量企业、地区和国家自主创新能力和市场竞争力的一项指标。

表 2-2-1 显示了按申请日分布的泡沫混凝土工艺的中国专利申请授权及存活状况。

表 2-2-1　按申请日分布的泡沫混凝土工艺中国申请授权及存活状况

申请日	申请量/件	授权量/件	存活量/件	存活率
1987	1	0	0	0
1988	2	0	0	0
1990	1	1	0	0
1991	1	0	0	0
1994	1	0	0	0
1996	1	1	0	0
2002	1	0	0	0
2003	2	2	0	0
2004	3	1	0	0
2005	9	2	1	50%
2007	4	3	2	67%
2008	7	5	3	60%
2009	3	1	1	100%
2010	16	10	8	80%
2011	35	26	26	100%
2012	34	11	11	100%
2013	48	11	11	100%

通过表 2-2-1 可以看出，如果以 2007 年为界，早期的泡沫混凝土工艺专利申请授权率起伏较大，但总体上处于较低水平；以尚在保护期内的 1995 年后的专利存活率来看，早期的专利存活率也比较低。2008 年以来，正处于我国泡沫混凝土产业迅速发展的阶段，这一期间授权专利数量明显增加，专利存活率更是保持在很高的水平，反映出专利保护与产业发展的结合较早期有很大提高。

表2-2-2显示了按申请人类型分布的泡沫混凝土工艺的中国专利申请授权及存活状况。

表2-2-2　按申请人类型分布的泡沫混凝土工艺中国申请授权及存活状况

申请人类型	申请量/件	授权量/件	存活量/件	存活率
大学	29	16	15	94%
大学－公司	6	3	3	100%
大学－研究机构－公司	1	1	1	100%
个人和其他	58	24	19	79%
公司	68	29	26	90%
公司－研究机构	2	0	0	0
研究机构	4	1	0	0
研究机构－大学	1	0	0	0

通过表2-2-2可以看出，我国泡沫混凝土工艺领域的专利申请存活率整体保持在较高的水准，说明本领域内的专利技术转化率较高，与产业应用结合较为紧密，处于一种良性的态势。

2.3　泡沫混凝土工艺专利技术构成及代表性专利申请

泡沫混凝土的制备工艺中，通常对产品性能具有重要影响的技术因素包括泡沫、胶凝材料、掺合料、外加剂、生产设备、搅拌混泡工艺、养护工艺等几个方面。下面根据所述的技术因素对泡沫混凝土工艺演进过程进行展示。

（1）泡沫混凝土中泡沫性能

泡沫是泡沫混凝土形成的主要条件和物质基础。没有泡沫就没有泡沫混凝土。当泡沫被水泥浆凝结固定之后，就形成了细密的气孔结构。

泡沫是生产泡沫混凝土的关键。对泡沫的要求是：泡沫稳定，不致在同浆料混合时被破坏；对硅质、钙质胶凝材料的水化硬化无有害影响。浆体中气泡分布越均匀、尺度越细小，则混凝土的强度越高；气孔率越大，则泡沫混凝土就会获得更好的保温性能。

公开号为JP19760054257A的日本申请提出，在泡沫混凝土中使用阴离子型表面活性剂作为发泡剂，同时以魔芋粉作为泡沫稳定剂，改善其泡沫的稳定性。

公开号为JP19810004772A的日本申请中提出一种阳离子型表面活性剂作为发泡剂，具体为含有11～15个烷基的铵盐，以此提高产生的泡沫的性能，以获得更高的混凝土强度和轻质性。

公开号为JP19770098756A的日本申请中提出，通过控制搅拌机的旋转速度，调节预制泡沫的大小，以此获得黏结性和抗压性得到改善的泡沫混凝土制品。

根据以上专利申请公开的内容可以看到，改进泡沫混凝土泡沫性能的手段主要有改进发泡剂、使用稳泡添加剂和改进搅拌方法 3 种。这 3 种方法早在泡沫混凝土工艺专利申请的最初阶段即已被提出，到目前为止，泡沫性能改进方法仍以这 3 种方法为主，例如 US19950515502A、RU20080134605A 等。整体来看，目前只是在发泡剂组合、稳泡材料选择方面进行各种尝试，并无明显的基础性专利。

（2）泡沫混凝土生产中使用的胶凝材料

泡沫混凝土生产中使用的胶凝材料主要包括水泥、石灰和石膏，水泥一般采用硅酸盐系列水泥，也可采用硫铝酸盐水泥、高铝水泥。采用蒸汽养护时不能用高铝水泥，可用一定量的石灰代替水泥作为钙质材料。

公开号为 JP19830155447A 的日本申请中提出，以磨碎的硅石粉和氧化钙作为硅钙质原料，以合适的配比与泡沫混合，制成抗压、防碳化、防冻的泡沫混凝土。

公开号为 RU19990102766A 的俄罗斯申请中提出，以波特兰水泥、火山灰波特兰水泥、矿渣波特兰水泥、消石灰、氧化钙、石膏－水泥质火山灰材料作为黏结材料与多孔质材料混合制备泡沫混凝土，从而改进混凝土材料的强度和黏结性。

公开号为 CN102206094A 的中国专利申请公开了一种以工业副产石膏为原料生产泡沫混凝土制品的方法，既达到了节能、防火的功效，又消耗了工业副产石膏废渣。

总体来讲，胶凝材料的改进集中在传统胶凝材料的复合和替代上，在目前，尤以活性废渣替代或部分替代胶凝材料的申请居多。

（3）泡沫混凝土中使用的掺合料

泡沫混凝土中使用的掺合料可采用粉煤灰、矿渣粉、浮石粉、石英粉等，目的在于改善混凝土性能，调节混凝土强度等级。纤维增强材料在功能上和添加形式上也属于改善强度的外加材料，在此合并分析。

公开号为 JP19980120300A 的日本专利申请公开了一种以磨细硅藻土、金属粉和硅粉为掺合料的泡沫混凝土砌块，以此获得内部连通的气孔。

公开号为 US20050152404A 的美国专利申请提出了一种包含水泥、粉煤灰、硅灰或其他火山灰材料，以及增强纤维和发泡剂的泡沫混凝土，形成一种类似木质外观的混凝土制品。纤维的作用在于增强制品的强度性能。

公开号为 CN102910932A 的中国专利申请公开了一种由托玛琳粉、水泥、石膏粉、活性掺合料、可再分散胶粉、黏合剂、纤维素醚、减水剂、憎水剂、增强纤维、水制备的泡沫混凝土保温板。其中纤维的作用在于增强抗裂性能，而且同时又添加了托玛琳粉、胶粉、憎水剂、活性掺合料等提供相应功能的外加材料。

根据对相关专利申请的研究可以发现，泡沫混凝土掺合料的改进具有两个特点，一个是对添加新型的混凝土掺合料的研究，另一个是对不同掺合料复配以及与其他外加材料的复掺。

（4）混凝土中使用的外加剂

混凝土外加剂是指在拌制混凝土拌合前或拌合过程中掺入用以改善混凝土性能的

物质。泡沫混凝土外加剂通常包括减水剂、憎水剂、保水剂、缓凝剂、早强剂等混凝土通常使用的外加剂，同时还包括其特有的稳泡剂、增泡剂等。外加剂在复掺时必须考虑彼此的协同作用或相容性。

公开号为 GB1153084A 的英国专利申请公开了一种预制泡沫混凝土板材的制备方法，将泡沫混凝土预制板与普通混凝土预制板进行黏接制成，其中使用纤维素醚作为混凝土外加剂，以此提高板材黏接的强度，同时该申请使用蒸汽加压的方式对泡沫混凝土进行养护。

公开号为 DE2617153B 的德国专利申请公开了一种以水硬性水泥和含缓凝剂的泡沫组分制成的轻质膨胀混凝土材料，其中缓凝剂包括羧酸、酮酸或其盐，由此获得凝结时间可控的泡沫混凝土。

公开号为 RU2394007C2 的俄罗斯专利申请公开了一种无须蒸养的泡沫混凝土材料，其原料包括水泥、矿物填料、硅微粉、超塑化剂和甲醛，改性外加剂包括硅酸铝微球和碳纳米管，同时体系中还添加聚丙烯纤维，所述泡沫混凝土的优点在于改善了物理和机械性能（例如防冻性）。

根据对相关专利申请的研究可以发现，泡沫混凝土外加剂的改进集中在制品性能和施工性能的改善，例如制品的憎水性、施工时间等。此外值得注意的是，泡沫混凝土外加剂越来越多地采用复掺的手段，各种外加剂的配合使用关系变得尤为重要。

（5）泡沫混凝土使用的生产设备

泡沫混凝土生产设备主要包括水泥发泡机和泡沫混凝土搅拌机。水泥发泡机用于制造泡沫和水泥泡沫浆，泡沫混凝土搅拌机的作用在于将泡沫水泥浆与其他掺合料、外加剂混合到一起形成用于浇注或成型的泡沫混凝土浆料。除此之外，常用的设备还包括上料机、泡沫混凝土泵送机、泡沫混凝土垫层机、泡沫混凝土墙体浇注机、泡沫混凝土喷涂机等，用于原料的转送和使用。

水泥发泡机是泡沫混凝土制作的主要设备，它有两种实施方式：一种是泡沫发生装置，它是单一的泡沫制取机。这种发泡机与水泥搅拌机或混合器分离。另一种是发泡装置和水泥混合器设计为一体的，通常称为泵送发泡的水泥发泡机。这种发泡机是将搅拌机加工的水泥混合浆料自动吸入，经泵送机加压后送入混合器，与泡沫发生器送来的泡沫进行混合形成泡沫混凝土，成品的泡沫混凝土再经过输送管道送到施工现场。目前市场流行的水泥发泡机多为这种形式。

泡沫混凝土搅拌机不同于普通水泥搅拌机。根据不同的工艺要求，搅拌机的性能和构造原理均不相同：加工浆料的搅拌机与加工泡沫的搅拌机有区别，加工轻质骨料的搅拌机与加工重骨料的搅拌机也有区别，连续加工和单组加工的搅拌机亦有较大区别。总之，无论是哪种搅拌机，都必须能够满足其性能的要求。现在市场上的搅拌机多数是沿用传统的卧式砂浆搅拌机，即强制式搅拌机。这种搅拌机是不具备连续作业条件的，只能作为间断式高密度泡沫混凝土混合工艺用。低密度泡沫混凝土的浆料加工和泡沫混合，均需要一种能够提供连续均匀加工和快速搅拌混合的高效设备。这种设备必须具备两个条件：一是高效，二是高速。

上料机是泡沫混凝土加工的供料设备。目前市场上用于泡沫混凝土加工的上料机有三种方式：一是传送带式上料机，二是螺旋搅龙上料机，三是滑梯式吊斗上料机。三种上料机分别适合不同的使用场合。第一种、第三种上料机主要适合固定作业的场合，第三种更适合固定计量的设备配套；第二种搅龙式上料机适合移动式连续计量设备的配套和大型联合机组的配套，最大优点是密封无扬尘，效率高，可计量，输送角度大，对于连续作业的室外作业是理想选择。❶

公开号为WO8806958A的国际申请公开了一种并联的可控式阀门泡沫发生器。所述的泡沫发生器包括并联的泡沫发生腔室，每个发生腔室安装有可控制流速的阀门，由此可以控制泡沫与其他原料混合时的流速流量。

公告号为CN2614776Y的中国专利申请公开了一种土工实用的气泡发泡装置。其结构是定量输液泵的输入口接发泡剂溶液容器的输出口，定量输液泵的输出口依次与单向阀门、流量计、发泡枪的一个输入口相接；空压机或压力罐的输出口依次连接调压阀、单向阀门、流量计、发泡枪的另一个入口相接。通过调节发泡剂溶液和压缩空气的流量能合理控制气、液的比例关系，生产多种性质不同的气泡；同时由于使用了调压阀，可合理控制气体的压力，保证了气泡均匀性、稳定性等特点。

公开号为CN101342765A的中国专利申请公开了一种轻骨料泡沫混凝土砌块的搅拌及浇注系统。它包括前级搅拌机、前级配料系统、水泥浆暂存罐、发泡机、后级搅拌机、后级配料系统、浇注暂存罐和模具车，合理地利用水泥浆暂存罐和浇注暂存罐的暂存功能将轻骨料泡沫混凝土砌块的搅拌及浇注工序分成前级搅拌、后级搅拌、浇注3个独立的部分，让小型模具车连续浇注成为可能。

根据对相关专利申请的研究可以发现，泡沫混凝土生产所涉及的装置设备较少，流程相对简单，对生产设备的研究改进主要集中在设备计量的精确化和生产流程的连续化方面。

（6）泡沫混凝土的搅拌与混泡工艺

泡沫混凝土的制备包含两个工艺单元，第一个单元为制备胶凝材料浆体，第二单元为胶凝材料与泡沫的混合，两个单元均在搅拌机内完成。第二单元一般是将泡沫加入胶凝材料浆体，而这混合均匀是非常不容易的，因为泡沫非常轻、漂浮性强，而胶凝材料很重、下沉性强，难以达到均匀性。泡沫混合的均匀程度在很大程度上决定了浇注的稳定性。

胶凝材料浆体的制备和泡沫的混合，在大多数情况下，均是采用同一台搅拌机完成的，即在搅拌机内先制备胶凝材料浆体，制好以后，再加入泡沫混合均匀。这种制浆及泡沫混合方法是间歇进行的，不能连续进行，适用于产量不是太高、无法连续生产的间歇工艺。当产量很高，要求制浆与混泡连续不断地进行时，制浆与混泡就无法在同一台搅拌机内完成，另需增加一台专用混泡机。这样，搅拌机连续制浆，混泡机不停混泡，就可以连续式生产，大大提高生产效率。

---

❶ 牟世友. 现浇泡沫混凝土设备技术探讨［C］. 2013年混凝土与水泥制品学术讨论会文集，2013.

泡沫和其他固体物料的密度悬殊太大，优质的泡沫比废聚苯泡沫塑料还要轻。向搅拌机内添加时，泡沫在水泥等胶凝材料浆体之上，其漂浮在浆面，不易进入浆里，增加了混合的难度。

泡沫加量特别大，不易与胶凝浆体混匀，泡沫混凝土以低密度为特色，密度一般在 $700kg/m^3$ 以下。为达到此密度，泡沫加量一般是很大的，为胶凝材料体积的 1～10 倍，大多为 2～6 倍。如此大的泡沫加量，水泥等胶凝浆料体积就显得很少。在泡沫多而水泥等胶凝浆少的情况下，把又重又少的水泥等胶凝浆体混合均匀到泡沫里，非常不容易。混凝土密度越低，混泡难度就越大。

泡沫易碎，经不起搅拌。在我们平时搅拌砂浆或混凝土时，不存在材料损失的问题，不论如何搅拌，水泥和砂石都不会损失太大，因而可采用强力或延时搅拌来提高均匀性。

泡沫含有一部分水，其泌水性增加混合难度。泡沫的液膜是由水形成的，液膜越厚越易排水。另外它还含有一定的泡间水，在搅拌的作用下，液膜排水增强，泡间水增多。这些水无疑会使浆体变稀，使水灰比失调。为防止泡沫的加入使料浆过稀，在胶凝材料制浆时一般采用很低的水灰比。❶

公开号为 RU2133722C1 的俄罗斯申请公开了一种水的用量遵守水固比为 0.18～0.23 的泡沫混凝土的制备方法。其中固体物料中含有 40%～60% 的表面活性剂并且已先行发泡，加入水泥和增塑剂后，搅拌发泡 2～3 分钟，然后再加入剩余的表面活性剂。

公开号为 SU1763428A1 的苏联申请公开了一种制备泡沫混凝土的方法。在最初先将 50%～75% 的干物料与泡沫在 450～600r/min 的转速下混合搅拌，然后在 30～40r/min 转速下加入泡沫体，之后再将剩余部分物料加入，在 300～400r/min 的转速下混合。

公开号为 CN102514098A 的中国专利申请公开了一种泡沫混凝土浆料产输机，包括发泡机发泡系统、混凝土浆料生产系统和混合管混合系统，混合管混合系统分别与发泡机发泡系统和混凝土浆料生产系统连通。该设备能够方便地确定指定容重泡沫混凝土制品的混凝土浆料水灰比和浆料与泡沫的混合比，泡沫不易破裂且不受输送压力的影响，能够连续生产且允许使用抗裂短纤维，使泡沫混凝土制品的抗压强度、抗裂性能明显提高，同时也可以提高发泡剂和压缩空气的利用率。

根据对相关专利申请的研究可以发现，目前对泡沫混凝土混泡工艺的改进主要分为两方面，一方面是提高泡沫本身的稳定性，从而使其易于搅拌；另一方面是在混泡时通过调节水固比，以及分阶段搅拌等方法来提高混泡的均匀性。

（7）养护制度

硅酸盐水泥的养护有自然养护、常压蒸汽养护和高压蒸汽养护之分。随养护制度的不同，胶凝材料的水化产物和结晶度有明显的不同。

在水泥－粉煤灰－石灰泡沫混凝土中，由于在原料体系中掺有较大比例的水泥，

---

❶ 范丽. 泡沫混凝土的搅拌与混泡工艺浅析 [J]. 科技信息，2011 (17).

因此，可同以水泥为钙质材料的粉煤灰免烧砖一样，实现自然养护。当加水后，首先水泥进行水化反应生成水化硅酸钙和水化铝酸钙等凝胶，并能形成 Ca（OH）$_2$ 晶体。凝胶能够胶结分散的粉煤灰颗粒和集料等，形成不可逆胶化和硬化，从而使泡沫硅酸盐混凝土具有早期强度，这是泡沫硅酸盐混凝土及其制品实现自然养护——免蒸的基础。最终泡沫混凝土的主要水化生成物是结晶差的 CSH（Ⅰ）等水化硅酸钙胶体，还有水化铝酸盐、钙矾石、单硫型水化硫铝酸钙等。

由于水化硅酸钙系列产物中的托勃莫来石晶体需要在较高的温度下生成，如石灰和硅胶或石灰和磨细石英砂需在 130～175℃ 湿热条件顺利合成。在蒸养条件下，无论是提高混凝土的碱度，还是延长蒸养时间，都难以生成结晶良好的托勃莫来石，制品的主要生成物是结晶差的 CSH（Ⅰ）和 C－S－H 凝胶等水化硅酸钙胶体。

泡沫混凝土在高压饱和蒸汽养护条件下，不仅粉煤灰中的活性氧化硅和活性氧化铝可与石灰充分地进行水化反应，而且以石英硅和莫来石状态存在的氧化硅，都不同程度地被高温高压条件所激发，发挥了活性，可以很快地与钙质材料结合进行水化反应，可提高水化产物的数量。晶态硅——莫来石可以直接水化成 CaO－SiO$_2$－Al$_2$O$_3$－H$_2$O 系列水化产物，如结晶良好的水化石榴子石。在石灰掺量合理的范围内，蒸压处理之后不存在游离 CaO，水化反应非常充分，可以提高水化硅酸钙的结晶度，促进抗碳化性能良好的水化石榴子石形成。

如上所述，硅酸盐混凝土的胶凝材料在不同的养护制度下有着不同的水化产物，不同的水化产物具有不同的物理力学性能，因此，不同的养护制度对泡沫硅酸盐混凝土及其制品的性能有着重要影响。[❶]

公开号为 JPS57118084A 的日本专利申请公开了一种用水泥、硅钙质集料、预制泡沫制备的泡沫混凝土，其表面用硅树脂材料进行修饰，制备时通过蒸汽养护成型，养护在 180℃ 的蒸汽和 10kg/cm^2 的压力下进行 8 小时。

公开号为 JPH1160348A 的日本专利申请公开了一种以硅酸、钙质原料、灰泥、发泡剂和水制备的泡沫混凝土制品，采用高温高压蒸汽养护。通过高温高压蒸汽养护，减少了开裂和翘曲的发生。

公开号为 CN102701648A 的中国专利申请公开了一种掺轻质材料的泡沫混凝土，其配料包括水泥、玻化微珠、粉煤灰、纤维、水和外加剂，通过发泡机将泡沫水溶液采用机械方式加压制成均匀、封闭气泡的泡沫，然后将泡沫注入由水、水泥基胶凝材料和轻质材料配制成的浆料中，进行混合搅拌，再将搅拌均匀的泡沫混凝土浇筑到施工部位，经自然养护形成一种轻质的多孔混凝土。

根据对相关专利申请的研究可以发现，蒸汽养护、蒸压养护虽然能够减少泡沫混凝土成型缺陷，提高制品强度与耐久性，但由于对场地和设备要求较高，生产成本增加，反而是通过自然养护获得质量合格产品的技术更被重视。

---

❶ 李庆繁. 蒸压泡沫硅酸盐混凝土制品的生产技术研究——对国家标准《墙体材料应用统一技术规范》强制性条文"墙体不应采用非蒸压加气混凝土制品"的解读［J］. 砖瓦世界，2011（3）.

2.4 专利技术功效分析

（1）国外专利申请技术功效分布

建筑材料由于使用量大，成本一直是制约其应用和改进发展的重要因素，因此建筑领域的很多发明都与降低成本有关。混凝土材料的原料来源众多，在降低成本方面潜力巨大，因此在发明改进中具有重要的地位。泡沫混凝土轻质、隔热的特点是其应用于各种场合的原因和优势，但都受制于其强度性能，因此强度改进也是研发的重点之一。泡沫混凝土较之普通混凝土多了一种组分，即泡沫，更多、更稳定的泡沫对于泡沫混凝土的生产具有十分积极的意义，因此有大量的改进集中在泡沫性能的改进上。

如图2-4-1所示，横向来看，泡沫混凝土工艺中以改进胶凝材料和辅助外加剂为混凝土性能改进的最主要的手段；纵向来看，制品的附加性能改性、泡沫性能改进以及混凝土机械强度的改进是研究的重点；总体来看，纤维增强、外加剂改性、外加剂增泡、稳泡等是比较活跃的研究方向。

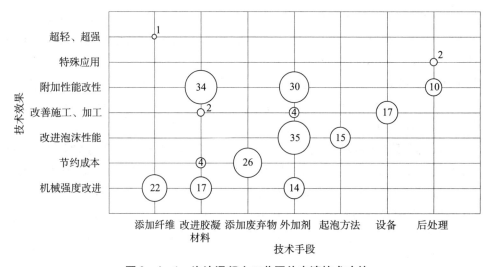

图2-4-1 泡沫混凝土工艺国外申请技术功效

注：图中数字表示申请量，单位为项。

在泡沫混凝土研究领域，"超轻、超强的泡沫混凝土"属于本领域的尖端研究项目，技术难度较大，但被认为是未来研究的趋势之一。分析认为，目前在这一方面，国外暂时还未出现能够布局于专利申请中的成熟技术，没有出现具指导意义的基础性专利，因此整体申请量很小，还需要进一步的技术突破。

泡沫混凝土由于其特殊的性能，人们对于它的新的应用领域充满期待，国内企业对此充满浓厚的兴趣。但通过对所研究专利的分析，目前本领域在新应用研究方面并不活跃，或者技术还不够成熟。

通过分析也可以看出，目前泡沫混凝土领域中，外加剂改性是最主要的改进手段，胶凝材料和掺合料的改进排在第二位。此外值得注意的是制品的后处理也是一个重要的手段。

（2）国内专利申请技术功效分布

国内专利申请的技术功效分布如图2-4-2所示。

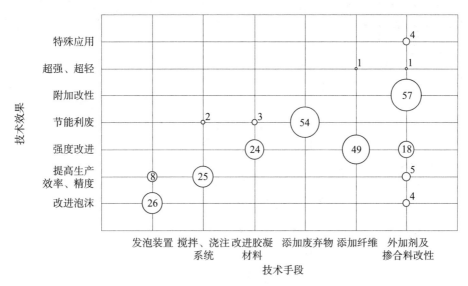

图2-4-2　泡沫混凝土工艺国内申请技术功效

注：图中数字表示申请量，单位为件。

根据图2-4-2可以看出，国内泡沫混凝土制备工艺的专利申请，其技术功效同样集中在降低成本、改进强度、制品改性等方面，与国外基本相同，但在申请的具体内容上还是体现出一些差别。例如虽然国内外都比较重视原料成本的降低，广泛采用添加废弃物、废渣的技术手段，但国内申请中有很多大量掺加过于劣质的废渣材料如重金属渣等，不但对强度影响过大，而且作为建筑材料也会对人体有害，这种潜在的危害对环境也会造成长期的二次影响。相对地，国外申请中比较重视这一问题，废渣多采用环境友好并且对混凝土强度有补强作用的原料。

与国外申请使用的技术手段相比，国内申请大体上与国外差别不大，没有明显的缺失。值得注意的是，国外申请在外加剂的使用上还是较国内申请更为频繁、更为重要，这也符合混凝土整体的技术改进的发展方向。此外，虽然所占比例不大，但国外申请中对于混凝土制备后的后处理改性工艺值得国内申请人借鉴。

在超轻超强、新应用两个方面，国内也同样没有大的进展和突破。而这恰恰应引起国内企业和科研人员的重视，使之成为国内今后研发创新、占据全球领先地位的突破口。

2.5　专利技术路线分析

技术发展路线可以看作某个技术的发展历程表现，抓住技术路线的脉络便可清楚该技术的发展由来、发展趋势。本节以纤维增强的泡沫混凝土工艺为例，分析展示纤维增强的泡沫混凝土工艺技术路线。其技术路线分析如图2-5-1所示。

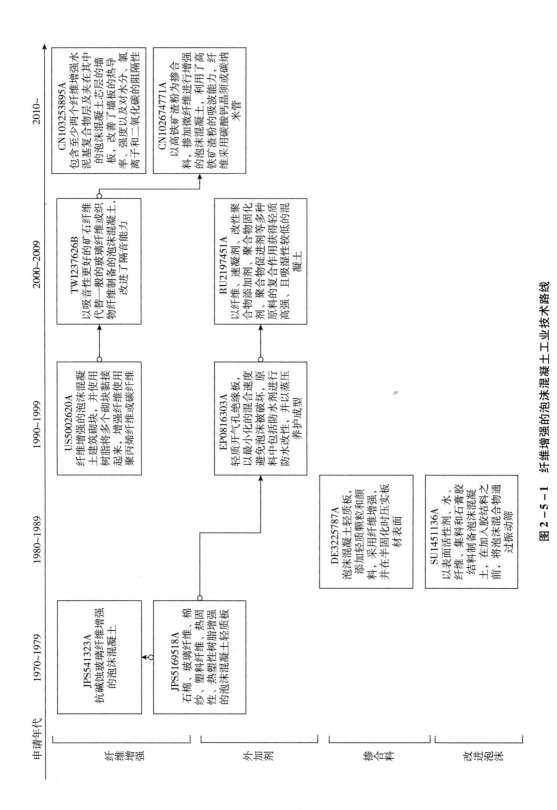

图 2－5－1 纤维增强的泡沫混凝土工业技术路线

通过图 2-5-1 的技术路线可以发现，在 20 世纪 70 年代即已出现综合了纤维增强，外加剂增强、改性以及掺合料增强、改性多种手段的专利申请，其后的申请在原料选择方面，大多仍在这一框架范围内。针对不同的具体应用场合，开始出现了对各种增强纤维的择优选择，抗碱蚀纤维、碳纤维、矿石纤维、碳酸钙晶须、碳纳米管等不同的纤维先后成为技术人员的选择。与此类似的是，掺合料和外加剂的改进也是以具体应用特性为出发点，寻找合适的功能性材料取代原有的掺合料或外加剂，以获得相应的材料特性。此外，由于各种掺合料、外加剂、纤维的大量掺加，各组分之间的复合与配比成为研究和改进的重要方面。

2.6 日本重要企业及典型工艺分析

日本企业对泡沫混凝土工艺的专利申请开始较早，技术水平较高，值得国内申请人学习借鉴，但由于日本企业中也没有占绝对优势的申请人，因此选择国外专利中，排名靠前的前四位日本企业昭和电工、旭化成株式会社（以下简称"旭化成"）、三泽住宅和久保田株式会社（以下简称"久保田"）作为组合"申请人"，分析它们在泡沫混凝土制备工艺方面的申请特点。

2.6.1 申请趋势

图 2-6-1 显示了 4 家日本公司的申请趋势。

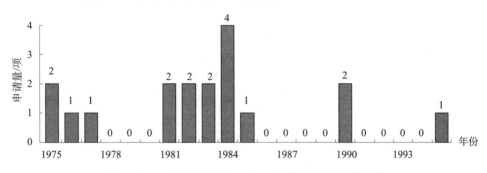

图 2-6-1 泡沫混凝土工艺日本重要申请人申请趋势

在申请趋势方面可以看出，上述 4 家日本公司只在 20 世纪 70 年代到 20 世纪 90 年代进行了专利布局，其中在 20 世纪 80 年代达到了申请量的高峰，然后在 1995 年以后申请进入停滞期，显示出上述公司在研发、申请方向上的转变。20 世纪 80 年代，日本经历了房地产市场的急速升温，然后在 20 世纪 90 年代初，房地产泡沫破裂，日本经济和基础设施建设遭遇重创，专利申请数量的变化与这一趋势是一致的，这更加体现了本领域专利申请与经济大环境和产业政策的密切关系。

2.6.2 申请区域分布

图 2-6-2 显示了 4 家日本公司的泡沫混凝土工艺专利申请区域分布。

从图2-6-2可以看出，总体上讲，日本本土是专利布局的重点，占比超过一半以上。如果继续将每个公司单独进行考察，则会发现：旭化成、久保田完全只在日本本土申请，没有海外布局；昭和电工只有1项与三泽住宅合作的申请是在德国和英国布局，此外也全部布局于本土；图2-6-2中几乎全部的日本海外申请都来自三泽住宅。可以看出，旭化成、久保田和昭和电工作为跨国跨领域的大型企业，泡沫混凝土工艺没有成为其进军海外市场的棋子，而三泽住宅作为专业的建筑行业企业，泡沫混凝土工艺的专利申请已经遍布世界各主要国家和地区。

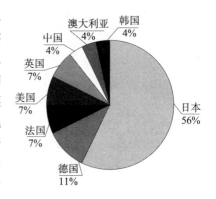

图2-6-2　泡沫混凝土工艺日本重要申请人专利布局

2.6.3　专利技术功效分析

图2-6-3显示了4家日本公司泡沫混凝土工艺专利申请的技术功效分布。

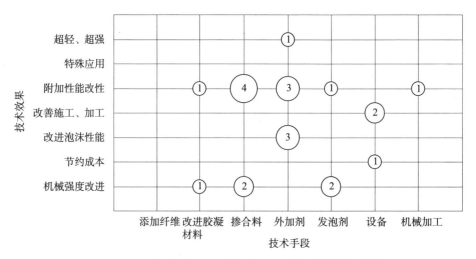

图2-6-3　泡沫混凝土工艺日本重要申请人技术功效分布

注：图中数字表示申请量，单位为项。

对于泡沫混凝土产品来说，轻质、隔热的性能是其本身具有的本质属性，具备了这两个特点，就具备了在多种场合应用的基础，因此这两个性能也是研究人员最为看重的产品性能。由图2-6-3可以看出，几家主要的日本公司的研究方向已不仅关注泡沫混凝土的基础属性，而且把目光投向了泡沫混凝土产品的附加性能改进上。此外，机械强度的改进和泡沫性能的改进也是它们关注的重点。

2.6.4　专利技术路线分析

泡沫混凝土工艺专利申请技术路线分析如图2-6-4所示。

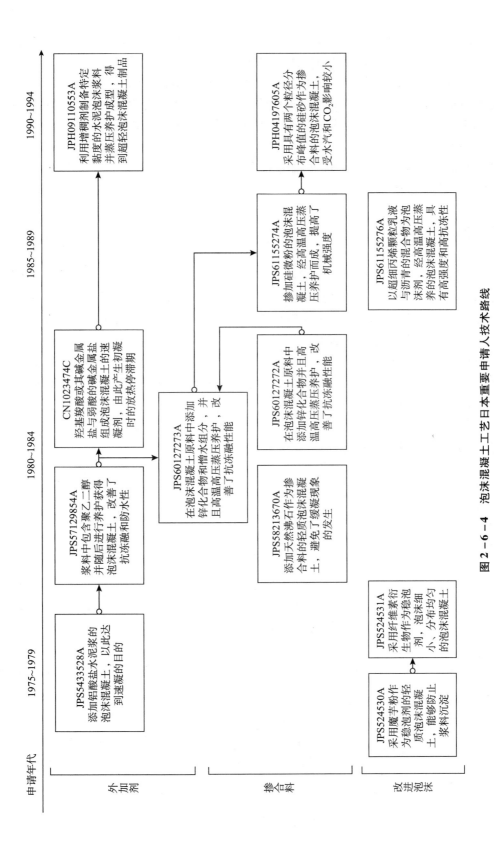

图 2-6-4 泡沫混凝土工艺日本重要申请人技术路线

通过图 2 - 6 - 4 可以发现，在所述日本公司申请的早期，注重对泡沫性能的改进，先后提出了使用魔芋粉和纤维素衍生物作为稳泡剂，实现泡沫与粉料的均匀混合。进入 20 世纪 80 年代后，泡沫混凝土的耐久性能例如抗冻融性、防水性等成为研究重点，与此对应的技术手段以掺合料和外加剂的改进为主，多种矿物掺合料和有机外加剂被尝试使用。与此同时，泡沫混凝土的强度改进也是研究的重点之一，高温高压的蒸压养护手段使用频繁。在 20 世纪 90 年代，旭化成开始尝试研制超轻泡沫混凝土制品，通过控制水泥泡沫浆的浓度来实现超轻制品的制备，但可能是由于公司整体战略的原因，此后并没有继续进行申请。

2.7 小　　结

泡沫混凝土工艺专利申请的全球申请量呈上升趋势，但各主要申请国近年的申请量均处于平稳或下降趋势，全球申请量的整体增长主要是由于中国国内申请的迅猛增长。从申请人角度看，国内外均呈现申请人数量众多而分散、个人申请人较多、缺少处于优势地位的重要申请人的状况。

泡沫混凝土工艺专利申请在技术改进上主要集中于发泡剂、发泡工艺、胶凝材料、掺合料、外加剂和自动化生产设备方面，目前国内外的研发方向都有偏向将各种单一改进手段进行综合利用的趋势，而缺少基础性的研发成果或者说缺乏新的基础性专利，技术改进面临瓶颈。这既是当前泡沫混凝土工艺改进面临的重要问题，也是国内企业赶超国外先进企业的历史机遇。

第3章 泡沫混凝土发泡剂专利分析

发泡剂是泡沫混凝土中重要的组分，其技术发展直接影响着泡沫混凝土及其制品的性能。本章对泡沫混凝土发泡剂的专利态势和技术情况进行总体分析，主要依据全球以及中国专利申请数据，对专利申请趋势、专利申请分布、重要申请人等方面进行分析。希望通过本章的分析，可以为读者了解泡沫混凝土发泡剂的创新发展趋势和技术改进方向提供参考。

3.1 全球专利申请态势

本节分析样本选取时间节点为 2014 年 3 月 31 日（含），涉及泡沫混凝土发泡剂的全球专利申请 1146 项。

3.1.1 专利申请趋势

本小节主要分析泡沫混凝土发泡剂的全球专利申请发展态势以及主要国家的专利申请情况，从专利数量的角度比较各国在泡沫混凝土发泡剂领域的专利技术实力以及泡沫混凝土发泡剂在各国的发展态势。

图 3-1-1 显示了泡沫混凝土全球专利申请量随时间的分布。从该图中可以看出，依照年专利申请量的多少，在全球范围内泡沫混凝土发泡剂的专利申请大致经历了 3 个阶段。

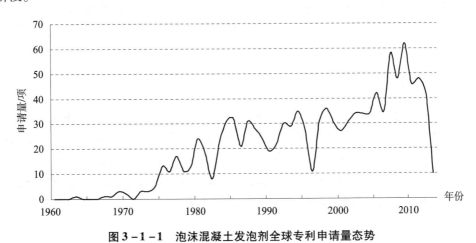

图 3-1-1 泡沫混凝土发泡剂全球专利申请量态势

（1）初始发展期（20世纪60年代初至70年代中期）

20世纪初至50年代苏联为泡沫混凝土技术成熟并走向工业化生产起到了关键性的作用。如A. T. 巴拉诺夫和Л. M罗普费里德发明了石油磺酸铝发泡剂；Л. M罗普费里德研究出水解血胶发泡剂；M. H. 格兹列尔和Б. H. 卡乌夫曼于20世纪40年代就研究出松香皂发泡剂，至今仍是世界上应用最广泛的发泡剂；苏联中央工业建筑科学研究所以植物根茎研究出植物皂素发泡剂。❶ 但是由于苏联建立初期政治经济体系的原因，这些奠定了泡沫混凝土发泡剂技术基础的发明并没有以专利的形式进行保护。20世纪60年代初至70年代中期在美国、德国、日本等国，泡沫混凝土发泡剂的专利申请开始出现，但是数量极少，每年的申请量不超过5项。

（2）平稳发展期（20世纪70年代中期至2005年左右）

从20世纪70年代中期开始的30年，是泡沫混凝土技术水平的提高与应用领域的扩展阶段。伴随着泡沫混凝土及其制品使用量的增长和应用领域的多样化发展，泡沫混凝土发泡剂相关技术的专利申请量虽然有所波动，但仍然处于稳步上升的阶段。在此阶段，泡沫混凝土发泡剂专利申请量由每年10多项逐渐增长为每年30项左右。

（3）快速发展期（2005年左右至今）

随着全球范围内对泡沫混凝土的研究，泡沫混凝土应用范围进一步拓展。目前，它的应用领域已达20多个，并由民用扩展到军用、航空、工业应用等高端领域，为其未来的发展开辟了宽阔的道路。另一方面，由于全球环境形势的严峻，全球范围内对于建筑节能的关注和需求越来越强烈，许多国家和地区都将建筑节能的要求制定为国家政策或者法律法规。欧盟的建筑能效指导EPBD 2002/91/EC（*Energy Performance of Buildings Directive*）是目前欧盟最重要的和框架性的建筑节能政策文件，该文件在2003年1月正式成为欧盟的强制性法律文件。基于泡沫混凝土在建筑节能方面的广阔应用前景，并且在各国国家政策的支持和鼓励下，泡沫混凝土发泡剂相关技术的专利申请量也得到了快速增加。此阶段泡沫混凝土发泡剂专利申请量保持在每年40件以上。2007年和2009年，有可能是受到联合国气候变化框架公约《巴厘路线图》和《哥本哈根议定书》的政策导向作用，专利申请量达到了60件左右的峰值。

3.1.2 区域分布

目前，泡沫混凝土最为发达的3个地区是：欧洲、北美以及东亚。图3-1-2显示了全球泡沫混凝土发泡剂专利申请主要原创地分布情况。从发泡剂相关专利申请原创地来看，对于建筑节能十分关注的日本、俄罗斯（包含苏联）、美国、德国占据了专利申请数量的近80%。而中国由于近年来对建筑节能的日益关注和新型建筑材料需求的增加，关于泡沫混凝土发泡剂的专利申请量也快速增加。

---

❶ 闫振甲. 泡沫混凝土发展状况与发展趋势［J］. 混凝土世界，2009，5：48-55.

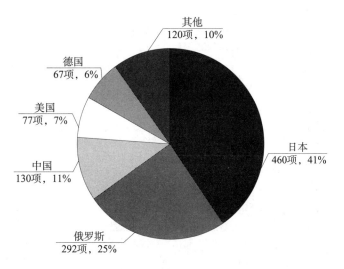

图 3 - 1 - 2 全球泡沫混凝土发泡剂专利申请原创地分布

通过专利数据的分析可以看出，目前全球范围内，日本和俄罗斯在泡沫混凝土发泡剂专利申请量上仍大幅领先于其他国家和地区，是该领域技术能力较强的国家。

由于地理因素限制，日本的国内资源比较有限，特别是能源，极大地依赖进口，因此日本向来十分重视节能技术的研究和应用，在建筑节能方面更是不遗余力。再加上日本在化工领域具有的产业优势，使得日本在泡沫混凝土发泡剂专利申请量上遥遥领先于世界其他国家，仅日本一国相关专利的申请量就占据了全球专利申请量的40%以上。由此也可以看出日本在全球泡沫混凝土及其发泡剂领域的优势领先地位。

俄罗斯国土横跨欧亚大陆，大部分地区处于高寒地带，因此其对于高效的建筑保温材料十分重视。前文已提及，苏联是泡沫混凝土及其发泡剂技术的奠基者。俄罗斯在苏联对于泡沫混凝土和发泡剂研究的基础上，对相关技术进一步完善和发展，仍旧保持了在泡沫混凝土发泡剂专利申请量上的先进位置。其申请量占据了全球专利申请量的1/4。

图 3 - 1 - 3 显示了全球泡沫混凝土发泡剂专利申请原创地分布。从该图中可以看出，泡沫混凝土发泡剂领域的专利申请还是来自泡沫混凝土技术发展较早、泡沫混凝土应用较为广泛的俄罗斯、西欧、北欧、北美以及东亚地区。这些地区是全球范围内对于建筑节能最为关注的区域，同时也是目前和未来泡沫混凝土及其发泡剂最为重要的应用市场。

图 3 - 1 - 4 显示了泡沫混凝土发泡剂专利申请量排名前六位的国家申请量随时间的分布。通过各国发泡剂专利申请量的变化趋势，可以从一个方面反映这些国家在泡沫混凝土发泡剂领域的发展趋势以及技术实力。

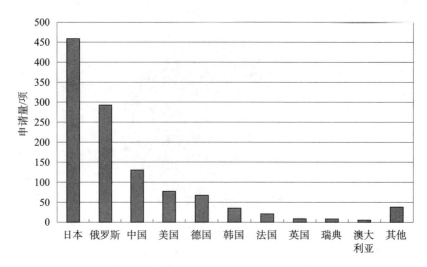

图 3-1-3　全球泡沫混凝土发泡剂专利申请原创地分布

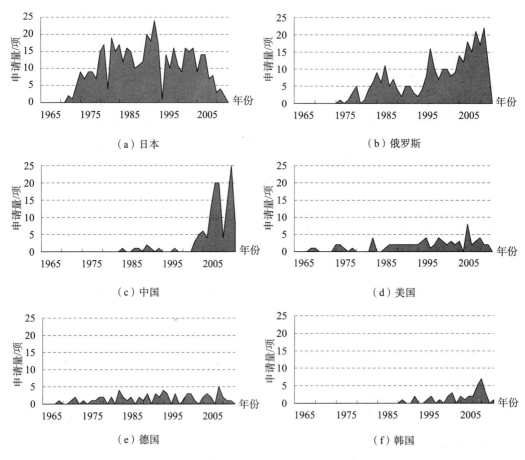

（a）日本　　　　　　　　　　　（b）俄罗斯

（c）中国　　　　　　　　　　　（d）美国

（e）德国　　　　　　　　　　　（f）韩国

图 3-1-4　全球主要国家泡沫混凝土发泡剂专利申请量趋势

　　日本泡沫混凝土发泡剂的专利申请在20世纪70年代初出现之后，便立即进入了快速发展期，1975～1990年间的年平均申请量已经达到了10项以上，在1990～1995年间的年平均申请量更是突破了20项，可见日本对于泡沫混凝土及其发泡剂技术的重视程度。但是，也许是受累于日本国内低迷的经济以及20世纪90年代末的亚洲金融危机，从1996年开始其泡沫混凝土发泡剂的申请量出现下降，特别是2008年开始出现显著下滑。当然这与日本国内产业结构的升级调整也有一定的关系。

　　苏联作为泡沫混凝土工业化的先驱者，对于泡沫混凝土及其发泡剂技术的发展都作出了很多的贡献。但是由于苏联专利制度建立形成较晚，所以直到1976年才提出了关于泡沫混凝土发泡剂的首项专利申请。一直到苏联解体时，泡沫混凝土发泡剂的专利申请量也没有很大的提升，始终保持在年均5项左右。俄罗斯成立初期由于政治变动，在1992～1995年期间申请量出现了一个低谷。但是由于苏联的技术传承，俄罗斯在泡沫混凝土及其发泡剂领域具有很好的技术底蕴。从1996年起俄罗斯泡沫混凝土发泡剂专利申请量保持了稳步增长的态势。俄罗斯国内对于基础设施建设的重视和大力投入，推动了包括泡沫混凝土在内的建筑材料的快速发展，2005年后其泡沫混凝土发泡剂年均专利申请量已达到了15项以上。

　　中国在国内专利制度建立之初便有了关于泡沫混凝土发泡剂的专利申请，可见中国对于本领域的关注并不落后。而到了2005年前后，由于国家对于节能建筑以及绿色建筑材料的政策鼓励，泡沫混凝土发泡剂的申请量急速增长。美国和德国是建筑节能的先行者，两国在泡沫混凝土技术方面起步也比较早，在20世纪60年代后期就已经有了泡沫混凝土发泡剂的专利申请。由于美国和德国在建筑节能方面关注的技术较多，而泡沫混凝土及其发泡剂并不是其主要关注的技术，所以这两个国家泡沫混凝土发泡剂的专利申请量不高，长期稳定维持在年均5项以下。韩国也是较早对泡沫混凝土进行研究和应用的国家之一，可能也没有将其作为重点关注技术，虽然早在20世纪60～70年代泡沫混凝土技术便已进入韩国，但直至在20世纪90年代初才开始有泡沫混凝土发泡剂相关专利申请的出现。

3.1.3　申请人分析

　　本小节通过对泡沫混凝土发泡剂专利申请人进行统计分析，得到了在全球范围内泡沫混凝土发泡剂领域的主要专利申请人。本小节中对于申请人的统计中，如遇到合作申请，则该合作申请对于进行合作申请的每位申请人都记作一件专利申请。

　　图3-1-5显示了全球泡沫混凝土发泡剂专利申请量在10项以上（含10项）的主要申请人。由该图中可以看出，与专利申请原创地分布情况相对应，在泡沫混凝土发泡剂相关专利申请量在10项以上的全部13位申请人当中，来自日本的申请人占据了10位，并且全部为公司申请人。而另3位申请人为来自俄罗斯的1位个人申请人与2位大学申请人。从主要申请人的排名依然可以看出日本和俄罗斯在泡沫混凝土发泡剂领域的重要地位。

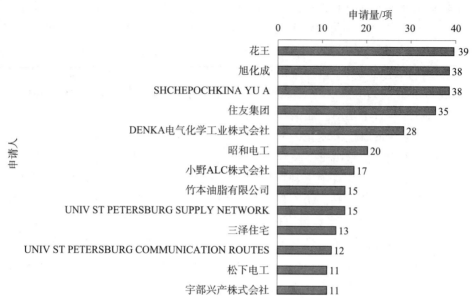

图3-1-5 全球泡沫混凝土发泡剂专利申请人排名

从日本的这10位主要申请人所属的行业领域来看，日本花王集团（以下简称"花王"）、竹本油脂有限公司是专业的化工企业，旭化成、住友集团、DENKA 电气化学工业株式会社、昭和电工、松下电工有限公司、宇部兴产株式会社是涉足化工或者建材领域的跨行业大型集团化企业，三泽住宅是一家房地产开发和建设企业，只有小野ALC 株式会社属于一家泡沫混凝土专业生产企业。

3.2　中国专利申请态势

本节主要通过中国专利申请量分析、申请人类型分析、申请人区域分布、主要申请人分析以及技术路线分析，对泡沫混凝土发泡剂领域的中国专利申请态势进行了研究。本节分析样本选取时间节点为2014 年3 月31 日（含），以"件"为单位，共涉及泡沫混凝土发泡剂领域的中国专利申请207 件。

3.2.1　专利申请趋势

由泡沫混凝土发泡剂全球专利申请量来看，中国的泡沫混凝土专利申请量在全球处于相对前列的位置。从历史上看，由于苏联的原因，中国泡沫混凝土发展起步仅次于欧洲。1950 年，苏联专家就开始向中国推广泡沫混凝土技术。1952 年，中国科学院土木建筑研究所成立了泡沫混凝土试验中心，开始了中国泡沫混凝土的正式试制。

图3-2-1 显示了中国泡沫混凝土发泡剂专利申请量随时间的分布。根据各时间段的申请量变化，中国泡沫混凝土发泡剂领域专利申请的发展状况大致可以分为以下3 个阶段。

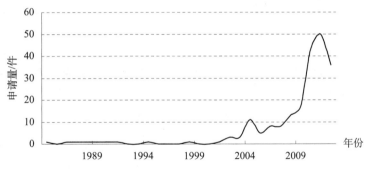

图 3 - 2 - 1　中国泡沫混凝土发泡剂专利申请量态势

（1）初期起步阶段（1985 年至 20 世纪 90 年代末）

虽然泡沫混凝土及其发泡剂技术在中国起步较早，但是由于历史原因并没有能够延续良好的发展势头。直至国家改革开放之后，泡沫混凝土技术才又重新受到重视，1985 年是我国《专利法》正式实施的第一年，便有涉及泡沫混凝土及其发泡剂的发明专利申请出现。但是由于在专利制度设立初期人们对于其认知程度有限，此阶段关于泡沫混凝土发泡剂的专利申请量十分有限，年平均申请量不足 1 件，并且以国外申请人和专业研究机构申请人为主。

（2）技术发展阶段（2000 年前后至 2010 年）

从 20 世纪 90 年代开始，泡沫混凝土在我国的应用不断被拓展，开始广泛应用于屋面保温现浇、地面保温层现浇、建筑工程回填以及岩土工程回填。进入 21 世纪之后，由于泡沫混凝土适应了建筑节能的需求，相关技术获得了迅猛的发展，并于 2005 年迎来了一个发展的高潮。与此同时，随着人们对专利制度的了解和认识加深以及市场竞争对于专利技术的需求增加，泡沫混凝土发泡剂的相关专利申请量稳步增长，此阶段年平均申请量将近 5 件。在此阶段，泡沫混凝土及其发泡剂的研究进一步深入，泡沫混凝土领域的第一个建材行业标准《泡沫混凝土砌块》也于 2007 年颁布，这都为泡沫混凝土及其发泡剂下一步的发展奠定了良好的技术基础。

（3）高速发展阶段（2011 年至今）

由于传统的有机节能保温材料防火安全性能差，因此，建筑易燃可燃外保温材料引发的火灾呈多发势头，给社会造成了大量的人员伤亡和财产损失。而泡沫混凝土在能够实现较好保温节能效果的同时，还具有非常优异的防火耐燃性能。并且基于此前的发展与技术积累，泡沫混凝土与其他无机防火保温材料相比技术更加成熟，成本更为低廉，一跃成为建筑外保温的首选材料，泡沫混凝土相关的企业数量和市场规模开始急速扩张。伴随着泡沫混凝土应用的高速增长，从 2011 年开始，泡沫混凝土发泡剂的专利申请量也出现井喷式的增长，年平均申请量达到了 40 件以上。由于产业政策的刺激和导向，中国的泡沫混凝土及其发泡剂技术迎来了一个发展的高峰期。

3.2.2　区域分布

本小节通过将泡沫混凝土发泡剂的中国专利申请按照省份划分进行统计，结合泡沫混凝土及其发泡剂技术在中国的传播和发展历史，分析了泡沫混凝土及其发泡剂技术在中国的发展趋势。

在新中国成立之初，受到苏联的影响，泡沫混凝土技术在北京、上海等大城市得到了较好的应用。"文革"期间，泡沫混凝土在中国的发展几乎停滞。改革开放之后，欧洲的泡沫混凝土现浇技术率先进入了我国的开放前沿广东。由于广东及其周边地区夏季炎热，对屋面保温需求强烈，泡沫混凝土屋面现浇技术得以在广东推广和发展。此后，泡沫混凝土屋面保温现浇技术逐渐向北推进，经福建、湖南、江西等省一路北上，进一步发展到北京、辽宁、陕西等全国各地，成为泡沫混凝土在我国的两大应用领域之一。继泡沫混凝土屋面保温现浇技术之后，泡沫混凝土地面保温层现浇技术自韩国传入我国，首先在靠近韩国的烟台、威海、天津、大连、秦皇岛、吉林延边等地成功地应用。由于适应了建筑节能的需求，因此其获得了快速的发展，成为泡沫混凝土在我国的第一大应用领域。

表3-2-1显示了泡沫混凝土发泡剂领域中国专利申请人的区域分布。从该表中的统计结果可以看出，与泡沫混凝土及其发泡剂技术在国内的发展相对应，江苏、广东、山东3个沿海经济发达省份申请量在全国领先，总申请量都超过了20件。湖北、北京、上海、辽宁和安徽的相关专利申请也十分踊跃，总申请量也都在10件至20件之间。总体来看，东部经济发达地区的专利申请量明显高于中西部地区，这也反映了我国泡沫混凝土及其发泡剂领域的发展与区域经济的发展水平是相对应的。但是我国的中西部地区有大片区域处于较为寒冷的地理带，对高效的建筑节能保温材料有较强烈的需求，泡沫混凝土技术在该地区也应当具有良好的应用前景和广阔的市场。所以，泡沫混凝土及其发泡剂技术在中国区域发展和地域分布的不均衡性，是涉足该领域的机构和企业需要重点解决的问题。

表3-2-1 泡沫混凝土发泡剂领域中国专利申请人区域分布

省份	申请量/件	省份	申请量/件
江苏	27	广东	24
山东	22	湖北	16
北京	15	上海	14
安徽	11	辽宁	11
河南	9	四川	9
重庆	8	黑龙江	6
浙江	4	甘肃	3
天津	3	吉林	3
贵州	2	湖南	2
江西	2	新疆	2
福建	2	河北	1
青海	1	山西	1

3.2.3　申请人分析

本小节试图通过泡沫混凝土发泡剂领域中国专利申请的申请人类型、不同类型申请人申请有效性以及主要申请人排名，来对泡沫混凝土发泡剂领域中国专利申请人进行分析。需要说明的是，本小节中对于申请人的统计中，如遇到合作申请，则该合作申请对于进行合作申请的每位申请人都记作一件专利申请。

3.2.3.1　申请人类型与排名

图 3-2-2 显示了中国泡沫混凝土发泡剂专利不同申请人类型的比例。从该图中可以明显看出，在中国泡沫混凝土发泡剂专利申请中，公司申请人和个人申请人占据了最大的比例，两者都占据了申请人总量中超过 1/3 的比例。而个人申请占比大也反映了中国泡沫混凝土发泡剂专利申请的特点。大学申请人所占比例为 22%，而相关专业研究机构的专利申请仅占到 7% 的比例，由此可以看出专业研究机构对于行业领域的技术贡献相对于大学而言比较少。

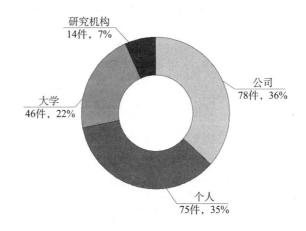

研究机构
14件，7%

公司
78件，36%

大学
46件，22%

个人
75件，35%

图 3-2-2　中国泡沫混凝土发泡剂专利申请人类型比例

通过对中国专利申请的申请人统计发现，泡沫混凝土发泡剂相关的 207 件中国专利申请涉及的申请人共有 172 位。对申请人按申请量进行排名（参见图 3-2-3）后发现，中国申请人排名前四位之后的申请人申请量便已不满 5 件。即使排名第一位的同济大学，其申请量也不过仅有 7 件。同时在中国泡沫混凝土发泡剂专利申请量排名前十位的申请人中，大学申请人占据 3 席，个人申请人占据 2 席，另外还有一家研究机构，而公司申请人仅有 4 位。这与全球泡沫混凝土发泡剂专利申请量排名中公司申请人占据绝大多数的情况具有较大的差距。由此可以看出在泡沫混凝土发泡剂领域中国申请人比较分散，各申请人申请量不成规模，并且很少向国外布局。这与中国目前泡沫混凝土及其发泡剂领域企业规模化程度低，行业集中度及区域集中度差，企业、研究机构用以科研的投入有限具有很大关系。

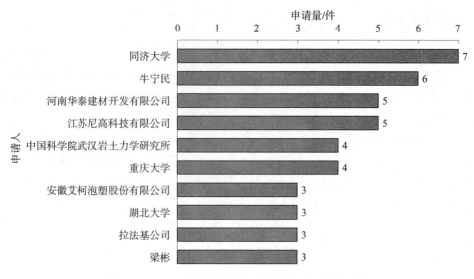

图3－2－3　中国泡沫混凝土发泡剂专利申请人排名

另外，在泡沫混凝土发泡剂相关专利申请中有21件共同申请（参见表3－2－2）。在21件共同申请中，个人间共同申请与公司间共同申请占据了其中的大多数。而大学与公司共同申请、研究机构与公司共同申请以及大学、研究机构与公司共同申请仅有1件或2件，数量极少。由此可见，公司和大学以及研究机构之间联系不够紧密，可能会导致先进的专利技术不能及时转化为企业的技术实力和产品。

表3－2－2　泡沫混凝土发泡剂中国专利共同申请情况

共同申请类型	数量/件
个人－个人共同申请（共同申请人为2个及以上）	9
公司－公司共同申请（共同申请人为2个及以上）	7
公司－大学	2
公司－研究机构	2
公司－大学－研究机构	1

3.2.3.2　专利申请有效性分析

专利申请的有效性在一定程度上可以反映该领域专利申请的质量以及行业对于专利的有效运用程度。通过对207件中国泡沫混凝土发泡剂专利申请的有效性分析发现，截至2014年3月31日，除去95件未决专利申请外，其余112件中仍然有效的为54件，而失效专利申请为58件，占比超过一半。

图3－2－4将中国泡沫混凝土发泡剂专利申请中已审结的申请，按不同申请人类型进行了专利申请有效性的统计。从该图中可以明显看出，不同类型的申请人其专利

申请的有效性差别较大。其中高校和公司的专利申请中，有效专利申请占比都超过了60%，高校的有效专利申请比例高达80%。研究机构的专利申请量较少，有效专利申请比例为40%。这里同样可以看出专业研究机构对于泡沫混凝土发泡剂领域的技术贡献相对较少。个人申请在已审结的专利申请中数量最多，超过了50件，但是其有效比例仅为25%。可见对于泡沫混凝土发泡剂领域，个人申请人的技术贡献并不像其申请数量所反映的那么突出。个人申请数量多、占比大，但是其有效专利申请比例低，体现了中国泡沫混凝土发泡剂领域专利申请的特点。

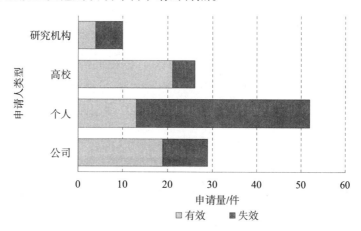

图3-2-4 中国泡沫混凝土发泡剂专利不同类型申请人的专利申请有效性

3.3 技术功效

3.3.1 全球专利技术功效

本小节对全球专利申请中主要对发泡剂提出技术改进的203项专利申请进行了技术功效的分析，以此来反映全球泡沫混凝土发泡剂技术的发展趋势。

图3-3-1显示了全球泡沫混凝土发泡剂专利申请的主要技术功效。总体来看，在泡沫混凝土发泡剂的技术功效当中，申请人对于起泡度、泡沫稳定性以及环保性能最为关注。这也反映出了泡沫混凝土作为绿色建材，在具有良好建筑节能功效的同时，对于产品自身环保性能的要求也十分重要。在发泡剂的四种类型之中复合类发泡剂的受关注程度最高，蛋白类和合成表面活性剂类发泡剂也是申请人主要关注的类型。起泡度、气泡均匀性和泡沫稳定性是泡沫混凝土发泡剂最为重要的功效性能，三者之中申请人对于起泡度和泡沫稳定性更为关注。对于复合类发泡剂，申请人更加关注其泡沫稳定性的提高；对于合成表面活性剂类发泡剂，起泡度、泡沫稳定性以及环保性的提升都是申请人比较关注的性能改进点；对于蛋白类发泡剂由于其成本相对较高，申请人主要致力于泡沫稳定性、环保性的提升以及降低该类型发泡剂的成本；至于松香树脂类发泡剂，与其余类型发泡剂相比申请人相关研究较少。

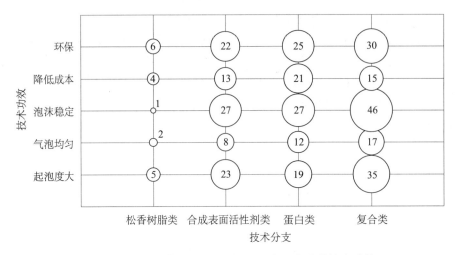

图 3 - 3 - 1 全球泡沫混凝土发泡剂专利申请的技术功效

注：图中数字表示申请量，单位为项。

从图 3 - 3 - 1 中看出，目前全球范围内对于泡沫混凝土发泡剂气泡均匀性的研究改进还相对比较薄弱。而气泡均匀性是发泡剂的重要性能，其改进可以直接提升泡沫混凝土制品的气孔均匀性，改善制品保温、吸能、隔音等各项性能。因此，在泡沫混凝土发泡剂气泡均匀性方面开展进一步的研究并进行相关技术的改进，具有十分重要的意义和价值。

3.3.2 中国专利技术功效

本小节对中国专利申请中主要对发泡剂提出技术改进的 42 件专利申请进行技术功效的分析，并按照泡沫混凝土发泡剂的分类分别归入松香树脂类、合成表面活性剂类、蛋白类以及复合类。按照前文中国泡沫混凝土发泡剂领域专利申请发展的 3 个阶段，分析每一阶段不同类型发泡剂的专利申请量，以此来反映中国泡沫混凝土发泡剂技术的发展趋势。

图 3 - 3 - 2 显示了中国泡沫混凝土发泡剂专利申请的技术功效。首先从该图中总体来看，在泡沫混凝土发泡剂的五项重要技术功效中，中国申请人对于起泡度、泡沫稳定性以及成本最为关注。由此可以看出中国申请人对于高性能且低成本的发泡剂产品的需求。在四种类型的发泡剂中，复合类和合成表面活性剂类的发泡剂在中国受到了更多的关注和研究。在发泡剂最为重要的 3 项性能——起泡度、气泡均匀性、泡沫稳定性当中，对于复合类和合成表面活性剂类发泡剂的研究和改进更为关注起泡度和泡沫稳定性。同时对于复合类发泡剂成本的研究也十分积极。蛋白类发泡剂由于其成本相对较高，在对成本比较敏感的中国市场使用受到一定限制，所以在中国其受到的关注也比较少。但是蛋白类发泡剂本身具有较好的起泡度和泡沫稳定性，只是在使用中存在异味。综合蛋白类发泡剂的特点，中国申请人对其研究主要集中在降低其成本以及环保性。至于松香树脂类发泡剂，中国申请人主要关注点仍在于进一步降低其成本。

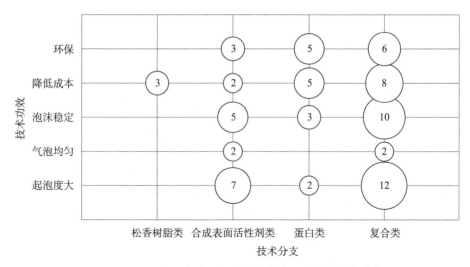

图 3 - 3 - 2　中国泡沫混凝土发泡剂专利申请的技术功效

注：图中数字表示申请量，单位为件。

从图 3 - 3 - 2 中我们还可以看出，中国申请人对于气泡均匀性的关注度目前还十分有限。而气泡均匀性是发泡剂最为重要的性能之一，其影响泡沫混凝土的气孔均匀性，直接决定泡沫混凝土及其制品的性能质量。因此，在中国对于泡沫混凝土发泡剂气泡均匀性的研究和提高，还有很大的空间。

图 3 - 3 - 3 显示了中国不同类型泡沫混凝土发泡剂在不同阶段的专利申请量。松香树脂类发泡剂虽然属于最传统的发泡剂类型，但是由于其最为低廉的成本，到目前为止仍有一定量的使用，针对松香树脂类发泡剂提出的专利申请虽然数量极少，但在各阶段都有出现。蛋白类发泡剂在性能上比较优异，但是受制于其相对较高的成本，其增长趋势并不明显。在图 3 - 3 - 3 所示各个阶段中，蛋白类发泡剂的申请量都不多，基本保持稳定。合成表面活性剂类发泡剂由于容易规模化生产，发泡效果优于松香树脂类发泡剂，成本低于蛋白类发泡剂，从而获得了一定的市场认可。合成表面活性剂类发泡剂的专利申请量在各阶段稳步提高，已经成为中国申请人重点关注的发泡剂类型之一。复合类发泡剂在中国起步较晚，第一阶段尚没有出现关于复合类发泡剂的专利申请。但是，复合类发泡剂可以综合各种类型发泡剂的优势，克服单一类型发泡剂所存在的不足，在性能上满足各项生产应用的需求。同时由于具有较为理想的生产制造成本，其在进入中国市场较短的时间内便获得了快速的发展。从图 3 - 3 - 3 中可以看出，按时间顺序划分的 3 个发展阶段中，复合类发泡剂的专利申请量呈现了快速增长的趋势。到目前为止，复合类发泡剂已经是中国专利申请中数量最多的类型，其申请量超过了其他各类型发泡剂申请量的总和。

从以上分析可以看出，松香树脂类发泡剂仍然没有退出市场，但其使用范围十分有限，已不属于主要关注类型。蛋白类和合成表面活性剂类发泡剂都有其各自特点，仍具有广泛的应用市场，是市场主要关注的泡沫混凝土发泡剂类型，重点关注如何克服其存在的不足。复合类发泡剂是当前最重要的受关注类型，根据其专利申请量的快速发展势头，复合类发泡剂在今后一段时间内仍将是市场的主要产品。其关注重点在于进一步优化其产品性能并合理控制成本。

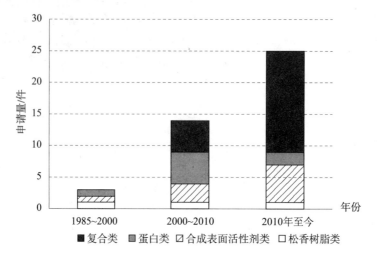

图 3 – 3 – 3　中国不同类型泡沫混凝土发泡剂在不同阶段的专利申请量

3.4　重要申请人

本小节就花王和同济大学这两个重要申请人进行专利技术分析。

3.4.1　花　　王

花王创立于 1887 年，是一家具有 120 多年历史的公司。花王在东京日用化学品市场上有较高的知名度，其产品包括美容护理用品、健康护理用品、衣物洗涤及家居清洁用品及工业用化学品等。1993 年创建上海花王有限公司。花王涉及泡沫混凝土发泡剂的专利申请共 39 项。

图 3 – 4 – 1 显示了花王全球泡沫混凝土发泡剂专利申请量随时间的变化趋势。

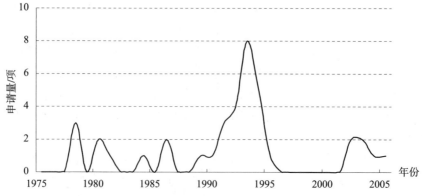

图 3 – 4 – 1　花王全球泡沫混凝土发泡剂专利申请量趋势

　　从图 3-4-1 中可以看出，花王在 1978 年开始进行泡沫混凝土发泡剂相关专利申请，之后都保持了少量的申请。20 世纪 80 年代末和 90 年代初在德国、美国完成一系列收购后，花王实力倍增，1991～1994 年其泡沫混凝土发泡剂专利申请达到峰值。随后，受累于日本国内经济不景气以及周边市场经济环境不佳的双重影响，并且花王的主体业务仍然在于日用化学品，所以泡沫混凝土发泡剂专利申请一度停止，在 2002～2005 年间有少量申请之后，至今尚无新的申请出现。

　　从花王泡沫混凝土发泡剂专利的申请目的地来看，其主要市场仍然集中在日本，除表 3-4-1 中列出的 3 项申请外，其余申请均未在国外进行布局。从花王为数不多的对外专利申请来看，其泡沫混凝土发泡剂主要的目标市场在于欧洲、北美以及中国。

表 3-4-1　花王泡沫混凝土发泡剂对外专利申请情况

优先权	最早优先权日	申请目的地国家/地区
JP19780117682	1978 年 9 月 25 日	日本、英国、法国、荷兰、德国、美国、加拿大
JP19790004111	1979 年 1 月 17 日	日本、英国、法国、德国、美国、加拿大
JP20030047491	2003 年 2 月 25 日	日本、欧洲、中国、美国

　　图 3-4-2 显示了花王各类型泡沫混凝土发泡剂专利申请的比例。

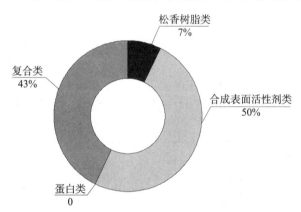

图 3-4-2　花王各类型泡沫混凝土发泡剂专利申请比例

　　花王的专利申请中，共涉及 3 种发泡剂类型：合成表面活性剂类、复合类、松香树脂类。作为一家传统的化工合成企业，花王在化学合成工艺技术上具有很大的优势。花王的泡沫混凝土发泡剂以合成表面活性剂类为主，占到了其发泡剂申请量的一半。同时，包含合成表面活性剂的复合类发泡剂也是花王申请的主要发泡剂类型。花王对于松香树脂类发泡剂关注较少，并且没有涉及蛋白类发泡剂的专利申请。

　　图 3-4-3 显示了花王在泡沫混凝土发泡剂领域的技术路线。

年份	～1979	1980~1989	1990~1999	2000～
松香树脂类			JPH0412073A 多价松香树脂酸盐	
合成表面活性剂类	JPS5547257A 阳离子表面活性剂 JPS5547258A JPS5547259A 两性表面活性剂	JPS5547260A 烯烃磺酸盐	JPH0367553A 水溶性表面活性剂	
		JPH0372937A 水不溶或水难溶 表面活性剂	JPH068763A 羟基苯磺酸金属 盐与甲醛缩聚物	
蛋白类		JPS5595656A 不饱和二羧酸或其 酸酐与烯烃盐	JPS6360141A 凝结剂与阴离子或 非离子表面活性剂	
复合类		JPS5742565A 水溶金属盐与 水溶低聚物		JP2003113060A JP2005154241A 烷基醚硫酸酯盐与醇
				JP200642012A 阴离子表面活性剂 与阳离子聚合物

图 3－4－3　花王在泡沫混凝土发泡剂领域的技术路线

① 针对合成表面活性剂类发泡剂，花王在 1978 年的专利申请中开始出现该类型的发泡剂，起初以烃类的阴离子表面活性剂或两性表面活性剂为主。20 世纪 80 年代末和 90 年代初，为了与更多类型的混凝土泥浆相适配，花王陆续提出了包含水不溶性或水难溶性表面活性剂以及羟基苯磺酸金属盐与甲醛缩聚物的发泡剂的专利申请。2000 年后，涉及合成表面活性剂类发泡剂的专利申请便没有再出现。

② 复合类发泡剂在 1980 年后逐渐成为花王的专利申请重点，起初专利申请主要为合成表面活性剂与其他添加剂的复合。虽然 20 世纪 90 年代花王针对复合类发泡剂的专利申请一度停止，但是在 2000 年后涉及该类型发泡剂的专利申请又开始增加，其技术方案已经过渡至采用新型合成表面活性剂以及采用多种合成表面活性剂制成复合类发泡剂，主要目的在于提高泡沫混凝土发泡剂的起泡度和泡沫稳定性。

③ 针对松香树脂类发泡剂，花王仅在 1990 年对于松香树脂酸盐类发泡剂有过专利申请，之后便再无涉及。而对于蛋白类发泡剂，该公司始终没有涉及。

图 3 - 4 - 4 显示了花王泡沫混凝土发泡剂的技术功效分布。

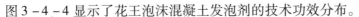
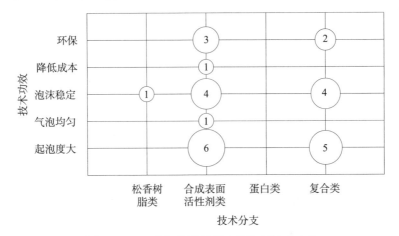

图 3 - 4 - 4　花王泡沫混凝土发泡剂技术功效

注：图中数字表示申请量，单位为件。

课题组对花王的泡沫混凝土发泡剂专利申请进行了分析和梳理，从中选择了能够明确阐明技术功效的专利申请进行了分析，展示了根据上述分析得到的技术功效分布。从图 3 - 4 - 4 中可以发现，在四种类型的发泡剂中，花王研究的重点在于合成表面活性剂类与复合类发泡剂。从技术功效来看，其研究相对集中在如何提高发泡剂的起泡度和泡沫稳定性上。此外，对于发泡剂产品环保性能的研究，也是花王比较重要的方向，这与花王一直着眼于生产环保产品、为社会的可持续发展作贡献的公司理念也是相契合的。综合来看，花王的主要研究工作相对集中在通过使用合成表面活性剂类和复合类发泡剂提高发泡剂的起泡度、泡沫稳定性以及产品环保性。

3.4.2　同济大学

同济大学建立于1907年，是国内外享有较好声誉的著名高校。同济大学是国内较早在建筑节能以及泡沫混凝土等方面进行研究的高校，在相关领域取得了许多优秀的研究成果。

同济大学涉及泡沫混凝土发泡剂的专利申请共7件，集中在2011年至2013年间，以马一平、孙振平和杨正宏三位教授的团队为主要发明人。这7件专利申请都仅在中国国内布局，并未在国外进行申请（截至2014年4月1日）。

图3-4-5显示了同济大学各类型泡沫混凝土发泡剂专利申请所占比例。在同济的专利申请中，涉及3种发泡剂类型：蛋白类、复合类和松香树脂类。虽然一般认为蛋白类发泡剂的成本相对较高，但是其在发泡性能上具有一定的优势；而作为以研究为主的高校，对于成本的敏感度不及企业，因此同济大学的泡沫混凝土发泡剂以蛋白类为主，占了其发泡剂申请量近一半。同时，松香树脂类和复合类发泡剂也是同济大学主要申请的发泡剂类型。同济大学没有涉及合成表面活性剂类发泡剂的专利申请。

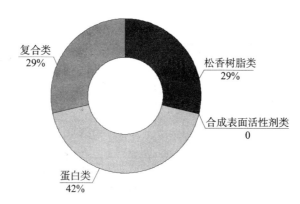

图3-4-5　同济大学各类型泡沫混凝土发泡剂专利申请比例

图3-4-6显示了同济大学在泡沫混凝土发泡剂领域的技术路线。由于申请量较少以及作为科研单位的特点，在该技术路线图中并没有明确反映出其在某类技术上的延续性。

① 针对蛋白类发泡剂，在同济大学2011年和2013年的申请中都采用了动物蛋白类发泡剂，重点在于提高所产生泡沫的稳定性。

② 针对松香树脂类发泡剂，2012年孙振平教授团队的申请中使用了茶皂素或松香皂类发泡剂，主要目的在于显著提高泡沫混凝土的经济效益。

③ 针对复合类发泡剂，同济大学通过表面活性剂类与蛋白类发泡剂以及其他助剂的复合，提高了发泡剂的起泡程度、泡沫稳定性并使成本降低。

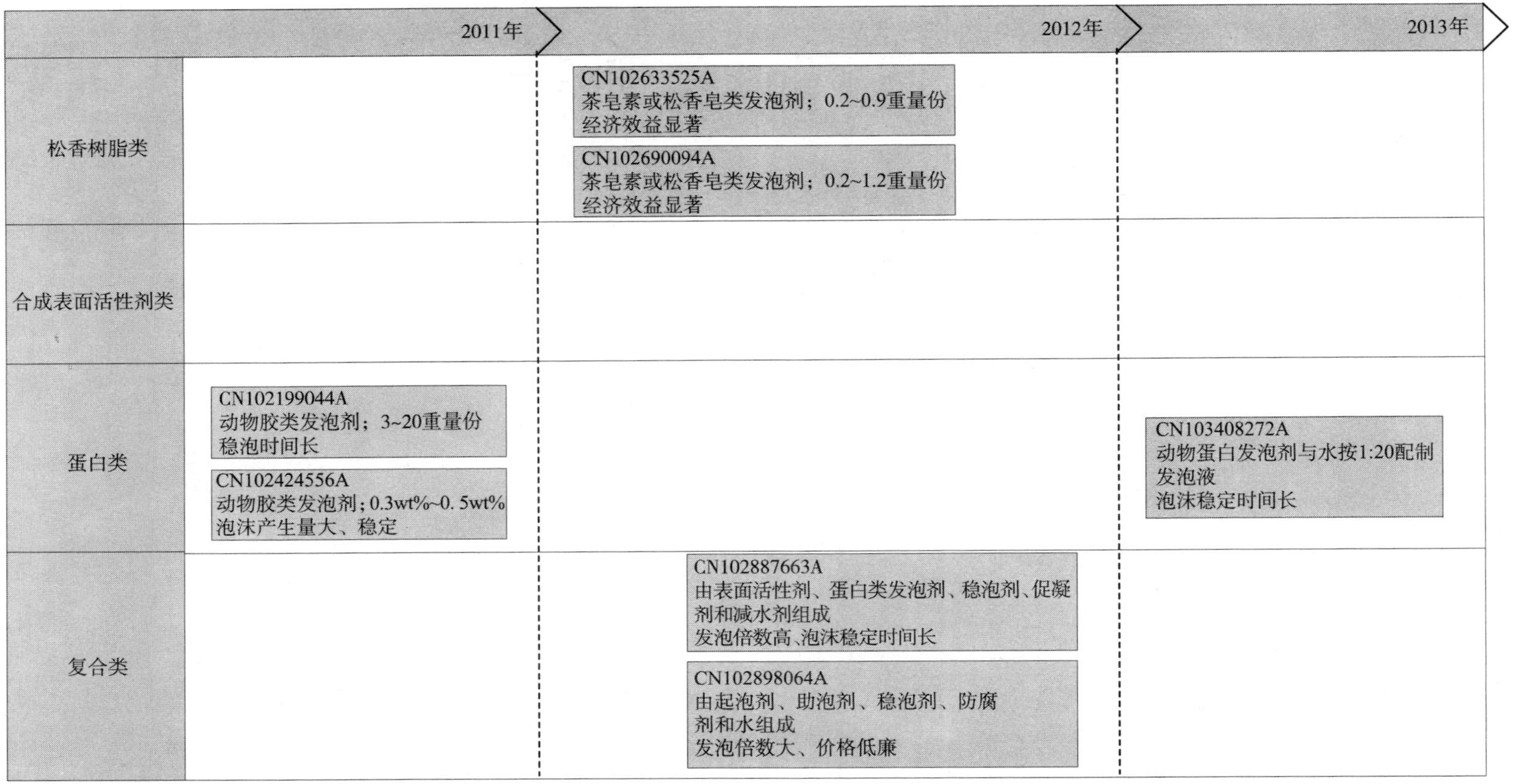

图3-4-6　同济大学在泡沫混凝土发泡剂领域的技术路线

图3-4-7显示了同济大学泡沫混凝土发泡剂的技术功效分布。

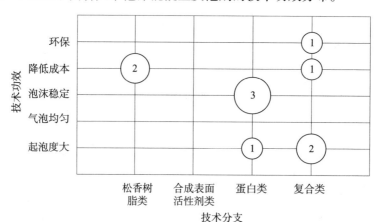

图3-4-7　同济大学泡沫混凝土发泡剂技术功效

注：图中数字表示申请量，单位为件。

从图3-4-7中可以看出，同济大学研究方向较为分散，对于蛋白类、复合类和松香树脂类发泡剂均有涉及。从技术功效来看，关注点主要在于提高发泡剂的起泡程度和泡沫稳定性以及降低产品成本。综合来看，同济大学的研究工作相对集中在通过使用蛋白类和复合类发泡剂提高发泡剂的起泡程度、泡沫稳定性以及降低成本。

3.5　小　　结

① 就泡沫混凝土发泡剂的专利申请数量而言，中国申请人与国外申请人相比存在较大差距，一定程度上反映了我国在泡沫混凝土发泡剂技术研发方面的不足。

② 综合技术发展趋势以及市场情况，复合类发泡剂目前仍旧是研究和发展的重点。

③ 对于泡沫混凝土发泡剂气泡均匀性的研究和提高可以作为今后技术发展的突破方向。

第4章 泡沫混凝土应用专利分析

目前，泡沫混凝土应用广泛，且技术发展已相对成熟。就全球范围内而言，泡沫混凝土最初的产生缘于北欧寒冷国家的建筑保温，由于泡沫混凝土应用受到较为严格的地域性限制，目前关于泡沫混凝土的最主要应用仍集中于建筑保温领域中；但基于泡沫混凝土表现出的诸多优点，其应用领域还有很大的发展空间，而且从泡沫混凝土工艺方法发展来看，每当有新的应用出现时，往往也会推动新的制备工艺出现，为行业技术发展提供新的动力。

本章以泡沫混凝土保温板为主要研究对象，对泡沫混凝土在建筑保温中的应用进行全球专利态势分析，其中主要包括对全球及中国专利申请趋势、主要国家和地区专利申请分布、重要申请人等数据加以梳理，以期对企业乃至行业提供参考及建议。其中泡沫混凝土保温板指的是应用于建筑保温中的，以水泥、发泡剂、掺合料、增强纤维及外加剂等为原料制成的轻质多孔水泥板，也称发泡水泥保温板、泡沫水泥保温板、水泥基泡沫保温板。本章主要从以板产品形式申请保护的泡沫混凝土保温板入手加以研究分析。

另外，本章也对全球范围内泡沫混凝土的其他应用作简要分析，其中着重分析高技术领域，诸如机场阻滞系统、复合生态节能、电磁屏蔽、抗爆、海上工程、核设施工程等领域泡沫混凝土特殊应用的专利申请态势及在中国的布局情况。

4.1 全球专利申请态势

本节对泡沫混凝土保温板的全球专利申请概况进行分析。专利申请数据来源于WPI 检索系统，截至 2014 年 5 月 14 日，关于泡沫混凝土保温板的全球专利申请数量为638 项，其中中国为 471 项。

4.1.1 专利申请趋势

多年来，虽然泡沫混凝土的应用范围不断拓展，但它的主要应用始终在于浇注建筑保温层上。尽管泡沫混凝土也可预制成保温砖、砌块、墙板、夹芯构件、装配式构件等，形式灵活多变，但以产品形式作为保护的泡沫混凝土保温板的专利申请在全球范围内（除中国外）一直不够活跃，如图 4-1-1、图 4-1-2 所示，关于泡沫混凝土保温板的专利申请数量也一直不高，但其年申请量相对比较平稳。

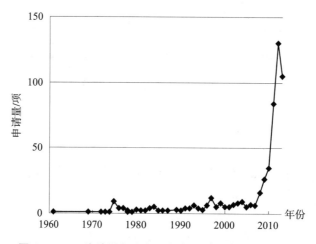

图 4 - 1 - 1　泡沫混凝土保温板领域全球专利申请趋势

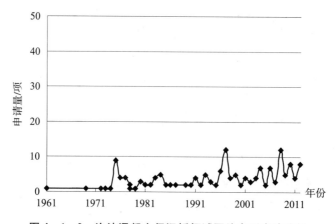

图 4 - 1 - 2　泡沫混凝土保温板领域国外专利申请趋势

由图 4 - 1 - 1 可以看出，在 2010 年前后，关于泡沫混凝土保温板的专利申请量增长迅速，其原因在于中国专利申请量的大幅增加推动了全球专利申请量的增长。这正是由于中国建筑易燃、可燃外保温材料引发的火灾多发，给社会造成了大量的人员伤亡和财产损失，引起了社会大众的广泛关注，尤其是公安部 65 号文明确规定民用建筑外保温材料采用燃烧性能为 A 级的材料，同时由于我国政府颁布多项节能环保、绿色建材的鼓励政策，泡沫混凝土保温板作为 A 级防火建筑外保温材料引起了我国社会大众的关注和相关主体的研发、生产热潮，从而带动了该领域专利申请量的快速增长。

4.1.2　区域分布

参考图 4 - 1 - 3，从泡沫混凝土保温板相关专利申请的所属国家来看，对于建筑节能一直十分关注的日本、韩国、俄罗斯、美国、德国等国是除中国之外的泡沫混凝土保温板的主要申请国，其中以日本、德国、韩国申请数量较多。中国由于近年来对建筑节能的日益关注、建筑总量的持续增长而导致的对建筑材料需求的增加、国家对于建筑外保温材料的要求以及相关绿色节能环保政策的鼓励，关于泡沫混凝保温板的专利申请快速增长，已占据了全球专利申请数量的近75%，大幅领先于其他国家和地区。

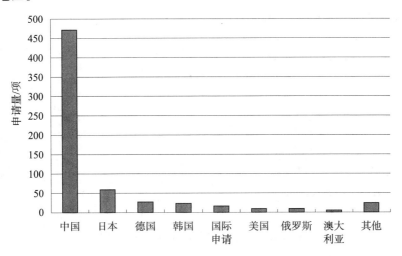

图4-1-3　泡沫混凝土保温板领域全球专利申请国家/地区分布

通过分析中、日、韩、德四国泡沫混凝土保温板领域的专利申请趋势（参见图4-1-4）可知，中国在专利法律制度建立之初便有了关于泡沫混凝土保温板的专利申请，可见中国对于本领域的关注并不落后。但由于之前中国粗放型的经济发展以及人们对于建筑、起居环境品质的要求不高，加之中国建立专利制度的时间较短，专利普及程度和专利保护意识不高，相当程度上也制约了专利申请数量的增长，因此在泡沫混凝土保温板的专利申请中积极性不高，多年来一直在低申请数量徘徊，涨幅并不明显。近年来、特别是2010年以后，由于国家对于节能环保建筑及外保温材料的要求、相关绿色建筑材料的政策鼓励以及人们生活品质的要求和专利保护意识的不断提高，中国在泡沫混凝土保温板领域的专利申请量急速增长，一跃成为全球申请量首位。

日本、韩国自身资源极其匮乏，这注定其非常重视节能、环保技术，关注相关节能、环保技术的开发和利用，因此在关于泡沫混凝土保温板的相关专利申请中积极性也相应高于其他国家。

德国、美国作为世界上的发达国家，由于建筑材料的质量需求及对节能、环保的一贯重视，对于泡沫混凝土保温板的专利申请一直保持相对平稳申请的态势。

而以俄罗斯为代表的欧洲国家，由于所处纬度高，属于高寒地区，对于建筑保温要求相对较高。这就决定了相应国家对于泡沫混凝土保温板的专利申请也保持相对平稳的态势。

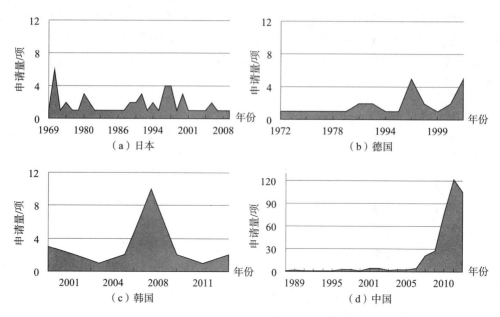

图4-1-4　中、日、韩、德四国泡沫混凝土保温板领域专利申请的时间趋势

4.1.3　申请人分析

通过图4-1-5研究发现，在全球泡沫混凝土保温板领域中，专利申请分布极其分散，数量不成规模，申请量前几位的申请人所持申请量也仅为10余项。由此可以看出泡沫混凝土保温板领域整体上的确技术门槛不高，技术准入较易，技术集中程度较低，各个申请人也相应缺少不可替代的核心技术。

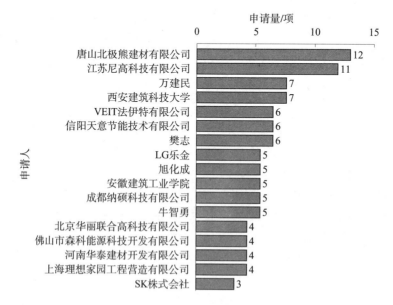

图4-1-5　泡沫混凝土保温板领域全球专利申请人分布

从申请人所属国家分布来看，与全球申请国/地区分布趋势相同，近年来中国专利申请的迅猛增长，使得申请量前三位的申请人均为中国企业或个人。在除中国之外的他国申请人排名中，德国、韩国、日本的申请人较多，并且全部为公司申请人。从主要申请人的申请量排名也可以看出，去除中国因素外，德国、日本和韩国在泡沫混凝土保温板领域中一直占据着重要地位。而从所处的行业领域来看，主要外国申请人多为跨领域的集团企业，但通过查阅相关企业的资料，包括泡沫混凝土保温板在内的泡沫混凝土业务在这些集团企业全部业务中并不占据主要、核心地位。同时，由于泡沫混凝土应用的地域性限制及其在节能、环保材料中所占份额权重较少，上述关于泡沫混凝土保温板的专利申请均以各自本国市场为主，对外少有相应的专利申请及布局。

4.2　中国专利申请态势

本节主要从中国专利申请发展趋势、专利申请的区域分布、主要申请人等方面分析泡沫混凝土保温板领域的中国专利申请态势。专利申请数据来源于 CPRS 检索系统，截至 2014 年 4 月 10 日，关于泡沫混凝土保温板的中国专利申请（包括发明专利申请和实用新型专利申请）共 386 件。

4.2.1　专利申请趋势

如图 4 - 2 - 1 所示，总体来说，中国泡沫混凝土保温板领域的专利申请的发展状况可以分为以下几个阶段：第一阶段为初期，主要是 20 世纪 80 年代到 21 世纪初期，年专利申请量较少，究其原因在于中国粗放型的经济发展模式以及人们对于建筑、起居环境品质的要求不高，加之我国建立专利制度的时间较短，专利普及程度和专利意识不高，这个时期无论是技术还是专利申请，均处于探索阶段；第二阶段为 21 世纪初到 2009 年左右，经过之前的专利申请探索，加之专利意识的不断提高，年专利申请增长有所增加，但增长幅度不大；第三阶段为高速增长期，主要为 2010 年至今，专利申请有了井喷式的增加，主要是由于产业政策的刺激和导向作用，在此期间，我国关于泡沫混凝土保温板的专利申请量已跃居世界首位。其中 2013 年较 2012 年申请有所降低，原因在于部分于 2013 年申请的专利申请处于尚未公开和/或未公布的阶段。

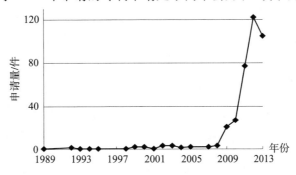

图 4 - 2 - 1　泡沫混凝土保温板领域中国专利申请趋势

4.2.2 区域分布

将国内专利申请按照省份进行划分得到的结果（参见表4-2-1）显示，江苏（69件）、山东（50件）、北京（53件）等经济发达省市申请踊跃，专利申请量明显高于中西部地区，为国内专利申请量排列的第一梯队；河北（21件）、河南（24件）、广东（22件）、辽宁（18件）、上海（14件）、四川（14件）等经济大省为第二梯队；西藏、海南、贵州、青海申请量为0。总体来说，国内申请区域分布与我国经济发展水平是相对应的，与经济发展分布不平衡相一致。

表4-2-1 泡沫混凝土保温板中国专利申请省份分布

省份	申请量/件	省份	申请量/件
江苏	69	陕西	10
北京	53	浙江	8
山东	50	福建	6
河南	24	江西	6
广东	22	广西	3
河北	21	山西	3
辽宁	18	天津	3
上海	17	香港	3
四川	14	重庆	3
安徽	12	湖南	2
黑龙江	11	吉林	2
湖北	11	云南	2
新疆	11	内蒙古	1

由于泡沫混凝土应用的地域性限制及其在节能、环保材料中所占份额权重较少等因素，泡沫混凝土保温板相关专利均以本国市场为主，国内申请人基本很少向国外布局，国外申请人也基本没有向中国提出相关专利申请并进行相应专利布局。通过中国专利申请的申请人国别分析，在中国申请中仅有1件专利申请是通过《保护工业产权巴黎公约》（以下简称《巴黎公约》）渠道进入中国的国外在华专利申请（澳大利亚），但在中国并未取得相应的授权保护。另外，我国港澳台地区也有零星申请，数量也较少，其中香港地区申请为3件。

4.2.3 专利申请类型及法律状态

如图4-2-2所示，泡沫混凝土保温板领域中国专利申请中实用新型申请的比例超过50%，达到约62%，这与该领域技术发展相对成熟、技术创新高度不够、行业准入门槛低、个人申请量大的现状相吻合。

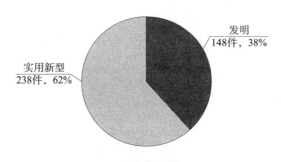

图 4-2-2　泡沫混凝土保温板领域中国专利申请类型

通过对中国专利申请是否获得授权及申请获得授权后维持是否有效的统计分析，得到表 4-2-2。可以看出，对于发明专利申请，授权量较低。究其原因在于中国发明专利申请在近几年内集中申请，部分专利申请仍处于在审状态；以及由于泡沫混凝土保温板领域技术发展相对成熟、发明创造程度相对较低，部分专利申请被驳回或被视为撤回。

表 4-2-2　泡沫混凝土保温板领域中国专利申请法律状态汇总　　　单位：件

类型	申请量	授权量	授权后目前维持有效量	失效原因	
				费用终止放弃	专利权有效期届满
发明	148	32	31	1	
实用新型	238	238	192	42	4

泡沫混凝土保温板领域中国发明专利申请 148 件中，已获得授权共 32 件，其中由于费用终止而放弃 1 件，26 件为 2010 年后获得授权专利保护。其中专利有效保护期超过 10 年的专利共有 5 件：专利号为 CN00100541.3、CN00100542.1、CN00100543.X 的专利均涉及组合面板及由其构成的建筑围护结构，在泡沫混凝土中设有加强肋，表层设有抗裂材料增强的水泥面层，另一侧设有内置连接件及相应固定孔，发泡水泥与水泥面层的结合部位设有加强筋，周边设有连接槽；专利号为 CN02159997.1 的专利，涉及泡沫混凝土复合板，其中铺设有玻璃纤维布并在泡沫混凝土中设置有钢桁架，表层具有增强水泥层；专利号为 CN03156394.5 的专利，涉及具有水泥面层的发泡水泥板用于地暖地板。

实用新型专利申请获得授权且目前维持有效的约为 80%，其中由于费用终止放弃共 42 件，由于专利有效期届满放弃共 4 件。获得授权且目前维持有效的 192 件中，有 191 件为 2010 年后获得授权专利保护。

4.2.4　申请人分析

本小节将主要从申请人类型以及申请人专利申请量排名等角度揭示中国专利申请人的综合状况。

（1）申请人类型

由图4-2-3可以看出，目前中国泡沫混凝土保温板相关专利申请中，已初步形成产、学、研相互配合的申请态势。其中，公司企业是专利申请的主体，以公司名义申请的数量已超过50%，同时由于泡沫混凝土保温板领域技术门槛低，因此存在着大量的个人申请。此外，高校、科研院所的申请量接近10%。

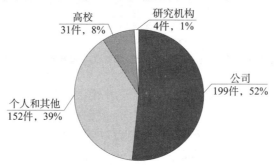

图4-2-3　泡沫混凝土保温板中国专利申请人类型分布

总之，泡沫混凝土保温板领域中国专利申请人类型分布与泡沫混凝土领域企业数量多、分散不集中，大学、科研院所不重视、科研投入小，行业准入技术门槛低有很大关系。

（2）申请人排名

通过对中国专利申请人排名图4-2-4的研究发现，在泡沫混凝土保温板相关专利申请中，国内申请人分布也极其分散，数量不成规模，申请量前两位的申请人所持申请量也仅为10余件。由此可以看出泡沫混凝土领域整体的确技术门槛不高，技术准入较易，技术集中程度较低，各个申请人同样缺少不可替代的核心技术。在居前十位的申请人排名中，公司企业占据6位，个人申请占据3位，高校占据1位。

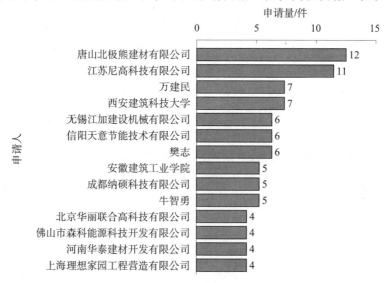

图4-2-4　泡沫混凝土保温板领域中国专利申请人分布

此外，通过对中国专利申请人的分析发现，国内较大规模、具有一定知名度的泡沫混凝土保温板生产企业在泡沫混凝土保温板方面的专利申请数量少，专利布局基本无从谈起，如山东天意机械股份有限公司、山西潞城市泓钰节能建材有限公司、河南华泰建材开放有限公司、北京太空板业股份有限公司等。

山东天意机械股份有限公司作为高新技术企业，一直致力于国家资源节约、环境保护的技术及装备产业化运作，主导产品为轻质墙板成型机、水泥发泡保温板生产线、石膏墙板成型机、机制烟道机等，在行业具有较高的市场占有率，已成为中国乃至世界的墙板机械装备的重要技术研发中心，目前承担 2013 年国家发改委组织实施的建材行业低碳技术创新及产业化示范工程专项泡沫混凝土保温板项目。其申请专利 30 余件，其中关于保温板的申请中涉及配方改进 2 件（申请号为 CN201210331910.9、CN201310056839.2）、涉及保温板紧固件结构改进 1 件（申请号为 CN201320164480.6），其余多涉及墙板装备专利申请，包括墙板成型模具（申请号为 CN201020124924.X）、发泡搅拌机（申请号为 CN201220216267.0）、无机水泥发泡保温板生产线（申请号为 CN201320713155.0、CN201320164478.9）等。

山西潞城市泓钰节能建材有限公司主要从事保温建材系列产品的研发生产，自 2009 年始研究 WQ 无机泡沫保温板（泡沫混凝土保温板）并已正式规模生产、投放市场，目前承担 2013 年国家发改委组织实施的建材行业低碳技术创新及产业化示范工程专项泡沫混凝土保温板项目。但其关于泡沫混凝土保温板专利申请仅 1 件（申请号为 CN201210186668.0），涉及配方改进。

河南华泰建材开发有限公司是国内从事泡沫混凝土研究、应用较早的企业，长期致力于建筑节能及保温材料的研发和推广，处于行业领先地位，是全国较大的泡沫混凝土（发泡水泥）生产企业。产品主要集中在发泡水泥屋面保温、发泡水泥地暖、泡沫混凝土垫层和泡沫混凝土设备。其专利申请中涉及泡沫混凝土配方改进 4 件（申请号为 CN200810141425.9、CN201310318775.9、CN201310243692.8、CN201310243669.9），涉及泡沫混凝土保温板自动切割设备 4 件（申请号为 CN201210087332.9、CN201220124671.5、CN201220124675.3、CN201220124687.6），涉及泡沫混凝土搅拌机（申请号为 CN201020241367.X）、发泡机（申请号为 CN201320476507.5）、泵送机（申请号为 CN200820149374.X）等设备多件。

北京太空板业股份有限公司为高新技术企业，以发泡水泥复合板为主要产品，作为建筑围护——外墙板、内隔墙板、楼板及屋面板的使用，广泛应用于大跨度工业厂房、大型公用设施及装配式住宅。其专利申请涉及发泡水泥配方改进 2 件（申请号为 CN201310014468.1、CN201310290154.4）、发泡水泥复合板 1 件（申请号为 CN02159997.1），其余涉及屋面板（申请号为 CN95223489.0）及建筑组装方法（申请号为 CN200810105857.4）等。

4.3 技术需求分析

通过对泡沫混凝土保温板领域相关专利申请进行梳理，课题组从中选择了能够明确阐明技术功效、记载解决其技术手段的专利申请进行了分析，展示了根据上述分析得到的技术需求分布并对选择的重要专利加以汇总。

4.3.1 国外专利申请技术需求

从图4-3-1中可以发现国外关于泡沫混凝土保温板的申请中，仅通过泡沫混凝土单一技术手段作为保温隔热材料加以专利保护的申请并不多，在泡沫混凝土保温板中多通过纤维（包括有机纤维、无机纤维、钢纤维）、钢网、桁架等加强筋、加强肋、加强网（架）以增加泡沫混凝土板的强度，同时辅以其他功能材料相复合以实现相应功能，其中例如与其他绝缘材料复合以增强隔热、防火功能，与聚合物泡沫层复合以实现隔声、消声功能方面的申请比例较高。此外，对以泡沫混凝土保温板为基础实现抗菌杀虫、防爆、防水等功能也有所尝试。表4-3-1给出了部分国外相关专利申请信息。

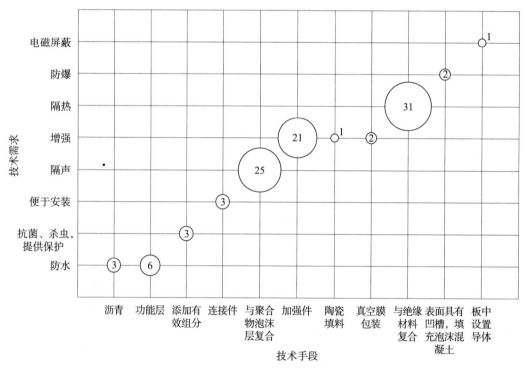

图4-3-1 泡沫混凝土保温板领域国外专利申请技术需求

注：图中数字表示申请量，单位为项。

表4-3-1 国外相关专利申请信息

申请号/公开号	技术需求	技术手段
FR2225945A	增强	发泡水泥叠合树脂浸渍玻纤板
JP19830088294	增强	涉及金属网增强
AU19920015903	增强	泡沫混凝土芯叠合纤维水泥面板

续表

申请号/公开号	技术需求	技术手段
KR20010056936	增强	钢框架填充发泡混凝土
JP20040337572	增强	金属板件填充泡沫混凝土并配有框架
KR20060035347	增强	泡沫混凝土复合钢板、金属丝网和纤维
KR20040017820	增强	涉及真空包装袋包覆泡沫混凝土板
GB1385512A	隔热、防火	石棉水泥板与泡沫混凝土芯层复合
DD19840266651	隔热、防火	在泡沫混凝土层间叠层有水泥木丝层
DE1997050054	隔热、防火	与膨胀珍珠岩板复合
DE201020009060U	隔热、防火	在泡沫混凝土外壳中填充有热绝缘材料聚氨酯
EP19830101708	隔热、防火	泡沫混凝土与泡沫聚合物矿物纤维板叠层
JP19810101312	隔热、防火	混凝土板中具有膨胀火山玻璃
JP19890136895	隔热、防火	在泡沫混凝土层间叠层有水泥木丝层
RU20110131938	隔热、防火	在中空泡沫混凝土中填充热绝缘物
JP20050328143	隔声、消声	泡沫水泥中添加有闭孔玻璃泡沫
KR20080108756	隔声、消声	泡沫混凝土与发泡聚苯乙烯复合
KR20090060055	隔声、消声	泡沫混凝土层与聚酯吸声层和泡沫聚苯乙烯复合
JP19780128326	隔声、消声	在泡沫混凝土中添加抗菌剂
JP19860200410	抗菌、杀虫	在泡沫混凝土中添加杀鼠剂或杀虫剂
JP19940041181	防爆	在板块间凹槽内填充泡沫混凝土
JP19810079786	防水	涂覆硅烷防水剂
JP19840136524	防水	泡沫混凝土涂覆沥青层

4.3.2 中国专利申请技术需求

从图4-3-2中可以发现，中国关于泡沫混凝土保温板的专利申请中，在建筑保温应用中，多集中在泡沫混凝土保温板的强度增强和多种保温绝缘材料复合以增强保温隔热功能。通过防水卷材、复合防水膜及沥青或树脂层等防水手段的使用以达到防水效果。通过将发泡水泥薄板分割缝形成多块发泡水泥小板后在于整块发泡水泥薄板黏结从而获得大尺寸抗裂发泡水泥单面复合保温板。此外还有通过对连接件的改进如设置瓦楞状连接槽、凹槽和凸榫、如卡插式相互对应的豁口、定位孔和锚固件、便于焊接的框架等手段实现便于安装的技术效果。此外，还包括增强、隔热、防水、抗裂及便于安装等多种手段的复合使用以获得多种效果。表4-3-2给出了部分中国相关专利申请信息。

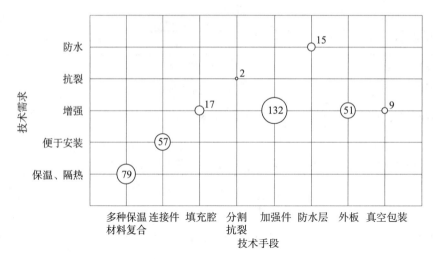

图4-3-2 泡沫混凝土保温板中国专利申请技术需求

注：图中数字表示申请量，单位为件。

表4-3-2 中国相关专利申请信息

申请号	技术需求	技术手段
CN200920139947.5	增强	聚合物纤维
CN201210288933.6	增强	玻璃纤维
CN99211197.8	增强	玻纤网
CN201310568337.8	增强	纤维毡
CN99211197.8	增强	钢丝
CN03227027.5	增强	钢笼
CN200820217731.3	增强	钢板（壳）
CN201020143902.8	增强	硅钙板
CN201020631840.5	增强	石板
CN201010224793.7	增强	竹条
CN201210042479.6	增强	加强肋
CN201210144234.4	增强	真空包装袋
CN201320094110.X	保温、绝缘	聚苯乙烯
CN201010284017.6	保温、绝缘	泡沫塑料
CN201010141862.8	保温、绝缘	泡沫混凝土叠层
CN201310539546.X	保温、绝缘	岩棉
CN200910168112.7	保温、绝缘	膨胀珍珠岩
CN201120194603.1	保温、绝缘	发泡玻璃
CN201220531006.8	防水	防水卷材
CN201320046501.4	防水	复合防水膜
CN89203003.8	防水	沥青或树脂层
CN201120333349.9	抗裂	薄板分割缝

总之，自世界上首次出现真正现代意义上的泡沫混凝土以来，泡沫混凝土技术的发展已经相对成熟、完善，针对泡沫混凝土保温板应用而言更是如此。由附表1和附表2可以看出，无论是国外泡沫混凝土保温板专利申请，还是中国泡沫混凝土保温板专利申请，泡沫混凝土保温板技术的发展无非在于泡沫混凝土与其他功能材料相复合以及各种功能层间的组合，其中并无明确、完整的技术发展路线可循，完全可以对包括纤维、桁架、增强面板等在内的加强手段，有机、无机保温材料的复合，连接件的设置，以及其他功能层的使用等技术手段加以设计、自由组合，以获得满足工程技术要求的泡沫混凝土保温板。

4.4 重点申请人

由于泡沫混凝土保温板行业技术门槛不高，技术准入较易，申请人分布极其分散，因此本小节仅从泡沫混凝土保温板领域专利申请分布中选取申请量靠前的申请人唐山北极熊建材有限公司、江苏尼高科技有限公司、万建民、西安建筑科技大学、LG 集团加以分析。

唐山北极熊建材有限公司从事混凝土抗裂防水剂、防腐材料、混凝土外加剂、干混砂浆、混凝土制品以及硫铁铝酸盐水泥的生产、销售和科学技术研究，是河北省高新技术企业和明星企业。该公司在涉及泡沫混凝土保温板的申请中，关于泡沫混凝土保温板结构的专利申请 5 件，涉及使用水泥基防水外壳或金属面（CN201120048882.0、CN201120536494.7、CN201120049160.7、CN201120081817.8、CN201120081808.9）；关于泡沫混凝土保温板制作工艺的申请 4 件（CN201110046837.6、CN201110050708.4、CN201110073024.6、CN201110073032.0）；关于泡沫混凝土保温板现浇工艺的申请 2 件（CN201110073033.5、CN201110046799.4）；关于使用可再分散高分子聚合物和有机硅防水剂和/或硬脂酸盐的防水外壳用自流平水泥砂浆干粉的保温板 1 件（CN201110050707.X）。

江苏尼高科技有限公司是常州市建筑科学研究院有限公司的全资子公司，是集环保装饰建材、节能保温材料、预拌砂浆系列、特征干粉砂浆、高铁新材料、高性能混凝土外加剂等产品研究开发、推广应用、生产销售、技术服务于一体的科技型企业。该公司涉及泡沫混凝土保温板的专利申请中，关于复合泡沫混凝土保温板用界面剂及应用该界面剂的保温系统的申请 2 件（CN201110225948.3、CN20112028199.0），关于泡沫混凝土保温板切割方法的申请 1 件（CN201110355485.2），关于复合泡沫混凝土保温板结构和组成改进的申请 8 件（CN201120346152.9、CN201120346154.8、CN201210042479.6、 CN201210281168.5、 CN201310196183.4、 CN201320245081.2、CN201310220365.0、CN201320319875.9），关于复合泡沫混凝土保温板的专利申请技术发展主要涉及泡沫混凝土保温板设置多层三维网格布形成的三维网格布骨架和填充三维网格布骨架的内部空间水泥发泡材料填充层、设置蜂窝结构和填充所述蜂窝结构的发泡水泥材料填充层、提供大掺量粉煤灰以降低成本的复合泡沫混凝土保温板等，具体参见图 4-4-1。

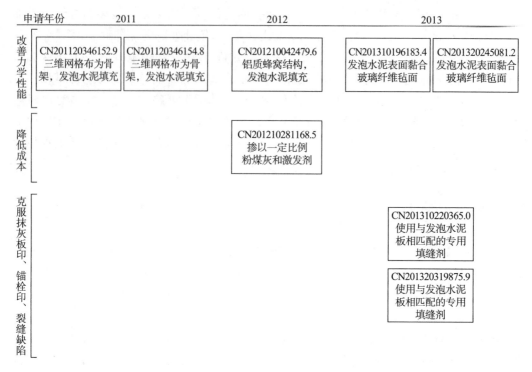

图4-4-1 江苏尼高科技有限公司关于复合泡沫混凝土保温板的专利申请技术路线

个人申请人万建民关于泡沫混凝土保温板的专利申请主要涉及无机保温芯材板外包覆有真空隔热袋从而形成真空隔热板（申请号为CN201210144234.4、CN201220212560.X等）。

申请量排名居前的高校是西安建筑科技大学，其关于泡沫混凝土保温板的专利申请中主要涉及改善泡沫混凝土保温板的受力性能，降低锚固施工对泡沫混凝土保温板的破坏，主要通过在泡沫混凝土保温板主体四个板角内侧分别设置同心异径通孔，所述孔中贯穿带檐空心管或同心异径管，并辅以设置加强网（申请号为CN201310100578.X、CN201320143026.2、 CN201320142763.0、 CN201310100757.3、 CN201320142762.6、CN201310100756.9、CN201320142920.8）。其专利申请技术发展如图4-4-2所示。

LG集团是领导世界产业发展的国际性企业集团，事业领域覆盖化学能源、电机电子、机械金属、贸易服务、金融以及公益事业、体育等多个领域，大量从事化工、能源、电子、电气、金属、机械、建筑、工程、贸易、金融、保险等业务。其中，虽然包括泡沫混凝土在内的建筑业务并非集团核心业务，但在该集团专利技术构成中泡沫混凝土同样也有所涉及，且多集中泡沫混凝土保温地板中，泡沫混凝土层与聚合物层复合使用以在工程建筑中减少撞击声音，起到隔声减震等作用，其中表面砂浆层覆盖泡沫混凝土层，在泡沫混凝土层下结合有包括缠绕纤维层、发泡聚合物层、膨胀聚合物层在内的多层有机聚合物层，同时还可辅以其他功能层如防渗层、缓冲层，其中所使用的有机聚合物包括发泡聚乙烯、膨胀聚丙烯、发泡淀粉等。图4-4-3为LG集团关于泡沫混凝土保温板的路线。

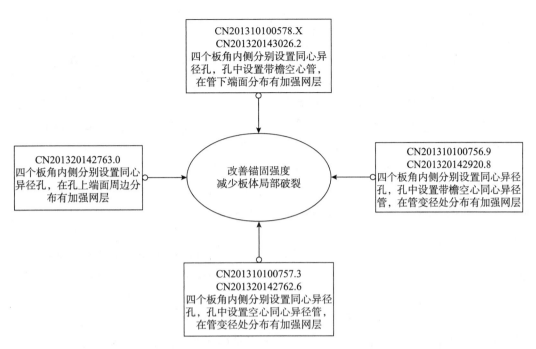

图 4 - 4 - 2 西安建筑科技大学关于泡沫混凝土保温板的专利申请技术路线

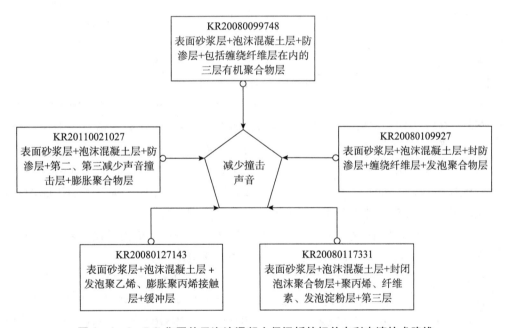

图 4 - 4 - 3 LG 集团关于泡沫混凝土保温板的相关专利申请技术路线

4.5 特殊应用

目前，泡沫混凝土主要应用于保温、隔声建筑材料领域、地面垫层、回填工程等，且技术发展已相对成熟。泡沫混凝土具有轻质、保温、隔热、吸声、隔声、耐火、防火、抗渗、防水、抗冲击波、抗电磁波、透水、透气、过滤、抗腐蚀、保水、吸能等几十种功能，且造价低廉，可应用于很多场合。显然，基于泡沫混凝土表现出的诸多优点，目前的应用领域还有很大的发展空间，而且从泡沫混凝土工艺方法发展来看，每当有新的应用出现时，往往也会推动新的制备工艺出现，为行业技术发展提供新的动力。因此，研究分析国内外专利申请中对于泡沫混凝土的新兴特殊应用，对我国泡沫混凝土相关企业的研发方向具有一定的借鉴意义。

本节对传统的常规应用如隔声、保温等不作研究，而着重分析高技术领域，诸如机场阻滞系统、复合生态节能、电磁屏蔽、抗爆、海上工程、核设施工程等泡沫混凝土特殊应用的专利申请态势及在中国的布局情况。

其中，相关专利介绍如下：

公开号为JPH0521983A的日本专利申请公开了一种电磁屏蔽材料，在轻质的泡沫混凝土板材中埋入接地的金属导体，从而实现电磁屏蔽的功能。所述泡沫混凝土板材经由蒸压釜养护而成。

公开号为EP0383142A的欧洲专利申请公开了一种能够吸收或衰减电磁波的材料，可以通过泡沫混凝土制备技术由硅酸钙水化相材料和气孔材料、余量的石英砂制成，可用于数码、雷达和医疗技术。

公开号为US6264735B1的美国专利申请公开了一种低铅泡沫混凝土的制备方法，1份波特兰水泥和0.001份稳定剂的干物料，与包含水和1份磨碎石灰石的混合物混合制成泥浆，再加入0.05份磷酸钙，通过添加泡沫调节密度，添加纤维并分散后形成混合材料，经注模、硬化、养护成型。所述材料用于防弹。

在公开号为US2004136488A1、US6617484B1、US6414211B1、US6087546A、JPS63150700A、GB1418541A、GB1039588A、GB1117231A的专利申请中，泡沫混凝土被用作核反应堆反应器内外壁的轻质填充、绝热材料。

在公开号为GB2365385A、GB1511846A的英国专利申请中，泡沫混凝土被用于制作海上建筑物的基础。同时，中国专利申请CN103485565A、CN203213087U、CN103103973A中，也公开了使用泡沫混凝土进行海上建造工程的应用。

公开号为CN103031817A的中国专利申请公开了一种蜂窝格构增强型复合材料双筒结构及应用其的防撞系统，其中的填充材料采用泡沫混凝土。

公开号为CN101235620A、CN201151863Y的中国专利申请公开了以泡沫混凝土为原料制备的现浇型机场跑道安全阻滞装置。作为此类应用，同类型的申请还包括CN101016203A、US2004141808A1、WO9835099A1、SU570953A、US2008014019A1、US2006034655A1、MXPA04002388A、WO03022682A1、NZ531514A、KR2008106365A、CA2459885A1、US2003049075A1、WO9835098A1、NZ503777A、CA2250807A1、US5902068A。

公开号为CN103184807A的中国专利申请公开了一种泡沫混凝土预制砌块拼装组合而成的房屋，它包括底座部分、墙体部分、屋顶部分。房屋砌块全部为模具标准化生产，砌块材料为泡沫混凝土，预制砌块间用螺栓连接固定。

公开号为JPH07230246A的日本专利申请公开了一种用于制作雕塑的板材，该板材由泡沫混凝土制成。

表4-5-1列出了国内外泡沫混凝土的新应用。通过对国内外泡沫混凝土新应用领域的研究可以看出，核反应堆外壁填充和机场跑道阻滞占了泡沫混凝土高科技领域应用的一大部分，也在很多国家作了布局，但申请人比较集中，申请内容较为接近，没有形成有力的技术垄断；而在防弹、防撞、泡沫混凝土住宅等方面，技术改进还显得比较单薄，有较大的发展空间。尤其值得注意的是，所有的国外申请都没有在中国进行专利布局，这为国内企业、个人直接应用其专利技术提供了方便。

表4-5-1　国内外泡沫混凝土新应用领域

应用类型	公开号	是否在中国布局
电磁屏蔽	JPH0521983A	否
	EP0383142A	否
防弹	US6264735B1	否
核反应堆	US2004136488A1	否
	US6617484B1	否
	US6414211B1	否
	US6087546A	否
	JPS63150700A	否
	GB1418541A	否
	GB1039588A	否
	GB1117231A	否
海上工程	GB2365385A	否
	GB1511846A	否
	CN103485565A	是
	CN203213087U	是
	CN103103973A	是
防撞	CN103031817A	是
跑道安全阻滞	CN101235620A	是
	US5902068A	否
	CA2250807A1	否
	NZ503777A	否
	WO9835098A1	否
	US2003049075A1	否

续表

应用类型	公开号	是否在中国布局
跑道安全阻滞	CA2459885A1	否
	KR2008106365A	否
	NZ531514A	否
	CN201151863Y	否
	WO03022682A1	否
	MXPA04002388A	否
	US2006034655A1	否
	US2008014019A1	否
	SU570953A	否
	WO9835099A1	否
	US2004141808A1	否
	CN101016203A	是
泡沫混凝土住宅	CN103184807A	是
雕塑材料	JPH07230246A	否

4.6 小　　结

① 泡沫混凝土保温板专利申请分布分散，数量不成规模，技术门槛不高，技术准入较易，技术集中程度较低，各申请人缺少不可替代的核心技术。

② 泡沫混凝土保温板专利申请均以本国市场为主，很少向国外布局。

③ 中国专利申请于2010后有了井喷式的增加，主要是由于产业政策的刺激和导向作用。在此期间，我国关于泡沫混凝土保温板的专利申请量已跃居世界首位。

④ 泡沫混凝土保温板专利申请中并无明确、完整的技术发展路线可循，多为泡沫混凝土与其他功能材料相复合以及各种功能层间的组合以满足多种技术需求。

⑤ 目前我国泡沫混凝土保温板应用专利保护单一、薄弱，国外利用特殊应用产生高附加值产品，对国内企业有重要借鉴意义。

第 5 章　旭化成

重要申请人一般被视为所属领域技术发展的风向标和市场变化的晴雨表。为呈现泡沫混凝土领域的研究热点、申请分布和专利策略，本章重点分析泡沫混凝土领域的重要申请人——旭化成。首先，对其全球专利进行宏观分析，试图展示该领域专利申请的发展历程和趋势；其次，针对重要专利申请基于专利技术构成、技术功效、申请方式、发明人贡献、研发团队、技术路线、相关策略等角度进行深入分析，以期对国内企业提供有益参考。

5.1　发展历程

旭化成是目前泡沫混凝土嵌板高端品牌"Hebel"的制造商，其前身旭绢织株式会社创建于 1922 年 5 月。20 世纪 50 年代至 60 年代，旭化成以纤维相关业务为主体发展起来，20 世纪 60 年代至 70 年代，开始进军石油化学、建材和住宅领域，之后进一步向医药、医疗和电子领域挺进，实现了多元化经营，成长为涉足多种产品领域的综合化学企业，并获得稳固的地位。在 20 世纪 90 年代之后的几个中期经营计划中，旭化成不断发展具有独家技术的竞争力业务，扩大高收益业务，同时积极拓展海外业务。近些年，旭化成大力开展全球化业务，进一步扩大以环保、能源、居住、生活和医疗相关业务为核心的现有业务。❶

目前，旭化成形成由控股公司和多个事业公司构成的公司架构❷，如图 5 - 1 - 1 所示。控股公司新业务本部中设立知识产权部，知识产权部又下辖多个研究开发机构或项目组，事业公司中目前由旭化成建材事业公司负责泡沫混凝土领域的研发制造，其内部设立建材研究所。旭化成建材事业公司主要产品为轻量泡沫混凝土、基础桩、隔热材料和结构资材，其中轻量泡沫混凝土"Hebel"开发成功至今已 40 多年。虽然该产品已进入成熟期，但目前仍属于不断进化的高端品牌，其耐火性、耐久性、抗震性良好，质量轻，施工方便，是适合日本环境和建筑条件的建材，广泛应用于建筑项目开发。

---

❶ 旭化成 2012 年公司概要手册，6 - 7 页。

❷ [EB/OL]．[2014 - 09 - 23]．http：//www.asahikasei.com.cn.

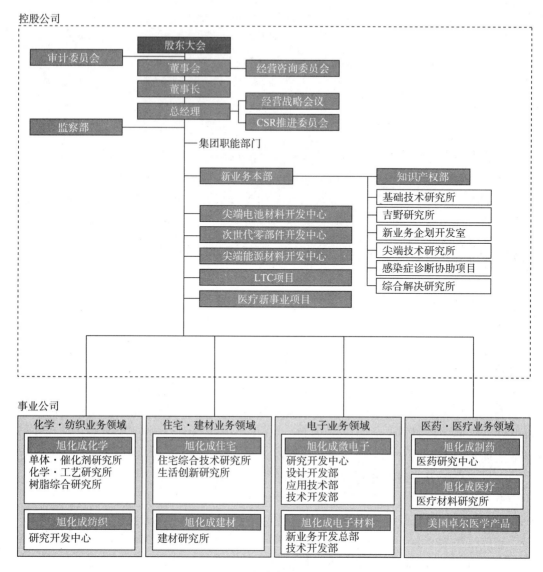

图 5 - 1 - 1　旭化成企业架构

　　围绕上述产品，旭化成布局专利申请总计 201 项。通过对专利申请人的进一步分析发现，其中 198 项申请为旭化成所属内部公司的申请，3 项为所属公司同外部单位的合作申请。在整个发展历史中，上述 198 项申请由 17 个所属旭化成的不同公司（名称不同）作为申请人参与其中，其中 4 家公司申请量较多，分别为：ASAHI CHEMCAL IND（下称"旭化成化学"）154 项、ASAHI GLASS CO LTD（下称"旭化成玻璃"）10 项、ASAHI KASEI CORP（下称"旭化成公司"）9 项、ASAHI KASEI CONSTR MAT（下称"旭化成建材"）7 项。

　　从图 5 - 1 - 2 所示旭化成申请人变化和效率情况，可以看出旭化成化学、旭化成玻璃、旭化成公司、旭化成建材 4 个申请主体共申请了 180 项申请，占所有旭化成申请的 89.5%，也就意味着上述 4 个申请主体的技术成果主导了旭化成泡沫混凝土领域的技术发展。

从时间维度来看，4 个申请主体主导了 3 个阶段的技术发展。1974～1999 年，旭化成化学和旭化成玻璃包揽了所有申请；1999～2002 年，旭化成公司为主要申请主体；2002～2009 年，旭化成建材又接过了申请的旗帜。从申请效率看，3 个阶段的申请效率在逐渐降低，分别为 6.56 项/年、3 项/年和 1 项/年。原因在于随着时间的推进，前期技术发展期较长，技术挖掘范围广泛，解决方案易得，而后期技术已经非常成熟，技术改进的潜力较小、难度加大。

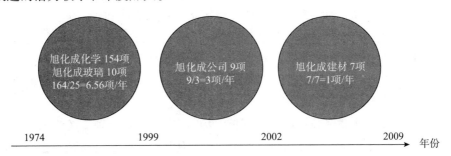

图 5 - 1 - 2　泡沫混凝土领域的旭化成申请人变化和效率❶

5.2　全球申请趋势

图 5 - 2 - 1 为旭化成泡沫混凝土领域专利申请总体数量变化趋势，总计 201 项申请。

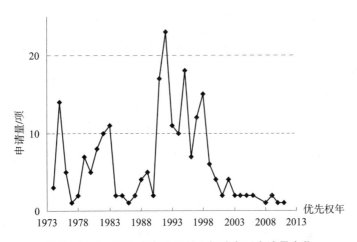

图 5 - 2 - 1　旭化成泡沫混凝土领域专利申请量变化

从图 5 - 2 - 1 可以看出，旭化成申请趋势整体呈曲线波动状态。通过分析发现，在 1980 年以前申请涉及材料和生产工艺，1980～1995 年主要致力于生产工艺和制品，

---

❶　效率，表征为年均申请的项数。

1995 年后则集中于制品性能改善和应用扩展。其主要原因在于，泡沫混凝土技术经历了由泡沫混凝土原料选择到混凝土制品及工艺再到制品应用的发展历程，且前期泡沫混凝土原料成熟后，经历了较长时间对混凝土制品及工艺优化的研发，使得混凝土制品及工艺较为成熟，积累了大量技术成果；之后随着环境发展的变化，人们对隔热、保温、轻质、防火、美观等建材的多样化需求呈现，导致后续的研发集中于制品性能提高和应用领域扩展。

从图 5-2-1 中还可以发现旭化成泡沫混凝土领域专利申请在 1975 年、1991 年、1995 年有 3 次数量上的大幅增长，分别申请了 14 项、17 项和 14 项专利。旭化成于 1975 年提出的 14 项有关泡沫混凝土原料和工艺的申请为其在该领域树立领先地位打下了坚实的基础，并为 1976 年旭化成建材的成立做好了技术铺垫。1991 年提出的 17 项有关泡沫混凝土制品和工艺的申请为旭化成树立"Hebel"气泡混凝土嵌板的高端品牌奠定了技术基础，该阶段也相继引入了新的研发团队，为"Hebel"气泡混凝土嵌板的性能改进和市场推广提供了良好的技术支持。1995 年提出的 14 项有关泡沫混凝土制品工艺、性能改善的申请为旭化成巩固"Hebel"气泡混凝土嵌板的市场地位、满足市场对绿色建材的多样化需求提供了保证，该阶段前期新引入的研发团队提出的技术方案也逐渐发展为成熟工艺，积累了丰富的技术成果。

5.3 全球专利布局

5.3.1 区域布局

图 5-3-1 从专利布局的相对比例的角度展示了旭化成泡沫混凝土全球专利申请布局情况。该图中可以反映出泡沫混凝土领域旭化成专利布局的特点：日本本土全部覆盖；海外主要国家或地区很少量布局，特别是针对中国没有任何布局。

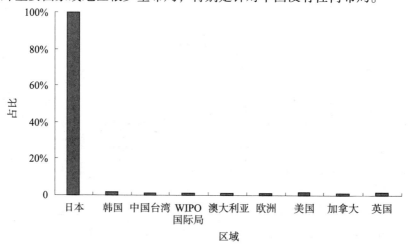

图 5-3-1 旭化成泡沫混凝土全球专利申请布局情况

　　结合旭化成的海外公司和基地布局来看，旭化成自 1952 年与美国陶氏化学公司合资成立旭陶氏株式会社开始全球化进程，其已在全球 15 个国家、60 个基地成功开展业务。其中在整个企业发展的进程中，涉及泡沫混凝土领域的公司申请人有 17 家公司，主要分布在日本本土，目前旭化成建材主要产品为轻量气泡混凝土，制造基地❶主要设立于日本本土的境、穗积和岩国 3 个地方。

　　通过图 5－3－1，可以发现泡沫混凝土领域旭化成设立公司或基地的特点是：集中本土布局、没有合资公司，技术方面体现为完全掌控泡沫混凝土技术，市场方面体现为主要发力于日本本土市场，相比于旭化成化学等事业公司的大范围海外布局，建材领域并未投入太大精力致力于海外市场。

　　综上，综合旭化成的泡沫混凝土领域的公司设置和专利布局来看，二者特点总体吻合，即均致力于在日本本土发展泡沫混凝土，而对海外市场的扩展呈保守态势。这也进一步证明旭化成的专利布局与企业的市场发展保持了相同的方向和步调。

5.3.2　技术布局

　　本小节选择了近 20 年的专利申请针对专利技术进行分析。图 5－3－2 为旭化成泡沫混凝土领域近 20 年的专利申请的技术构成，总计 80 项。

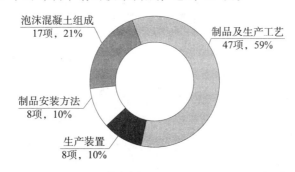

图 5－3－2　旭化成泡沫混凝土领域近 20 年的专利申请的技术构成

　　图 5－3－3 显示，旭化成泡沫混凝土领域近 20 年的专利申请中制品生产及处理工艺有关的 47 项申请占据了首位，而位于上游的泡沫混凝土组成和生产装置占比较少，位于技术下游的制品安装方法也仅有 8 项申请。可见，近 20 年的旭化成的技术资源主要投入到制品及生产工艺技术分支中，研发人员做了大量的制品工艺和性能改善工作，积累了丰富的技术成果；而在泡沫混凝土组成和生产装置技术分支上技术已经比较成熟，改进潜力有限，新成果产出不多；而基于近些年对提高生产效率、产品使用质量、施工方便性等需求的变化，在制品安装方法技术分支也投入了一定的研发资源，获得了一些技术成果。

---

❶　旭化成 2012 年公司概要手册，第 31 页。

5.4 专利技术功效分布

本节也选择了旭化成泡沫混凝土领域近20年的专利申请针对专利技术功效（见表5-4-1）进行分析。

表5-4-1 旭化成泡沫混凝土领域近20年的全球专利申请的技术功效分布　　单位：项

技术效果	泡沫混凝土组成	制品及生产工艺	生产装置	制品安装方法
提高气泡稳定性	3		1	
提高气泡渗透性	1			
提高强度	5	16		
吸湿性和防黏性	1			
降低密度	1			
提高生产效率	2	2	1	1
提高表面平整性	1	2		
降低成本	2	1	1	
提高审美	1	11	1	
操作适应性		3	2	2
防火隔热		3		3
防水		3		
提高制品质量稳定性		6	2	
隔声				2

根据泡沫混凝土领域的工艺特点，技术功效分布主要涉及4个技术分支，即泡沫混凝土组成、制品及生产工艺、生产装置、制品安装方法。涉及以下技术效果：提高气泡稳定性、提高气泡渗透性、提高强度、吸湿性和防黏性、降低密度、提高生产效率、提高表面平整性、降低成本、提高审美、操作适应性、防火隔热、防水、提高制品质量稳定性、隔声等。

从表5-4-1横向来看，该领域的研究相对集中在制品及生产工艺和泡沫混凝土组成技术分支上；从纵向技术效果上来看，研究相对集中在如何提高制品强度、提高审美以及制品质量稳定性3个方向上；综合来看，主要研究工作相对集中在通过改进"制品及生产工艺"和"泡沫混凝土组成"2个方面提高制品强度和审美效果。

5.5　研发团队

5.5.1　发明人概况

图5-5-1为旭化成泡沫混凝土的发明人情况。可以发现，旭化成发明人数量众多，在1974~2009年的时间跨度内达到246位发明人，是一个庞大的研发团队。其中排名前20位的发明人的申请量占旭化成申请总量的67%；而从研发形式上看，67%的申请涉及多个发明人的合作申请。可见，旭化成发明人数据中呈现少量发明人贡献大量技术成果的现象，且大部分技术成果为多个研发人员或者说是团队集体智慧的结晶。

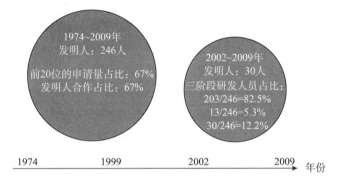

图5-5-1　旭化成泡沫混凝土的发明人情况

从时间轴来看，对应图5-5-2中3个阶段的发展，发明人数量的变化呈现先抑后扬的波动变化态势。如图5-5-2所示，1974~1999年，旭化成化学和旭化成玻璃包揽了所有申请，涉及发明人203人，同旭化成整个发明人数量相比，占比82.5%；1999~2002年，旭化成公司为主要申请主体，仅投入13人，占比仅为5.3%；2002~2009年间，旭化成建材又接过了申请的旗帜，投入30人参与研发。

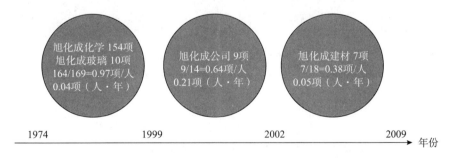

图5-5-2　旭化成泡沫混凝土领域的发明人人均贡献率和年均申请率

如图5-5-2所示，从发明人人均贡献率❶看，3个阶段的发明人的人均申请的数

---

　❶　发明人人均贡献率，定义为发明人研发的相关成果每人进行专利申请的项数。

量在逐渐降低，分别为0.97项/人、0.64项/人和0.38项/人；而发明人年均申请率❶却呈现先升后降的态势，分别为：0.04项/（人·年）、0.21项/（人·年）和0.05项/（人·年）。可见随着时间的推进，虽然发明人人均贡献率在下降，但发明人年均申请率却总体有提高的态势。因此，旭化成泡沫混凝土领域的发展呈现比较明显的特点：技术发展早期投入人员众多、时间跨度长（达到25年），属于摸石头过河阶段；中后期投入人员较少，时间有限（低于10年），属于有的放矢阶段。综合来看，中后期反而获得了较高的技术成果收益。

5.5.2 重要团队及技术路线

通过对发明人的整体分析发现，旭化成的发明人在近期技术研发中呈现了1个重要的研发团队（即YAMAGUCHI FUJITO团队）及其技术路线，下面进行详细阐述。

5.5.2.1 人员组成

如图5-5-3所示，YAMAGUCHI FUJITO团队总计包括6人，横跨1995~2004年的9年时间，共涉及11项专利申请。其中核心成员YAMAGUCHI FUJITO独立申请2项，合作申请9项；整个团队中与YAMAGUCHI FUJITO合作最为密切的是OKAZAKI SHINYA，两人共合作申请5项。还可发现，其他团队成员中WATANABE TOMOYA、TAKANO HIROTERU以及NAKANISHI MASUHIKO均仅有1项该团队的合作申请，参与度较低。

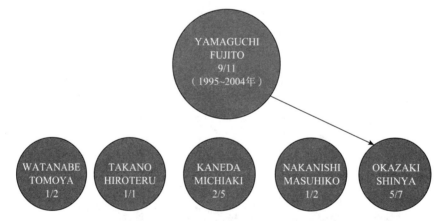

图5-5-3　YAMAGUCHI FUJITO团队人员组成

注：图中斜线左方数字表示合作申请数，斜线右方数字表示申请总数，单位为项；线条表示合作最密切的成员。

5.5.2.2 技术路线

图5-5-4为YAMAGUCHI FUJITO团队的技术路线。该路线共有11项专利申请，横跨1995~2004年。

---

❶ 发明人年均申请率，定义为发明人研发的相关成果每人每年进行专利申请的项数。

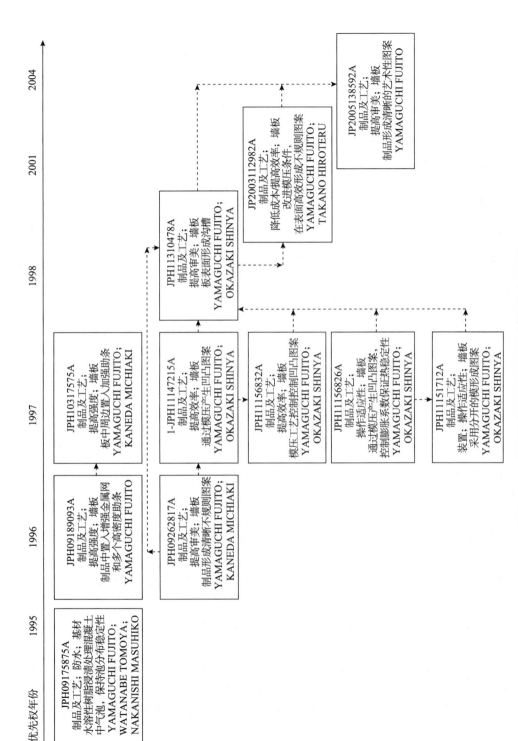

图 5-5-4 YAMAGUCHI FUJITO 团队的技术路线

该团队的技术研发呈现以下几个特点：

① 存在 3 个研发点，重点解决的技术问题涉及提高抗渗水性、提高制品的强度和制品表面图案的形成。

② 1996~2004 年，出现 8 项申请聚焦于如何在制品上形成凹槽或图案，以便提高审美、降低成本和提高效率，为团队重点研发方向。

③ 1995 年存在 1 项有关保持气泡分布稳定性的申请，之后中断了该方向的研发，可以确定该方向不是团队的主要研发重点。

④ 成果出现集中，多项研发集中于 1996~1997 年（以优先权日为依据），这两年集中出现了 7 项申请，侧重于制品强度的提高和制品表面图案的形成。

该团队的 3 个研发点的技术和保护要点可以归纳如下：

（1）保持强度和提高抗渗水性方面

针对在先技术中轻质混凝土制品中存在大量长路径气泡和短路径微小气泡而导致混凝土板的强度低和水渗性大的技术问题，虽然日本申请（JPH5105540A，JPH5294760A）中涉及一种将轻质混凝土板的多孔部分浸入树脂的方案，但是上述方案中树脂将微细气孔填满而导致制品的密度提高，削弱了混凝土板本身具有的轻质和绝热属性。面临存在的问题，YAMAGUCHI FUJITO 团队提出的 JPH09175875A 公开了一种新的技术方案，其采用轻质混凝土板浸入非水溶性树脂，并控制树脂浸入细孔的程度（1%~50%），或使得内部气泡的内壁覆盖非水溶性树脂，没有使得密度大幅增加，保证了混凝土板本身具有的轻质和绝热属性，另一方面也使得混凝土板保持了较高强度和良好抗渗水性能。针对权利要求的保护要点，层次清晰，撰写简洁：其 3 个权利要求涉及 3 个保护层次，独立权利要求 1 中明确体现要重点保护的核心要素为关键性原料（非水溶性树脂），从属权利要求 2 中涉及关键参数（制品内部孔的结构处理的程度），最后从属权利要求 3 又对关键的影响因素（内部气泡的内壁覆盖非水溶性树脂）进行保护。

（2）提高板的强度方面

针对在先技术中"使用金属纱网加强轻质混凝土制品的强度时，由于金属纱网自身很薄，其强度本身并不高，难以获得高强度的轻质混凝土板"的技术问题，JPH09189093A 公开了一种获得高强度板的方法，即在置入金属纱网的轻质混凝土薄板中存在两个或更多个高密度加强肋，该高密度加强肋从轻质混凝土板表面一直布置到金属纱网。该产品可以充分满足当前施工需求且制品的干缩率几乎不变，重要的是即使几年过去高密度肋依然可阻止制品裂缝、脱落等现象的发生，其强度因高密度加强肋的置入而满足应用需求。权利要求中仅涉及一项产品权利要求，重点突出了要求保护的技术特征"加强肋"以及"加强肋与金属纱网的配合"。

如前所述，该团队在 JPH09189093A 中公开了一种获得高强度板的方法，然而该方法将带来灰泥层均匀性调整的挑战，导致施工困难。针对该问题，JPH11310478A 提出了一种在具有不规则图案混凝土板的每一个表面上布置致密层的方案，使得混凝土板的每一个面的强度都得到提高，同时也阻止了混凝土板弯曲强度的降低。

　　为了满足板材表面不规则图案形成的要求，需要在板材表面采用切削等手段去除部分板材形成凹槽等构造。在板材本身较薄的情形下，由于板材材料的进一步去除，板材愈加变薄，导致强度降低，因此在获得较深的不规则图案时，难以获得较高的板材强度。针对该问题，该团队继续在JPH09189093A所述的使用加强肋的基础上，提出了JPH10317575A的解决方案。其公开了轻质混凝土板中置入加强铁棒，在获得图案而形成的凹槽部存在加强肋部件，且该高密度加强肋从轻质混凝土板表面一直布置到加强铁棒部，由于凹槽内高密度加强肋的存在，该部分的强度得到提高。权利要求中仅涉及1项产品权利要求，重点突出了要求保护的技术特征"加强肋与凹槽部"以及"加强肋与加强铁棒的配合"。

　　针对制备带有图案的轻质混凝土板强度的提高，JP2005138592A还提供了一种方法，即在注入泡沫前，预先设置一用于加强混凝土板的丝网，当混凝土硬化度达到可以切割的程度时，将混凝土砌块切割成预定厚度的板，再将板置于合适尺寸的没有顶板但具有底板的装置中，采用一模具在上部模压控制下压深度，从而获得进一步提高强度的轻质混凝土板。

　　（3）表面图案的形成方面

　　针对表面图案的形成，JPH09262817A提到在先技术中主要有两种方法。其一，如JPH5034121B所述："轻质混凝土的制备过程中，原材料半硬化处理通常在模中进行，且背面不进行模压，然后采用钢丝切成预期形状，虽然切得很平滑，但是板表面的图案设计缺乏创意。"为了解决该问题，JPH5034121B在切割完的半硬化板表面上，采用具有不规则图案的模按压半硬化板形成不规则图案，根据该方法可以高效地生产具有不规则图案的轻质混凝土板。其二，JPH4078083B也公开了一种在混凝土板上施加硬质颗粒在表面形成凹凸表面的方法，之后在进行切割处理获得预期的带有槽结构的混凝土板。然而上述方法一中的脱模性较差，难以获得制品整体完好的不规则图案，导致产品良品率降低。方法二含有粉末剥落和表面强度较低的问题，因此其提供的带有凹槽的板的适用性依然有限。针对上述问题，该团队提出的JPH09262817A涉及一种获得高强度板的方法，即先采用模压的方法将半硬化的材料模压成型为砌块，表面具有凹凸图案的块体经养护硬化，然后采用如钢丝的切削材料将块体切削形成带有不规则图案的板型材料，其强度和表面质量均可以满足应用需求。该申请的权利要求书中仅有1项权利要求，明确要求保护一种制备方法。

　　然而在实践中进一步发现，采用模压的方法将半硬化的材料模压成型为砌块时，形成的图案上容易产生裂纹，因此会削弱图案的效果，使得图案质量得不到保证。针对新出现的问题，该团队经研究提出了JPH11147215A，其公开了一种在模压不规则图案的砌块的模板上设置空气导入孔，空气导入孔的引入使得砌块的脱模能力大大提高，而且减少了切块凹凸槽部位的缺陷，大幅提高了产品的质量和图案的效果。该申请涉及4项方法权利要求，独立权利要求1中引入关键技术特征"空气导入孔"，随后的从属权利要求分别限定了导入孔的尺寸、位置以及模具的结构等。可见，虽然该申请要求保护的为方法，但是其中隐含了对模压板装置的内容，其发明核心在于该装置。此处可以给国内企业一个启示，即当实现某一种制备方法或工艺所利用的装置具有可专利性时，也可以依据该装置而要求保护一种制备方法。

在实际生产中还会遇到板的边角在模压辊压制过程中容易损坏的问题。针对该问题，现有技术中提供了一种采用加压装置顶住混凝土硬化板的侧面的方法保护硬化混凝土板的边角。然而该方法需要采用加压装置保护每一块板，使得生产不具有连续性，生产效率大幅降低。针对上述缺陷，该团队所申请的JPH11156832A提供了一种高效制备不规则图案泡沫混凝土板的方法：其将成型辊和硬化板沿相反方向移动，成型辊施压时，平行于硬化板移动方向的两个侧面同时受到限制件的限制，而后续的移动的硬化板可连续进行表面成型。该方案解决了边角损坏的缺陷，同时还保证了生产的连续性，获得满意的生产效率。

如前所述，该团队在JPH09189093A中公开了一种获得高强度带有不规则图案混凝土板的方法，然而该方法将带来灰泥层均匀性调整的挑战，导致施工困难。针对该问题，JPH11310478A提出了一种在具有不规则图案混凝土板的每一个表面上布置致密层的方案，使得混凝土板的每一个面的强度都得到提高，同时也阻止了混凝土板弯曲强度的降低，获得了满意施工条件的带有图案的混凝土板。

之前所述采用模压方式获得具有不规则图案的混凝土板的方法，由于其使用的装置体积大、成本高、步骤繁多，因而导致所述方法的经济效益较低。然而JP2003112982A提供了一种结构简单的回旋切削加工方法，即采用一种旋转式加工刀具，控制旋转刀具的转速和位置或控制混凝土板的移动和位置，获得带有沟槽图案的混凝土板。该方法可变性强，可获得多样化的图案，且工艺装置简单，施工容易。

针对制备带有图案的轻质混凝土板，JP2005138592A另外提供了一种方法，即在注入泡沫前，预先设置一用于加强混凝土板的丝网，当混凝土硬化度达到可以切割的程度时，将混凝土砌块切割成预定厚度的板，再将板置于合适尺寸的没有顶板但具有底板的装置中，采用一模具在上部模压控制下压深度，从而获得带有图案的轻质混凝土板。

5.6 策略分析

综合考虑旭化成公开的网站、年报、专利、评论文章等行业或技术信息，课题组总结出旭化成的研发策略和专利相关策略，供国内企业参考。

5.6.1 研发策略

（1）多层次设立研发部门

旭化成在控股公司和各事业公司均设立研发机构[1]，各事业公司可以在第一时间实现各部门针对面临的具体实际技术问题的独立研发，能够快速解决一线问题，同时在

---

[1] 旭化成2012年公司概要手册，第26页。

新业务本部又设立了多个研究机构,能够针对公司共性的、基础的问题针对性研发。另外,该公司还设置了多项针对未来业务的研究单位,以确保公司未来的业务增长和可持续发展。

(2)利用全球化资源

旭化成在全球15个国家建立了近60个基地,可依赖全球的人才、市场、技术、信息等资源开展跨界研究,利用强大的协同运营和研发能力,从技术和市场上保持公司在行业中的地位。

5.6.2 专利策略

旭化成为实现业务战略、研发战略和知识产权战略的一体化,使得研发和知识产权活动为新业务和业务收益服务,以各事业公司为主体,在注重专利数量的同时,也重视专利质量,大力强化相关业务。在知识产权活动过程中逐渐积累知识产权和研发部门互信,构筑起两者间的合作关系,开展融入到研发活动中的知识产权活动,将研发成果切实转变为权利,确保公司的业务优势地位。

(1)申请

通过研究旭化成某些申请的审查过程发现,旭化成的申请中蕴含了有攻有守的专利策略,具体体现为:

① 进攻策略:主动破坏已有专利技术方案的布局方式。例如:采用改变独立权利要求中的某些技术特征以规避现有专利技术方案,典型的手法有改变现有技术中产品的结构;删除或省略现有方法中的一些条件或步骤,形成之后可能的专利侵权判定时的先发优势。又如:在已有专利技术方案的基础上进行再次改进,如对某个或几个技术特征进行调整或替换,而获得一个能够解决相同问题的替代方案;或添加一些改进的工艺或装置,形成基础专利外围的改进型专利,不断获得技术制衡的更多话语权。这也是众多日本公司在"二战"后积极采取的专利策略,值得我国企业借鉴和运用。

② 防守策略:不断布局自有专利。首先,旭化成非常重视申请撰写质量,确保了申请通过专利审查的效率,同时在旭化成的申请文件中可以发现其尽可能多地公开实施例,并在权利要求中对某些用语进行了合理概括,尽可能地获得较多的保护范围,在阻碍对手侵权方面形成先手。其次,通过研究旭化成的技术方案发现,某些用语细节透露着对专利公开程度的考量,即一些最佳实施例可能会在申请文件中有所隐晦或保留,即为竞争对手获得最佳的技术方案设置了更多障碍。再次,研究旭化成在日本的审查过程可以明确发现,其为了尽快授权,对一些不重要的争议采取了主动放弃的策略,以保证专利申请的核心技术方案获得授权,针对审查员提出的审查意见,也进行了充分答复,而且根据需要还会提交一些对比性证据说服审查员。

③ 适度公开策略。通常各国专利法都会规定专利权人对专利技术的独占权利。专利权是一种独占权,是对专利权人公开专利技术内容的鼓励和回报。然而,专利权利的获取和独占是有要求的,除了履行一定的申请手续之外,还有一个很重要的要求就是专利的公开。以我国《专利法》第26条第3款为例,其规定在专利申请文本中,应

当对要求保护的技术方案进行充分的公开，充分的程度是以本领域的普通技术人员能够实现为准。而在现实生活中，对于现实中的技术人员而言，要实现达到专利法中规定的充分公开要求的专利技术往往会存在一定的难度。旭化成这样的大公司注定了部分申请会采用保留最佳的实施方式，或作为技术秘密进行隐藏，这就是所谓的以最少公开换取最大独占的专利申请策略。专利技术的公开程度不高会给竞争对手使用专利技术设置障碍，但也可能为竞争对手带来机会。因此，如果专利权人在专利文本中没有将最佳实施方式写入说明书中，竞争对手可能会在专利的基础上进行二次开发，挖掘出更佳的技术方案。针对上述情况，对国内专利申请人而言，在申请专利时，除了考虑应当满足专利法有关技术方案公开的规定，还应从专利后续应用、市场情况等方面进行权衡，在技术公开和保留之间作出恰当的决定。

（2）布局

① 产业链布局策略。从旭化成专利的技术构成来看，其在泡沫混凝土领域的整个产业链上均有专利申请，包括了原料、装置、工艺和应用等方面，对产业链中的各部分分层次、多维度地进行了保护。在整个时间跨度范围内，早期侧重于原料、装置等基础性部分，中后期侧重于工艺和应用。

② 目的地选择策略。专利申请目的地，即向哪个国家或地区申请专利。专利的地域性特征决定了企业只有在其他目的地国家申请专利才能在目的地国获得专利保护。企业到其他国家或地区去申请专利是实施专利技术输出战略的重要前提，也是企业开拓和占领国际市场的重要手段。

目的地的选择，通常基于两种考虑：其一，是基于"市场导向"，即企业优先选择市场最大或人口最多的国家或地区申请专利；其二，是基于"生产导向"，即在其他国家或地区的竞争对手可能生产使用的国家申请专利。目前，整体而言，"市场导向"型策略的应用范围最广。但是，从前面的数据统计分析中可以看到，旭化成建材领域的专利申请目的地选择，除了本土以外，其他国家或地区专利申请都较少，在中国没有布局，这显然是基于"生产导向"的典型选择。因为纵观旭化成建材领域的发展可知，旭化成建材的公司或基地都分布在日本本土，且从公司的发展方向来看，其并未向海外扩展，所以旭化成的专利申请集中分布在日本，瞄准的正是日本本土的消费习惯和地域适应性。

（3）运用

① 建立专利数据库。专利数据库是知识产权运营工作中的基础条件，在构筑知识产权资产时，旭化成构筑起可进行战略性专利信息分析的专利数据库，充分运用这些专利信息，推动业务活动、研发活动和知识产权活动的开展。如图5-6-1❶所示，战略数据库提供与各业务开发课题相符合的专利信息，包括本公司及其他公司的专利信息，特别是还提供附加信息，包括重要度级别、实施情况、技术分类、对其他公司专利的应对方针等重要内容。战略数据库主要用于专利资产管理的以下几个方面：把握

---

❶ ［EB/OL］．［2014-09-23］．http：//www.asahikasei.com.cn．

技术、市场和其他公司的动向；探索研发课题；明确技术和专利的定位；把握阻碍研发或业务的专利并制定相应对策等。在三位一体的体制下，知识产权联络小组、技术信息小组和研发机构通过构筑和灵活运用战略数据库，制订针对其他公司专利的相关对策和本公司的专利申请计划。

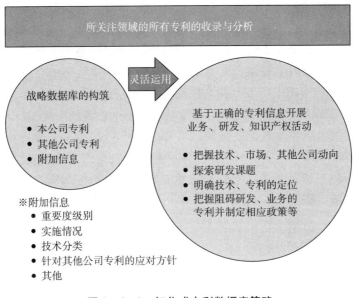

图 5 - 6 - 1　旭化成专利数据库策略

② 贯彻专利调查策略。旭化成重视专利调查，将"专利调查是知识产权管理的关键"作为口号，在知识产权活动的各重点环节彻底进行所需调查。调查时按其目的区分实施主体。对业务产生较大影响的重要调查由知识产权部的内部人员进行，简易调查则由研究人员自主进行，借此提高研究人员对调查的热情和技术水平。此外，加大力度持续观察课题专利，将这些调查的结果构筑为战略数据库，加以灵活运用。

③ 加强海外影响力策略。旭化成具有强烈的经营计划意识，其近期的中期经营计划将"开展国际领军型业务"作为战略支柱之一，而其中的知识产权活动规划是确保和行使其权利的基础，成为其扩大国际化业务的推动力。虽然旭化成的国外专利布局行为在建材领域特别是泡沫混凝土领域没有太多体现，但在其他领域（如化学领域），其力争提高在美国、中国、欧洲和新兴国家的知识产权实力。特别是近些年，旭化成不断强化在中国的知识产权实力，扩大在中国市场的影响力。

5.7　小　　结

旭化成申请趋势整体呈曲线波动状态。在 1980 年以前的申请涉及材料和生产工艺，1980 ~ 1995 年主要致力于生产工艺和制品，1995 年后则集中于制品性能改善和应用扩展。

专利布局的特点为：日本本土全部覆盖、海外主要国家或地区很少量布局，特别是针对中国没有任何布局。综合旭化成的泡沫混凝土领域的公司设置和专利布局来看，二者特点总体吻合，即均致力于在日本本土发展泡沫混凝土，而对海外市场的扩展呈保守态势。近 20 年的专利申请中技术资源主要投入到制品生产及处理工艺技术分支中，研发人员做了大量的制品工艺和性能改善工作，积累了丰富的技术成果，而在泡沫混凝土组成和生产装置技术分支上技术已经比较成熟，改进潜力有限，新成果产出不多。从技术功效来看，该领域的研究相对集中在制品及生产工艺和泡沫混凝土技术分支上；从纵向技术效果上来看，研究相对集中在如何提高制品强度、提高审美以及制品质量稳定性三个方向上；综合来看，主要研究工作相对集中在通过改进"制品及生产工艺"和"泡沫混凝土组成"两个方面提高制品强度和审美效果。

在旭化成的发明人中在近期技术研发中呈现了 1 个重要的研发团队（YAMAGUCHI FUJITO 团队）。该团队的技术研发呈现以下几个特点：存在 3 个研发点，重点解决的技术问题涉及提高抗渗水性、提高制品的强度和制品表面图案的形成。1996 ~ 2004 年，出现 8 项申请聚焦于如何在制品上形成凹槽或图案，以便提高审美、降低成本和提高效率，为该团队重点研发方向。

第6章　泡沫混凝土专利申请保护策略分析

通过前面章节的分析可以看出，日本在泡沫混凝土领域占有比较重要的地位，其在该领域的专利申请量也领先于其他国家。为了分析日本在泡沫混凝土领域专利申请的特点，在本章课题组选取了一些申请量比较大的日本申请人，对其专利申请的特点进行总结分析。

6.1　系列申请的运用

为了尽可能多地获取对于创新技术的专利保护，日本申请人常会对一个发明构思进行一定程度的扩展，扩展为相互关联但又各自独立的专利申请分别进行提交。

在1978年，花王发现了部分磺基衍生物与甲醛的缩聚物在与表面活性剂混合后可以获得性能良好的混凝土引气剂。该公司在提出专利申请时并不是简单地提交一份磺基甲醛缩聚物与表面活性剂相混合的申请，而是分别提交了3份混凝土引气剂的专利申请。

JP19780117679涉及阳离子表面活性剂（1）和β-磺酸萘、磺化石油杂酚油、磺化三聚氰胺之一与甲醛的缩聚物组成的混凝土引气剂。

$$\left[\begin{matrix} & R & \\ & | & \\ R'\!\!-\!\!N^{(+)}\!\!-\!\!CH_3 \\ & | & \\ & CH_3 & \end{matrix} \right] Y^{(-)} \tag{1}$$

JP19780117680涉及两性表面活性剂（2）和β磺酸萘、磺化三聚氰胺之一与甲醛的缩聚物组成的混凝土引气剂。

$$X\!\!-\!\!N \overset{(H)_l}{\underset{}{\Big[}} (CH_2CH_2O)_m CH_2CH_2COOM \Big]_n \tag{2}$$

JP19780117681涉及含季铵盐的两性离子表面活性剂（3）和β-磺酸萘、磺化石油杂酚油、磺化三聚氰胺之一与甲醛的缩聚物组成的混凝土引气剂。

$$\begin{matrix} & CH_3 & \\ & | & \\ R\!\!-\!\!N^{(+)}\!\!-\!\!CH_2COO^{(-)} \\ & | & \\ & CH_3 & \end{matrix} \tag{3}$$

可以看出通过上述系列申请，花王将两个关键的发明要素——表面活性剂和含磺基衍生物都进行了适度的扩展。这不但有效地将发明构思的保护范围进行了明晰化和扩展，而且不同层次、不同组合的系列专利申请在授权后也能够给予申请人更好的专利保护。

旭化成在对轻质多孔混凝土进行研究时发现，在其原料中添加含锌化合物可以提高轻质多孔混凝土的抗冻性能，进一步改善其产品性能。为了更好地对这一发明构思所衍生出来的技术方案进行有效的保护，旭化成提交了如下系列申请。

JP19830234394涉及一种轻质多孔混凝土的制备方法，原料包含硅质原料粉和钙质原料粉以及含锌化合物（以氧化锌计0.05wt%～1.0wt%），含锌化合物可以是氧化锌、硝酸锌、醋酸锌、氯化锌中的一种或几种。

JP19830234395涉及一种强化轻质多孔混凝土的制备方法，原料包含硅质原料粉和钙质原料粉以及含锌化合物0.05wt%～1.0wt%（以氧化锌计）和阻水材料0.1wt%～2wt%，含锌化合物可以是氧化锌、硝酸锌、醋酸锌、氯化锌中的一种或几种。

JP19830234396涉及一种抗寒冷天气的轻质多孔混凝土，包含硅质原料粉和钙质原料粉以及超过0.05wt%的含锌化合物（以氧化锌计）。

JP19830234397涉及一种抗霜冻轻质多孔混凝土板，包含硅质原料粉和钙质原料粉以及超过0.05wt%的含锌化合物（以氧化锌计）和阻水材料，锌化合物可以是氧化锌、氢氧化锌、硝酸锌、硫酸锌铵等。

JP19830234398涉及一种抗霜冻轻质多孔混凝土的制备方法，原料包含硅质原料粉和钙质原料粉以及0.05wt%～1.0wt%的硫酸锌（以氧化锌计）和阻水材料0.1wt%～2.0wt%。

JP19830234399涉及一种轻质多孔混凝土板的制备方法，原料包含硅质原料粉和钙质原料粉以及0.05wt%～1.0wt%的硫酸锌（以氧化锌计）。

可以看出，通过对于含锌化合物的含量、含锌化合物的种类以及是否含有阻水材料这三个方面的扩展，排列组合后得到了6项系列申请，很好地对这一系列申请的核心发明构思进行了保护。

从花王与旭化成的实际案例我们发现，在泡沫混凝土领域，日本申请人十分善于合理运用系列申请，将其发明的创新点进行更有效的保护。

6.2 保护主题的选择

相比较方法而言，以产品作为专利申请所要保护的主题，对于该申请的技术方案的保护更加有效，在自己授权的专利被别人侵权之后，也可以更容易地获取侵权证据。因此，日本申请人提出的泡沫混凝土相关专利申请通常都会以产品为主题。但是，仅仅以单一的某一种产品作为主题进行申请也很难得到最佳的保护效果。为了给予创新技术更好的专利保护，日本申请人往往会将一项技术创新以多种主题提交多项专利申请。

我们仍以旭化成关于含锌化合物的轻质多孔混凝土为例，其各申请所涉及的主题如表6-2-1所示。

表6-2-1 旭化成含锌化合物的轻质多孔混凝土系列专利申请主题列表

申请号	专利申请所涉及的主题
JP19830234394	轻质多孔混凝土的制备方法
JP19830234395	轻质多孔混凝土的制备方法
JP19830234396	轻质多孔混凝土
JP19830234397	轻质多孔混凝土板
JP19830234398	轻质多孔混凝土的制备方法
JP19830234399	轻质多孔混凝土板的制备方法

由表6-2-1中可以看出，对于该项含锌化合物的轻质多孔混凝土，该申请人对混凝土产品、混凝土板产品、混凝土的制备方法、混凝土板的制备方法四类主题进行了申请，从而对组合物、组合物制成的制品及其各自的制备方法都进行了专利申请保护。

花王研究发现，由水硬性粉末、水溶性低分子化合物A、水溶性低分子化合物B和水组成的水硬性组合物，用其制成泡沫混凝土硬化后具有较好的抗分离性和其他物理性能。根据这一研究成果，花王从2002～2005年陆续提出了6项专利申请，各申请所涉及的主题如表6-2-2所示。

表6-2-2 花王水硬性组合物系列专利申请主题列表

申请号	专利申请所涉及的主题
JP20020118136	用于水硬性组合物的发泡剂
JP20020250493	用于建筑工程硬化结构的水硬性组合物
JP20030104115	用于水硬性组合物的分散剂
JP20030399222	用于水硬性组合物的发泡剂
JP20040049890	用于水硬性组合物的分散剂
JP20050168034	用于水硬性组合物的发泡剂

针对水硬性组合物这一研究成果，该申请人除提出了以水硬性组合物为主题的申请，同时还提出了用于水硬性组合物的发泡剂和分散剂的相关申请。通过这6项申请，花王对于核心组合物以及与核心组合物相配的配合剂都进行了专利保护。这些申请使得围绕该水硬性组合物的专利更多，使得竞争对手想要规避其专利技术的难度变得更大，也就更好地保护了申请人自身的利益。

从以上两个例子可以看出，日本申请人通过对专利申请主题的多方面布局，从原料、制品、配合剂、制备方法等数个方面来对某一项技术进行专利保护，使得该项技术受到切实的保护。

6.3 保护范围的设计

专利申请只有在获得授权后才真正享有法律赋予的相关权利。为了了解泡沫混凝土领域日本专利申请在其国内的授权情况，课题组在旭化成、花王、小野 ALC 株式会社与泡沫混凝土相关的专利申请中随机抽取了 30 项，将其专利申请的主题以及申请在日本国内授权与否的结果列于表 6－3－1。从该表中所列的 30 项专利申请的授权情况来看，泡沫混凝土领域专利申请的授权比例比较高。

表 6－3－1 部分日本申请人关于泡沫混凝土专利申请的列表

序号	申请日	公开号	主题	是否获得授权
1	1981－02－05	JPS57129854A	抗冻蜂窝混凝土	是*
2	1981－05－01	JPS57183344A	轻质泡沫混凝土的制备方法	是**
3	1983－12－14	JPS60127274A	抗寒轻质蜂窝混凝土	是
4	1983－12－14	JPS60127277A	轻质蜂窝混凝土板的制备方法	否
5	1988－11－01	JPH02124783A	轻质耐火组合物板	是
6	1992－05－12	JPH05310480A	轻质混凝土	否
7	1992－06－19	JPH0624862A	轻质加气混凝土的制备方法	是
8	1995－02－03	JPH08208349A	轻质加气混凝土的制备方法	是
9	2001－04－27	JP2002326882A	用于建筑材料的轻质混凝土的制备方法	是
10	2003－12－22	JP2005179148A	用于建筑材料的轻质混凝土的制备方法	是
11	1978－09－25	JPS5547257A	混凝土引气剂	是**
12	1980－07－21	JPS5595656A	加气混凝土的制备方法	是**
13	1980－08－29	JPS5742565A	轻质混凝土的制备方法	是**
14	1981－01－16	JPS57118063A	轻质泡沫混凝土的制备方法	是**
15	1989－08－11	JPH0372937A	用于混凝土的发泡剂	否
16	1990－04－27	JPH0412073A	用于无机材料的发泡剂	是**
17	1992－09－01	JPH0687639A	水硬性水泥用引气剂	是
18	1993－12－24	JPH07187842A	轻质加气混凝土	是
19	2003－11－28	JP2005154241A	用于水硬性组合物的发泡剂	是
20	2005－06－08	JP2006342012A	用于水硬性组合物的发泡剂	是
21	1980－07－14	JPS5722162A	耐水轻质泡沫混凝土	是**

续表

序号	申请日	公开号	主题	是否获得授权
22	1986 – 08 – 29	JPS6360180A	轻质混凝土的制备方法	是
23	1995 – 06 – 05	JPH08333181A	泡沫混凝土发泡剂	是
24	1997 – 02 – 04	JPH10218685A	吸声墙体板	否
25	1997 – 12 – 24	JPH11189447A	用于轻质混凝土的人工轻质集料	否
26	1998 – 03 – 18	JPH11263678A	多孔混凝土成型的制备方法	否
27	1999 – 03 – 19	JP2000264703A	轻质抗霜混凝土	否
28	2000 – 09 – 04	JP2002068855A	轻质隔热混凝土	否
29	2003 – 09 – 16	JP2005088270A	多孔混凝土的制备方法	是
30	2007 – 10 – 02	JP2009083413A	用于墙体结构的蜂窝状混凝土制造方法	是

注：* 获得了日本实用新型（实用新案）授权；

　　** 先获得了日本实用新型授权，随后又获得了发明专利授权。

分析日本申请人能够以较高的比例获得专利授权的原因，除了专利申请技术方案本身的原因之外，日本申请人对于专利申请文件的撰写，特别是权利要求书的撰写具有一定的特点。

首先，日本申请人撰写的权利要求书通常至少有两组权利要求，如第一组为产品权利要求，第二组则为该产品的制备方法；如第一组为方法权利要求，第二组则为根据该方法制备得到的产品。如上文所提到的，这样从至少两方面对发明点进行保护，使申请的技术方案尽量丰满完善，从而也增加了申请获得授权的可能性。

其次，日本申请人撰写权利要求书时，独立权利要求，特别是第一组权利要求（也就是申请人最想要保护的技术方案）的独立权利要求通常会撰写一个包含有发明点但是相对较大的保护范围，而在随后撰写数个从属权利要求，对该独立权利要求进行分层次的细化。这样撰写的权利要求更具有层次度，在某一权利要求无法获得授权的情况下可以有充分的修改余地，也增加了申请获得授权的可能性。

申请号为JP20050168034的日本专利申请涉及一种用于水硬性组合物的发泡剂，其权利要求书包括7项权利要求，分别为：

1. 用于水硬性组合物的发泡剂，由阴离子表面活性剂和阳离子型聚合物构成。

2. 根据权利要求1的用于水硬性组合物的发泡剂，其中所述水硬性组合物为轻质水硬性组合物。

3. 根据权利要求1或2的用于水硬性组合物的发泡剂，其中所述阳离子型聚合物包含氮阳离子。

4. 根据权利要求3的用于水硬性组合物的发泡剂，其中所述阳离子型聚合物的氮阳离子是四价氮。

5. 包含权利要求 1~4 任一所述发泡剂的多孔轻质水硬性组合物。

6. 轻质水硬性组合物的制备方法，包括用权利要求 1~4 任一所述发泡剂的水溶液获得泡沫并混合的步骤。

7. 轻质固化体的制备方法，包括用权利要求 6 所述的方法制备轻质水硬性组合物的步骤。

该申请的权利要求书有 4 组权利要求，分别从发泡剂、轻质水硬性组合物、轻质水硬性组合物的制备方法以及轻质固化体的制备方法四个方面对该申请的发明点进行了保护，使得权利要求的保护更加全面。而在第一组权利要求中对于水硬性组合物和阳离子型聚合物进行了进一步的限定，使得权利要求之间层层递进，具有了更多的层次。由于技术方案本身的创新性以及良好的权利要求撰写方式，该专利申请在 2011 年 6 月 8 日获得了日本特许厅的授权。

由此可见，在专利申请文件的撰写，特别是权利要求书的撰写中全面、细化的特点，使得在泡沫混凝土领域日本申请人的专利申请得到了比较高的授权比例。国内相关领域的申请人应研究和学习这一方面，从而使自己的研究成果更好地得到专利保护。

6.4 小　　结

① 泡沫混凝土领域的技术涉及原料、外加剂、产品或制品、生产方法、生产设备等多个方面，因此必须将同一发明构思的多个主题同时进行专利申请和保护，更好地运用系列申请保护发明构思。

② 对专利申请的保护范围进行精心设计，构造保护范围合理的独立权利要求，并相应地布置具有层次的从属权利要求。

第7章 主要结论

本报告主要针对泡沫混凝土生产工艺、发泡剂和保温板应用这3方面的全球专利申请进行了系统分析，同时对重点申请人旭化成的专利构成、研发团队和策略进行研究，最后对日本在专利申请方面的特点进行了探索和总结。

中国的泡沫混凝土申请量在全球来看比较高，专利占有量主要集中在发泡剂和制品上，其次是生产工艺。在该领域，专利技术竞争不算激烈，但是专利申请量一直在持续稳步增长，个人申请占有量比较高。

本章对上述内容进行提炼和总结，主要结论如下。

7.1 生产工艺主要结论

表7-1-1为生产工艺方面的专利申请情况。

表7-1-1 生产工艺方面专利申请情况

专利申请量	全球		中国		
	308 项		169 件		
主要申请国	中国	俄罗斯	日本	德国	美国
占比	43%	20%	15%	6%	4%
中国申请人类型	公司	个人	高校	其他	
占比	39%	34%	18%	9%	

泡沫混凝土中，工艺方面的专利申请主要分布于中国、俄罗斯、日本、德国和美国等。全球和中国工艺方面申请态势稳步上升，通过对全球前四位的主要申请国进行分析，工艺技术发展还未形成全球性竞争环境。

国内小企业居多，产量少，技术创新活跃但还不够，与国外企业的垄断集成化发展形成鲜明的对比。通过全球和中国技术功效对比，国外在纤维增强、外加剂改进方面活跃，后处理工艺改进制品性能，值得我们借鉴。中国在特殊应用方面没有突破和进展，值得我们重视。

对于国内企业，生产工艺集成化是企业最迫切问题，我们针对原料、发泡剂、混泡设备、后续成型养护等环节进行解析。每个环节的性能要求、重要专利和改进特点，对企业的技术改进具有非常重要的借鉴意义：对于原料部分要关注性能和进行原料组合的改进，胶凝材料的改进集中在传统胶凝材料的复合和替代上，掺合料的改进主要在于添加新型的混凝土掺合料、对不同掺合料复配以及与其他外加材料的复掺。外加剂的改进集中在制品性能和施工性能的改善，外加剂的多种复掺手段和各种外加剂的配合使用关系尤为重要。对于泡沫性能改进方面，主要以改进发泡剂、使用稳泡添加剂和改进搅拌方法为主要手段。对生产设备的改进主要集中在设备计量的精确化和生产流程的连续化方面。对于混泡工艺，一方面要提高泡沫本身稳定性，另一方面还要调节水固比和搅拌方法来提高均匀性。但是如何控制好各个环节，是一个全球性难题，不是一蹴而就的。本课题以4家日本公司的技术路线为例说明，从使用稳泡剂开始，改进掺合料和外加剂，改进工艺参数，最后对养护制度进行改进，集成化需要时间和过程，任重而道远。

就工艺方面总结来说，学习借鉴的方向是：继续发展后处理工艺、纤维增强和外加剂。工艺发展的重点是：关注和解决工艺集成化问题。

7.2 发泡剂主要结论

表7-2-1为发泡剂方面的专利申请情况。

表7-2-1 发泡剂方面的专利申请情况

专利申请量	全球		中国		
	1146项		207件		
主要申请国	日本	俄罗斯	中国	美国	德国
占比	40.14%	25.48%	11.34%	6.72%	5.85%
中国申请人类型	公司	个人	高校	研究机构	
占比	36%	35%	22%	14%	
专利有效性	60%	25%	80%	40%	

泡沫混凝土发泡剂方面，全球申请量在持续快速增加，中国申请数量仍然偏低。专利申请量主要分布于日本、俄罗斯、中国、美国和德国等，对于建筑节能十分关注的日本、俄罗斯、美国、德国占据了专利申请数量的近80%，中国近年来的发泡剂专利申请量也在快速增加。在发泡剂方面中国申请人比较分散，各申请人申请量不成规模，并且很少向国外布局，主要原因是发泡剂生产企业规模化程度低、行业区域集中度差和科研投入有限。从专利有效性看，个人申请有效专利比例低，其技术贡献并不像其申请量反映得那么突出。

发泡剂方面，国内制品性能明显落后，其创新方向和技术改进点是企业的迫切需求。中国申请技术构成中，发泡剂专利申请的比例过低，比例较高的保温板中也主要以实用新型居多，国内对发泡剂的技术研发不够。

全球对复合类发泡剂的关注程度最高。起泡度、气泡均匀性和稳定性是最为重要的功效性能。气泡均匀性直接改善制品保温、吸能、隔声等性能。泡沫混凝土发泡剂的专利申请主要集中在复合类和合成表面活性剂类发泡剂,特别是复合类发泡剂的专利申请量正在逐渐上升;在国外对于蛋白类发泡剂的研究也十分重视,而国内申请人关注较少;对于松香树脂类发泡剂的研究改进虽然比较少,但是其也并未完全退出市场,仍有少量申请出现。在技术功效上,泡沫混凝土发泡剂起泡度和泡沫稳定性是所有申请人关注的重点;与此同时,国外申请人对于发泡剂的环保性更加关注,而国内申请人则更关注发泡剂的成本。而对于泡沫混凝土发泡剂气泡均匀性的研究和改进,目前国内外都相对较少,中国在气泡均匀性方面的改进研究比较薄弱,还有很大创新和提升空间。复合类发泡剂可以综合各类发泡剂的优势,克服单一类型存在的不足,我国复合类发泡剂起步晚,申请量快速增长,需要重点关注,在优化性能和控制成本方面下足功夫。

就发泡剂总结来说,起泡均匀性方面还有很大创新和提升空间。持续发展重点关注复合类发泡剂,优化性能、控制成本。

7.3 泡沫混凝土应用主要结论

7.3.1 保温板应用

表 7-3-1 为保温板应用方面的专利申请情况。

表 7-3-1 保温板应用方面的专利申请情况

专利申请量	全球		中国	
	638 项		471 件	
中国专利申请	实用新型		发明	
占比	62%		38%	
专利有效性	80%		21%	
中国申请人类型	公司	个人	高校	研究机构
占比	52%	39%	8%	1%

目前,国外关于泡沫混凝土的申请多在于浇注建筑层方面,以泡沫混凝土保温板形式作为保护的专利申请在国外一直不够活跃。申请分布极其分散,数量不成规模,技术门槛不高,各个申请人也缺少不可替代的核心技术。中国在保温板方面的专利申请于 2010 年后有了井喷式的增加,主要是由于产业政策的刺激和导向作用。在此期间,我国关于泡沫混凝土保温板的专利申请量已跃居世界首位,已占据全球专利申请数量的近 75%,大幅领先其他国家和地区,日本、俄罗斯、美国和德国申请数量也较多。

中国专利申请类型中实用新型比例达到 62%,主要原因是保温板技术发展相对成熟，技术创新高度不够，个人申请量大。

中国在保温板方面可以借鉴各国的技术，仅通过泡沫混凝土单一技术手段作为保温隔热材料加以专利保护的申请并不多，可以在以下方面进行改进和创新：在泡沫混凝土保温板中通过纤维、钢网、构架等加强筋、加强肋、加强网（架）以增加泡沫混凝土板的强度，同时辅以其他功能材料相复合以实现相应功能，例如与其他绝缘材料复合以增强隔热、防火功能，与聚合物泡沫层复合以实现隔声、消声功能。此外，以泡沫混凝土保温板为基础实现抗菌杀虫、防爆等功能也可以有所尝试。

7.3.2　特殊应用

研究分析国内外专利申请中对于泡沫混凝土的新兴特殊应用，对我国泡沫混凝土相关企业的研发方向具有一定的借鉴意义。

高技术领域，诸如机场阻滞系统、复合生态节能、电磁屏蔽、抗爆、海上工程、核设施工程等泡沫混凝土特殊应用的专利申请态势及在中国的布局情况对国内企业都有非常好的借鉴作用，国外申请都没有在中国进行专利布局，这为国内企业、个人直接应用其专利技术提供了方便。各国在防撞、海上工程、核反应堆和跑道安全阻滞方面应用活跃。本报告梳理了特殊应用方面的重要专利，对国内企业有重要借鉴意义，应用方面可以说是大有可为。

另外，通过对国内外泡沫混凝土新应用领域的研究可以看出，核反应堆外壁填充和机场跑道阻滞占了泡沫混凝土高科技领域应用的一大部分，也布局了很多国家，但申请人比较集中，申请内容较为接近，没有形成有力的技术垄断，而在防弹、防撞、泡沫混凝土住宅等方面，技术改进还显得比较单薄，有较大的发展空间。

总结来说，我国应用方面最大的需求就是特殊应用，我国应用保护单一薄弱，国外利用特殊应用产生高附加值产品。下游应用直接影响泡沫混凝土全产业链。基于泡沫混凝土表现出的诸多优点，目前的应用领域还有很大的发展空间，我国在特殊应用方面要扩展领域多元化发展。

7.4　研究旭化成对国内企业的意义

在泡沫混凝土领域国外主要申请人集中在生产制造企业，如旭化成、花王等；中国主要申请人集中在中型企业，如江苏尼高科技有限公司、唐山北极熊建材有限公司和河南华泰建材开发有限公司等。目前而言，泡沫混凝土领域主要申请人集中分布在日本、美国和中国。

旭化成泡沫混凝土领域专利申请趋势整体呈曲线波动状态，总计201项。集中本土布局，技术方面体现为完全掌控泡沫混凝土技术，建材领域并未投入太大精力致力于海外市场。旭化成近20年的专利申请技术资源主要投入到制品生产及处理工艺中。旭化成申请人中有4个申请主体的技术成果主导了旭化成泡沫混凝土领域的技术发展，这4个申请主体在后期技术非常成熟，技术改进潜力较小，技术难度加大。

旭化成在研发团队方面和策略方面有很多地方值得国内企业借鉴：

① YAMAGUCHI FUJITO 团队是旭化成的一个重要研发团队，该研发团队有核心成员和密切合作成员，呈现出几个特点：确定研发点和重点要解决的技术问题；根据技术问题聚焦确定团队重点研发方向；区分非研发重点；集中研发成果。研发方向上主要集中在保持强度和提高抗渗水性方面、提高板的强度方面和表面图案的形成方面。

② 在旭化成研发策略和专利策略方面，重视研发团队的投入和运作，注重品牌和布局，掌控关键技术，稳固市场地位。旭化成还有自身的策略特点：建设专利数据库策略、有攻有守专利策略、产业链布局策略、目的地选择策略、适度公开策略、专利调查策略和加强海外影响力策略等。国内企业要明晰龙头企业现状，借鉴但不盲从，寻找借力机会。

附录1 泡沫混凝土保温板领域代表性专利申请

附表1-1 泡沫混凝土保温板领域中国代表性专利申请

年份	申请号	技术方案
1989	CN89203003.8	泡沫水泥芯层+沥青或树脂防水层+水泥壳层
1992	CN92203130.4	泡沫水泥芯层+沥青或树脂防水层+钢筋铁丝网砼层+水泥壳层+装饰层
1995	CN95237851.5	肋板+玻璃纤维布增强水泥砂浆壳层
1999	CN99211197.8	钢筋加强筋+玻纤网增强水泥外层+连接凹凸槽
2000	CN00100543.X CN00100542.1 CN00100541.3	加强筋+加强肋+钢骨架+抗裂材料增强水泥面层+连接槽+钢架连接件
2002	CN02212129.3	轻质骨料夹层
2003	CN03227027.5	钢丝网笼
2004	CN200420024745.3	泡沫塑料层+泡沫混凝土层
2008	CN200820217731.3	钢壳内填充发泡水泥
2009	CN200910168112.7	发泡水泥外层+膨胀珍珠岩聚苯颗粒中间层
	CN200910212328.9	高密度、低密度发泡水泥层复合
	CN200920004112.9	木塑板内填充发泡水泥
	CN200920139947.5	分隔腔室+聚丙烯纤维
	CN200920144514.9	发泡水泥芯层+泡沫混凝土面层
	CN200920216020.7	板内锚固螺栓
	CN200920283717.6	岩棉保温板+发泡水泥
2010	CN201010141862.8	高、低密度泡沫水泥板+钢笼
	CN201010224793.7	竹条增强
	CN201010284017.6	泡沫混凝土面板+聚氨酯泡沫芯层
	CN201020143902.8	硅钙板面板+泡沫混凝土芯层
	CN201020144901.5	面板错位密封与榫槽密封条密封相结合
	CN201020150705.9	木丝板面层+泡沫混凝土板

续表

年份	申请号	技术方案
2010	CN201020506527.9	石膏面层
	CN201020631840.5	预埋螺母＋装饰石材
	CN201020641399.7	发泡水泥＋珍珠岩
2011	CN201110050707.X	表层自流平砂浆中含有可再分散高分子聚合物和有机硅防水剂或硬脂酸盐
	CN201110131974.X	阻燃型挤塑板芯＋发泡水泥外壳＋连接孔
	CN201110262883.X CN201120333349.9	分割缝分割大尺寸发泡水泥薄板以抗裂
	CN201110376690.7	包覆功能层
	CN201110399768.7	泡沫塑料蜂窝体填充发泡水泥
	CN201120081817.8	金属钢壳
	CN201120194603.1	发泡水泥中填充发泡玻璃颗粒
	CN201120204714.6	设置直角拼接凹角
	CN201120265164.9	镁水泥外层
	CN201120272320.4	聚苯板、酚醛树脂板或聚氨酯泡沫板＋半圆凹凸槽
	CN201120344761.0	玻璃纤维网格布＋发泡水泥层
	CN201120346152.9	三维网格布骨架
2012	CN201210042479.6	蜂窝结构填充发泡水泥
	CN201210144234.4	真空隔热袋包覆发泡水泥芯材
	CN201210204292.1	预留焊接槽和焊接钢筋头
	CN201210559528.3	填充纳米中空微珠
	CN201220059266.X CN201220059267.4	发泡水泥板表层涂覆陶瓷层、石英砂层
	CN201220116105.X	发泡水泥包覆有机材料芯板
	CN201220531006.8	防水卷材层
	CN201220746235.1	镁质耐火材料面层
2013	CN201310056391.4	板两端安装承重件
	CN201310100578.X CN201310100756.9	设置同心异径孔贯穿带檐空心管、同心异径管
	CN201310539546.X	发泡水泥中分布无机棉
	CN201310586213.2	使用硅酸铝板
	CN201320020895.6	玻镁板＋填充腔
	CN201320145593.1	芯材密度梯度变化

附表1-2　泡沫混凝土保温板领域国外代表性专利申请

年份	申请号	技术方案
1974	FR2225945	发泡水泥＋树脂浸渍玻纤板
1975	GB1385512	石棉水泥板＋泡沫混凝土芯层
	GB19750029227	泡沫混凝土＋沥青层
	JP19750126542	涂覆功能层
	JP19750136024	泡沫混凝土表面涂覆含氟铝酸钙基水泥层
1977	JP19770098866	泡沫混凝土间泡沫层
1978	JP19780128326	抗菌剂和防水涂层
1980	JP19800007816	泡沫混凝土板间＋有机泡沫板
1981	JP19810079786	硅烷防水剂
	JP19810101312	具有膨胀火山玻璃混凝土层
1983	EP19830101708	泡沫混凝土板＋泡沫纤维聚合物板
	JP19830088294	金属网增强
1984	JP19840136524	泡沫混凝土＋沥青层
1989	JP19890136895	水泥木丝板间填充发泡水泥
1992	US19920959226	泡沫混凝土＋绝缘聚合物＋纤维增强
	AU19920015903	泡沫混凝土芯＋纤维水泥面板
1994	JP19940041181	使用泡沫混凝土填充块间凹槽
1995	JP19950042410	发泡树脂板＋焊接板条
	DE19950630226	互锁连接
1996	JP19960011581	泡沫混凝土＋树脂热绝缘层
1997	DE19970500549	膨胀珍珠岩板
	DE19972000606U	发泡水泥＋纤维或钢网
	DE19972014081U	纤维混凝土压力板填充泡沫混凝土
2001	KR20010024254	聚氨酯泡沫、岩棉、玻璃棉
	KR20010056936	钢框架填充发泡混凝土
2004	KR20040017820	真空包装袋
	JP20040337572	金属板件填充泡沫混凝土＋框架
2005	JP20050328143	闭孔玻璃泡沫＋泡沫水泥
2006	KR20060035347	泡沫混凝土＋钢板＋金属丝网＋纤维
2007	US20070747166	隔室填充泡沫混凝土＋增强网

续表

年份	申请号	技术方案
2008	KR20080108756	泡沫混凝土＋绝缘体聚乙烯泡沫
	KR20080120741	泡沫混凝土＋发泡聚苯乙烯
2009	KR20090060055	泡沫混凝土＋聚酯吸声层＋泡沫聚苯乙烯
2010	DE201020009060U	热绝缘材料聚氨酯＋泡沫混凝土外壳
	WO2010NL00122	泡沫混凝土＋绝缘中间层苯酚泡沫＋膨胀珍珠岩
2011	RU20110137649U	菱镁矿板、钢板，填充泡沫混凝土
	RU20110131938	泡沫混凝土中填充热绝缘物
2012	AU20120203018	承载金属框架＋泡沫混凝土

附录2　泡沫混凝土领域相关标准

《JC/T 2199—2013　泡沫混凝土用泡沫剂》

《JC/T 2200—2013　水泥基泡沫保温板》

《JC/T 2125—2012　屋面保温隔热用泡沫混凝土》

《JC/T 1062—2007　泡沫混凝土砌块》

《JC/T 266—2011　泡沫混凝土》

《ASTM C 796—04　使用预制发泡材料生产泡沫混凝土用发泡剂的标准方法》

《GOST 5742—1976　多孔混凝土保温制品》

附录 3 泡沫混凝土相关专利申请

附表 3 – 1 泡沫混凝土相关专利申请

序号	公开号	发明名称	申请人	技术方案
1	JPS5213742426A	多孔混凝土的制备方法，混凝土原料中添加氨基甲酸乙酯聚合物乳液并压力激发养护	KOWA BUSSAN KK, FUJIKI SANGYO KK	泡沫混凝土的制备方法，在泡沫混凝土中使用阴离子型表面活性剂作为发泡剂，同时魔芋粉作为泡沫稳定剂，改善其泡沫的稳定性
2	JPS7118063A	使用包括聚合物的泥浆制备轻质泡沫混凝土的方法	KAO SOAP CO LTD	泡沫混凝土的制备方法，一种阴离子型表面活性剂作为发泡剂，具体为含有 11～15 个烷基的铵盐，以此提高产生的泡沫的性能，获得更高的混凝土强度和轻质性
3	JPS5433528A	速凝多孔混凝土的制备方法，包含铝酸盐水泥和发泡剂，波特兰水泥形成的泡沫泥浆	SHOWA DENKO KK	泡沫混凝土的制备方法，通过控制搅拌机的旋转速度，调节预制泡沫的大小，以此获得黏结性和抗压性得到改善的泡沫混凝土制品
4	US5595595A	以坚固的水凝胶为基础的轻质混凝土	US SEC OF AGRIC	制备混凝土组合物的方法，混凝土包含空室或气泡、方法包含混合水泥黏结剂、集料和水形成混凝土的步骤
5	JPS6071580A	多孔混凝土组合物，通过预混波特兰水泥、喷射水泥和埃罗石衍生物制备	SEKISUI HOUSE KK	制备混凝土组合物的方法，以磨碎的硅石粉和氧化钙作为硅钙质原料，以合适的配比与泡沫混合，制成抗压、防冻化、防冻的泡沫混凝土

续表

序号	公开号	发明名称	申请人	技术方案
6	RU2160726C2	泡沫混凝土混合物，包含矿物黏结剂、二氧化硅、发泡剂、水和废弃物颗粒形态的化学添加剂	ANDRIANOV R A, MESTNIKOV A E, NGUEN M N	制备混凝土组合物的方法，以波特兰水泥、矿渣波特兰水泥、消石灰、石膏－水泥质火山灰材料作为黏结材料与多孔质材料混合制备泡沫混凝土，从而改进混凝土材料的强度和黏结性
7	CN102206094A	以工业副产石膏生产无机保温防火板的方法	安徽晋马环保节能科技有限公司	以工业副产石膏为原料生产泡沫混凝土制品，既达到了节能、防火的功效，又消耗了工业副产石膏废渣
8	JPH11310479A	用作建材的水硬性轻质组合物，包括水泥、轻骨料、减水剂和发泡剂	FUJITA KK	一种以磨细硅藻土、金属粉和硅粉为掺合料的泡沫混凝土砌块，以此获得其内部连通的气孔
9	US2006278129A1	泡沫和分散剂在利用石膏浆制备墙芯中的应用	US GYPSUM CO, BLACKBURN D R, HINSHAW S, LIU Q	一种包含水泥、粉煤灰、硅灰或其他火山灰材料，以及增强纤维和发泡剂的泡沫混凝土，形成一种类似木质品的强度性能混凝土制品。纤维的作用在于增强制品的干增强制品的强度性能
10	CN102910932A	一种新型外墙保温板	王广然	一种由托玛琳粉、水泥、石膏粉、活性掺合料、可再分散胶粉、黏合剂、纤维素醚、增强纤维、憎水剂、增水剂、活性掺合料等提供相应功能的外加材料水制备的泡沫混凝土保温板。其中纤维的作用在于增强抗裂，而且同时又添加了托玛琳粉、胶粉、憎水剂、活性掺
11	GB1153084A	具有非多孔面层的多孔混凝土板	FABRIEK VAN BOWMATERIALEN LOEVESTEI	一种预制泡沫混凝土板材的制备方法，将泡沫混凝土预制板与普通混凝土预制板进行黏接制成，其中使用纤维素醚作为混凝土外加剂，以此提高板材黏结的强度，同时申请使用蒸汽加压的方式对泡沫混凝土进行养护

续表

序号	公开号	发明名称	申请人	技术方案
12	DE2617153B	用水泥和发泡剂连续制造的大型轻质混凝土构件	MISAWA HOMES INST RES, SHOWA DENKO KK	一种以水硬性水泥和含缓凝剂的泡沫组分制成的轻质膨胀混凝土材料,其中缓凝剂包括羧酸、酮酸或其盐,由此获得结硬时间可控的泡沫混凝土
13	RU2394007C2	制造纤维增强的多孔泡沫混凝土的干混合物	JASTREMSKII E N, YASTREMSKII Y N	一种无须蒸养的泡沫混凝土材料,其原料包括水泥、矿物填料、硅微粉、超塑化剂和甲醛,改性外加剂包括硅酸铝微球和碳纳米管,同时体系中还添加聚丙烯纤维,所述泡沫混凝土的优点在于改善了物理和机械性能(例如防冻性)
14	WO8806958A	泡沫发生器采用流量阀门制造泡沫混凝土的方法	THERMAL STRUCT LTD, THERMLA STRUCTURES	一种并联的可控阀式阀门泡沫发生器,所述的泡沫发生器包括并联的泡沫发生腔室,每个发生腔室有可控制流速的阀门,由此可以控制各泡沫与其他原料混合时的流速流量
15	CN2614776U	一种土工实用的气泡发泡装置	河海大学	一种土工实用的气泡发泡装置,其结构是定量输液泵的输入口接发泡剂溶液容器的输出口,定量输液泵的输出口依次与单向阀门,与发泡枪的一个输入口依次连接压力阀门、单向阀门,流量计。发泡枪的另一个入口相接。通过调节发泡剂溶液和压缩空气的流量能合理控制气,液的比例关系,生产多种性质不同的气泡;同时由于使用了阀门调压阀,可合理控制气体的压力,保证了气泡均匀性,稳定性等特点
16	CN101342765A	一种轻骨料泡沫混凝土砌块的搅拌及浇注系统	王格	一种轻骨料泡沫混凝土砌块的搅拌及浇注系统,它包括前级搅拌机、前级配料系统、水泥浆暂存罐、发泡机、后级配料系统、后级搅拌机和模具、浇注暂存罐和模具,浇注暂存罐的暂存功能将轻骨料泡沫混凝土砌块的搅拌及浇注工序分成为前级搅拌、后级搅拌、浇注三个独立的部分,让小型模具车连续浇注成为可能

续表

序号	公开号	发明名称	申请人	技术方案
17	RU2133722C1	高强多孔混凝土的制备方法	CONCRETE FERROCONCRETE INST	一种水的用量遵守水固比为 0.18～0.23 的泡沫混凝土的制备方法，其中固体物料中含有 40%～60% 的表面活性剂并且已先行发泡，加入水泥和增塑剂后，搅拌发泡 2～3 分钟，然后再加入剩余的表面活性剂
18	SU1763428A1	泡沫混凝土的制备方法，包括以特定速度、空气压力将泡沫加入干物料	MOSC ENG CONSTR INST	一种制备泡沫混凝土的方法，在最初先将 50%～75% 的干物料与泡沫在 450～600rmp 的转速下混合搅拌，然后在 30～40rmp 转速下加入泡沫体，之后再将剩余部分物料加入，在 300～400rmp 的转速下混合
19	CN102514098A	一种新型泡沫混凝土浆料产输机	洛阳师范学院	一种泡沫混凝土浆料产输机，包括发泡机发泡系统、混凝土浆料生产系统和混合管混合系统、混合管生产系统与发泡机发泡系统和混凝土浆料生产系统连通。该设备能够方便地确定指定容重泡沫混凝土制品的混凝土浆料水灰比和浆料与泡沫的混合占比，泡沫不易破裂短纤维，能够连续生产且允许使用短纤维，抗裂性能明显提高，同时也可以提高发泡混凝土制品的抗压强度、压缩空气的利用率
20	JPS57118084A	轻质多孔混凝土，在模压混凝土上涂覆硅树脂并且蒸压成型	DENKI KAGAKU KOGYO KK	一种用水泥、硅钙质集料、预制泡沫制备的泡沫混凝土，其表面用硅树脂材料进行修饰，制备时通过蒸汽养护成型，养护在 180℃ 的温度和 10kg/cm² 的压力下进行 8 小时
21	JPH1160348A	轻质泡沫混凝土制品的制备方法，包括喷射含石膏的原料浆到模具的步骤	SUMITOMO METAL MINING CO	一种以硅酸、钙质原料、灰泥、发泡剂和水制备的泡沫混凝土制品，采用高温高压蒸汽养护，通过高温高压蒸汽养护，减少了开裂和翘曲的发生

续表

序号	公开号	发明名称	申请人	技术方案
22	CN102701648A	掺轻质材料的泡沫混凝土及其制作方法	山西省第二建筑工程公司、山西建筑工程（集团）总公司	一种掺轻质材料的泡沫混凝土，其配料包括水泥、玻化微珠、粉煤灰、纤维、水、和外加剂，通过发泡机将泡沫水溶液采用机械方式加压制成均匀、封闭气泡的泡沫，然后将泡沫注入由水、水泥基胶凝材料和轻质材料配制成的浆料中，进行混合搅拌，再将搅拌均匀的泡沫混凝土浇筑到施工部位，经自然养护形成一种轻质的多孔混凝土
23	JPH0521983A	电磁噪声屏蔽材料，轻质的泡沫混凝土板材中埋入接地的金属导体，蒸压养护	ASAHI CHEM IND CO LTD	一种电磁屏蔽材料，在轻质的泡沫混凝土板材中埋入接地的金属导体，从而实现电磁屏蔽的功能，所述泡沫混凝土板材经由蒸压金英砂而成
24	EP0383142A	一种能够吸收或衰减电磁波的材料	YTONG AG	一种能够吸收或衰减电磁波的材料，可以通过泡沫混凝土制成，由硅酸钙水化相和气孔材料，余量的石英砂制成，可用于数码、雷达和医疗用于防弹
25	US6264735B1	一种用于防弹的低铝泡沫混凝土	US ARMY CORPS ENGINEERS SEC ARMY	一种低铝泡沫混凝土的制备方法，1份波特兰水泥和0.001份澄定剂的干物料，与包含1份磨碎石灰石的混合物混合制成泥浆，再加入0.05份磷酸钙，通过添加泡沫调节密度，添加纤维并分散后形成混合材料，经注射、硬化、养护成型。所述材料用于防弹
26	US20041364 88A1	控制和转换反应器压力头的通用模块容器	WMG INC	一种核反应堆反应器中控制和转换反应器压力头的通用模块容器，其中泡沫混凝土被用作核反应堆反应应用反应器内外壁的轻质填充、绝热材料
27	US6617484B1	控制和转换反应器压力头的通用模块容器	WMG INC	一种核反应堆反应器中控制和转换反应器压力头的通用模块容器，其中泡沫混凝土被用作核反应堆反应应用反应器内外壁的轻质填充、绝热材料

续表

序号	公开号	发明名称	申请人	技术方案
28	US6414211B1	控制和转换反应器压力头的通用模块容器	WMG INC	一种核反应堆反应器中控制和转换反应器压力头的通用模块容器，其中泡沫混凝土被用作核反应堆反应器内外壁的轻质填充、绝热材料
29	US6087546A	控制和转换反应器压力头的通用模块容器	WMG INC	一种核反应堆反应器中控制和转换反应器压力头的通用模块容器，其中泡沫混凝土被用作核反应堆反应器内外壁的轻质填充、绝热材料
30	JPS63150700A	控制和转换反应器压力头的通用模块容器	WMG INC	一种核反应堆反应器中控制和转换反应器压力头的通用模块容器，其中泡沫混凝土被用作核反应堆反应器内外壁的轻质填充、绝热材料
31	GB1418541A	控制和转换反应器压力头的通用模块容器	WMG INC	一种核反应堆反应器中控制和转换反应器压力头的通用模块容器，其中泡沫混凝土被用作核反应堆反应器内外壁的轻质填充、绝热材料
32	GB1039588A	控制和转换反应器压力头的通用模块容器	WMG INC	一种核反应堆反应器中控制和转换反应器压力头的通用模块容器，其中泡沫混凝土被用作核反应堆反应器内外壁的轻质填充、绝热材料
33	GB1117231A	控制和转换反应器压力头的通用模块容器	WMG INC	一种核反应堆反应器中控制和转换反应器压力头的通用模块容器，其中泡沫混凝土被用作核反应堆反应器内外壁的轻质填充、绝热材料
34	GB2365385A	利用一切可重复使用能源的海上发电建筑	PEMBERTON J M	一种利用一切可重复使用能源的海上发电建筑，泡沫混凝土被用于制作海上建筑物的基础
35	GB1511846A	漂浮的混凝土部件组成的海上浮动混凝土建筑	SEVEN SEAS ENG	一种漂浮的混凝土部件组成的海上浮动混凝土建筑，泡沫混凝土被用于制作海上建筑物的基础

续表

序号	公开号	发明名称	申请人	技术方案
36	CN103485565A	"预制/组装"式海面多用基地创新技术方案	王振牛	按照御防垂直方向冲击波、水平方向冲击波等创新技术绘制的图样，在异地预制成组装件，预先运储到目的海区水下；在目的地做好前期工程；择期实施船上捞吊预制储构件/组装、焊接、封填/工地组装等工程，快速、同时突现若干个海上军事兼多用基地
37	CN203213087U	一种利用导管和立柱架构的岛礁综合保障平台	北京唐邦能源科技有限公司	一种利用导管和立柱架构的岛礁综合保障平台，其特点是：该种岛礁平台通过合理结构来抵抗海上大风、消除海浪对平台的不利影响，适应恶劣海况。通过导管将大风引导改变风向，增强礁坪平台的稳定性；通过特殊的钢结构，提高珊瑚礁，降低立柱对珊瑚礁的破坏，提高珊瑚礁平台的总整性。包括：综合平台、抗风导管、立柱、承载结构、承载连接件、混凝土（销）、立柱钢构、凹凸定位孔（销）等
38	CN103103973A	一种利用导管和立柱架构的岛礁综合保障平台	北京唐邦能源科技有限公司	一种利用导管和立柱架构的岛礁综合保障平台，其特点是：该种岛礁平台通过合理结构来抵抗海上大风、消除海浪对平台的不利影响，适应恶劣海况。通过导管将大风引导改变风向，增强礁坪平台的稳定性；通过特殊的钢结构，提高珊瑚礁，包括综合平台承载力、疏风导管、立柱、承载结构、泡沫混凝土、PE墩、橡胶垫、凹凸定位孔（销）；所述综合平台由立柱支撑、疏风管、立柱钢构、PE管、橡胶嵌在综合平台内，立柱下端坐落在橡胶垫上，并通过承载连接件与承载结构形成整体结构

续表

序号	公开号	发明名称	申请人	技术方案
39	CN103031817A	一种蜂窝格构增强型复合材料双筒结构及应用其的防撞系统	江苏博泓新材料科技有限公司，南京工业大学	一种蜂窝格构增强型复合材料双筒结构及应用其的防撞系统，所述的双筒结构包括外筒（1）和内筒（2），在外筒（1）和内筒（2）之间设有蜂窝格构增强筒体（3）且在内筒（2）内填充内填充材料体（4），其中的填充材料采用泡沫混凝土
40	CN101235620A	现场浇筑型机场跑道安全阻滞装置及其制造方法	王尚文，马玉山	一种现场浇筑型机场跑道安全阻滞装置，道面延伸层，包括土基延伸层、基础延伸层和道面延伸层，阻滞床上方铺设有承力层，承力层的上方铺设有多个防水材料块构成的防水层。其制作方法包括铺设土基延伸层；在土基延伸层上方铺设基础延伸层；在道面延伸层的上方按照铺设定位的上方铺设道面延伸层，并在每个可浇筑空置架设模板构成网格状的可浇筑空间，然后采用阻尼可调泡沫混凝土的底部和侧壁铺设成多个阻滞材料块
41	CN201151863Y	现场浇筑型机场跑道安全阻滞装置	王尚文，马玉山	一种现场浇筑型机场跑道安全阻滞装置，道面延伸层，包括土基延伸层、基础延伸层和道面延伸层，阻滞床上方铺设有承力层，承力层的上方铺设有多个防水材料块构成的防水层。其制作方法包括铺设土基延伸层；在土基延伸层上方铺设基础延伸层；在道面延伸层的上方按照铺设定位的上方铺设道面延伸层，并在每个可浇筑空置架设模板构成网格状的可浇筑空间，然后采用阻尼可调泡沫混凝土的底部和侧壁铺设成多个阻滞材料块

序号	公开号	发明名称	申请人	技术方案
42	CN101016203A	一种航空跑道压溃型安全拦阻方块及其生产方法	桂水全	一种航空跑道压溃型安全拦阻方块，是55～85份粉煤灰或细砂分别同10～25份生石灰，5～20份水泥，1～8份石膏以及0.3～10份铝粉经化学发泡制备的粉煤灰加气混凝土方块或者砂加气混凝土方块，或由模具成型的带有中空长孔的混凝土方块，方块底部有由加强筋加固的带有中空方块厚度自10～90cm递增，在跑道端部沿跑道方向铺设成厚度和压溃强度均递增的斜坡状安全拦阻，对意外冲出跑道的飞机进行拦阻，以确保飞机特别是乘客的安全
43	US200414141808A1	交通工具止动装置，阻止飞机等向前运动	ALLEN G	一种交通工具止动装置，阻止飞机等向前运动，以泡沫混凝土为原料制备现浇型机场跑道安全阻滑装置
44	CN103184807A	预制砌块叠加拼装式房屋	天津中金博奥重工机械有限责任公司	一种泡沫混凝土预制砌块拼装组合而成的房屋，它包括底座部分、墙体部分、屋顶部分。房屋砌块全部为模具标准化生产，砌块材料为泡沫混凝土，预制砌块间用螺栓连接固定
45	JPH07230246A	用气泡混凝土制备的雕塑材料	MISAWA CERAMICS KK	一种用于制作雕塑的板材，该板材由经水泥和外加剂制备的泡沫混凝土制成
46	CN2048487U	既能隔热又能保温的屋面隔热板	林金润	泡沫水泥芯层＋沥青或树脂防水层＋水泥壳层
47	CN2112659U	彩色轻质高强度屋面隔热板	吕志和	泡沫水泥芯层＋沥青或树脂防水层＋钢筋铁丝网砼层＋水泥壳层＋装饰层
48	CN2235466Y	玻璃纤维布水泥砂浆墙板	潘定祥	肋板＋玻璃纤维布增强水泥砂浆壳层
49	CN2393931Y	一种轻型建筑板材结构	樊志	钢筋加强筋＋玻纤网增强水泥外层＋连接凹凸槽

续表

序号	公开号	发明名称	申请人	技术方案
50	CN1264779A	一种由C型板材构成的C型建筑围护结构	樊 志	加强筋＋加强肋＋钢骨架＋钢骨架连接件＋抗裂材料增强水泥面层＋连接槽
51	CN2518942Y	保温隔热板	张建华	轻质骨料夹层
52	CN2599109Y	一种钢板网泡沫混凝土轻质墙体板材	周浪平	钢丝网笼
53	CN2700442Y	屋面用双体泡沫复合保温板	金 波	泡沫塑料层＋泡沫混凝土层
54	CN2013043Y	轻质钢地板	孙华兴	钢壳内填充发泡水泥
55	CN101691795A	一体化自保温轻质墙板	刘兴山	发泡水泥外层＋膨胀珍珠岩聚苯颗粒中间层
56	CN101812876A	一种全水泥基不燃泡沫水泥夹芯板	北京华丽联合高科技有限公司	高密度、低密度发泡水泥层复合
57	CN201424747	内填充发泡材料的木塑板	王广武	木塑板内填充发泡水泥
58	CN201372534	玻璃纤维增强泡沫水泥复合保温板	张述刚	分隔腔室＋聚丙烯纤维
59	CN201581545U	泡沫混凝土自保温夹芯板及其外墙板	卢文成	发泡水泥芯层＋泡沫混凝土面层
60	CN201679176U	泡沫混凝土保温墙板保温构造	闫振甲	板内锚固螺栓
61	CN201574514U	岩棉水泥混合发泡保温板	常州双欧板业有限公司	岩棉保温板＋发泡水泥
62	CN101831965A	一种无机材料隔热保温墙板及其制作方法	北京华丽联合高科技有限公司	高、低密度泡沫水泥板＋钢笼

续表

序号	公开号	发明名称	申请人	技术方案
63	CN102330478A	低碳竹木发泡混凝土建筑楼板的制作方法	王振江	竹条增强
64	CN102400499A	一种防火隔离带用泡沫混凝土复合板	天津城市建设学院	泡沫混凝土面板 + 聚氨酯泡沫芯层
65	CN201671217U	一种新型轻质防火节能组装墙板	杨雪元	硅钙板面板 + 泡沫混凝土芯层
66	CN201714013U	一种饰面保温板及其安装接缝密封构造	同振甲	面板错位密封与榫槽密封条密封相结合
67	CN201835426U	一种多功能复合板	建研建材有限公司、中国建筑科学研究院、云南建工第四建设有限公司	木丝水泥面层 + 泡沫混凝土板
68	CN201835394U	外墙内保温复合板	成都西亚科技发展有限公司	石膏面层
69	CN201943291U	无机保温石材复合板	常州长青祥和超薄石材有限公司	预埋螺母 + 装饰石材
70	CN201901955U	发泡水泥与珍珠岩复合制作的保温板	王建军	发泡水泥 + 珍珠岩
71	CN102249641A	保温型复合墙板防水壳用自流平水泥砂浆干粉及保温墙板	唐山北极熊能建材有限公司	表层自流平砂浆中含有可再分散高分子聚合物和有机硅防水剂或硬脂酸盐
72	CN102251599A	一种新型防火的外墙保温板及其施工方法	张振华	阻燃型挤塑板芯 + 发泡水泥外壳 + 连接孔

续表

序号	公开号	发明名称	申请人	技术方案
73	CN102425240A	大尺寸抗裂发泡水泥单面复合保温板	浙江省建筑科学设计研究院有限公司	分割缝分割大尺寸发泡水泥薄板以抗裂
74	CN102518227A	防火保温隔音板及其制备方法	朱勤辉、赵成颐	包覆功能层
75	CN103132630A	发泡水泥预制蜂窝板式房屋墙体	高建中	泡沫塑料蜂窝体填充发泡水泥
76	CN202023303U	一种基于超轻发泡水泥胎芯的轻钢厂房用金属保温板材	唐山北极熊建材有限公司、张振秋	金属钢壳
77	CN202152507U	防火保温墙板	龙江县华光新型墙材研究所	发泡水泥中填充发泡玻璃颗粒
78	CN202139713U	泡沫混凝土建筑外墙防火保温板	徐立新	设置直角拼接凹角
79	CN202194266U	GLC发泡水泥防火保温板	高宗生	镁水泥外层
80	CN202265909U	一种复合夹心不燃外墙板	梁材	聚苯板、酚醛树脂板或聚氨酯泡沫板＋半圆凹凸槽
81	CN202248337U	一种玻璃纤维网格布/发泡水泥复合外墙保温板	济南大学	玻璃纤维网格布＋发泡水泥层
82	CN202359681U	三维网格布发泡水泥复合板及外墙外保温系统	江苏尼高科技有限公司	三维网布骨架
83	CN103290934A	带蜂窝结构的发泡水泥复合板及外墙外保温系统	江苏尼高科技有限公司	蜂窝结构填充发泡水泥
84	CN102661006A	一种外墙保温板及其生产方法	万建民	真空隔热袋包覆发泡水泥芯材
85	CN102776988A	保温防火抗震一体化新型节能屋面板	马恒忠	预留焊接槽和焊接钢筋头

续表

序号	公开号	发明名称	申请人	技术方案
86	CN103011879A	无机发泡水泥保温板及其制备方法	青岛格尔美环保涂料有限公司	填充纳米中空微珠
87	CN202440983U	一种保温型墙体板	成都纳颀科技有限公司	发泡水泥板表层涂覆陶瓷层、石英砂层
88	CN202577625U	一种无机材料包覆有机材料的复合保温板	北京建筑技术发展有限责任公司	发泡水泥包覆有机材料芯板
89	CN202913578U	新型防水保温一体化板	湖北卓宝建筑节能科技有限公司	防水卷材层
90	CN203022153U	一种建筑防火板	广西华欣建材有限公司	镁质耐火材料面层
91	CN103088926A	便于挂装的泡沫混凝土预制板	谢仕贤	板两端安装承重件
92	CN103195182A	一种有带檐同心异径管的复合发泡水泥保温隔热板	西安建筑科技大学	设置同心异径孔孔贯穿带檐空心管、同心异径管
93	CN103553476A	无机发泡水泥保温板	天津市房信节能建材科技有限公司	发泡水泥中分布无机棉
94	CN103600522A	一种耐高温的复合保温板材	无锡合众信息科技有限公司	使用硅酸铝板
95	CN203174869U	一种水泥发泡板	陈廷武	玻镁板＋填充腔
96	CN203160438U	一种梯度结构外墙外保温板	山东建筑大学	芯材密度梯度变化
97	CN1448372A	一种土工用的发泡剂	河海大学	组分有直链烷基硫酸盐、稳泡剂烷基醇酰胺、脂肪醇聚氧乙烯醚硫酸钠、助剂氯化钙
98	CN1830910A	一种土工用的发泡剂	陈忠平	烷基硫酸盐 1%～8%、烷基醚硫酸盐 2%～13%、防白水 10%～32%、稳泡剂 1%～5%、水 42%～86%

续表

序号	公开号	发明名称	申请人	技术方案
99	CN101058490A	鸡蛋黄水泥混凝土发泡剂及其轻质发泡水泥混凝土	寿延	将鸡蛋黄、稳定剂、分散剂、防腐剂、水按一定的质量比混合，形成均匀致密的闭孔泡沫
100	CN101012127A	用污泥水解蛋白生产泡沫混凝土的方法	湖北大学	污泥水解蛋白（10~21Be°）96%~99%，防腐剂（苯钾酸钠或苯酚）0.2%~0.3%，稳定剂（羧甲基纤维钠或聚丙醇）1%~3%
101	CN101591155A	酵母菌体蛋白质混凝土发泡剂及其制备方法	西南科技大学	用啤酒、葡萄酒、酱油发酵工业废弃物经接种、培养、除杂除味、离心析出等步骤制得的酵母蛋白质，加入NaOH或Ca(OH)₂水溶液，水解后制得酵母蛋白发泡剂母液；再按比例将酵母蛋白发泡剂母液、稳定剂、分散剂、防腐剂、水进行复配并混合，即制得混凝土发泡剂
102	CN101698581A	防水泡沫混凝土的发泡剂的制备方法	廖传海	角质蛋白粉、Ca(OH)₂、NaHSO₃、水、十二烷基苯磺酸钠、十二烷基磺酸钠、明胶、三乙醇胺、氨基磺酸
103	CN101654345A	一种复合型混凝土发泡剂及其制备方法和应用	刘兴山	由甲组分和乙组分复合而成，所述甲组分为：聚乙烯醇、松香、无水碳酸钠、工业级盐酸、三乙醇胺、三乙醇胺、水；所述乙组分为：三乙醇胺、硫酸钠、亚硝酸钠、氯化钙、水
104	CN101717221A	土工用发泡剂	中国矿业大学（北京）	由直链十二烷基硫酸盐、烷基苯磺酸盐、脂肪酸单乙醇酰胺磺化琥珀酸单酯二钠盐、脂肪醇聚氧乙烯醚硫酸盐、稳泡剂、助泡剂和水按照比例复配而成
105	CN101574634A	用辐照处理蛋白发泡剂的方法	天津大学	对从剩余活性污泥中提取的蛋白发泡液进行离心分离除去其中杂质；用⁶⁰Co射线对装有蛋白发泡液的密封装置进行均匀辐照；将辐照后的蛋白发泡液进行喷雾干燥，制成蛋白发泡剂

续表

序号	公开号	发明名称	申请人	技术方案
106	CN102173644A	豌豆蛋白混凝土发泡剂及其制备方法	西南科技大学	豌豆蛋白质中加入蛋白酶和木瓜蛋白酶和水混合，水解反应后，经灭酶、过滤、滤液为制得的豌豆蛋白发泡剂母液；按重量比例将豌豆蛋白发泡剂母液、稳定剂、分散剂、防腐剂混合均匀，制得豌豆蛋白质混凝土发泡剂
107	CN102731140A	复合保温墙体夹心泡沫混凝土发泡剂及其制备方法	洛阳原生建筑工程技术有限公司	将两种多元醇按比例加入到搅拌反应釜中，用水加热溶解，得透明溶液；加入有多个反应用无机碱溶液缓慢中和，继续反应生成一维链状化合物A；加活性基团的化合物，使化合物A吸附在表面活性剂的胶束入常规表面活性剂，使化合物A交联成两维平面结构表面；加入交联剂，使化合物A交联成两维平面结构
108	CN102344299A	超低密度抗渗泡沫混凝土用发泡剂及其制备方法	梁材	脂肪醇聚氧乙烯醚硫酸钠、十二烷基苯磺酸钠、纯苯乙烯乳液或者苯丙乳液、羟乙基纤维素或羟丙基甲基纤维素、改性纳米膨润土、羟乙基纤维素或羟丙基甲基纤维素、增稠剂和余量的水
109	CN102329149A	吸音泡沫混凝土制品用发泡剂及其制备方法	梁材	脂肪醇聚氧乙烯醚硫酸钠、十二烷基苯磺酸钠、乙二胺四乙酸二钠、改性硅酯改性树脂、余量为水
110	CN102329150A	一种混凝土发泡剂及其制备方法	梁材	松香、氢氧化钠、十二烷基苯磺酸钠、骨胶、羟乙基或羟丙基甲基纤维素、茶皂素、硝酸银或泊金尼泊金酯
111	CN102515827A	一种利用复合型蛋白发泡剂制备轻质泡沫混凝土的方法	天津市裕川环境科技有限公司	质量浓度为15%～25%的活性污泥蛋白、质量浓度为20%～40%的植物蛋白、稳定剂、水
112	CN102659445A	一种制备保水型泡沫混凝土用泡沫剂	湖北大学	将阴离子表面活性剂、稳泡剂、保水剂，水按所述重量百分比加入到反应容器中，调整温度50～90℃，反应时间为1～3小时，形成均匀透明液体

续表

序号	公开号	发明名称	申请人	技术方案
113	CN102775182A	一种发泡剂	占协琼	十二烷基硫酸钠、脂肪醇聚氧乙烯醚硫酸钠、石油醚、二氯二氟甲烷、碳酸盐、水玻璃以及碳化硅
114	CN102887663A	一种泡沫混凝土用复合型发泡剂及其制备方法	同济大学	由表面活性剂、蛋白类发泡剂、稳泡剂、促凝剂和减水剂组成
115	CN102898064A	一种水泥复合泡沫剂及其制备方法和应用	同济大学	起泡剂、助泡剂、稳泡剂、防菌剂、水
116	CN102964080A	一种混凝土用复合型发泡剂	安徽艾柯泡塑股份有限公司	皂素、十二烷基苯磺酸钠、十二烷基硫酸钠、聚乙二醇、明胶、改性硅藻土、甲基葡萄糖苷聚氧乙烯醚、聚丙烯酸树脂、水
117	CN102964081A	一种复合型动植物蛋白发泡剂	安徽艾柯泡塑股份有限公司	猪蹄甲、牛角粉、豆粕、酒糟、脂肪醇聚氧乙烯醚硫酸钠、十二烷基苯磺酸钠、茶皂素、亚硫酸氢钠、硫脲、尿素、氢氧化钙、磷脂、明胶、水
118	CN102964084A	泡沫混凝土发泡剂	安徽艾柯泡塑股份有限公司	十二烷基苯磺酸钠、脂肪醇聚氧乙烯醚硫酸钠、月桂酰肌氨酸钠、椰油酰胺丙基甜菜碱、聚乙二醇（120）甲基葡萄糖苷双油酸酯、三乙醇胺、聚丙烯酰胺、羟乙基纤维素、水
119	CN103466992A	一种离子型泡沫混凝土发泡剂及其制备方法	马鞍山十七冶工程科技有限责任公司	聚二甲基二烯丙基氯化铵、两性离子表面活性剂、阴离子表面活性剂、增稠剂、水
120	CN103601409A	新型混凝土发泡剂及其生产工艺	成都建茂泰禾保温防水工程有限公司	植物质磺酸、松香、复合二硅酸钠、改性剂
121	CN103553420A	一种木质素基泡沫混凝土发泡剂及其制备方法与应用	华南理工大学	将碱木质素固体粉末加入水中配制成水溶液，调节 pH 值并加热，加入 α–氨基酸类化合物和醛类物质反应，得到胺化碱基化碱木质素；之后升温，加入含磺酸基单体和引发剂发生反应，再在产物中加入表面活性剂、稳泡剂、搅拌均匀，冷却后得到液体产品

关键技术二

锆基耐火材料

目　录

第1章 研究概况

锆基耐火材料是以氧化锆（ZrO_2）、锆英石（$ZrSiO_4$）为原料制造的耐火制品。氧化锆系列制品、锆英石系列制品和锆刚玉系列制品属此类制品。根据生产工艺的不同，锆基耐火材料分为烧结制品、熔铸制品和不定性制品。锆基耐火材料具有熔点高、热导率低、化学稳定性好的特点，特别是对熔融玻璃和液态金属具有良好的耐侵蚀性。

1.1 产业技术概况

（1）高含量氧化锆耐火材料

高含量氧化锆耐火材料是指氧化锆质量百分比含量在80%以上的耐火材料。高含量氧化锆耐火材料主要包括熔铸产品和烧结产品。熔铸氧化锆具有更高的体积密度和更低的显气孔率，耐腐蚀性能强，被广泛应用于低碱硬硼硅酸玻璃、E玻璃、铝硅酸盐玻璃、LCD显示器用无碱玻璃等玻璃工业窑炉。烧结高含量氧化锆耐火材料则被广泛应用于冶金工业，例如钢铁冶金行业连铸用定径水口、浸入式水口和长水口的渣线等部位。

化学组成相同的氧化锆，由于晶体结构的不同可分为单斜晶型氧化锆、四方晶型氧化锆（又称假立方晶型氧化锆）和立方晶型氧化锆。稳定的低温相为单斜晶结构（$m-Zr_2O$），大约在1000℃或高于此温度时四方晶相（$t-Zr_2O$）逐渐形成。1200～2370℃，只存在四方晶相。大于2370℃至熔点温度则为立方晶相（$c-Zr_2O$）。[1] 在加热或冷却过程中，不同的氧化锆晶型之间产生可逆的或不可逆的晶型转化。可逆的晶型转化过程中伴有7%的体积变化。这种体积变化使制品的抗热震性较差。纯氧化锆晶型转化过程中线膨胀率的变化见图1-1-1。

高含量氧化锆耐火材料在制造时、冷却过程以及用于玻璃窑炉时，会暴露在巨大的温度变化中。由于这些温度变化，在该耐火物内部产生热应力以及在1000℃附近的温度区域中伴随着明显体积变化的氧化锆晶体的可逆相变而出现相变应力。熔铸氧化锆耐火材料包含结合了多个晶粒的粒间玻璃质相（参见图1-1-2[2]），具有高含量氧化锆的电熔融材料通常包括二氧化硅（SiO_2）和氧化铝（Al_2O_3），以形成晶间玻璃相，从而可以在氧化锆从单斜晶相可逆地同素异形变化为正方晶相时有效地经受住氧化锆

---

❶ 王诚讯，张义先，于青. ZrO_2 复合耐火材料［M］. 北京：冶金工业出版社，2003：1.

❷ 法商圣高拜欧洲实验及研究中心. 具有高氧化锆含量的熔铸耐火砖：中国，200880005881.9［P］. 2010－02－17.

体积的变化，使该耐火物变得柔软、应力被缓和，耐火物不会产生龟裂。

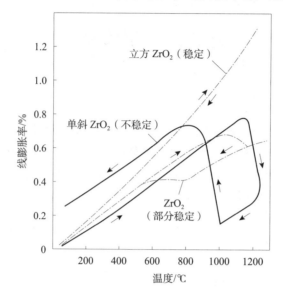

图1-1-1　氧化锆热膨胀曲线

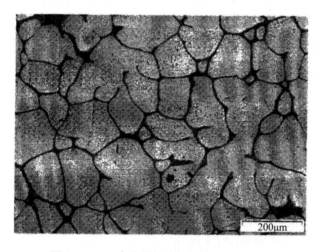

图1-1-2　高含量熔铸氧化锆耐火砖截面

（2）锆英石耐火材料

锆英石制品的主要成分为 $ZrO_2 \cdot SiO_2$。锆英石在 1680℃ 受热大量分解为 ZrO_2 和 SiO_2。锆英石制品对多种熔融金属、酸性试剂和液态玻璃都具有良好的抗侵蚀性，但与碱性炉渣或与碱性耐火材料接触，容易发生侵蚀反应。

锆英石使用温度高、化学稳定性好、耐腐蚀性强，是一种极好的特种耐火材料。在以往的工业用途中，锆英石耐火材料主要分为两类[1]：

❶　胡宝玉，张宏达，李丹. 氧化锆特种耐火材料在工业中的应用 [J]. 稀有金属快报，2004，23（6）：31-35.

① 以锆英石为原料的致密锆英石砖：主要用于各类玻璃窑及与玻璃液接触部位的衬部。它具有强度高、抗侵蚀性强的优良性能。制品大都采用精选原料、细磨、等静压压制成形（或泥浆浇注成形），再经高温烧制成制品的生产工艺。优质的致密锆英石砖应当具有如下特点：氧化锆含量大于65%，体积密度不低于3.75g/cm³，显气孔率小于19%，荷重软化温度（$T_{0.6}$）不低于1650℃。表1-1-1为国内外有代表性的几种玻璃窑用锆英石砖组分及性能指标。

表1-1-1　几种代表性的锆英石砖组分及性能[1]

		ZS65-1	ZS65-2	ZS65-3	ZS65-4
化学组分/%	ZrO_2	65.21	65.2	64.37	65.11
	SiO_2	32.25	32.13	33.1	32.43
	Al_2O_3	1.38	0.95	2.1	0.78
	Fe_2O_3	0.16	0.15	0.12	0.14
	TiO_2	0.62	0.73	0.2	0.14
	CaO	0.07	—	0.06	—
	MgO	0.03	—	0.04	—
	R_2O	0.08			
体积密度/（g/cm³）		3.75	3.80	3.20	3.60
显气孔率/%		17	17	21	21
常温耐压/MPa		98	101	110	90
荷重软化温度（$T_{0.6}$）/℃		1650	1700	1580	1610
耐火度/℃		1830	1830	1830	1830
重烧收缩/%		0.03	0.04	0.11	0.05

② 以锆英石为原料的标准锆英石砖：主要用于玻璃窑中不与玻璃液接触的窑底、窑墙等部位及钢厂的盛钢桶和中间包上。

（3）熔铸锆刚玉耐火材料

熔铸锆刚玉（AZS）耐火材料，又称电熔铝锆硅砖、刚玉-斜锆石砖，为氧化铝-氧化锆-氧化硅（$Al_2O_3 - ZrO_2 - SiO_2$）三元系统熔铸砖（参见图1-1-3），其主要成分含量：Al_2O_3 40%~60%、ZrO_2 30%~50%、SiO_2 10%~20%，主要矿物组成为刚玉、斜锆石及玻璃相，主要原料为锆英石和工业氧化铝，辅助原料为碳酸钠和硼砂。配料后经电弧炉熔融、浇铸、退火，再加工成制品。特点是化学稳定性好、结构致密、耐玻璃液侵蚀力强、对玻璃不着色，是玻璃熔窑常用的耐火材料。

---

[1]　李鹏海，陈松林，尹超男，等. 玻璃窑用锆英石砖的研制 [J]. 玻璃，2012（10）：35-37.

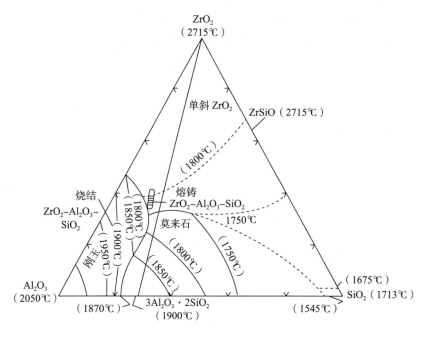

图 1-1-3　$Al_2O_3 - ZrO_2 - SiO_2$ 相图

1.2　行业需求

耐火材料是钢铁、有色、石化、建材、电力等高温工业的基础材料，是高温工业热工装备的重要支撑材料。耐火材料行业与其下游行业是一种互为依存、相互促进的关系。高温工业技术的发展，推动耐火材料行业技术的进步与变革；同时，耐火材料的性能和品质对高温工业的发展也发挥关键作用。

受技术进步以及节能降耗政策引导，单位产品耐火材料消耗下降是行业趋势。产品替代性逐渐增强，推动耐火材料行业实现产品升级和结构调整，有利于以高技术含量、高附加值产品为主的高新技术企业发展壮大。

锆基耐火材料作为高档耐火材料，其核心技术基本被几家国外跨国公司所掌握。中国国内使用的锆基耐火材料产品特别是熔铸类耐火材料多来自国外公司设立于中国的合资公司，中国本土企业发展迅速，但在技术实力和品牌影响力上仍不及国外公司。本章将以锆基耐火材料作为主要研究内容。

1.3　研究对象和研究方法

（1）数据检索

中文专利的检索与分析，本报告采用的是中国专利检索系统（CPRS）中检索整理得到的数据；对于外文专利的检索，报告的检索与分析采用了世界专利索引（WPI）中检索分析得到的数据。具体检索结果如表 1-3-1 所示。

表 1 - 3 - 1 锆基耐火材料检索结果

技术领域	检索结果		检索截止时间	
	中文库/件	外文库/项	中文库	外文库
高含量氧化锆	50	121	2014 - 07 - 31	2014 - 07 - 31
锆英石	33	99	2014 - 07 - 23	2014 - 07 - 23
熔铸锆刚玉	23	68	2014 - 07 - 31	2014 - 07 - 31

（2）研究方法和查全查准评估

课题组采用分总检索策略，对于每个一级技术分支进行平行检索，根据不同研究领域制定相应的检索策略，并根据领域特点，对于每个技术分支先全面检索，保证文献查全率；再通过批量分类号去噪、分组手工标引去燥等方式对数据进行标引和处理，保证查准率。具体参见表 1 - 3 - 2。

表 1 - 3 - 2 锆基耐火材料各领域查全查准率

技术领域	中文专利文献		英文专利文献	
	查全率	查准率	查全率	查准率
高含量氧化锆	95%	100%	85%	100%
锆英石	94%	100%	83%	100%
熔铸锆刚玉	94%	100%	81%	100%

第2章 高含量氧化锆耐火材料专利分析

本章对高含量氧化锆耐火材料全球专利申请态势、中国专利申请态势进行了分析研究，并着重研究了高含量熔铸氧化锆耐火材料技术发展路线，以及该领域重要专利申请涉及的产品类型。本章中"高含量氧化锆耐火材料"是指氧化锆质量百分比含量在80%以上的耐火材料。

本章研究数据源于 CPRS 和 WPI 检索系统，内容主要涉及高含量氧化锆耐火材料全球以及中国公开专利的研究内容，时间截至 2014 年 7 月 31 日。经过检索，全球相关专利申请共 121 项，中国相关专利申请共 50 件。

2.1 全球专利申请态势

为分析高含量氧化锆耐火材料专利全球申请态势，本章重点研究了熔铸氧化锆和烧结氧化锆两种耐火材料类型专利申请的全球申请趋势以及原创地及目的地分布，并对全球申请人和发明人进行了排名分析。

2.1.1 申请趋势

截至 2014 年 7 月 31 日，经过检索全球专利申请总量为 121 项，其中高含量熔铸氧化锆耐火材料 60 项，高含量烧结氧化锆耐火材料 61 项。

如图 2 - 1 - 1 所示，高含量氧化锆耐火材料全球专利申请的趋势大致分为 3 个阶段。

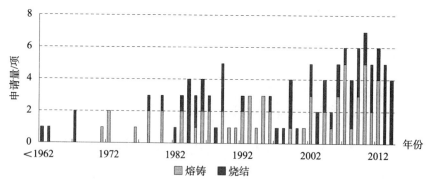

图 2 - 1 - 1　高含量氧化锆全球专利申请趋势

① 技术萌芽期（1970 年之前）：高含量烧结氧化锆耐火材料发展早于高含量熔铸氧化锆，早期申请主要集中在烧结氧化锆耐火材料领域。

② 技术快速发展期（1970～1997 年）：在这一阶段，高含量氧化锆耐火材料不论熔铸产品还是烧结产品的申请量都有了大幅度的提高。

③ 技术高速发展期（1997 年至今）：随着科技的发展，特别是 LCD 显示屏基板领域对高电阻耐腐蚀耐火材料的需求，各国主要厂商分别研制了不同型号满足高品质无碱玻璃需求的高含量熔铸氧化锆耐火材料，其申请量大幅增加。而随着中国专利申请人的活跃度提升，高含量烧结氧化锆耐火材料的申请量也进入了高速增长轨道。

2.1.2　原创地及目的地分布

为研究高含量氧化锆耐火材料的技术原创地以及专利申请的目的地分布情况，本小节将专利申请优先权国/地区作为首次申请国/地区，对高含量氧化锆耐火材料全球专利申请的原创地及目的地分布进行了统计，并且重点分析了三大重要申请人在高含量熔铸氧化锆领域的申请目的地特点。

2.1.2.1　原创地

如图 2-1-2 所示，高含量氧化锆耐火材料全球专利申请原创地分布情况为：日本 57 项（其中熔铸氧化锆耐火材料 42 项）、中国大陆 25 项（其中熔铸氧化锆耐火材料 1 项）、法国 18 项（其中熔铸氧化锆耐火材料 14 项）、美国 13 项（其中熔铸氧化锆耐火材料 3 项），其他申请由澳大利亚、俄罗斯、德国提出。其中，日本、中国大陆、法国和美国申请量占全球高含量氧化锆耐火材料专利申请总量的比例分别为 47%、21%、15% 和 11%。

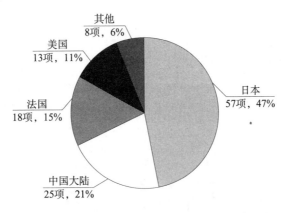

其他
8项，6%

美国
13项，11%

法国
18项，15%

日本
57项，47%

中国大陆
25项，21%

图 2-1-2　全球高含量氧化锆耐火材料及高含量熔铸氧化锆耐火材料专利申请原创地分布

可见高含量氧化锆耐火材料的主要申请原创地集中在日本、中国大陆和法国。中国主要以烧结耐火材料为主，而原创地为日本和法国的主要专利申请则以熔铸耐火材料为主。日本拥有两大重要申请人东芝 MONOFRAX KK 和旭硝子，其申请量遥遥领先，即使东芝被圣戈班集团（以下简称"圣戈班"）收购更名为圣戈班 TM KK 以后，其发明团队仍留在日本，专利申请仍首先在日本提出，然后以日本专利申请为优先权向世界其他区域提出专利申请，并且其专利布局也主要集中在中国台湾和日本本土，在中国大陆几乎没有布局。圣戈班欧洲实验及研究中心则以法国为研发中心，其主要申请多最先在法国提出。

以下将高含量氧化锆耐火材料分别拆分为熔铸和烧结两类进行分析对比。如图2-1-3所示，高含量熔铸氧化锆耐火材料的主要原创地为日本和法国，其申请量分别占到67%和23%，以日本为原创地的专利申请自1972年以来即开始源源不断出现。而以法国为原创地的专利申请在2001年之前则非常少见，直到圣戈班从2002年开始逐渐重视该领域。

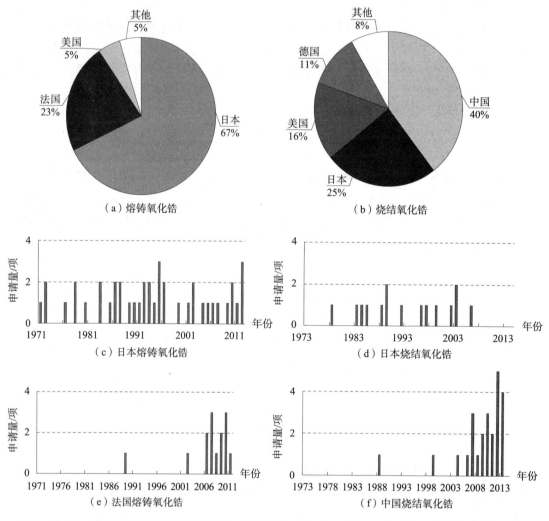

图2-1-3 全球高含量熔铸/烧结氧化锆耐火材料专利申请原创地分布比例及重要申请国申请趋势

高含量烧结氧化锆耐火材料的主要原创地为中国和日本，以日本为原创国的烧结耐火材料申请量一直以来都比较平稳，而以中钢集团洛阳耐火材料研究院有限公司（以下简称"洛阳耐火"）为代表的中国大陆科研院所和企业自2004年以来专利保护意识逐渐增强，专利申请量逐年增加。

2.1.2.2　目的地

专利申请目的地是指专利申请进入的国家/地区。由专利申请的公开号中提取地区代码来统计，可以在一定程度上反映申请人主要在世界哪些区域寻求专利保护。

如表 2-1-1 所示，全球高含量氧化锆耐火材料专利申请的主要目的地分布情况为：日本 81 件（其中熔铸氧化锆耐火材料 52 件）、中国大陆 47 件（其中熔铸氧化锆耐火材料 20 件）、美国 42 件（其中熔铸氧化锆耐火材料 29 件）、欧洲专利局申请 35 件（其中熔铸氧化锆耐火材料 20 件）、中国台湾 21 件（其中熔铸氧化锆耐火材料 18 件）、韩国 21 件（其中熔铸氧化锆耐火材料 18 件）。其中，有 27 件以 PCT 国际申请的形式提出。可见除美国和欧洲两个国家/地区以外，亚洲地区的日本、韩国、中国大陆和中国台湾地区，是申请人的主要申请目的地，也是申请人最为重视的市场区域之一。

表 2-1-1　高含量氧化锆以及熔铸氧化锆耐火材料全球专利申请目的地分布　　　单位：件

目的地	高含量氧化锆耐火材料	熔铸氧化锆耐火材料
日本	81	52
中国大陆	47	20
美国	42	29
欧洲专利局	35	20
中国台湾	21	18
韩国	21	18
PCT 国际申请	27	20

下面分别对排名前三位的重要申请人——东芝、旭硝子和圣戈班在高含量熔铸氧化锆耐火材料领域的专利申请的目的地进行统计分析。

如图 2-1-4 所示，旭硝子在高含量熔铸氧化锆耐火材料领域专利申请主要申请目的地随时间变化比较明显。2002 年之前，旭硝子的主要申请目的地是日本、美国和法国。自 2002 年之后，旭硝子继续在日本和美国进行申请，而其在欧洲的申请策略发生了变化，主要通过欧洲专利局提出申请，不再单独向法国提出专利申请，其申请策略的改变与法国本土企业圣戈班的崛起不无关系。并且自 2009 年开始，旭硝子开始重视采用 PCT 国际申请的途径向中国大陆和韩国等亚洲地区进行专利布局，体现出旭硝子对亚洲市场的重视程度在逐步增加。

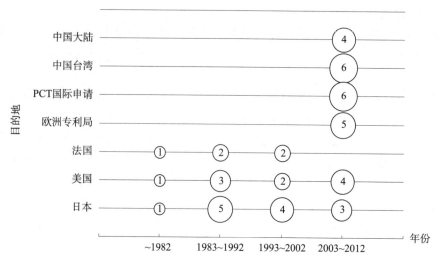

图2-1-4 旭硝子全球高含量熔铸氧化锆耐火材料专利申请目的地时间变化

注：图中数字表示申请量，单位为件。

东芝相关业务被圣戈班兼并之前所有涉及高含量熔铸氧化锆耐火材料的专利申请共有15项，而其中仅有1项专利申请，分别向美国、法国、韩国和澳大利亚进行了专利申请，其余所有专利申请布局都仅仅局限于日本本土。

如图2-1-5所示，圣戈班涉及高含量熔铸氧化锆耐火材料的专利申请目的地主要是日本、美国、中国大陆、中国台湾、欧洲专利局等，从该图可以看出圣戈班在各目的地专利布局比较均匀，其申请从最初阶段即非常重视PCT国际申请途径，其多数申请也主要是通过PCT途径进入欧洲以外的主要国家和地区。需要说明的是，圣戈班在日本的专利申请多，主要是由于东芝相关业务被圣戈班兼并后，更名为圣戈班TM KK，圣戈班TM KK的专利申请被归入圣戈班统计分析，该公司即前述东芝，圣戈班TM KK延续了东芝的申请策略，其主要申请目的地多局限于日本本土，但是2005年之后，开始向韩国和中国台湾进行专利布局。

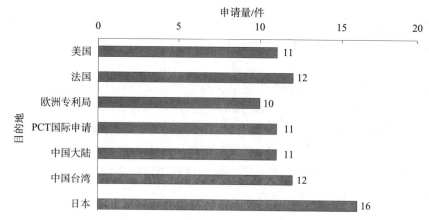

图2-1-5 圣戈班全球高含量熔铸氧化锆耐火材料专利申请目的地分布

2.1.3 重要申请人

如图 2 – 1 – 6 所示，本小节内容对全球申请人进行了排名统计，排在前五位的申请人分别是圣戈班、旭硝子、东芝、洛阳耐火和耐火材料知识产权有限公司。排名前五位的重要申请人均为企业，说明该行业的申请主体以企业为主，且申请主体申请量集中度高。

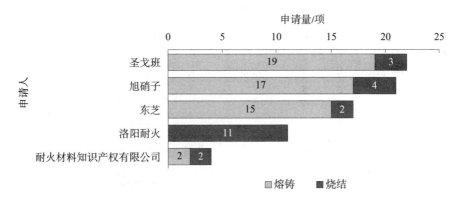

图 2 – 1 – 6　高含量氧化锆耐火材料全球专利申请申请人排名

排名前五位的重要申请人中，除国内的洛阳耐火以外，国外主要公司的申请重点大多集中于高含量熔铸氧化锆耐火材料，高含量熔铸氧化锆材料专利申请量基本上占整个高含量氧化锆耐火材料申请量的 80% 以上，可见国外重点申请人的研究重点均在高含量熔铸氧化锆方面。下面针对高含量熔铸氧化锆耐火材料最重要的三个重要申请人进行分析。

如图 2 – 1 – 7 所示，2002 年之前，高含量熔铸氧化锆耐火材料的专利申请主体是东芝和旭硝子。2003 年 4 月，圣戈班取得东芝 MONOFRAX KK 的控股权，并将其更名为圣戈班 TM KK❶。此外，圣戈班自 2002 年也开始以圣戈班欧洲实验及研究中心为专利申请主体申请大量提出高含量熔铸耐火材料方面的专利申请，圣戈班的申请量大幅度增加，其申请量甚至超过原排名第二位的旭硝子。

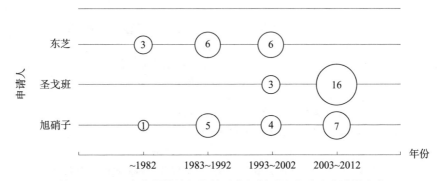

图 2 – 1 – 7　高含量熔铸氧化锆耐火材料重要申请人申请量变化

注：图中数字表示申请量，单位为项。

❶ 相关分析详见本报告第 5 章。

如图2-1-8所示，1982年之前，申请主体为东芝和旭硝子，其申请量占全球申请总量的比例分别为33%和11%。1983~1992年10年间，东芝和旭硝子在此领域申请总量占全球申请总量的比例分别上升到46%和38%，其他申请人的申请比例从56%下降到16%。圣戈班自2002年开始以欧洲为研发中心，其申请比例逐年增加❶，2003~2012年，圣戈班申请量已经达到62%，成为申请量最多的第一申请人，而除旭硝子和圣戈班之外的其他申请人的申请比例仅占全球申请总量的11%，该领域专利申请基本被几大重要公司所垄断。截至2014年7月31日，所有相关高含量氧化锆耐火材料的专利申请的申请日❷均在2012年之前。其原因在于该领域主要申请人绝大多数为国外申请人，其申请文件多以PCT或《巴黎公约》途径进入其他国家申请，相应文献的公开时间较晚。

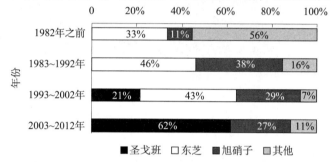

图2-1-8 高含量熔铸氧化锆耐火材料重要申请人申请比例变化

2.1.4 重要发明人

本小节对全球高含量氧化锆耐火材料专利申请发明人进行了统计，参见图2-1-9。申请量排名前五位的申请人为GAUBIL MICHEL 12项（其中高含量烧结氧化锆耐火材料1项）、遠藤茂男10项、戶村信雄10项、瀬尾省三8项、石野利弘6项、平田公男6项、CABODI ISABELLE 5项。

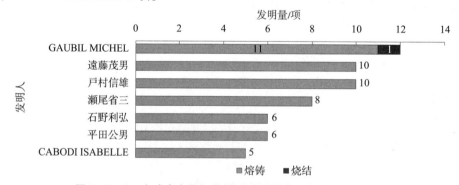

图2-1-9 全球高含量氧化锆耐火材料专利申请发明人排名

---

❶ 东芝相关业务被圣戈班兼并后，以圣戈班 TM KK 作为申请主体继续申请专利，但在本章内容中，圣戈班 TM KK 的申请量（包括早先以东芝 MONOFRAX KK 为主体申请，后以圣戈班 TM KK 授权的专利申请）均计入圣戈班。

❷ 有优先权日为优先权日，无优先权日为实际申请日。

　　以上几位重要发明人分别来自圣戈班、东芝和旭硝子。如图 2 - 1 - 10 所示，来自东芝系❶的发明人以遠藤茂男、瀨尾省三和石野利弘为代表，其中遠藤茂男的申请活跃时期覆盖 1986~2007 年，与其同时代的平田公男的申请活跃时期为 1986~2005 年，两人作为合作团队主导了东芝系 20 多年的发明研发进程。戶村信雄是东芝系后起之秀的代表人物，戶村信雄自 2001 年起与瀨尾省三共同申请专利了 3 项专利，2006~2007 年与遠藤茂男合作申请了 2 项专利。令人意外的是，戶村信雄自 2010 年开始进入东芝系的竞争对手旭硝子系，并在 3 年内连续申请了 4 项专利申请。

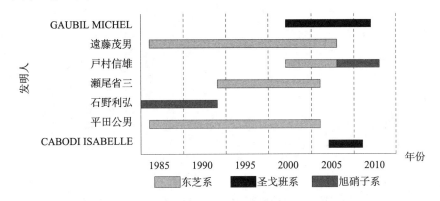

图 2 - 1 - 10　全球高含量熔铸氧化锆耐火材料重要发明人申请时间跨度

　　与之对应地，旭硝子系发明人比较分散，一直没有形成稳定的研发团队，主要发明人石野利弘的主要活跃时期集中在 1985~1993 年。在其退出专利申请发明队伍之后，旭硝子的申请速度也开始明显减缓，直到来自东芝系的戶村信雄加入旭硝子后，旭硝子的专利申请才进入快车道，并且形成了以戶村信雄为核心、林晋也与牛丸之浩为组员的新研发团队。

　　圣戈班系具有稳定的研发团队，主要成员有 GAUBIL MICHEL、CABODI ISA-BELLE、BOUSSANT ROUX YVES，其中 GAUBIL MICHEL 自 2002 年至今始终有专利申请，其活跃时间最长；CABODI ISABELLE 与 GAUBIL MICHEL 是亲密的合作伙伴，其所有的专利申请均有 GAUBIL MICHEL 参与。

2.2　中国专利申请态势分析

　　本节重点研究了高含量氧化锆耐火材料中国专利申请趋势、原创地分布、申请人分析、专利申请类型及法律状态等。本节分析的样本为中国专利申请 50 项。

2.2.1　申请趋势

　　如图 2 - 2 - 1 所示，高含量氧化锆耐火材料的中国专利申请趋势不同于全球专利

---

　　❶　东芝相关业务被圣戈班收购后，东芝 MONOFRAX KK 公司的发明人仍被归入东芝系进行分析。

申请趋势，专利申请自 2000 年之后才进入高速增长阶段。其原因可能在于，一方面国内申请人的专利保护意识起步较晚，另一方面我国本土的研发方向主要集中在烧结耐火材料，20 世纪仅有少数几个国外公司可以生产高含量熔铸氧化锆耐火材料。在熔铸耐火材料申请量快速增长的 20 世纪八九十年代，基于中国当时的经济发展状况，几大国外企业的并未将中国纳入专利布局范围之内，直到 2002 年之后，以圣戈班和旭硝子为代表的国外跨国企业，相继开始在中国大陆进行专利布局，国内该领域专利申请量开始大幅增长。

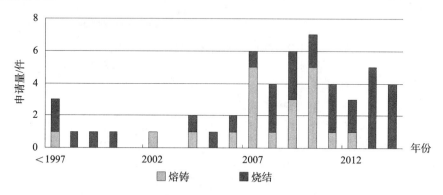

图 2 - 2 - 1　高含量氧化锆耐火材料中国专利申请趋势

2.2.2　原创地及重要申请人

由于国内外申请人在熔铸与烧结高含量氧化锆耐火材料申请量上的差异明显，以下将高含量氧化锆耐火材料拆分为熔铸和烧结两类进行分析对比其原创地。专利申请原创地是指该专利最早在哪个国家/地区提出的。

由图 2 - 2 - 2 所示，国内高含量熔铸氧化锆的主要原创地为法国和日本，其所占比例分别为 59% 和 26%。而高含量烧结氧化锆的主要原创地为中国，其所占比例达到 78%。

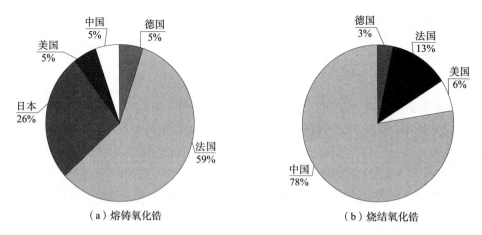

图 2 - 2 - 2　熔铸和烧结氧化锆耐火材料中国专利申请原创地比例

　　如图2-2-3所示，中国大陆氧化锆耐火材料排名前五位的专利申请人分别为：圣戈班14件（其中高含量烧结氧化锆耐火材料3件）、洛阳耐火11件（均为高含量烧结氧化锆耐火材料）、旭硝子4件（均为高含量熔铸氧化锆耐火材料）、耐火材料知识产权有限公司3件（其中高含量烧结氧化锆耐火材料1件）、太仓宏达俊盟3件（均为高含量烧结氧化锆耐火材料）、欧洲耐火（其中高含量烧结氧化锆耐火材料1件）、上海宝威陶瓷2件（均为高含量烧结氧化锆耐火材料）。从图2-2-3中可以看出，在中国进行布局的国外跨国公司主要为欧洲区域的圣戈班、欧洲耐火以及耐火材料知识产权有限公司（奥镁）以及日本的旭硝子。

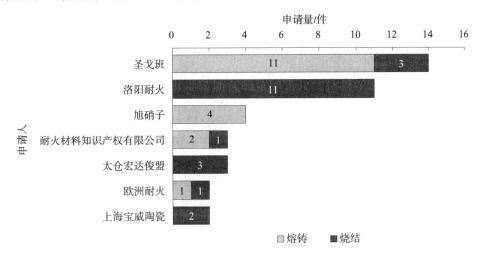

图2-2-3　熔铸和烧结氧化锆耐火材料中国专利申请人排名

2.2.3　专利申请法律状态分析

　　表2-2-1显示了高含量氧化锆耐火材料中国专利申请的类型。由于耐火材料专利多涉及材料制品组成和制备方法，并不适宜采用实用新型方式提出申请，因此所有申请均为发明申请。

表2-2-1　高含量氧化锆耐火材料中国专利申请类型　　　　　单位：件

熔铸氧化锆耐火材料 总量　19	发明申请　19	PCT申请　16	美国　1
			德国　1
			日本　4
			法国　10
		非PCT申请　3	中国　1
			日本　1
			法国　1
	实用新型申请　0		

续表

烧结氧化锆耐火材料 总量 31	发明申请 31	PCT 申请 4	德国 1
			法国 3
		非 PCT 申请 27	中国 24
			美国 2
			法国 1
	实用新型申请 0		

从表 2 - 2 - 1 对比可以明显看出，我国高含量氧化锆耐火材料专利申请中多为烧结材料，其总量为 31 件，明显多于熔铸材料 19 件。高含量烧结氧化锆耐火材料专利申请中，以来自中国本土的专利申请为主，共有 24 件，约占高含量烧结氧化锆耐火材料总量的 77%。而熔铸耐火材料申请中，绝大多数是国外申请人通过 PCT 方式进入中国进行的申请，其比例高达 84%；在以 PCT 方式进入的专利申请中，来自法国的申请占到所有 PCT 申请的 60% 以上，来自日本的申请占所有 PCT 申请总量的 25%。

表 2 - 2 - 2 列出了截至 2014 年 7 月 31 日高含量氧化锆耐火材料中国专利申请的法律状态。参见图 2 - 2 - 4，烧结耐火材料专利申请的有效专利申请比例为 62%，高于高含量熔铸氧化锆耐火材料的有效专利申请比例 47%，高含量熔铸氧化锆耐火材料申请有约 47% 的专利申请处于未决状态，这主要是由于熔铸氧化锆耐火材料领域的专利申请主要是由国外申请人由 PCT 途径进入中国进行的申请，其审查周期相对较长，且国外申请人在中国的专利布局也比较晚，失效申请中没有驳回失效、视为撤回失效和主动撤回失效的申请。仅有的 1 例失效申请也是由于其专利保护期限届满而失效。

表 2 - 2 - 2　高含量氧化锆耐火材料中国专利申请法律状态　　　　单位：件

熔铸氧化锆耐火材料 总量 19	有效 9	
	失效 1	驳回失效 0
		未缴费失效 0
		视为撤回失效 0
		主动撤回失效 0
		期限届满失效 1
	未决 9	实质审查阶段 4
		复审阶段 2
		驳回等复审 1
		尚未进入实审 2

续表

烧结氧化锆耐火材料 总量　31	有效　19		
	失效　5	驳回失效　0
		未缴费失效　2
		视为撤回失效　3
		主动撤回失效　0
		期限届满失效　0
	未决　7	实质审查阶段　1
		复审阶段　0
		驳回等复审　1
		尚未进入实审　5

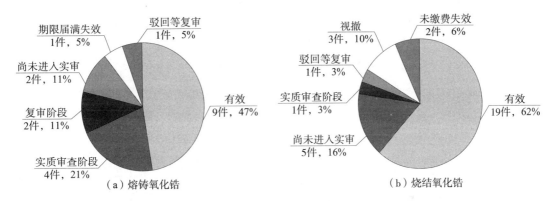

图 2－2－4　高含量氧化锆耐火材料中国专利申请的法律状态

　　1984 年我国颁布的《专利法》规定发明专利权期限为 15 年，我国加入 WTO 后，为履行《与贸易有关的知识产权协议》，通过 1992 年第一次修改《专利法》，我国发明专利保护期由 15 年延长至 20 年，开始与国际接轨。2001 年国家知识产权局发布公告，针对 1992 年 12 月 31 日前提出申请、到 2001 年 12 月 11 日仍然有效的发明专利权，明确其保护期限由原来的 15 年延长至 20 年。因此虽然该失效专利优先权为 1989 年，申请人仍然获得了 20 年的专利权保护，这从另一方面也反映了此项专利对申请人具有很高的经济价值，使其有动力缴纳 20 年高昂的专利年费以维持其专利权有效❶。

　　由于大量高含量熔铸耐火材料专利申请处于未决状态，为了使国内业界更好地了解高含量熔铸氧化锆材料方面专利申请的法律状态，表 2－2－3 列出了各相关申请人此领域在中国专利申请的公开号、专利申请名称以及法律状态。

---

❶　对于该专利申请的详细分析见本章 2.4 节内容。

表2-2-3　高含量熔铸氧化锆耐火材料中国专利申请列表

法律状态	申请人	公开号	专利申请发明名称
授权	圣戈班	CN101443290A	具有高氧化锆含量的高电阻率耐火材料
		CN1639084A	高氧化锆含量的熔铸耐火材料
		CN101784504A	具有高氧化锆含量和高二氧化硅含量的耐火材料
		CN101784503A	具有掺杂氧化锆高含量的耐火产品
	旭硝子	CN102369170A	高氧化锆质耐火材料及熔融窑
		CN103153912A	高氧化锆质电熔耐火物
	强势知识产权	CN101622209A	具有高电阻率的熔铸氧化锆耐火材料
	耐火材料知识产权有限公司	CN1902142A	耐火的熔融浇铸制品
	洛阳大洋	CN102701737A	一种玻璃窑炉用高氧化锆砖的组分
实审中	圣戈班	CN102741175A	具有高氧化锆含量的耐火产品
		CN102666434A	具有高氧化锆含量的耐火制品
		CN102325729A	具有高氧化锆含量和高二氧化硅含量的耐火材料
		CN102066288A	高氧化锆浓度耐火产品
复审中	圣戈班	CN102741194A	具有高氧化锆含量的耐火产品
		CN101652337A	具有高氧化锆含量的熔铸耐火砖
驳回等复审	旭硝子	CN103153911A	高氧化锆质电熔耐火物
等待进入实审	圣戈班	CN103261105A	具有高含量氧化锆的耐火制品
	旭硝子	CN103476717A	熔融玻璃保持用耐火物和使用熔融玻璃保持用耐火物的玻璃制造装置以及使用该玻璃制造装置的玻璃制造方法
有效期届满	欧洲耐火	CN1048025A	具有高二氧化锆含量的熔铸耐火材料产品

2.3　技术分析

高含量氧化锆耐火材料按照制备方法可以分为烧结材料和熔铸材料，烧结材料是通过均匀混合粉末、经加压等成型方法后烧而成。该耐火材料与熔铸耐火材料相比，制造时使用的能量少，可以制造各种形状的制品，并且加工步骤少。因此其具有增多窑炉内适用部位、降低成本制造的优点。但是，附着于原料的气体和烧成中产生的气体有一部分在烧结后仍然残存，密度上升困难，因此其在1600℃以下虽然表现出不逊于熔铸耐火材料的耐腐蚀性，但在该温度以上将会劣化。因此熔铸耐火材料适用于有更高使用温度要求的场合。熔铸耐火材料作为高品质耐火材料，早期其生产技术长期被国外生产企业所垄断，即使现阶段，国内对高含量熔铸氧化锆耐火材料的生产研究与国外仍有明显的差距。本节将着重对高含量熔铸氧化锆耐火材料的技术发展进行研究分析。

以氧化锆为主要成分的熔铸耐火材料对熔融玻璃呈现出优异的耐腐蚀性，因此被广泛应用于玻璃熔窑的熔融玻璃接触的内壁部分。基本由氧化锆结晶构成的高氧化锆质熔铸耐火材料，在1100℃附近发生氧化锆结晶中特有的从单斜晶向正方晶的晶相转变，伴随着该晶相转变而产生异常的体积膨胀和收缩，特别是实际使用的大尺寸耐火材料存在容易发生开裂的问题。

高含量熔铸氧化锆解决开裂的方法是在氧化锆结晶之间埋入玻璃基质，玻璃基质的通常成分是 SiO_2，但仅仅是 SiO_2 则因其黏度高难以吸收 ZrO_2 晶相转变所带来的体积变化，因此通过加入降低玻璃基质黏度的碱金属（Na_2O 和/或 K_2O），或者碱土金属（CaO、MgO、SrO、BaO）等，使基体玻璃黏度降低，在制备和加热升温时氧化锆晶相转变温度区域内，用较软的基体玻璃吸收因 ZrO_2 结晶膨胀和收缩而引起的形变，应力被缓和，耐火物不会产生开裂。另外，基体玻璃主要成分 SiO_2 与斜锆石（ZrO_2）颗粒之间可以发生反应生成锆英石（$ZrSiO_4$），锆英石的形成伴随20%数量级体积的减小，在制品中产生机械应变而造成开裂，熔融玻璃贯穿进入这些裂缝会加剧耐火制品的腐蚀。由于负载变化和可能的降温或再启动之前窑炉使用的中断，工业窑炉所受到的不可避免的温度变化会促进或扩大锆英石的形成及其不利的热力学影响，温度变化会由于锆英石形成期间的收缩趋向促进微裂缝的扩展。这些裂缝的开放导致制品膨胀或鼓胀并可能导致 ZrO_2 粒子的迁移。因此在耐火材料使用过程中防止锆英石产生所带来的开裂也是该领域普遍关注的问题。总之，防止高含量氧化锆耐火材料在制备过程中形成的开裂可以减少制备过程中机械加工所去除的部分，提高生产效率，降低成本。并且防止升温过程和使用过程中的开裂，可以提高耐火材料的使用寿命。

近年来，高纯度的玻璃或碱金属成分少的高熔点精细玻璃（fine glass）被作为液晶用玻璃使用，在制造此种玻璃时，熔融窑炉通常使用高含量熔铸氧化锆耐火材料。而作为节能、高品质的玻璃制造方法，对玻璃原料直接通电而加热熔融的电阻熔融法受到注目。在使用电熔融的场合，为使电流流入熔融玻璃中，要求耐火材料的电阻率比熔融玻璃高，因此提高高含量氧化锆熔铸耐火材料电阻也是近期业界关注的热点。

氧化锆熔融后，易于形成氧少于理论值的不饱和氧化物，而成为具有较强还原性的组成物。因此，原料中作为杂质所含有的 Fe、Cu、Cr 等金属氧化物被还原，且易于以金属形式存在，若与熔融玻璃接触易于产生气泡，给熔融玻璃带来杂质，因此防止鼓泡是氧化锆耐火材料普遍需要解决的技术问题。

本节将高含量熔铸锆英石耐火材料的技术功效分为防止开裂、提高电阻、防止鼓泡。上述各技术功效的含义约定如下。

防止开裂：指防止高含量氧化锆耐火材料在制备、升温以及使用过程中耐火材料的开裂。

提高电阻：指获得在高温条件下具有高电阻率的高含量熔铸氧化锆耐火材料。

防止鼓泡：指防止高含量熔铸氧化锆与熔融玻璃接触过程中出现鼓泡现象。

2.3.1 防止开裂技术演进

图2-3-1（见文前彩色插图第1页）显示了高含量熔铸氧化锆耐火材料领域主要公司在防止耐火材料开裂方面的技术发展路线。图2-3-1中深色底色的专利申请已在中国提出专利申请。

下面结合图2-3-1对抗开裂技术路线中的重点申请按照申请公司分类介绍。

（1）东芝和圣戈班 TM KK❶

东芝于1971年提交专利申请JPS4845509A，要求保护一种高含量氧化锆耐火材料，其质量百分比组成包括：$ZrO_2 + Al_2O_3 + SiO_2$ 大于96%，ZrO_2 含量为84% ~ 92.4%，CuO 含量为0.05% ~ 1.0%，MgO、CaO 含量小于0.5%，Al_2O_3/SiO_2 小于1。其通过 CuO 和 B_2O_3 调整耐火材料基质玻璃黏度，防止开裂。1972年提交的专利申请 JPS4885610A，其中 $ZrO_2 + Al_2O_3 + SiO_2$ 含量大于96%，ZrO_2 含量为84% ~ 92.4%，$Al_2O_3/SiO_2 < 0.5$，含有0.1% ~ 1% B_2O_3 以调整基质玻璃黏度防止开裂。

1987年东芝提交的专利申请 JPS63285173A，耐火材料质量百分比组成包括：ZrO_2 含量为90% ~ 98%，Al_2O_3 含量 <1%，不含 Li_2O、Na_2O、CuO、CaO 和 MgO，含0.5% ~ 1.5%的 B_2O_3，1.5%以下的 K_2O、SrO、BaO、Rb_2O 和 Cs_2O 氧化物之一。该申请提出采用大分子阳离子氧化物 Cs_2O，防止其从基质玻璃中溶出，提高耐火材料耐久性和电阻。

1995年东芝提交的专利申请 JPH092870A，耐火材料质量百分比组成包括：ZrO_2 含量为89% ~ 96%，SiO_2 含量为2.5% ~ 8.5%，Al_2O_3 含量范围为0.2% ~ 1.5%，P_2O_5 含量 <0.3%，CuO 含量 <0.3%，$Na_2O + K_2O$ 含量范围为0.05% ~ 1%，$P_2O_5 + B_2O_3$ 含量范围为0.01% ~ 1.7%，BaO 含量范围为0.01% ~ 0.5%，SnO_2 含量 < 0.5%，$Fe_2O_3 + TiO_2$ 含量 <0.3%。该申请通过碱金属氧化物（Na_2O 和 K_2O）和碱土金属氧化物 BaO 以及 SnO_2 调节玻璃基质黏度。

东芝 MONOFRAX KK 于2004年更名为圣戈班 TM KK 后，其原有研发团队于2005年申请专利 JP2007176736A，耐火材料质量百分比组成包括：ZrO_2 含量为87% ~ 94%，Al_2O_3 含量为1.2% ~ 3.0%，SiO_2 含量为3% ~ 8%，B_2O_3 含量为0.02% ~ 0.05%，Na_2O 含量为0.35% ~ 1%，Al_2O_3/Na_2O 为2.5% ~ 5%，P_2O_5、CuO 各自含量不足0.01%。该申请不含 CuO，并控制 B_2O_3 含量，提高耐火材料氧化度，防止鼓泡；该申请实质上不含 P_2O_5，通过调整 Al_2O_3/Na_2O 比值，防止玻璃相中形成锆英石造成的开裂，提高耐火材料热循环耐久性。

东芝早期采用 CuO 和 B_2O_3 调节玻璃基质黏度，防止开裂，但由于 CuO 会对熔融玻璃着色，且容易被还原成金属价态，而与熔融玻璃接触时出现鼓泡现象，中期基本

---

❶ 东芝相关业务被圣戈班兼并后，以圣戈班 TM KK 为申请主体继续申请专利。由于其研发团队并未发生实质性改变，因此将圣戈班 TM KK 的申请与东芝合并分析。

已舍弃 CuO，而是采用 B_2O_3 和碱土金属氧化物（特别是 BaO）等调整玻璃基质黏度。后期为防止锆英石形成裂纹，发明申请实质不含 P_2O_5，并且 B_2O_3 含量也很少，基本仅仅通过碱金属氧化物 Na_2O 来降低玻璃黏度，并抑制玻璃基质中锆英石的产生。

（2）欧洲耐火与圣戈班

欧洲耐火于 1989 年提出的专利申请 EP0403387A，耐火材料质量百分比组成如下：ZrO_2 含量 >92%，Al_2O_3 含量为 0.4%～1.15%，SiO_2 含量为 2%～6.5%，Na_2O 含量为 0.12%～1.0%，$Fe_2O_3 + TiO_2$ 含量 <0.55%，P_2O_5 含量 <0.05。该申请指出磷的单独使用或与硼酸酐结合使用对于高含量熔铸氧化锆制品是不必要的，磷的存在会造成或扩大玻璃相中 SiO_2 与 ZrO_2 反应生成锆英石，引入最小含量的 Na_2O，则可以抑制玻璃相中 SiO_2 与 ZrO_2 反应生成锆英石。

圣戈班于 2008 年提出的专利申请 WO2009153517A，耐火材料质量百分比组成包括：$ZrO_2 + HfO_2$ 含量为补充至 100%，SiO_2 含量为 3.5%～6.0%，Al_2O_3 含量为 0.7%～1.5%，$Na_2O + K_2O$ 含量为 0.10%～0.43%，B_2O_3 含量为 0.05%～0.80%，P_2O_5 含量为 <0.05%，$CaO + SrO + MgO + ZnO$ 含量为 <0.4%，$Fe_2O_3 + TiO_2$ 含量 <0.55%，其他物质含量 <1.5%，其中，Al_2O_3 与（$Na_2O + K_2O$）重量百分比的比例大于或等于 3.5 及 B_2O_3 与（$Na_2O + K_2O$）重量百分比的比例介于 0.3～2.5。该申请在不促进锆英石产生的前提下，加入 0.05%～0.80% 的 B_2O_3 提高玻璃基质蠕变容量，长时间保持其尺寸稳定性。

圣戈班于 2009 年提出的专利申请 FR2953825A1，耐火材料质量百分比组成为：ZrO_2 含量为到 100% 的余量，Hf_2O 含量为 <5%，SiO_2 含量为 2%～10%，B_2O_3 含量为 ≤4.5%，Al_2O_3 含量为 0.3%～2.0%；$Y_2O_3 + CeO_2 + CaO + MgO$ 含量为 0～4.0%，P_2O_5 含量为 <0.05%，B_2O_3 含量为 ≥0.09 × $[Y_2O_3 + 1/3 (CeO_2 + CaO + MgO)]$ × SiO_2；$Na_2O + K_2O$ 含量为 ≤0.5%，$Fe_2O_3 + TiO_2$ 含量为 <0.55%，其他物质含量为 <1.0%，Y_2O_3 的含量大于或等于 0.5%，或大于或等于 0.7%，或者 $CeO_2 + CaO + MgO$ 的含量大于或等于 2%。该申请实施例中严格控制碱金属氧化物的含量，通过 B_2O_3 调节玻璃基质黏度。

欧洲耐火于 1989 年提出磷会促进锆英石的产生，硼酸酐也并不必要，因此采用可以抑制锆英石产生的氧化钠，以满足高含量氧化锆砌块的工作性能。而圣戈班尝试在不促进锆英石产生的限度内，适当添加氧化硼以降低玻璃基质黏度，提高其蠕变容量。

（3）旭硝子

旭硝子于 1980 年提交的申请 FR2478622A，其耐火材料质量百分比组成包括：ZrO_2 含量为 85%～97%，P_2O_5 含量为 0.1%～3%，Al_2O_3 含量 <3.0%，SiO_2 含量为 2%～10%。除上述组成外，耐火材料也可以包括少量碱金属氧化物 Na_2O 等。该申请提出加入 0.1%～3% 的 P_2O_5 以软化玻璃基质，使得即使玻璃基质很少的情况下，也可以避免耐火材料出现开裂，并且在玻璃窑炉中使用时不会对熔融玻璃染色或形成结石。P_2O_5 使耐火材料易于融化，降低制造耐火材料时的电力能耗。

旭硝子于 1985 提交的专利申请 FR2587025A，其耐火材料质量百分比组成包括：

ZrO_2 含量为85%～97%，P_2O_5 含量为0.05%～3%，SiO_2 含量为2%～10%，B_2O_3 含量为0.05%～5%，碱金属含量不大于0.1%。该申请为降低耐火材料的高温电阻率，进而严格控制碱金属的含量，采用0.05%～5%的 B_2O_3 与0.05%～3%的 P_2O_5 代替碱金属氧化物，共同降低玻璃黏度，软化玻璃基质，防止在耐火材料的制造过程中出现裂缝。

旭硝子于1989年提交的专利申请EP0431445A，耐火材料质量百分比组成包括：ZrO_2 含量为90%～95%，Al_2O_3 含量为1%～3%，SiO_2 含量为3.5%～7%，并且实质上不含任何 P_2O_5、B_2O_3 或CuO。该申请提出即使 Al_2O_3 含量在1%～3%时，在含有 P_2O_5 和 B_2O_3 的场合下，会促进锆英石结晶在玻璃基质中的沉淀。该申请实施例中均包括适量碱金属 Na_2O 以调节玻璃基质黏度。

旭硝子于1992年提交的专利申请DE4320552A1，耐火材料质量百分比组成包括：ZrO_2 含量为90%～95%，SiO_2 含量为3.5%～7%，Al_2O_3 含量为1.2%～3%，Na_2O 和/或 K_2O 的含量为0.1%～0.35%，并且实质上不含任何 P_2O_5、B_2O_3 或CuO。

2010年10月16日，旭硝子同日提交了2件专利申请——WO2012046785A1 和WO2012046786A1。其中，WO2012046785A1 公开的高氧化锆质电熔耐火物质量百分比组成包括：ZrO_2 含量为86%～96%，SiO_2 含量为2.5%～8.5%，Al_2O_3 含量为0.4%～3%，K_2O 含量为0.4%～1.8%，3.8%以下范围的 Cs_2O，P_2O_5 和 B_2O_3 的含量均在0.04%以下，且实质上不含 Na_2O。该申请指出由于 Na^+ 半径小，在与无碱玻璃或低碱玻璃接触下容易向熔融玻璃中溶出，因而其抑制锆石晶体生成的作用无法持久。该申请通过添加具有大半径的阳离子 K^+ 和 Cs^+ 代替 Na^+，其不仅可以降低基质玻璃黏度，而且由于大半径阳离子溶出速度慢，可以长期起到抑制锆石晶体产生的效果，因此具有更好的抗热循环耐久性，不易开裂。WO2012046786A1 的发明思路与上述申请相似，该申请公开的耐火材料质量百分比组成包括：ZrO_2 含量为85%～95%，SiO_2 含量为2.5%以上，Na_2O、P_2O_5 和 B_2O_3 的含量均在0.04%以下，SrO作为必要组分，还含有 K_2O 和 Cs_2O 的至少一种，且SrO、K_2O 和 Cs_2O 同时满足示式（1）和（2）的关系：

$$0.2 \leq \{0.638 \times C_{K_2O} + 0.213 \times C_{Cs_2O} + 0.580 \times C_{SrO}\} / C_{SiO_2} \leq 0.4 \qquad 式（1）$$

$$0.10 \leq 0.580 \, C_{SrO} / C_{SiO_2} \qquad 式（2）$$

式中 C_{K_2O}、C_{Cs_2O}、C_{SrO} 和 C_{SiO_2} 表示 K_2O、Cs_2O、SrO和 SiO_2 的质量百分比含量。该申请采用阳离子半径大且向熔融玻璃溶出慢的 K_2O 和 Cs_2O 的锆英石晶体生成抑制作用、与阳离子半径比较大且相对于含SrO熔融玻璃溶出特别慢的SrO的锆英石晶体生成抑制作用复合而成耐火材料。可见两者的发明思路相似，均采用阳离子半径大、与熔融玻璃接触溶出速度慢且可以降低玻璃基质黏度、抑制锆英石晶体产生的 K_2O 和 Cs_2O 代替阳离子半径小的 Na_2O，进而达到长期抑制耐火材料中锆英石结晶产生，防止耐火材料开裂的目的。

2012年4月6日，旭硝子再次同日提交了2件专利申请 WO2013151106A1 和WO2013151107A1。其中 WO2013151106A1 专利申请所公开的高氧化锆质熔铸耐火物质量百分比组成包括：ZrO_2 含量为88%～96.5%，SiO_2 含量为2.5%～9%，Al_2O_3 含量为0.4%～1.5%，Na_2O 含量为0.07%～0.26%，K_2O 含量为0.3%～1.3%；外部分量

计[❶]，Li_2O 含量为 0 ~ 0.3%，P_2O_5 和 B_2O_3 的质量范围均在 0.08% 以下，$P_2O_5 + B_2O_3$ 的质量范围在 0.1% 以下。该申请优选含有 0.05% ~ 3.8% Cs_2O，K_2O/Na_2O 范围为 1.5% ~ 15%。WO2013151107A1 专利申请所公开的高氧化锆质熔铸耐火物质量百分比组成包括：ZrO_2 含量为 87% ~ 96.5%，SiO_2 含量为 2.5% ~ 9%，Al_2O_3 含量为 1.5% ~ 2.5%，Na_2O 含量为 0.15% ~ 0.6%，K_2O 含量为 0.3% ~ 1.3%；外部分量计，Li_2O 含量为 0 ~ 0.3%。该申请同样优选含有 0.05% ~ 3.8% Cs_2O。但是 P_2O_5 和 B_2O_3 的质量范围以外部质量计优选在 0.4% 以下，明显高于专利申请 WO2013151106A1 中的 0.1% 以下。上述两件专利申请均采用具有大阳离子半径的 K_2O 和 Cs_2O 以抑制其溶出到熔融玻璃中，抑制锆英石的生成，提高耐火材料耐久性。同时添加以外部质量计 0% ~ 0.3% 比例的 Li_2O。两者不同之处在于，WO2013151107A1 所公开耐火材料组分中 Al_2O_3、Na_2O 以及 P_2O_5 和 B_2O_3 的组成比例相对 WO2013151106A1 中相应组成的比例均有提高，其主要目的是在不促进锆英石产生的前提下，进一步降低玻璃基质的黏度，提高铸造时液体的流动性，降低在使用相对薄型铸模生产时熔融物未到达铸模角部产生的缺陷。

旭硝子于 2012 年提交的专利申请 EP2749542A1，其所公开的高氧化锆质熔铸耐火物质量百分比组成包括：ZrO_2 含量为 96.5% ~ 98.5%，SiO_2 含量为 0.8% ~ 2.7%，$Na_2O + K_2O$ 含量为 0.04% ~ 0.35%，B_2O_3 含量为 0.02% ~ 0.18%，$0.03 \geqslant C_{B_2O_3} - (C_{Na_2O} + C_{K_2O})$，其中 $C_{B_2O_3}$、C_{Na_2O} 和 C_{K_2O} 表示 B_2O_3、Na_2O 和 K_2O 的质量百分比含量。该申请大大提高了 ZrO_2 的含量，以提高耐火材料高温抗腐蚀能力，通过控制 $0.03 \geqslant C_{B_2O_3} - (C_{Na_2O} + C_{K_2O})$，可以使耐火材料的剩余膨胀率最多为 25%，进而可以有效地防止裂纹产生。

旭硝子 1980 年提出不会对熔融玻璃染色且可以降低玻璃基质黏度的 P_2O_5 以软化玻璃基质，防止裂纹产生，后又提出共同使用 B_2O_3 与 P_2O_5 以调节玻璃基质黏度。但是随着研究的深入，本领域开始意识到 B_2O_3 与 P_2O_5 会促进氧化锆与玻璃基质中的氧化锆生成锆英石，伴随锆英石产生所带来的体积变化会促进裂纹的产生，降低耐火材料耐久性，自 1989 年开始，旭硝子申请耐火材料中大多不含 B_2O_3 与 P_2O_5，转为使用碱金属氧化物 Na_2O 等降低玻璃基质黏度。近期旭硝子的研发重点转为采用阳离子半径大的 K_2O、Cs_2O 代替阳离子半径小的 Na_2O，由于位阻效应大半径阳离子 K^+ 和 Cs^+ 向熔融玻璃扩散的速度明显低于小半径 Na^+ 的扩散速度，因此 K_2O 和 Cs_2O 可以长期抑制耐火材料中锆英石晶体的产生，保证耐火材料不开裂，提高热循环耐久性。

2.3.2　提高电阻技术演进

图 2 - 3 - 2 显示了高含量熔铸氧化锆耐火材料领域主要公司在提高电阻方面的技术发展路线。该图中深色底色的专利申请已在中国提出专利申请。

---

❶　以 ZrO_2、SiO_2、Al_2O_3、Na_2O 及 K_2O 这 5 种成分含量设为 100% 计算时，针对这五种成分之外各种组分以上述 100% 为基准计算的比例。

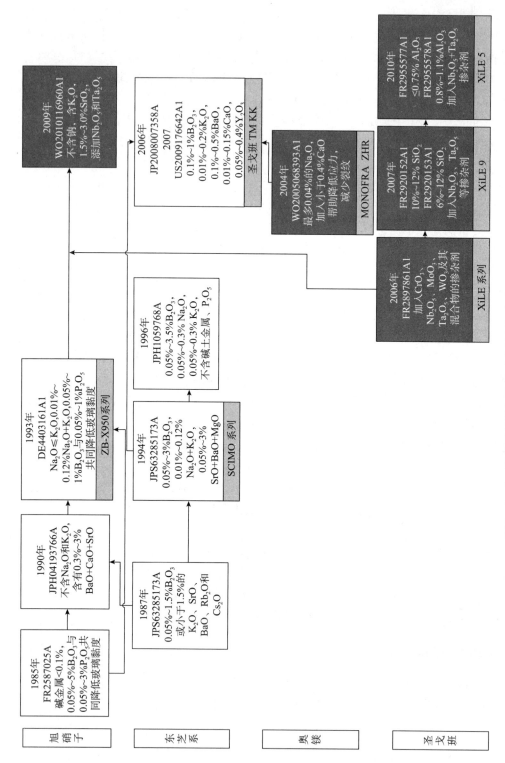

图 2 - 3 - 2 高含量熔铸氧化锆耐火材料提高电阻技术路线

（图中年份表示优先权年份）

下面结合图2-3-2图对抗开裂技术路线中的重点申请按照申请公司分类介绍。

（1）旭硝子

旭硝子于1985年提交了专利申请FR2587025A。该申请为降低耐火材料的高温电阻率，严格控制碱金属的含量，碱金属含量不大于0.1%，其采用0.05%~5%的B_2O_3与0.05%~3%的P_2O_5代替碱金属氧化物，共同降低玻璃黏度，软化玻璃基质，防止在耐火材料的制造过程中出现裂缝。

旭硝子于1990年提交了专利申请JPH04193766A。该申请所公开的高氧化锆质熔铸耐火物质量百分比组成包括：ZrO_2含量为85%~95.5%，SiO_2含量为3.5%~10%，Al_2O_3含量为1%~3%，B_2O_3含量为0~1.5%，$BaO+CaO+SrO$含量为0.3%~3%，ZnO含量为0~1.5%，不含Na_2O和K_2O。该耐火材料在1500℃下电阻率至少120$\Omega \cdot cm$。该申请为降低电阻率，采用碱土金属氧化物BaO、CaO和SrO代替碱金属氧化物Na_2O和K_2O，调节玻璃基质黏度。

旭硝子于1993年提交了专利申请DE4403161A1。该申请所公开的高氧化锆质熔铸耐火物质量百分比组成包括：ZrO_2含量为85%~91%，SiO_2含量为7%~11.2%，Al_2O_3含量为1.1%~3%，P_2O_5含量为0.05%~1%，B_2O_3含量为0.05%~1%，Na_2O+K_2O含量为0.01%~0.12%，且Na_2O含量≤K_2O含量。该耐火材料在1500℃下电阻率至少100$\Omega \cdot cm$。旭硝子现阶段在售的适用于电熔玻璃窑炉的高电阻熔铸氧化锆耐火产品ZB-X9540即受到该专利的保护。

旭硝子于2009年提交了专利申请WO2010116960A1。该申请所公开的高氧化锆质熔铸耐火物质量百分比组成包括：ZrO_2含量为85%~95%，SiO_2含量为3%~10%，Al_2O_3含量为0.85%~3%，实质上不含Na_2O，按外百分比计0.01%~0.5%的K_2O。按内百分比计1.5%~3%的SrO，以由"（Nb_2O_5的含量）+（Ta_2O_5的含量/1.66）"计算而得的值按内百分比计为0.1%~2%的Nb_2O_5和/或Ta_2O_5。该申请通过添加1.5%~3%碱土金属氧化物SrO降低玻璃基质黏度，同时结合圣戈班2006提出的专利申请（详述参见后续对圣戈班的分析）FR2897861A1，添加Nb_2O_5和/或Ta_2O_5提高耐火材料电阻率。

总体而言，旭硝子在高电阻类熔铸氧化锆耐火材料产品类型上，其基本技术特点是，阳离子半径大的K_2O的含量大于Na_2O的含量，添加B_2O_3（早期还添加P_2O_5）以替代碱金属降低玻璃基质黏度，近期旭硝子更是添加Nb_2O_5和/或Ta_2O_5掺杂剂提高耐火材料电阻。

（2）东芝和圣戈班™ KK

1987年东芝提交的专利申请JPS63285173A，其所公开的耐火材料不含Li_2O、Na_2O、CuO、CaO和MgO，但包括0.5%~1.5%的B_2O_3或者1.5%以下的K_2O、SrO、BaO、Rb_2O和Cs_2O氧化物之一。该申请采用B_2O_3或具有大分子阳离子氧化物K_2O和碱土金属氧化物SrO和Cs_2O，调节玻璃基质黏度，耐火材料在1500℃下电阻率至少150$\Omega \cdot cm$。

东芝于1994年提交的专利申请JPS63285173A，其所公开的耐火材料质量百分比组成包括：ZrO_2 含量为 90% ~ 95%，SiO_2 含量为 3% ~ 3.5%，Al_2O_3 含量为 0.1% ~ 1.5%，BaO 含量为 0.05% ~ 2%，B_2O_3 含量为 0.05% ~ 2%，$SrO + BaO + MgO$ 含量为 0.05% ~ 2%，至少 0.05% Na_2O，Na_2O 与 K_2O 含量之和为 0.05% ~ 0.3%，Fe_2O_3 和 TiO_2 含量之和小于 0.3%，基本上不含 P_2O_5 或 CuO。该申请 Na_2O 为必要组分，以降低玻璃基质中的残留应力，防止耐火材料单面开裂，当耐火材料含有相同摩尔数量的 Na_2O 与 K_2O 时结果最好。由于熔融玻璃中通常含有 BaO、SrO、MgO，因此耐火材料中含有上述碱土金属氧化物也不会因为浓度差扩散至熔融玻璃中，因此至少加入 BaO 可以使耐火材料中的玻璃基质稳定，提高耐火材料的稳定性。该耐火材料在 1500℃ 下电阻率至少 $150\Omega \cdot cm$。

东芝于 1996 年申请的专利 JPH1059768A，其所公开的耐火材料质量百分比组成包括：ZrO_2 含量为 85% ~ 96%，SiO_2 含量为 3% ~ 9%，Al_2O_3 含量为 0.1% ~ 2%，B_2O_3 含量为 0.05% ~ 3.5%，Na_2O 含量为 0.05% ~ 0.3%，K_2O 含量为 0.05% ~ 0.3%，不含 P_2O_5、碱土金属。该耐火材料在 1500℃ 下电阻率至少 $150\Omega \cdot cm$。

东芝 MONOFRAX KK 于 2004 年更名为圣戈班 TM KK 后，其原有研发团队成员户村信雄、遠藤茂男和三须安雄作为发明人，分别于 2006 年和 2007 年申请了专利 JP2008007358A 和 US2009176642A1。其中专利申请 JP2008007358A 公开的耐火材料质量百分比组成包括：ZrO_2 含量为 87% ~ 96%，SiO_2 含量为 3% ~ 10%，Al_2O_3 含量为 0.1% ~ 0.8%，B_2O_3 含量为 0.1% ~ 1%，Na_2O 含量为 0.05% 以下，K_2O 含量为 0.01% ~ 0.2%，BaO 含量为 0.1% ~ 0.5%，SrO 含量为小于 0.05%，CaO 含量为 0.01% ~ 0.15%，Y_2O_3 含量为 0.05% ~ 0.4%，MgO 含量为 0.1% 以下，Fe_2O_3 和 TiO_2 含量之和为 0.3% 以下，实质上不含 P_2O_5 和 CuO（小于 0.01%），在 1500℃ 下电阻率为 $200\Omega \cdot cm$ 以上。专利申请 US2009176642A1 公开的耐火材料质量百分比组成包括：ZrO_2 含量为 85% ~ 95%，SiO_2 含量为 4% ~ 12%，Al_2O_3 含量为 0.1% ~ 0.8%，B_2O_3 含量为 0.1% ~ 1.5%，Na_2O 含量为 0.04% 以下，K_2O 含量为 0.01% ~ 0.15%，BaO 含量小于 0.4%，SrO 含量为小于 0.2%，CaO 含量为 0.01% ~ 0.2%，Y_2O_3 含量为 0.05% ~ 0.4%，Fe_2O_3 和 TiO_2 含量之和为 0.3% 以下，实质上不含 P_2O_5 和 CuO（小于 0.01%），使玻璃形成氧化物（如 SiO_2 和 B_2O_3）与玻璃改质氧化物（如 Na_2O、K_2O、CaO、MgO、SrO 和 BaO）的摩尔比为 20 ~ 100，在 1500℃ 下电阻率为 $200\Omega \cdot cm$ 以上。

东芝在高电阻类熔铸氧化锆耐火材料产品类型中，其早期申请优选不含 Na_2O，采用阳离子为大半径的 K_2O、Cs_2O 等，与碱土金属氧化物 BaO 和 SrO 等复合使用。东芝中期的专利申请为降低耐火材料中的残留应力，防止耐火材料单面开裂，开始加入 Na_2O，并与 K_2O 复合使用，后又尝试不添加碱土金属氧化物。最近，东芝系（圣戈班 TM KK 继承了东芝的研发人员）所申请的专利中，耐火材料重新回归到使用大半径阳离子 K_2O 与碱土金属氧化物 BaO、CaO 和 SrO 等复合使用，在保证低电阻的同时，降低玻璃基质黏度，降低耐火材料在热循环过程中累计的残余应力，提高其耐久性。

（3）奥镁（维苏威）

维苏威于 2004 年提出了申请 WO2005068393A1。该专利公开的耐火材料质量百分比组成包括：ZrO_2 含量为 86% ~ 95%，SiO_2 含量为 4% ~ 10%，Al_2O_3 含量为 0.9% ~ 2.5%，B_2O_3 含量为 0.1% ~ 1.2%，Na_2O 含量最多 0.04%，最多 0.04% 的 CaO，最多 0.1% 的 Fe_2O_3 和最多为 0.25% 的 TiO_2。该申请优选不加入碱，任选的添加 0 ~ 0.4% 的 CaO，帮助在制造过程中降低耐火材料中的应力并减少出现裂纹的可能。在 1625℃ 下电阻率至少为 80Ω·cm 以上，仅有个别完全去除碱金属的实施例电阻率可以达到 250Ω·cm 以上。

2006 年 12 月奥镁与维苏威签订了收购 MONOFRAX 资产的合同，该专利申请在进入中国国家阶段后，申请人变更为强势知识产权股份有限及两合公司（奥镁）。

（4）圣戈班

圣戈班于 2006 年提出了专利申请 FR2897861A1。该申请所公开的高氧化锆含量高电阻耐火材料的质量百分比组成为：ZrO_2 + Hf_2O 含量 > 85%；SiO_2 含量 1% ~ 10%；Al_2O_3 含量 0.1% ~ 2.4%；B_2O_3 含量 < 1.5%；和选自 CrO_3、Nb_2O_5、MoO_3、Ta_2O_5、WO_3 及其混合物的掺杂剂，掺杂剂的加权量使得：$0.2\% \leqslant 8.84CrO_3 + 1.66Nb_2O_5 + 6.14MoO_3 + Ta_2O_5 + 3.81WO_3$。该申请技术方案中必须存在掺杂剂以改善电阻，该申请指出所有五价掺杂剂在相同摩尔量下具有基本相同的作用，这对于所有六价掺杂剂也一样。且六价掺杂剂的摩尔效率是五价掺杂剂的约 2 倍，其将此差异解释为掺杂剂关于氧化锆中的氧空位所起的作用。对于五价掺杂剂补偿单个氧空位，六价掺杂剂实际上可补偿两个氧空位，因此 1mol M_2O_5 五价掺杂剂可与 1mol 六价掺杂剂 MO_3 氧化物具有相同的作用。该申请实施例中仅添加了 Nb_2O_5 和 Ta_2O_5 两种掺杂剂以提高耐火材料电阻，且在氧化物质量百分数的总加权掺杂含量 $1.66Nb_2O_5 + Ta_2O_5$ 大于 0.2%，优选大于 0.5% 时。掺杂剂可显著提高氧化锆含量的熔铸耐火材料产品的电阻率，该申请耐火材料在 1500℃ 下电阻率至少为 200Ω·cm 以上和/或在 950℃ 下电阻率至少为 1000Ω·cm。

圣戈班于 2007 年 8 月 24 日同时申请了 2 项专利 FR2920152A1 和 FR2920153A1。其中专利 FR2920152A1 所公开的耐火材料质量百分比组成包括：ZrO_2 + Hf_2O 含量 > 85%；SiO_2 含量大于 10% 且小于或等于 12%；Al_2O_3 含量 0.1% ~ 2.4%；B_2O_3 含量 < 1.5%；以及从由 V_2O_5、CrO_3、Nb_2O_5、MoO_3、Ta_2O_5、WO_3 及它们的混合物形成的组中选出的掺杂物，掺杂物的重量含量如下所示：$0.2\% \leqslant 2.43V_2O_5 + 4.42CrO_3 + 1.66Nb_2O_5 + 3.07MoO_3 + Ta_2O_5 + 1.91WO_3$。另一项专利申请 FR2920153A1 所公开的耐火材料质量百分比组成包括：ZrO_2 + HfO_2 含量为 > 85%；SiO_2 含量为 6% ~ 12%；Al_2O_3 含量为 0.4% ~ 1%；Y_2O_3 含量为 ≤ 0.2%；选自 Nb_2O_5、Ta_2O_5 以及它们的混合物构成的掺杂剂，其中，$ZrO_2/(Nb_2O_5 + Ta_2O_5)$ 的摩尔比值在 200 ~ 350 的范围。圣戈班现阶段销售的产品型号 XiLEC9 即落入专利 FR2920153A1 的保护范围之内。本章 2.4 节将结合上述一系列专利对圣戈班的申请策略进行详细分析。

圣戈班于 2009 年 2 月 25 日提出了专利申请 FR2942468A1。该申请所公开的耐火材料组成与上述 3 项专利申请非常相似，其说明书中所公开的实施例也与 FR2920153A1 中所公开的实施例组成相近，且其独立权利要求与上述 3 项专利申请的独立权利要求保护范围有部分重叠，因此该申请的权利要求也采用非常特殊的排除式撰写方式。在该申请说明书中，明确排除了 FR2897861A1、FR2920152A1 和 FR2920153A1（及其同族专利申请❶）中所公开的产物。可见该专利申请的技术进步有限，更多的是出于专利申请策略的考量。

圣戈班继续在 2010 年 1 月 28 日同时申请了 2 项专利申请 FR2955577A1 和 FR2955578A1。其中 FR2955577A1 所公开的耐火材料质量百分比组成包括：ZrO_2 + Hf_2O 含量到 100% 的余量；4.0% < SiO_2 含量 < 6.5%；Al_2O_3 含量 ≤ 0.75%；0.2% < B_2O_3 含量 < 1.5%；0.3% < Ta_2O_5 含量 < 1.5%；Nb_2O_5 含量 < 1.5%，优选地 Ta_2O_5 含量 + Nb_2O_5 含量 < 1.4%；Na_2O 含量 + K_2O 含量 < 0.2%；BaO 含量 < 0.2%；P_2O_5 含量 < 0.15%；Fe_2O_3 含量 + TiO_2 含量 < 0.55%；其他氧化物种类含量 < 1.5%；按重量计 Al_2O_3/B_2O_3 含量的比率"A/B"是小于 1.50。圣戈班现阶段销售的产品型号 XiLEC5 即落入专利 FR2955577A1 的保护范围之内。专利申请 FR2955578A1 所公开的耐火材料质量百分比组成包括：ZrO_2 + Hf_2O 含量至 100% 的余量；4.5% < SiO_2 含量 < 6.0%；0.80% ≤ Al_2O_3 含量 < 1.10%；0.3% < B_2O_3 含量 < 1.5%；Ta_2O_5 含量 + Nb_2O_5 含量 < 0.15%；Na_2O 含量 + K_2O 含量 < 0.1%；K_2O 含量 < 0.04%；CaO 含量 + SrO 含量 + MgO 含量 + ZnO 含量 + BaO 含量 < 0.4%；P_2O_5 含量 < 0.05%；Fe_2O_3 含量 + TiO_2 含量 < 0.55%；其他氧化物种类含量 < 1.5%，按重量计 Al_2O_3 含量/B_2O_3 含量的"A/B"比率在 0.75 与 1.6 之间。相对于专利申请 FR2955577A1 中 Al_2O_3 含量 ≤ 0.75%，专利申请 FR2955578A1 中 0.80% ≤ Al_2O_3 含量 < 1.10%，其 Al_2O_3 的含量较高。

圣戈班在高电阻类熔铸氧化锆耐火材料产品类型中独树一帜，该公司首次提出了掺杂五价和六价金属氧化物掺杂剂，五价掺杂剂补偿氧化锆中的单个氧空位，六价掺杂剂实际上可补偿氧化锆中的两个氧空位，从而提高耐火材料电阻率。近期圣戈班的专利申请主要围绕专利申请 FR2897861A1 提出了一系列改进技术方案，通过调整 SiO_2 和 Al_2O_3 的含量范围，推出了 XiLEC9 和 XiLEC5 两种高电阻熔铸氧化锆系列产品。

2.3.3 防止鼓泡技术演进

图 2-3-3 显示了高含量熔铸氧化锆耐火材料领域主要公司在防止耐火材料与熔融玻璃接触时产生鼓泡现象的技术发展路线，图中深色底色的专利申请已在中国提出专利申请。下面结合该图对防止鼓泡技术路线中的重点申请进行介绍。

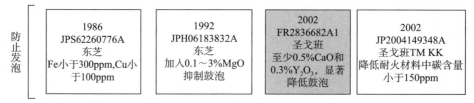

图 2-3-3 高含量熔铸氧化锆耐火材料提高电阻技术路线

---

❶ 同一项发明创造在多个国家申请专利而产生的一组内容相同或基本相同的专利申请，称为一个专利族或同族专利。

东芝于 1986 年提交了专利申请 JPS62260776A。其所申请的高含量氧化锆熔铸耐火材料中，ZrO_2 含量不少于 90wt%，Fe 含量不大于 300ppm，Cu 含量不大于 100ppm，Ni、Cr、Co、Sn、Mn、Mo 和 W 的含量合计不大于 100ppm。该申请通过控制耐火材料中的易还原元素的含量，防止耐火材料与熔融玻璃接触时产生鼓泡现象，且耐火材料本身颜色为纯白色。

东芝 1992 年提交了专利申请 JPH06183832A。该专利申请公开的耐火材料质量百分比组成包括：ZrO_2 含量为 85% ~ 95%，SiO_2 含量为 3% ~ 10%，B_2O_3 含量为 0.1% ~ 3%，MgO 含量为 0.1% ~ 3%，碱金属氧化物含量为 0.5% ~ 3%。0.1% ~ 3% 含量范围内的 MgO 大大抑制了鼓泡现象。

圣戈班于 2002 年提交了专利申请 FR2836682A1。该专利申请公开的耐火材料质量百分比组成包括：ZrO_2 含量 > 92%；SiO_2 含量为 2% ~ 8%；Na_2O 含量为 0.12% ~ 1%；Al_2O_3 含量为 0.2% ~ 2%；0.5% ≤（Y_2O_3 + CaO）含量 ≤ 2.6%，前提是 Y_2O_3 含量为 0.3% ~ 2%，或者前提是 CaO 含量为 0.5% ~ 1.93%。该申请说明书中指出 CaO 和 Y_2O_3 可结合用于抑制低温下形成气泡的现象，而其在现有技术中通常被认为是有害的。

圣戈班 TM KK 在 2004 年提交了专利申请 JP2005298277A。该专利申请公开的耐火材料质量百分比组成包括：ZrO_2 含量为 85% ~ 96%；SiO_2 含量为 3% ~ 10%；Al_2O_3 含量为 0.5% ~ 2%，氧不饱和度低于 1%。该申请通过在制备熔铸耐火材料时，使用含耐高温 SiC 粒子的熔铸模具，使耐火材料中碳含量小于 150ppm，耐火材料的氧饱和度提高，从而大大降低耐火材料的发泡性。

总体而言，解决耐火材料的鼓泡性的技术手段基本包括两类方法：一类方法是降低易被还原组分，如 Fe、Cu、Cr、C 等组分，提高耐火材料的氧饱和度；另一类是添加适量 MgO、CaO、Y_2O_3 组分，抑制耐火材料的发泡性。

2.3.4　整体技术演进

本节从上述介绍过的专利申请文件中，提取对本领域影响较深的专利文献进行梳理。图 2 - 3 - 4（见文前彩色插图第 2 页）显示了，高含量熔铸氧化锆耐火材料整体技术发展路线，图中深色底色的专利申请已在中国提出专利申请。

在防止耐火材料开裂、提高其耐久性能方面，早期东芝提出的技术方案是采用 B_2O_3 和 CuO 共同调节玻璃基质黏度，而旭硝子则提出采用 P_2O_5 和 B_2O_3 软化玻璃基质，1989 年欧洲耐火与旭硝子分别提出不含有 P_2O_5 和 B_2O_3 的技术方案，以避免其促进锆英石结晶，引起体积变化带来的内部应力造成开裂，同时添加碱金属氧化物 Na_2O，以阻碍氧化锆与玻璃基质中的氧化锆反应生成锆英石。自此以后多数专利申请不再主动添加 P_2O_5 组分，P_2O_5 组分仅仅作为杂质存在。之后旭硝子延续了该技术路线，继续在 1992 年和 2010 年提出了控制（实质上不含有）P_2O_5 和 B_2O_3 的耐火材料，1992 年提出的申请 DE4320552A1 主要依靠碱金属氧化物 Na_2O 和 K_2O 与 Al_2O_3 共同降低玻璃基质黏度，2010 年则采用具有大阳离子半径的 Cs 和 K 的氧化物替代 Na_2O，同时采用阳离子半径较大，且组分中含有的 SrO 调节耐火材料基质玻璃中的黏度。圣戈班于

2008 年提出在不促进锆英石产生的范围内（小于 0.08wt%）适当添加 B_2O_3，以提高耐火材料的蠕变容量。旭硝子也于 2012 年提出专利申请，通过控制 $0.03 \geq C_{B_2O_3} - （C_{Na_2O} + C_{K_2O}）$ 保证合适的黏度，使温度循环过程中吸收应力，防止制造时开裂，提高产率，B_2O_3 的含量范围优选 0.02wt% ~ 0.18wt%。

在提高耐火材料电阻方面，旭硝子早期提出的技术方案中，主要是通过控制很低的碱金属含量，并且使 K_2O 含量大于 Na_2O 含量，通过添加 B_2O_3 替代碱金属与 P_2O_5 共同降低基质玻璃黏度。东芝提出的技术方案，则是采用碱金属与碱土金属共同作用，且不含 P_2O_5 的耐火材料。2006 年圣戈班提出了掺杂五价金属氧化物和六价金属氧化物掺杂剂的耐火材料，通过五价和六价金属离子补偿氧化锆中的氧空位，提高电阻，其中优选掺加 Ta_2O_5 和 Nb_2O_5。旭硝子于 2009 年也提出了专利申请 WO2010116960A1，采用阳离子半径较大的 K_2O 和 SrO 调节黏度，不含 Na_2O，并添加 Ta_2O_5 和 Nb_2O_5 掺杂剂以提高耐火材料电阻。

东芝于 1986 年提出限制 Fe、Cu、Cr 等已被还原的组分，防止其被还原，从而提高耐火材料的防鼓泡性能。东芝于 1992 年提出加入 0.1wt% ~ 3wt% 的 MgO，圣戈班于 2002 年提出加入至少 0.5wt% ~ 2.6wt% 的 $CaO + Y_2O_3$，前提是 Y_2O_3 含量为 0.3wt% ~ 2wt%，CaO 含量为 0.5wt% ~ 1.93wt%，以显著降低耐火材料的鼓泡性。圣戈班 TM KK 则提出通过控制耐火材料中碳的比例小于 150ppm，以保证耐火材料具有充足的氧饱和度，降低其鼓泡性。

高含量熔铸耐火材料需要同时满足防止开裂、防止发泡的技术要求，当需要用于电熔炉使用时，同时还要求其在高温下具有较高的电阻率。从图 2 - 3 - 4 中可以看出，在解决不同技术问题时采用的技术手段也是相互借鉴和互相影响的。例如，1989 年欧洲耐火提出 P_2O_5 会促进锆英石结晶的生产，造成开裂；之后，绝大多数高含量熔铸氧化锆耐火材料，无论是否需要高电阻，基本上已不再添加 P_2O_5 组分。东芝于 1987 年为得到高电阻耐火材料，提出掺加 K_2O、SrO、Cs_2O 等组分。而在解决防止耐火材料中 Na_2O 溶出（进而无法起到抑制锆英石析出的作用）、耐久性降低的技术问题，旭硝子得到了启示，采用具有大半径的 K_2O、SrO、Cs_2O，利用位阻效应，防止其从耐火材料中溶出，抑制锆英石的产生，防止开裂，提高耐久性。

2.4 重要产品以及专利介绍

本节从熔铸氧化锆耐火材料的两个主要应用领域出发，介绍本领域主要生产厂商在售的产品以及对应的专利申请。

（1）适用于碱性玻璃和非电熔炉的熔铸氧化锆耐火材料

欧洲耐火于 1989 年 6 月 15 日提出专利申请 EP0403387A，所覆盖的产品 ER - 1195 适用于碱性玻璃和非电熔炉的耐火材料。该专利一经提出就被大量引用，圣戈班引用该文献达 11 次之多，此外高含量氧化锆的主要生产企业也都引用了该专利，旭硝子先后 5 次引用该专利文献，东芝和维苏威也先后引用过该文献。并且该专利申请自 1990

年 12 月 19 日被首次公开至今 20 多年来一直被频繁引用，直到 2012 年仍被旭硝子的专利申请 EP2749542A1 引用，可见该专利受到了业界广泛持久的关注。

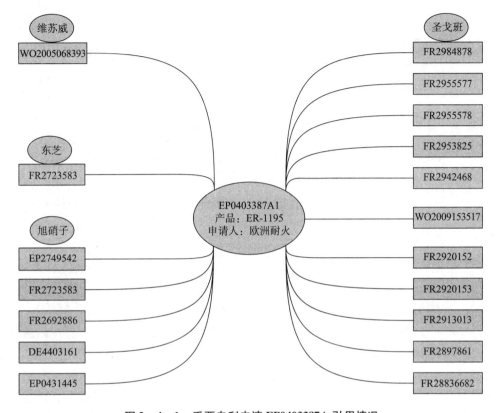

图 2 - 4 - 1   重要专利申请 EP0403387A 引用情况

申请人不仅在欧洲专利局提出了专利申请，EP0403387A 专利申请的同族专利申请先后进入中国、澳大利亚、法国、德国、匈牙利、日本、美国、苏联等多个国家和地区。而且，获得专利权保护后，申请人在中国、法国、德国、英国等国均缴纳了 20 年的专利年费，直至专利期限届满失效为止。从专利申请人提交专利申请区域范围之广到维持专利权之久都反映出了此项专利对申请人具有很高的经济价值，使其有动力大规模申请并缴纳高昂的专利年费维持该专利权有效。

表 2 - 4 - 1 列出了各大公司适用于碱性玻璃和非电熔炉的高含量熔铸氧化锆的主要产品牌号以及质量百分比组成。圣戈班所生产的产品 ER - 1195 被该专利 EP0403387A 覆盖保护，ER - 1195 的组成与专利 EP0403387A 中所公开的实施例 6 组成最为接近。从表 2 - 4 - 1 中不难看出旭硝子产品牌号为 ZB - X9510 的产品组成与专利 EP0403387A 中实施例 6 同样非常相似。而圣戈班 TM KK 推出的产品 SCIMO Z 的组成中则分别加入了 0.1wt% 的 CaO 和 MgO 以及 0.5wt% 的 B_2O_3，相应减少了 SiO_2 和 Al_2O_3 的含量。总体而言，旭硝子、圣戈班、圣戈班 TM KK（原东芝）和奥镁生产的这几种牌号的耐火材料主要组分的质量百分比组成都非常相近：ZrO_2 含量在 94% 左右，SiO_2 含量在 4% 左右，Al_2O_3 含量在 1%，Na_2O 含量在 0.3% 左右。圣戈班、旭硝子以及圣

戈班 TM KK（原东芝）的产品中均加入少量 TiO_2。可见，质量组成在此范围的高含量熔铸氧化锆耐火材料已经被业界普遍采用。

表 2 – 4 – 1　适用于碱性玻璃和非电熔炉的高含量熔铸氧化锆产品种类[●]　　　单位：%

	实施例或产品牌号	ZrO_2	SiO_2	Al_2O_3	Na_2O	B_2O_3	P_2O_5	Fe_2O_3	TiO_2	Fe_2O_3 + TiO_2	CaO	MgO	其他
EP0403387A	实施例6	94.75	3.72	0.99	0.28		<0.005	0.08	0.18				
圣戈班	ER – 1195	94.2	4	1.2	0.3					<0.3			
旭硝子	ZB – X9510	94.5	4	0.8	0.4			0.05	0.15				
圣戈班TMKK	SCIMOZ	93.8	4.1	0.6	0.3	0.5		0.2	0.4		0.1	0.1	
奥镁	MONOFRAXZ	93	4.8	1.1	0.5								<0.5

（2）适用于非碱性玻璃和电熔炉的耐火材料

圣戈班于 2006 年 2 月 24 日提出专利申请 FR2897861 A1，首次在业界提出通过添加 $0.2\% \leqslant 8.84CrO_3 + 1.66Nb_2O_5 + 6.14MoO_3 + Ta_2O_5 + 3.81WO_3$ 的掺杂剂改善电阻，申请实施例中仅添加了 Nb_2O_5 和 Ta_2O_5 两种掺杂剂以提高耐火材料电阻，该专利申请提出五价和六价掺杂剂补偿了氧化锆中的氧空位，从而可以显著提高熔铸氧化锆耐火材料产品的电阻率。该专利成为圣戈班适用于非碱性玻璃和电熔炉氧化锆耐火材料的核心专利。

参见图 2 – 4 – 2（见文前彩色插图第 3 页），在核心专利 FR2897861A1 的基础之上，圣戈班又在 2007 年 8 月 24 日同日申请了 2 项专利申请 FR2920152A1 和 FR2920153A1。上述 2 项专利进一步将核心专利 FR2897861A1 中 SiO_2 的含量 1% ～ 10%，分别缩小为 10% ～ 12% 以及 6% ～ 12%，其共同的目标是保护产品 XiLEC 9，该产品编号中的 9 表示 SiO_2 的含量为 9%，两项专利申请的重点即在 SiO_2 的含量上。从表 2 – 4 – 1 列出的专利申请实施例的组成和 XiLEC 9 的组成对比也可以看出，圣戈班是在核心专利的基础之上，不断提炼可以保护的内容，对产品进行层层保护。不仅如此，圣戈班又在 2009 年申请了专利 FR2942468A1，其组成与上述专利申请中的组成非常相近（参见表 2 – 4 – 2），且在说明书中明确排除了 FR2897861A1、FR2920152A1 和 FR2920153A1（及其同族专利申请）中所公开的产物。可见该专利申请的技术进步有限，更多的是出于专利防御性的考量。

[●]　各产品牌号组成来自各生产企业的主页。

表 2 - 4 - 2　XiLEC 9 相关专利实施例组成列表

单位：%

公开号	优先权日	实施例或产品牌号	ZrO_2	SiO_2	Al_2O_3	B_2O_3	Y_2O_3	$TiO_2 + Fe_2O_3 + Na_2O + Y_2O_3$	Ta_2O_5	Nb_2O_5	M_2O_5 ($M = Ta/Nb$)	BaO
FR2897861A1	2006 - 02 - 24	实施例 28	88.1	8.4	1.2	0.6	0.1		1.6			
FR2920152A1	2007 - 08 - 24	实施例 1	87.6	10.2	0.53	0.53	0.19			0.8		0.1
FR2920153A1	2007 - 08 - 24	实施例 12	89.3	8.9	0.47	0.49	0.2			0.71		
FR2942468A1	2009 - 02 - 25	实施例 9	89.6	9.2	0.3	0.6						
		XiLEC 9	88.4	9	0.5	0.7		<0.3		<1.5		

表 2 - 4 - 3　XiLEC 5 相关专利申请实施例组成列表

单位：%

公开号	优先权日	实施例或产品牌号	ZrO_2	SiO_2	Al_2O_3	B_2O_3	Y_2O_3	$TiO_2 + Fe_2O_3 + Na_2O + Y_2O_3$	Ta_2O_5	Nb_2O_5	M_2O_5 ($M = Ta/Nb$)	BaO
FR2897861A1	2006 - 02 - 24	实施例 5	93	5.4	0.5	0.6	0.3		0.2			
FR2955578A1	2010 - 01 - 28	实施例 3	93.41	4.9	0.89	0.8						
FR2955577A1	2010 - 01 - 28	实施例 8	92.86	5.1	0.52	0.5			1.02			
		XiLEC 5	92.6	5	0.5	0.5		<0.3			<1.5	

在推出产品 XiLEC9 之后，圣戈班继续在核心专利 FR2897861A1 之上提炼新的技术内容，并于 2010 年 1 月 28 日同日提出 2 项申请 FR2955578A1 和 FR2955577A1。上述两项专利进一步将核心专利 FR2897861A1 中 SiO_2 的含量 1% ~ 10%，分别缩小为 4.5% ~ 6.0% 以及 4.0% ~ 6.5%，其共同的目标是保护产品 XiLEC 5，该产品编号中的 5 表示 SiO_2 的含量为 5%，两项专利申请的中 SiO_2 的含量均限定在 5% 左右。不同之处在于，专利申请 FR2955578A1 将 Al_2O_3 的含量范围限定在 0.8% ~ 1.1%，专利申请 FR2955577A1 则将 Al_2O_3 的含量范围限定在不超过 0.75% 之内。从表 2 - 4 - 3 XiLEC 5 相关申请实施例的组成和 XiLEC 5 的组成对比也可以看出，专利申请 FR2955577 A1 完全覆盖了产品 XiLEC 5 的组成，而虽然专利申请 FR2955578A1 电阻率显著劣于专利申请 FR2955577A1，但圣戈班仍单独对其提出专利申请，主要目的是保护专利申请 FR2955577A1 外围可能被竞争对手使用的 Al_2O_3 含量较高的范围，属于防御性专利申请。

综上所述，圣戈班已经在其核心专利 FR2897861A1 的基础上，不断延伸优化，并推出了两个产品系列 XiLEC 9 和 XiLEC 5，并且围绕这两组产品申请了一系列的基础专利和防御性专利申请，构建了严密的专利保护网。

虽然在适用于非碱性玻璃和电熔炉的高含量氧化锆耐火材料中，并非只有上述一类技术方案，但是掺加五价和六价掺杂剂，特别是 Nb_2O_5 和 Ta_2O_5 能够显著地提高耐火材料地高温电阻率。旭硝子则在圣戈班专利的基础上，采用改造和创新相结合的方法，绕过原专利的权项，在 2009 年提出专利申请 WO2010116960A1，其添加"（Nb_2O_5 的含量）+（Ta_2O_5 的含量/1.66）"计算而得的值按内百分比计为 0.1% ~ 2% 的 Nb_2O_5 和/或 Ta_2O_5。并且加入按外百分比计 0.01% ~ 0.5% 的 K_2O，按内百分比计 1.5% ~ 3% 的 SrO，降低玻璃基质黏度，抑制锆石生成。因此，不断跟进业界的技术进步动态，加以吸收利用，并且进一步创新是我国企业能够较快追赶国外先进企业的一条捷径。

2.5 小 结

国内生产企业生产研发重点集中于高含量烧结氧化锆耐火材料，而国外生产企业则主要关注具有更高经济附加值的高含量熔铸氧化锆耐火材料。

高含量熔铸氧化锆耐火材料基本被圣戈班、旭硝子、东芝和奥镁等少数几个产业巨头控制。圣戈班自 2002 年起，逐渐重视高含量熔铸氧化锆耐火材料的研发和生产，其一方面通过收购获得东芝的控股权，另一方面加强其在欧洲的研发中心，开发具有自主产权的 XiLEC 产品系列，已经在该领域逐步获得优势地位。自 2000 之后，国外企业已经开始重视在我国的专利布局。

在技术方面，提高高含量熔铸氧化锆耐火材料高温电阻率和防止生产、升温以及使用过程中的开裂是其主要的技术难点，解决的主要途径在于改善氧化锆晶粒间玻璃质相的组成。

国内企业在高含量熔铸氧化锆耐火材料的专利申请非常少，学习吸收国外同行的已有技术，并且进一步改进创新是快速追赶国外企业打破国外企业垄断的一条捷径。

第3章 锆英石耐火材料专利分析

为了深入分析全球锆基耐火材料热点技术及专利布局状况，本章着重研究了锆基耐火材料中锆英石耐火材料的专利申请态势和技术发展状况，并结合下游应用领域的发展研究了各不同下游应用领域所用锆英石耐火材料的专利申请分布情况，通过分析技术发展路线着重梳理了溢流槽用锆英石耐火材料的技术发展路线。

本章的统计分析基础为 2014 年 7 月 23 日提取的已公开中国专利数据和全球专利数据。经检索，全球相关专利申请为 99 项，中国相关专利申请为 33 件。

本章的研究范围涉及以锆英石为主要基础组分的耐火材料。经过专利检索并结合本领域常规技术知识，约定本章中上述"锆英石为主要基础组分的耐火材料"的范围是：在该耐火材料中，锆英石为主要耐火功能组分，且其含量大于等于65%。

3.1 全球专利申请态势

为了了解锆英石耐火材料全球专利申请态势，本节重点研究了该领域全球专利申请趋势、原创地及目的地分布、申请人及发明人分析等。本节分析的样本为全球专利申请 99 项。

3.1.1 申请趋势

截至 2014 年 7 月 23 日，全球范围内公开的涉及锆英石耐火材料的专利申请共计99 项。

图 3 - 1 - 1 显示了锆英石耐火材料全球专利申请趋势。从图 3 - 1 - 1 中可以看出，锆英石耐火材料全球专利申请最早起始于 20 世纪 50 年代，其后出现了 2 个增长期。

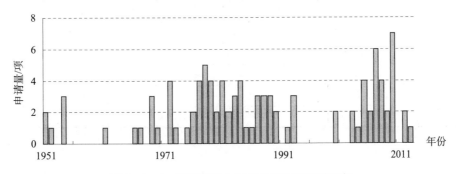

图 3 - 1 - 1 锆英石耐火材料全球专利申请趋势

（1）第一增长期（1969~1993年）

锆英石耐火材料在全球范围内陆续出现数件专利申请，而从1975年后，该领域申请较为密集，以每年1~5项的频率递增，直至1994年后中止。

（2）第二增长期（2000年至今）

在经过1994年后的沉寂阶段后，2000年起，锆英石耐火材料的全球专利申请突然出现一个迅猛增长，且平均增长速度超过了第一增长期，最大增幅甚至可达7项/年。这体现出近年来，全球技术主体对该领域的关注度显著提高。

3.1.2 原创地及目的地

为了研究锆英石耐火材料专利技术的区域分布情况、主要技术来源、重要目标市场等，本报告对锆英石耐火材料全球专利申请的原创地及目的地分布进行了统计。

3.1.2.1 原创地分析

专利申请原创地基本是通过从该专利申请的最早优先权号中提取地区代码来统计，即表示该专利最早在哪个国家/地区提出，可以从一定程度上代表该专利技术来源于哪些国家/地区。

表3-1-1显示了锆英石耐火材料全球专利申请原创地分布。从表3-1-1来看，锆英石耐火材料全球专利申请主要由美国（30项）、日本（29项）、俄罗斯❶（10项）、中国（8项）、德国❷（5项）、法国（5项）主导，其余少量由英国、澳大利亚、印度、波兰、奥地利提出。

表3-1-1 锆英石耐火材料全球专利申请原创地分布

原创地	申请量/项
美 国	30
日 本	29
俄罗斯	10
中 国	8
德 国	5
法 国	5
英 国	4
韩 国	2
澳大利亚	2
印 度	2
波 兰	1
奥地利	1

---

❶ 本章报告中，俄罗斯数据包括苏联。

❷ 本章报告中，德国数据包括联邦德国和民主德国。

　　为了更好地明晰该领域各主要原创地的专利申请情况，图 3 - 1 - 2 对锆英石耐火材料全球专利申请各主要原创地申请态势作了统计。从该图中可以看出，尽管在总体数量上看，美国与日本、俄罗斯与中国、德国与法国的专利申请数量分别处于同一水平，但是在申请态势上却呈现出截然不同的时间趋势。

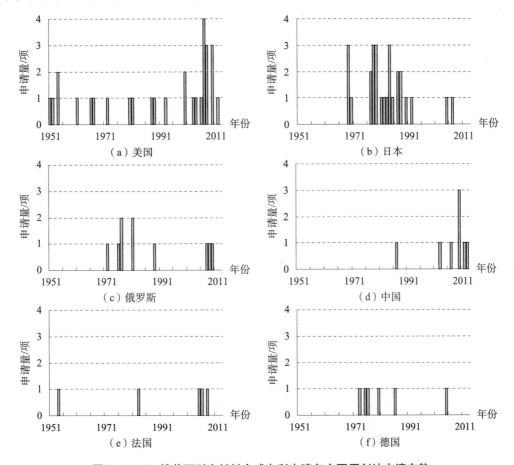

图 3 - 1 - 2　锆英石耐火材料全球专利申请各主要原创地申请态势

　　① 美国从 20 世纪 50 年代起始至今陆续都有申请，但是在 2000 年后至今（即如 3.1.1 节中所讨论第二增长期）表现出明显的迅猛增长趋势；相比较之下，日本的专利申请主要集中于 1969 ~ 1992 年（即 3.1.1 节中所讨论的第一增长期），而在 2000 年后的申请较少。

　　② 俄罗斯的专利申请呈现两端分散趋势，即在 1972 ~ 1989 年，陆续申请了 7 项，之后数年沉寂，直到 2008 年，又出现了一个持续 3 年的集中申请期；相比较之下，中国的专利申请主要集中于 2003 年后，尤其是 2007 ~ 2013 年，其中在 2010 年以 3 项/年出现了一个申请高峰。

　　③ 法国与德国，尽管二者专利申请数量相同，但是法国主要集中于 2005 年之后，而德国的专利申请更多的是分散在 1973 ~ 1986 年。

从上述统计分析可以看出，在如3.1.1节中所讨论第一增长期中，专利申请主要由日本主导，美国、俄罗斯和德国的相对参与度较高；而在如3.1.1节中所讨论第二增长期中，专利申请的主要原创地变为美国，其以绝对数量优势主导该时间段的专利申请，俄罗斯、中国、法国的参与度相对较高。

3.1.2.2 目的地

专利申请目的地是通过从该专利申请的公开号中提取地区代码来统计，即表示该专利申请的申请人在哪些国家/地区就该项专利技术请求了专利保护，可以从一定程度上代表该专利申请的申请人重视的目标市场/竞争对手所在地。

表3-1-2显示了锆英石耐火材料全球专利申请目的地分布。从表3-1-2来看，锆英石耐火材料全球专利申请主要布局在日本（60件）、美国（47件）、中国大陆（33件）、欧洲专利局（22件）、中国台湾（22件）、韩国（21件）、德国（18件）、俄罗斯（12件）、法国（9件）、英国（8件）。除上述主要目的地外，值得注意的是，锆英石耐火材料全球专利申请中，还有23件以PCT国际申请的形式提出。

表3-1-2 锆英石耐火材料全球专利申请目的地分布

目的地	申请量/件
日本	60
美国	47
中国大陆	33
PCT国际申请	23
中国台湾	22
欧洲专利局	22
韩国	21
德国	18
俄罗斯	12
法国	9
英国	8
其他	50

图3-1-4统计了目的地专利申请布局量的时间趋势；进一步地，图3-1-4同时显示了原创地专利申请量的时间趋势，以更直观地比较二者的时间趋势。从图3-1-4中可以看出，与在3.1.1节中讨论类似，从时间上看，目的地专利申请布局量也表现出两个明显的增长时期，其时间段与全球专利申请趋势相匹配。但是，在具体增长数量速度上，可以看到2000年后（即第二增长期）专利申请目的地布局量的增长速度远超过第一增长期；同时，也可从图3-1-4中直观地看到，第二增长期中，目的地布局量/原创地申请量的比率也远高于第一增长期。

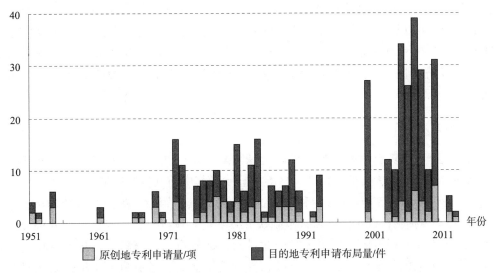

图 3 - 1 - 4　锆英石耐火材料全球同族专利申请布局趋势

以上都揭示出，对于一项专利技术：在第一增长期中，申请人大多只要求了在本土进行保护，很少去往其他国家/地区；而在第二增长期中，申请人更重视在多个国家/地区对其申请保护，这种重视反映在专利申请布局量上是非常可观的，锆英石耐火材料的全球专利申请布局明显活跃。

此外，值得一提的是，结合 3.1.2.1 节对原创地专利申请时间趋势的分析可知，在第一增长期中，以来自日本的原创专利申请为主，其相应的布局目的地同样也集中于日本本土。

为了研究在第二增长期中，究竟是哪些国家/地区引起了申请人更多的重视，图 3 - 1 - 5 总结了锆英石耐火材料全球专利申请 2000 年后各主要目的地布局量，并将其与历年来该领域全球专利申请各主要目的地布局总量作了对比。从图 3 - 1 - 5 中可以看出，在第二增长期中，布局目的地主要是在中国大陆、美国、日本、中国台湾、

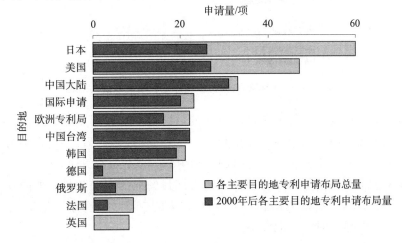

图 3 - 1 - 5　锆英石耐火材料全球专利申请 2000 年后各主要目的地布局量

韩国、欧洲，尤其是在中国大陆、中国台湾、韩国、欧洲，其专利申请布局大部分都集中在2000年以后。此外，值得注意的是，相较于2000年以前，2000年以后以PCT形式提出的专利申请数量显著增加。这可能因为，当全球布局活跃度显著提高后，出于经济、快捷等方面的考虑，采用PCT途径提出申请的策略为多位申请人所采纳。

3.1.3 申请人

为了明确在锆英石耐火材料领域的全球创新主体，课题组统计了锆英石耐火材料全球专利申请的申请人排名，图3-1-6中显示了其中前五位的申请人。从图3-1-6中可以看出，美国康宁以16项专利申请位列第一，其后第二、第四至六位均是日本企业，分别为黑崎播磨（6项）、新日本制铁（4项）、川崎炉材（4项），而欧洲知名企业圣戈班以5项专利申请位列第三。由此可知，锆英石耐火材料的全球专利申请主体主要来自三个地区，分别为美、日、欧，其中黑崎播磨、圣戈班、川崎炉材都是耐火材料领域的知名企业，康宁是特殊玻璃和陶瓷材料领域的领导厂商，而新日本制铁是日本最大的钢铁公司。值得一提的是，作为钢铁公司的新日本制铁的4项专利申请，全部为与其他企业合作研究提出的共同申请，分别是：与黑崎播磨共同提出1项、与播磨化成共同提出1项、与九州耐火共同提出1项、与东和共同提出1项。由此可见，作为耐火材料消耗大户的新日本制铁，除了购买耐火材料外，还十分重视在该领域的话语权。

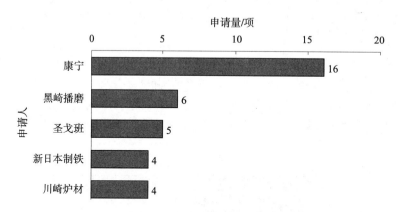

图3-1-6 锆英石耐火材料全球专利申请申请人排名

进一步，为了研究上述各主要创新主体的活跃时间及重视市场，图3-1-7统计了锆英石耐火材料全球专利申请各主要申请人的申请时间趋势，其中深色柱状表示以"项"为单位统计的来自该申请人的原创专利申请，浅色柱状表示以"件"为单位统计的来自该申请人的某项原创专利申请去往不同目的地的布局数量。如图3-1-7所示，分属美国、日本、欧洲3个地区的5位申请人的申请时间趋势，与3.1.2节中讨论的类似，表现出明显的时间与地域特性：

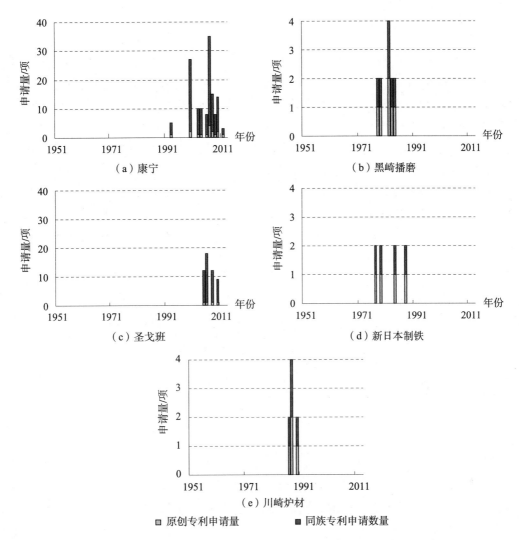

图 3-1-7 锆英石耐火材料全球专利申请各主要申请人申请时间趋势

① 来自美国的康宁与来自法国的圣戈班，其专利申请都主要集中于如 3.1.1 节所述的第二增长期。同时，二者都非常重视全球多目的地的专利申请布局，同族专利申请数量较多、比重较大。两者之间相对而言，康宁的专利申请，无论是从原创数量还是目的地布局量上来看，都远超圣戈班。

② 来自日本的黑崎播磨、新日本制铁、川崎炉材，其专利申请都主要集中于如 3.1.1 节所述的第一增长期。同时，这三者的专利布局全都集中在日本本土，日本国外布局欠缺。

综上，结合 3.1.1 节和 3.1.2 节的讨论可知，在 2000 年后，锆英石耐火材料领域的原创专利申请主要以美国康宁为主导，法国圣戈班为辅；而日本传统的耐火材料制造企业和钢铁企业，在第一增长期过后，就逐渐退出前台。

3.1.4 发明人

为了了解锆英石耐火材料领域全球主要研发人员，图3-1-8中以锆英石耐火材料全球专利申请为样本，对其专利申请数量为3项以上的发明人进行了统计。从统计结果中可知，在专利发明数量为3项以上的发明人中，康宁占据4席，分别为位列申请数量之首的ADDIEGO W P（6项）及其后申请数量均为3项的LU Y、GLOSE C及RBENNETT M J。其次是同为活跃于全球2000年以后的圣戈班，其发明人CITTI O以4项专利申请位列第二，申请数量为3项的发明人还有FOURCADE J。还有3位申请数量为3项的发明人均来自俄罗斯，分别是KULMETEVA V B、KRASNYJ B L、及FANTSIF-EROV V N。值得一提的是，从专利申请时间上来看，这些活跃的发明人，其研发都集中于2000年之后，即都是活跃在锆英石耐火材料全球专利申请的第二增长期中的发明人。

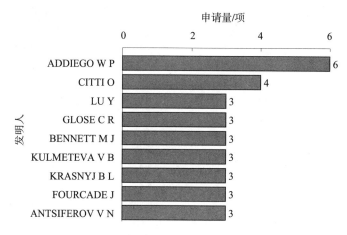

图3-1-8 锆英石耐火材料全球专利申请发明人排名

3.2 中国专利申请态势

为了了解锆英石耐火材料中国专利申请态势，本节重点研究了该领域中国专利申请趋势、原创地分布、申请人分析、专利申请类型及法律状态等。本节分析的样本为中国专利申请33件。

3.2.1 申请趋势

截至2014年7月23日，中国公开的涉及锆英石耐火材料的专利申请共计33件。

图3-2-1显示了锆英石耐火材料全球专利申请趋势。从图3-2-1中可以看出，中国的专利申请主要集中于2000年以后，即集中在如3.1.1节所述的第二增长期，这一增长趋势与3.1.2.2节中讨论的2000年以后中国专利申请布局量的增长趋势是一致的。

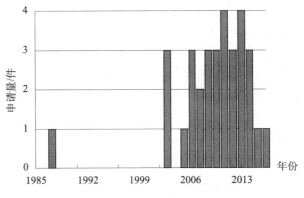

图 3 - 2 - 1　锆英石耐火材料中国专利申请趋势

3.2.2　原创地及申请人

为了了解哪些创新主体关注中国市场，图 3 - 2 - 2 统计了锆英石耐火材料中国专利申请原创地分布、主要原创地申请时间趋势及申请人分析。

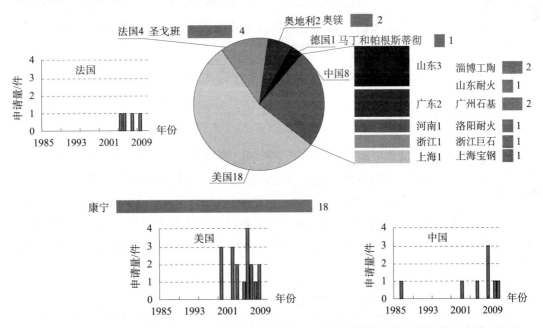

图 3 - 2 - 2　锆英石耐火材料中国专利申请原创地分布、主要原创地申请时间趋势及申请人分析

注：图中数字表示申请量，单位为件。

首先，从原创地分布看，在中国进行专利申请布局的主要有美国、中国、法国、奥地利、德国的创新主体，其中美国、中国、法国分别以 18 件、8 件、4 件位列前三名。

进一步，对前三位的美国、中国、法国三国在中国的专利申请时间趋势进行了统计。结果显示，三者在中国的专利申请基本都集中于 2000 年以后。可见，该领域中国专利申请在第二增长期增长的活跃度正是由这三国主导。

接着，图3-2-2还统计了中国专利申请的申请人。从图3-2-2可以看出，该领域在中国进行专利布局的国外申请人相对集中，基本都为各国的工业巨头，例如美国的18件专利申请全部来自康宁，法国的4件专利申请则全部来自圣戈班，而奥地利的2件专利申请则全部来自奥镁。值得一提的是，奥镁作为全球最大的耐火材料生产企业之一，在其官方网站上公布了大量锆英石耐火材料组成，但是在中国的专利申请仅有2件，可见其在中国构建的专利保护圈尚不是很完善。

此外，对于中国本土的地区及申请人统计显示，山东和广东分别以3件和2件专利申请位列前两位。重要的申请人有淄博工陶耐火材料有限公司（以下简称"淄博工陶"）（2件）、广州市石基材料厂（以下简称"广州石基"）（2件）、洛阳耐火（1件）、山东耐火材料厂（以下简称"山东耐火"）（1件）、巨石集团有限公司（以下简称"浙江巨石"）（1件）、宝山钢铁股份有限公司（以下简称"上海宝钢"）（1件）。

最后，从申请人统计中还可以看出，33件中国专利申请中，30件为公司类型的申请人提出，仅有3件由研究机构类型的申请人提出，没有一件专利申请是由个人提出。可见，锆英石耐火材料研发门槛较高，其创新主体主要还是集中于各大公司中，且该技术的工业化程度较高，纯研究型机构的参与度较低。

3.2.3　专利申请类型及法律状态

为了便于国内企业更好地了解并有效利用专利信息，本节列出了中国专利申请的类型及法律状态。

表3-2-1显示锆英石耐火材料中国专利申请的类型。从表3-2-1中可以看出，该领域中国专利申请全部为发明申请。这主要是因为，根据《专利法》第2条第3款所述，"实用新型，是指对产品的形状、构造或者其结合所提出的适于实用的新的技术"，而本章所讨论的锆英石耐火材料领域的专利申请，其改进点都集中于锆英石耐火材料的组分或制备方法等上，不符合申请实用新型专利的条件，由此，该领域实用新型专利申请量为0。

表3-2-1　锆英石耐火材料中国专利申请类型　　　　　单位：件

总量　33	发明申请　33	PCT申请　18	美　国　12
			法　国　4
			奥地利　2
		非PCT申请　15	中　国　8
			美　国　6
			德　国　1
	实用新型申请　0		

此外，根据表 3-2-1 所示对发明专利申请类型的统计，仅从数量上而言，PCT 形式的专利申请和非 PCT 形式专利申请在数量上基本平分秋色。但是结合原创地信息可知，非 PCT 专利申请中，中国本土的申请占了半数多；而对于国外申请人进入中国布局的专利申请中，72% 还是选择了以 PCT 形式进入中国。可见，对于去本土以外的其他国家/地区进行专利布局时，结合对经济和效率的综合考虑，PCT 形式还是国外申请人优选的申请方式。

表 3-2-2 显示了截至 2014 年 7 月 30 日的锆英石耐火材料中国专利申请的法律状态统计信息。从表 3-2-2 中可以看出，在总量为 33 件的发明专利申请中，19 件有效（占比 57.6%），7 件失效（占比 21.2%），7 件未决（占比 21.2%）。如果将在所有的已审结案件中，发明专利有效量占比定义为审结有效率，则全部 33 件中国专利申请中，平均审结有效率达到 73.1%，可见该领域专利申请质量相对较高。

表 3-2-2　锆英石耐火材料中国专利申请法律状态　　　　　　单位：件

	有效　19	
	失效　7	驳回失效　2
		未缴费失效　1
总量　33		视为撤回失效　3
		主动撤回失效　1
		期限届满失效　0
	未决　7	实质审查阶段　5
		复审阶段　2

具体分析上述专利申请法律状态可知：

① 19 件有效专利中：11 件专利权人为美国康宁；3 件专利权人为法国圣戈班；1 件专利权人为奥地利奥镁；余下 4 件专利权人均为中国企业/研究机构，分别是淄博工陶、广州石基、河南洛耐和上海宝钢。

② 7 件失效专利申请中：2 件为驳回失效，其中 1 件申请人为广州石基（申请号为 CN201010237533），另 1 件申请人为美国康宁（申请号为 CN200880123970），而该美国康宁的被驳回专利申请截至 2014 年 7 月 30 日还处于等待复审请求的阶段。

1 件为未缴费失效，申请人为德国的马丁和帕根斯蒂彻有限公司（申请号为 CN85108841），该专利于 1996 年因未缴费失效。

3 件为视为撤回失效，其中 1 件申请人为奥地利的奥镁（申请号为 CN200680019090）；另 2 件申请人均为中国申请人，分别是浙江巨石（申请号为 CN201210214625）和山东耐火（申请号为 CN87101328）。

1 件为主动撤回失效，申请人为美国康宁（申请号为 CN200710141361）。

目前尚无发明专利因期限届满失效。

③ 7 件未决专利申请中：5 件处于实质审查阶段，2 件处于复审阶段，其中处于复

审阶段的 2 件专利申请，其申请人均为美国康宁（申请号分别为 CN200780043916 和 CN200880114001）。

综上可知：

① 对于中国专利申请量最高的美国康宁，其 18 件专利申请中，11 件有效、2 件失效、5 件未决，即其审结有效率高达 84.6%。此外，在美国康宁的专利申请中：1 件是经历了两轮实质审查－复审程序（即：实审驳回－提交复审－实审再次驳回－再次提交复审）、最终经过第 3 次实质审查程序获得授权，2 件截至 2014 年 7 月 30 日正处于复审阶段，1 件为主动撤回失效，但是没有 1 件专利是因为视为撤回而失效。综上可见，美国康宁在专利申请过程中，会平衡各种因素、综合利用多种手段（例如复审、主动撤回等）、掌握主动权、获得利益最大化。因此，其能获得高达 84.6% 的审结有效率，一方面归因于技术的先进性，另一方面也与其具有极强的专利保护目的性、重视中国市场、在申请前及申请过程中都考虑专利统筹布局不无关系。

② 与美国康宁极强的专利保护意识相对应的，是奥地利的奥镁。可以看到，奥镁作为全球最大耐火材料制造商之一，从其官方网站上可知，其具有多种锆英石耐火材料产品，但是其在该领域的中国专利申请仅有 2 件，其中 1 件还因为视为撤回失效，可见专利保护并不是其在中国市场上采用的主要产品保护策略。

③ 在中国申请人的所有 8 件申请中，4 件有效，1 件未决，1 件驳回失效，2 件视为撤回失效，即其审结有效率为 57.1%，略低于平均水平。

3.3 技术分析

通过上述全球及中国专利申请态势分析，可以发现：全球专利申请分为两个明显的增长期，尤其在 2000 年后至今的第二增长期中，全球专利布局活跃度显著提高。更为值得一提的是，通过对申请人的分析可知，美国康宁无论是从原创数量还是多目的地布局数量上，都主导了上述第二增长期中的全球专利申请。这里就产生了一个比较有趣的问题：美国康宁是一家以玻璃制造闻名，辅以部分陶瓷、生物、通信等产业的公司，其并不以锆英石耐火材料为主营业务，且基本不在市场上大规模销售其在专利申请中所请求保护的锆英石耐火材料制品，那么该公司为何自 2000 年后如此重视在锆英石耐火材料领域的专利申请？

鉴于美国康宁基本不在市场上大规模销售其在专利申请中所请求保护的锆英石耐火材料制品，即从单纯的锆英石耐火材料市场的角度暂时难以直接获得该问题的答案，本章报告接下来将从专利技术角度来进行解读，以期为国内企业提供有价值的信息。

具体地，本章报告将从应用领域、技术功效、技术路线 3 个递进方向来展开分析，上述 3 个方向的约定定义如下：

① 由于耐火材料的使用环境对耐火材料的性能、组成有着决定性的影响，因此应用于不同下游领域的耐火材料之间存在显著区别。根据锆英石耐火材料的下游应用领

域不同，本章报告将锆英石耐火材料进一步划分为玻璃工业用锆英石耐火材料、钢铁冶金工业用锆英石耐火材料及其他工业用锆英石耐火材料 3 个应用领域。上述各应用领域的含义约定如表 3 - 3 - 1 所示。

表 3 - 3 - 1　锆英石耐火材料应用领域约定

玻璃工业用锆英石耐火材料	是指该锆英石耐火材料主要用于玻璃工业中直接或间接接触高温熔融玻璃液或高温玻璃制品的场合，包括但不限于玻璃窑炉、溢流槽等
钢铁冶金工业用锆英石耐火材料	是指该锆英石耐火材料主要用于钢铁冶金工业中直接或间接接触高温钢铁或其他金属的场合，包括但不限于钢包等
其他工业用锆英石耐火材料	是指该锆英石耐火材料主要用作除上述玻璃工业及钢铁冶金工业外其他工业领域的耐火材料，包括但不限于水泥窑炉用耐火材料、废弃物焚烧炉用耐火材料等

② 根据锆英石耐火材料所获得的不同技术效果，本章报告进一步将锆英石耐火材料的技术功效分为提高耐腐蚀性、提高致密度、提高抗热震性、提高强度、提高成形性、提高耐磨损性、降低成本及污染、提高抗蠕变性、制备大块耐火材料。上述各技术功效的含义约定见表 3 - 3 - 2。

表 3 - 3 - 2　锆英石耐火材料技术功效约定

技术功效	含义约定
提高耐腐蚀性	是指提高块体锆英石耐火材料的耐腐蚀性
提高致密度	是指提高块体锆英石耐火材料的致密度
提高抗热震性	是指提高块体锆英石耐火材料的抗热震性
提高强度	是指提高块体锆英石耐火材料的强度
提高成形性	是指提高块体锆英石耐火材料的可成形性
提高耐磨损性	是指提高块体锆英石耐火材料的耐磨损性
降低成本及污染	是指降低制造锆英石耐火材料所需的成本及降低锆英石耐火材料使用时产生的污染
提高抗蠕变性	是指提高块体锆英石耐火材料的高温抗蠕变性
制备大块耐火材料	是指制备大块锆英石耐火材料

③ 本章报告根据专利申请文件所披露的发明点，将锆英石耐火材料按研发角度进一步划分为化学组分、原料粒度、制备工艺、制品后处理 4 个技术分支。上述 4 个技术分支的含义约定见表 3 - 3 - 3。

表3-3-3 锆英石耐火材料技术分支约定

技术分支	含义约定
化学组分	是指主要通过改进锆英石耐火材料的化学组分（包括成分及含量，但不包括原料粒度）来获得所需技术功效，该化学组分的改进包括但不限于改进锆英石耐火材料的基础组分、添加剂组分等
原料粒度	是指主要通过改进锆英石耐火材料制备时所用的原料的粒度来获得所需技术功效，该原料粒度的改进包括但不限于对锆英石耐火材料制备时所用的基础组分原料及添加剂组分原料等的粒度进行改进
制备工艺	是指主要通过改进锆英石耐火材料制备时所用的制备工艺（不包括化学组分、原料粒度）来获得所需技术功效，该制备工艺的改进包括但不限于对制备方法（例如烧结、熔铸等）、制备参数（例如温度、时间等）进行改进
制品后处理	是指主要通过对初始制得的锆英石耐火材料进行后处理来获得所需技术功效，该制品后处理包括但不限于对锆英石耐火材料初始制品进行气氛加热等

3.3.1 应用领域

图3-3-1中统计了锆英石耐火材料全球专利申请应用领域分布。结果显示，在全部的99项锆英石耐火材料全球专利申请中，钢铁冶金工业领域和玻璃工业领域分占近半壁江山，分别为49项和43项；其他工业领域的专利申请量较少，为12项。●

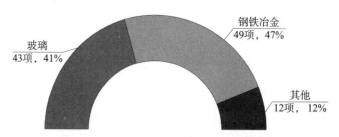

玻璃
43项，41%

钢铁冶金
49项，47%

其他
12项，12%

图3-3-1 锆英石耐火材料全球专利申请应用领域分布

图3-3-2统计了锆英石耐火材料全球专利申请应用领域时间趋势。结果显示：

● 在99项锆英石耐火材料全球专利申请中，有5项专利申请中公开的锆英石耐火材料可同时应用于2个以上应用领域。

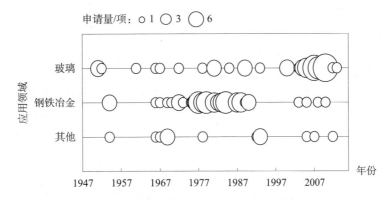

图 3 - 3 - 2　锆英石耐火材料全球专利申请应用领域时间趋势

① 对于钢铁冶金工业用锆英石耐火材料：其专利申请主要集中于 3.1.1 节中所述的第一增长期；在第一增长期结束后，在相当长的一段时间内，该应用领域的专利申请量为 0；直到 2003 年起，才陆续有了零散的 4 件申请。

② 对于玻璃工业用锆英石耐火材料：其专利申请最早可以追溯至 20 世纪 50 年代，即全球锆英石耐火材料专利申请的起始阶段；其后数十年内，该应用领域的专利申请一直有持续，但是并未呈现明显的增长；直到 2000 年起，该应用领域的专利申请呈现出爆发式的增长。

③ 对于其他工业用锆英石耐火材料：其专利申请总体数量较少，但是时间跨度较长，从 1954 年一直延续到 2012 年，时间分布较为分散，未呈现出明显的增长期。值得一提的是，在其他工业领域，除了传统的水泥等窑炉外，近年来，锆英石耐火材料的应用领域也在拓展，例如，日本三井造船株式会社与九州大学共同于 2007 年提交了 1 项涉及用于废弃物焚烧炉的锆英石耐火材料的专利申请，其公开号为 JP2008247615A。该专利申请中公开了废弃物焚烧炉的内衬可用锆英石作为基质材料，在该基质材料中掺入 1wt% ~ 4wt% 的钛酸钾，由此可在不使用铬的情况下，提高接触熔渣的焚烧炉内衬耐火材料的耐腐蚀性，延长焚烧炉的使用寿命。该项专利申请仅布局于日本本土，未向其他国家/地区要求专利保护。鉴于耐火材料的市场价值强烈依赖于其下游应用产业的发展，而专利申请文件可说是一类较早公开的技术资料，因此该其他工业领域的专利申请量虽然较少，但也值得我国企业对其近年来的发展趋势进行追踪，以期了解市场发展趋势，洞察市场先机。

进一步，通过阅读分析专利申请文件，可以发现对于玻璃工业用锆英石耐火材料，还可继续细分为玻璃窑炉用和溢流槽用 2 个方向。

上述溢流槽是玻璃溢流下拉技术所使用的核心部件。溢流下拉技术是一种玻璃板的成形技术，其核心工艺如图 3 - 3 - 3 所示：熔窑中熔化好的玻璃液经管道输送进入溢流槽，当玻璃液充满溢流槽后，便由其顶部溢出，溢出的玻璃液沿着溢流槽两侧面流至溢流槽的楔形末端，汇聚在溢流槽根部，此时通过溢流槽下方牵引辊向下拉引玻璃带并将其冷却形成玻璃薄板。由于该技术使得玻璃成形时表面不与任何材料接触，能保持新鲜的自由表面，可制备成平整度高、厚度均匀、具有火焰抛光效果、不需要研磨抛光的玻璃薄板，因此，其被特别优选地应用于各类高端超薄玻璃基板（例如显示基板、触摸屏面板）的制造中。溢流槽作为该技术的核心部件，长期与高温玻璃液接触，承担最主要的引导玻璃板成形的重任。这就要求溢流槽所有的耐火材料特别需要具备极佳的耐腐蚀性、致密度、强度、抗蠕变性，且为了适应显示基板不断提高的大尺寸需求，如何制备满足溢流下拉工艺要求的大尺寸溢流槽也成为技术难点之一。

图3-3-3　溢流下拉技术核心工艺示意

　　本章报告中在涉及玻璃窑炉这一应用时，约定定义是泛指的玻璃窑炉，即其包括在玻璃工业中，除溢流槽外的其他与熔融玻璃液或高温玻璃制品接触的场合。

　　图3-3-4显示了锆英石耐火材料全球专利申请在玻璃窑炉应用领域及溢流槽应用领域的时间趋势。

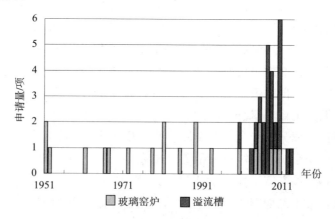

图3-3-4　锆英石耐火材料全球专利申请玻璃
工业应用领域具体细分领域时间趋势

① 总体数量上：玻璃窑炉应用领域和溢流槽应用领域的专利申请在总量上基本一致，分别为 21 项和 22 项[1]。

② 在时间跨度上：玻璃窑炉应用领域的申请可从 20 世纪 50 年代一直延续到 2010 年，申请历史久、时间分布零散、没有突出的专利申请增长期与衰退期是该领域的特点；而溢流槽应用领域的专利申请 2000 年才出现，之后数年呈现爆发式增长的趋势，直到最近的 2013 年仍不断有新申请出现，即该领域专利申请是第二增长期中的热点。

③ 对于溢流槽用锆英石耐火材料应用领域：总计 22 项专利申请中，14 项的申请人为美国康宁，4 项的申请人是法国圣戈班，余下 4 项的申请人是中国公司（其中 2 项为淄博工陶申请，另 2 项为广州石基申请）。

综上，结合 3.1 节和 3.2 节的讨论可知，锆英石耐火材料领域全球专利申请自 2000 年起即第二增长期中申请量的增长主要是由溢流槽用锆英石耐火材料专利申请的增长所导致，这其中最主要的申请人就是在 3.1.3 节申请人分析中显示的位列该领域申请人排名第一位的美国康宁。可以理解为美国康宁通过在溢流槽用锆英石耐火材料专利申请方面的大量全球布局，引发了 2000 年后该领域全球专利申请的高潮，并占据了该领域专利申请在第二增长期中的主导地位。

由此，结合美国康宁的实际运营情况，就不难阐释在 3.3 节一开始所提出的问题。

① 2000 年后，美国康宁为何要申请大量锆英石耐火材料方面的专利？

美国康宁作为全球显示基板玻璃的绝对领导厂商，其最核心的成形技术就是溢流下拉技术。

该技术为美国康宁在 20 世纪 60 年代独创；但在之后的 70 年代至 90 年代，由于市场缺乏对超薄平板玻璃的广泛需求，该技术仅作为康宁的储备技术，处于发展缓慢的状态；直到 21 世纪初，随着互联网技术、通信技术、计算机技术及人机交互技术的迅猛发展，平板显示成为一个市场焦点，由此带来对如显示基板、触摸屏保护面板等超薄平板玻璃的强烈需求，用于成形优质超薄平板玻璃的溢流下拉技术由此正式登场，而美国康宁正是借由该项独创技术占领了绝大部分高端超薄平板玻璃市场份额。

与该市场发展趋势相呼应的是，美国康宁自 2000 年以后，在溢流下拉技术方面的全球专利申请原创量和布局量都迅猛增长。由此可见其目的性非常明确，即期望通过专利方式来加强对于其核心的溢流下拉技术的知识产权保护，从而保护其相关市售产品。

从这一角度看，美国康宁在 2000 年后提交大量溢流槽用锆英石耐火材料的专利申请，正是期望从保护溢流槽所用的锆英石耐火材料的角度，来保护溢流下拉技术的核心部件溢流槽，进而保护其核心的溢流下拉技术，提高该技术的专利准入门槛，最终达到保护其由该技术制造的玻璃制品、维持其市场龙头地位的目的。

因为，容易理解的是：如果有超薄平板玻璃制造商意图进入溢流下拉技术这一领域，则溢流槽是其不可避开的核心部件；与相对更容易进行技术秘密保护的生产工艺

---

[1]　部分专利申请中公开的锆英石耐火材料同时涉及玻璃熔炉和溢流槽 2 个应用领域。

具体参数相比较，溢流槽作为一个实体部件，其如果在市面上流通，则在专利保护及侵权诉讼方面较容易取证；而作为溢流槽基础构成的溢流槽所用的耐火材料，鉴于目前全球有很大一部分玻璃制造商自身都缺乏在尖端耐火材料方面的研发实力，如果其需要溢流槽，则基本需要通过市场购买或与先进耐火材料制造商合作研究的方式来获得所需材料，这就使得溢流槽所用的耐火材料存在一种市面流通的可能性。而康宁所做的，正是瞄准溢流下拉技术核心的基础——溢流槽所用耐火材料进行专利申请布局。如此，其从溢流下拉技术的源头设置了该技术的专利准入门槛。

② 2000 年后，锆英石耐火材料专利申请为何呈现出多目的地布局的趋势？

基于上述第①点的推理，也就不难理解 3.1.2.2 节所讨论的目的地分布趋势，即除了传统的大型耐火材料主要制造商集中区域——日本、美国、欧洲外，2000 年后中国大陆、中国台湾、韩国成了锆英石耐火材料专利申请布局的新的增长点；而在其他传统的耐火材料制造商所在地——德国、俄罗斯、法国、英国的专利申请布局大幅降低甚至为 0。显然，这种变化趋势不能单纯地从耐火材料这个单一市场角度来分析，更重要的是还需要关注耐火材料的下游应用市场。具体如下：

（a）耐火材料主要制造商所在地：日本、美国、欧洲是全球传统的大型耐火材料制造商集中区域，在这些区域请求对一种耐火材料相关技术进行专利保护是常规可理解的。

（b）超薄平板玻璃制造商所在地及使用商所在地：日本、美国、欧洲、中国大陆、中国台湾、韩国是超薄平板玻璃制造商及使用商集中所在地，例如，日本有旭硝子、电气硝子、安瀚视特、夏普、东芝等，美国有康宁等，欧洲有肖特等，中国大陆有东旭、京东方等，中国台湾有友达、奇美等，韩国有三星、三星康宁、乐金等。正如前面讨论的，美国康宁自 2000 年后提交大量溢流槽用锆英石耐火材料的专利申请，最终目的是为了提高溢流下拉技术的专利准入门槛，维持其在超薄平板玻璃市场龙头地位。可以理解，正是基于这种掌控终端市场的考虑，康宁才在超薄平板玻璃制造商及使用商集中所在地进行大量溢流槽用锆英石耐火材料方面的专利布局。

（c）对于德国、俄罗斯、法国、英国：结合上述讨论的市场因素，2000 年后在这些国家专利布局量的萎缩考虑主要有以下两方面的原因。

首先，是从经济和效率的角度出发，欧洲专利申请成为申请人在欧洲地区要求多国专利保护的优选方式：根据欧洲专利制度，向欧洲专利局提交一项发明专利申请，即可要求在包括德国、法国、英国在内的多国的专利保护，申请语言可以采用英语、法语、德语中任意一种，这与只能以目标国家/地区语言提交专利申请、并只能在该目标国家/地区要求专利保护的欧洲各国专利制度形成了鲜明对比；无疑，当需要在多个《欧洲专利公约》成员国请求对一项技术进行专利保护时，从成本节约或程序精简的角度考虑，向欧洲专利局提交申请的方式更为优选；作为印证的是，在锆英石耐火材料领域，在 2000 年后，当德国、法国、英国这 3 个《欧洲专利公约》成员国的专利申请量大幅萎缩的同时，欧洲专利申请量是呈现大幅增长的趋势。

其次，俄罗斯虽然是传统的耐火材料制造大国，但是其在超薄平板玻璃及终端的平板显示市场的竞争力非常有限，因此，基于成本等方面的考虑，弱化在该国的专利布局也是可以理解的。

综上可知，2000年后多目的地布局趋势的出现，即同族专利迅猛增加情况，正是基于上述对耐火材料市场、超薄平板玻璃市场、平板显示市场三者综合考虑，结合经济与效率的因素，由以美国康宁等为主导的申请人优化选择的结果。

3.3.2　技术功效

为了更好地解析该领域专利申请中所披露的专利技术，现从技术分支－技术功效矩阵分布角度进行分析，上述技术功效及技术分支的约定定义请参见表3－3－2和表3－3－3。鉴于不同的下游应用领域决定所需要的耐火材料的性能不同，由此，将该技术分支－技术功效矩阵的解读从如表3－3－1所定义的3个领域（即玻璃工业用锆英石耐火材料、钢铁冶金工业用锆英石耐火材料及其他工业用锆英石耐火材料）来展开，具体结果如图3－3－5至图3－3－7所示。❶

3.3.2.1　玻璃工业用锆英石耐火材料

图3－3－5为玻璃工业领域锆英石耐火材料全球专利申请技术分支－技术功效矩阵图。

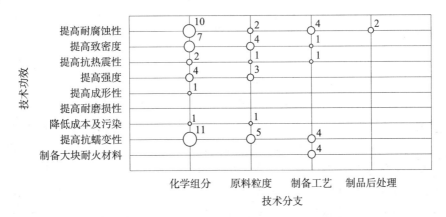

图3－3－5　玻璃工业用锆英石耐火材料全球专利申请技术功效分布

注：图中数字表示申请量，单位为项。

（1）从技术分支上看

该领域在化学组分、原料粒度、制备工艺、制品后处理4个技术分支都有涉及。

其重点依次为化学组分、原料粒度和制备工艺。其中，在玻璃工业领域涉及的提高耐腐蚀性、提高致密度、提高抗热震性、提高强度、提高成形性、降低成本及污染、提高抗蠕变性、制备大块耐火材料等8种技术功效中，通过改进化学组分可以实现上述7种技术功效，通过改进原料粒度可实现上述6种技术功效，通过改进制备工艺可

---

❶　部分专利申请中披露的发明点会同时涉及多个技术分支和/或多个技术功效，一个技术分支有可能实现多种技术功效，而一种技术功效也有可能需要通过多个技术分支协同作用来获得。

以实现上述 5 种技术功效。

值得一提的是，在所有技术分支中，只有改进制备工艺这一技术分支可以实现制备大块耐火材料这一技术功效。这是因为此处定义的制备大块耐火材料这一技术功效，主要是指通过一定的技术手段，将原本为独立、分散的锆英石耐火材料颗粒或小块体合成或连接成大块体，该大块体在其最长方向上的长度基本可达 1.5m 以上。就目前披露的专利技术而言，解决上述技术难点的关键主要在于制备工艺。

此外，与钢铁冶金工业领域和其他工业领域相比较，制品后处理这一技术分支是玻璃工业领域所独有的，且这 2 项申请都是于 2000 年后提交的。这可能是由于玻璃技术的不断发展对耐火材料的高温耐腐蚀性提出了进一步的要求，由此促使研发人员不断开拓思路，以寻求更好的提高锆英石耐火材料耐腐蚀性的技术手段。

（2）从技术功效上看

该领域的技术功效涉及提高耐腐蚀性、提高致密度、提高抗热震性、提高强度、提高成形性、降低成本及污染、提高抗蠕变性、制备大块耐火材料等 8 种，不涉及提高耐磨损性这一技术功效。

其重点依次为提高抗蠕变性、提高耐腐蚀性、提高致密度及提高强度。

与钢铁冶金工业领域和其他工业领域相比较，玻璃工业领域最特殊的技术功效是提高抗蠕变性及制备大块耐火材料。究其原因，这 2 种技术功效都与溢流槽用锆英石耐火材料有关。

根据溢流下拉技术原理，熔融玻璃液沿着溢流槽两侧面流下，在溢流槽根部汇聚形成玻璃带，最后在牵引过程中冷却固化为玻璃板。

由此，玻璃板的宽度强烈地依赖于溢流槽的宽度。随着市场需要的平板显示器尺寸不断增大，所需的玻璃板尺寸也不断增大，这就要求溢流槽具有大于或等于 1.5 m 的未支承长度，进而要求能制备大块锆英石耐火材料来满足制备大尺寸溢流槽的需求。

进一步地，溢流槽在玻璃成形过程中的尺寸稳定性可能影响成形工艺的总体成功性，以及制造的玻璃板的性质。在溢流下拉成形工艺中，溢流槽需要经受约 1000℃ 的工作温度，且在这样高的温度下，溢流槽还要承受多种力的综合作用（包括支承自身重量、包含在溢流槽内和从其侧面溢流的熔融玻璃的重量以及在拉制熔融玻璃时由其传递返回至溢流槽的至少部分张力）。由此，在工作过程中，溢流槽的材料仍可能蠕变，导致尺寸发生变化，具体地，溢流槽表现出下垂，使其未支承长度的中间部分降至低于其外部支承端的高度，这样会限制溢流槽的使用寿命。由此，如何提高抗蠕变性就成为溢流槽用锆英石耐火材料的关键课题之一。

（3）综合来看

在玻璃工业领域，锆英石耐火材料研究热点包括：

① 通过改进化学组分、原料粒度、制备工艺来提高材料的抗蠕变性；

② 通过改进化学组分和制备工艺来提高材料的耐腐蚀性；

③ 通过改进化学组分和原料粒度来提高材料的致密度和强度；

④ 通过改进制备工艺来制备大块锆英石耐火材料。

3.3.2.2　钢铁冶金工业用锆英石耐火材料

图 3-3-6 为钢铁冶金工业用锆英石耐火材料全球专利申请技术分支 - 技术功效矩阵图。

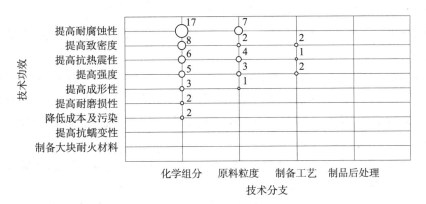

图 3-3-6　钢铁冶金工业用锆英石耐火材料全球专利申请技术功效分布

注：图中数字表示申请量，单位为项。

① 该领域在技术分支上仅涉及改进化学组分、原料粒度及制备工艺 3 个，其重点主要集中在改进化学组分这一技术分支，其次为改进原料粒度，最后是改进制备工艺。

② 该领域在技术功效上涉及提高耐腐蚀性、提高致密度、提高抗热震性、提高强度、提高成形性、提高耐磨损性、降低成本及污染 7 种，其重点依次为提高耐腐蚀性、提高致密度、提高抗热震性、提高强度。

③ 综合来看，该领域的研究热点集中于通过改进化学组分和原料粒度来提高材料的耐腐蚀性和抗热震性、通过改进化学组分来提高材料的致密度和强度。

3.3.2.3　其他工业用锆英石耐火材料

图 3-3-7 为其他工业用锆英石耐火材料全球专利申请技术分支 - 技术功效矩阵图。

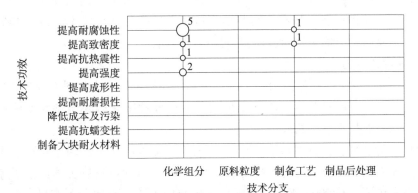

图 3-3-7　其他工业用锆英石耐火材料全球专利申请技术功效分布

注：图中数字表示申请量，单位为项。

① 该领域在技术分支上仅涉及改进化学组分和制备工艺2个，其重点主要集中在改进化学组分这一技术分支，改进制备工艺处于辅助地位。

② 该领域在技术功效上涉及仅提高耐腐蚀性、提高致密度、提高抗热震性、提高强度4种，其重点为提高耐腐蚀性。

③ 综合来看，该领域的研究热点集中于通过改进化学组分来提高材料的耐腐蚀性。

综上，结合3.3.1节的讨论可知：

① 与2000年后的第二增长期中玻璃工业用锆英石耐火材料全球专利申请量显著增长的趋势相适应的是，相较于钢铁冶金工业领域和其他工业领域，玻璃工业用锆英石耐火材料涉及的技术功效最多，即所要解决的技术问题最多，而其所采用的技术手段也更为灵活多样；

② 无论哪个应用领域，通过改进化学组分来获得所需技术功效都是最为常见的，而制品后处理是随着玻璃工业的发展而产生的新的技术手段；

③ 无论哪个应用领域，提高材料的耐腐蚀性与致密度都是其最常见的共性需求，而提高材料的抗蠕变性与制备大块耐火材料则是随着玻璃工业溢流下拉技术的发展所产生的新的性能需求。

3.3.3 技术演进路线

鉴于2000年后锆英石耐火材料的专利申请技术领域主要集中于溢流槽用锆英石耐火材料，因此，本节着重研究溢流槽用锆英石耐火材料专利技术演进路线，其结果如图3-3-8和图3-3-9所示。

在溢流槽用锆英石耐火材料领域，基于3.3.2.1节的讨论，且对该领域专利申请技术进行综合分析可知，除了制备大块耐火材料这一技术功效仅由改进制备工艺这一技术手段来获得外，一个或多个技术分支（例如改进化学组分、原料粒度、制备工艺及制品后处理）往往可单独或协同作用获得其余技术功效（例如提高耐腐蚀性、提高致密度、提高强度、提高抗蠕变性）中的一种或多种。为了叙述简便，本节以下将从综合技术功效（指除制备大块耐火材料这一技术功效外的其余技术功效）和制备大块耐火材料技术功效两方面来进行技术演进路线的分析。

3.3.3.1 综合技术功效

图3-3-8（见文前彩色插图第4页）显示了在锆英石耐火材料专利申请中，涉及通过改进化学组分、原料粒度、制备工艺和制品后处理来获得除制备大块耐火材料外的其他技术功效的技术演进路线。

从专利申请上来看，该领域参与的公司主要有美国康宁、法国圣戈班、中国的淄博工陶和广州石基4家。从时间趋势上看，在2004年以前，只有美国康宁1家提出过该方面的专利申请；从2005年起，法国圣戈班开始了该方面的专利布局；到2007年，中国大陆企业的参与度开始提高，2007年有淄博工陶进入该领域专利申请，2010年有广州石基进入该领域专利申请。

为了明确各公司在技术路线上的异同点，下文将阐述不同公司各自的技术路线。

（1）美国康宁

美国康宁作为最早进行该领域专利布局的企业，其在专利申请数量上也是最多的，共计有10项。这10项专利申请主要分布在改进化学组分、原料粒度及制备工艺上，不涉及制品后处理这一技术分支。这些专利申请中涉及的最核心的技术功效是提高材料的抗蠕变性，也即关系到溢流槽最关键的性能。

① 在改进化学组分上

相较于改进原料粒度和改进制备工艺这两个技术分支，改进化学组分这一技术分支的研发开始的最早，并且一直贯穿于康宁于2000年起至2010年的数件专利申请中，其在数量上也是最多的。

可以理解，材料研究方面，"组成—结构—性能"的研究路线始终是最核心的，材料的性能依赖于其组成与结构；而锆英石是传统的玻璃生产用耐火材料，其具有良好的耐高温性能及良好的化学和机械稳定性，是用于制作溢流槽的传统耐火材料。因此，康宁在探索如何提高溢流槽的抗蠕变性时，首先将目光集中到了对锆英石耐火材料本身组分的改进上。

康宁试图通过一些微量组分（包括添加剂组分）的微调来提高锆英石的抗蠕变能力，这种组分微调核心之一在于调节锆英石耐火材料中 TiO_2 的含量，参见图3-3-8最上面一条线：

在其2000年提交的WO0244102A1专利申请中，康宁提出控制锆英石耐火材料中的 TiO_2 含量在大于0.2wt%至小于0.4wt%的范围内，从而获得在1180℃和1000psi的条件下的平均蠕变速率（MCR）和此平均蠕变速率的95%的置信区间（CB）的比值小于0.5的锆英石耐火材料。

康宁在此后数年，以该专利申请为基础，陆续递交了数项有关锆英石耐火材料组分改进方面的专利申请：

在2003年提交的US2005130830A1专利申请中，康宁提出控制锆英石耐火材料中 ZrO_2、TiO_2、Fe_2O_3 的含量分别在 0.01wt% ~ 0.15wt%、0.23wt% ~ 0.50wt%、0.08wt% ~0.60wt%。这也是康宁首次提出 ZrO_2、TiO_2、Fe_2O_3 三者共掺在改善锆英石耐火材料抗蠕变性能方面具有协同作用。

随后，在2006年提交的WO2009054954A1专利申请中，康宁将包括前述的 ZrO_2、TiO_2、Fe_2O_3 在内的多种氧化物划分为三类锆英石耐火材料纳米烧结添加剂，提出将包括 Fe_2O_3 在内的第一类烧结添加剂、包括 TiO_2 在内的第二类烧结添加剂及包括 ZrO_2、Y_2O_3 在内的第三类烧结添加剂的含量分别控制在0 ~0.1wt%、0.1wt% ~0.8wt%及0 ~0.8wt%，进一步，在该专利申请中，康宁提出在锆英石耐火材料中同时加入 TiO_2 和 Y_2O_3 作为烧结添加剂的技术方案，这是 Y_2O_3 作为锆英石耐火材料添加剂组分首次进入康宁的研究视野。

这种 TiO_2 和 Y_2O_3 共掺的研究思路得到了康宁的重视，在于2008年提交的WO2009142695A1专利申请的权利要求中，康宁提出在锆英石耐火材料中同时加入至少0.1wt%的 TiO_2 和至多10wt%的 Y_2O_3，进一步分析该申请说明书可知，TiO_2 和 Y_2O_3 的最优选范围分别为至少 1.0wt% 和 0.5wt% ~4wt%；这一研究思路后续还体现在康宁于 2010 年提交的 US2012047952A1 专利申请的实施例中。

综上，TiO_2 在康宁对于锆英石耐火材料组分微调的研究中一直处于关键位置，其以 TiO_2 为核心添加剂，陆续研究了其他氧化物添加剂与 TiO_2 共掺或者在代替 TiO_2 方面的作用。

此外，需要指出的是，康宁于 2004 年提交的 WO2006073841A1 专利申请中，首次提出将磷钇矿基材料或钒酸盐基材料烧结溶解在锆英石材料中，以稳定锆英石材料，但是这种烧结溶解复合的思路并没有在其后续申请中得到延续。

② 在改进原料粒度上

继通过组分微调来提高锆英石耐火材料的抗蠕变性能后，康宁还探索了通过其他方式来提高锆英石耐火材料的抗蠕变性。这体现在另一条线上——改进锆英石颗粒的粒度分布。

这条线的探索反映于专利布局上，最初是源自康宁于 2007 年提出 2 项专利申请。

在公开号为 US2008196449A1 的专利申请中，公开了一种锆英石组合物，其包含大于 40 重量份的粗锆英石组分和小于 60 重量份的细锆英石组分，其中粗锆英石组分的中值粒度为大于 $3\mu m$ 至约 $25\mu m$，细锆英石组分的中值粒度为小于或等于 $3\mu m$。具有这种多峰粒度分布的锆英石组合物，烧结后制得的锆英石耐火材料在约 1180℃ 时的蠕变速率小于 1×10^{-4} 英寸/小时。

而在同年提交的公开号为 US2008277835A1 的专利申请中，进一步公开了采用包含中值粒度小于 $5\mu m$ 的细锆英石组分、中值粒度为 $5\sim15\mu m$ 的中等锆英石组分及烧结助剂制备锆英石耐火材料，所制得的锆英石耐火材料的蠕变速率可小于 1×10^{-6}/hr。

通过控制锆英石颗粒的粒度分布来提高最终制得的锆英石耐火材料的抗蠕变性这一研究思路后续还体现在 2008 年提交的公开号为 WO2009142695A1 专利申请中。在该专利申请中，康宁在采用 TiO_2 和 Y_2O_5 作为锆英石耐火材料烧结添加剂的基础上，研究了控制锆英石颗粒粒度分布对提高材料抗蠕变性能的影响。结果显示，即使在使用烧结添加剂的情况下，控制锆英石颗粒的粒度分布对于降低材料蠕变速率也有着显著的作用，从说明书实施例中可以看到，其蠕变速率最低可降至 1.22×10^{-7}/hr。

即便已获得如此优异的试验结果，康宁的研究步伐仍未停歇，其期望所制得的锆英石耐火材料可以适用于更高的温度并具有更佳的高温抗蠕变性能。为此，在其 2010 年提交的公开号为 US2012047952A1 的专利申请中，康宁在控制锆英石颗粒粒度分布基础上，提出用热分解促进剂促进锆英石物件热分解反应，由于粗、细锆英石颗粒热分解速度不同，在未被热分解的粗锆英石微粒上，已热分解的细锆英石微粒再结晶形成抗蠕变锆英石物件，该热分解促进剂可以是 TiO_2。这一研究成果最终体现产品性能上，是获得了在 1180℃、1000psi 下测得的蠕变速率可以降至远小于 1×10^{-7}/hr 的锆英石材料，并且在该专利申请说明书中，康宁首次提供了制得的锆英石材料与现有锆英石耐火材料在更高温度（例如 1250℃、1300℃）下的对比测试结果。

③ 在改进制备工艺上

康宁在该方面的改进主要集中于 2006 ~ 2007 年，改进点都是在锆英石耐火材料制备过程中引入了溶胶凝胶或液相材料。

在其 2006 年提交的公开号为 US2008125307A1 的专利申请中，公开了一种制备锆英石耐火材料的方法，包括：使至少一种氧化锆前体和/或由该至少一种氧化锆前体制造的溶胶、至少一种氧化硅前体和/或由该至少一种氧化硅前体制造的溶胶、至少一种溶胶–凝胶形成剂，以及预先形成的锆英石接触，形成锆英石和锆英石前体的混合物，其中，所述至少一种溶胶–凝胶形成剂的量足以形成所述至少一种氧化锆前体和所述至少一种氧化硅前体的溶胶，上述接触操作以任何顺序进行。这种方法可减少和/或消除了经过烧制的锆英石耐火材料体结构内的点缺陷，从而提高了其抗蠕变性。

接着，在其 2007 年提交的公开号为 US2009111679A1 的专利申请中，进一步公开了一种锆英石组合物，包含锆英石粉末和烧结助剂，其中所述烧结助剂为液体、纳米粒子溶胶形式或它们的组合；使用上述液体和/或纳米粒子溶胶烧结助剂有利于改善烧结助剂在粉化锆英石粒子上的分布和/或涂布。这种经改善的分布可为锆英石耐火材料提供低颗粒边界浓度，但具有均匀的微结构、低颗粒边界浓度、高颗粒边界强度和低蠕变速率。

（2）法国圣戈班

圣戈班在溢流槽用锆英石耐火材料方面的专利布局开始于 2005 年，在起步时间上晚于康宁，其申请量共计 4 件，其中 3 件集中于改进化学组分方面，余下 1 件属于制品后处理这一技术分支。

① 在改进化学组分上

圣戈班最早于 2005 年提交了 1 件专利申请，公开号为 WO2006108945A1，其中公开了制备锆英石耐火材料的原料具有如下组成：$60\% \leqslant ZrO_2 + HfO_2 \leqslant 75\%$、$27\% \leqslant SiO_2 \leqslant 34\%$、$0.2\% \leqslant TiO_2 \leqslant 1.5\%$、$0.3\% < Y_2O_3 \leqslant 3.5\%$、其他氧化物 $\leqslant 1\%$，上述"其他氧化物"是例如 Na_2O、Al_2O_3、P_2O_5 或 Fe_2O_3。由上可知，圣戈班早在 2005 年已在专利申请中请求保护 $TiO_2 + Y_2O_3$ 复合作为锆英石耐火材料添加剂的技术方案，这在时间上早于康宁于 2006 年提出的 WO2009054951A1 的专利申请。

尽管圣戈班在专利申请中请求保护 $TiO_2 + Y_2O_3$ 复合添加剂的技术方案早于康宁，但是，研究康宁和圣戈班的后续申请可以发现，其后数年康宁的专利技术及专利布局仍围绕 TiO_2 这一核心添加剂展开，而圣戈班，至少在专利布局上，其并未延续以 TiO_2 为核心添加剂的技术方案。圣戈班在寻找别的添加剂来提高锆英石耐火材料的抗蠕变性。

在圣戈班于 2006 年提交的 FR2907116A 专利申请中，公开了锆英石耐火材料的制备原料具有如下组成：$60\% \leqslant ZrO_2 + HfO_2 \leqslant 75\%$、$27\% \leqslant SiO_2 \leqslant 34\%$、$0 \leqslant TiO_2$、$0 \leqslant Y_2O_3 \leqslant 3.5\%$、$0.1\% \leqslant Nb_2O_5 + Ta_2O_5 \leqslant 5\%$、其他氧化物 $\leqslant 1\%$。由上可知，在该专利申请中，圣戈班认为作为添加剂的 TiO_2 和 Y_2O_3 也有可能取 0 值；甚至，圣戈班在该专

利申请的说明书中披露了 TiO_2 的添加是不优选的。因为在部分特殊玻璃的制造过程中，锆英石耐火材料中 TiO_2 的存在可促进锆英石的鼓泡，这是玻璃制造商所不期望的。与此相对应的是，圣戈班提出了 Nb_2O_5 和/或 Ta_2O_5 作为新的添加剂，可显著降低蠕变速率。

进一步，在其 2008 年提交的 FR2929941A 专利申请中，圣戈班请求保护一种锆英石耐火材料，其具有如下优选组成：$60\% \leqslant ZrO_2 + HfO_2 \leqslant 72.4\%$、$27\% \leqslant SiO_2 \leqslant 36\%$、$0.2\% \leqslant Nb_2O_5 + Ta_2O_5 \leqslant 2.5\%$、$0.2\% \leqslant ZnO \leqslant 2.5\%$、$0.2\% \leqslant Al_2O_3 + TiO_2 \leqslant 2\%$、其他氧化物 $\leqslant 1.5\%$。由上可知，相较于 WO2006108945A1，此时圣戈班优选的添加剂已变为 Nb_2O_5 和/或 $Ta_2O_5 + ZnO$。

② 在制品后处理上

在改进化学组分之外，圣戈班不断开拓技术思路，在 2013 年提出了公开号为 US2012141701A1 的专利申请，其中相较于传统的改进化学组分、原料粒度、制备工艺这 3 个技术分支，提出了新的技术手段——通过制品后处理来抑制包括溢流槽在内的与玻璃液接触的锆英石耐火材料的瞬态鼓泡。

具体地，该申请中公开了：一个部件包括一个含有锆英石晶粒的本体，该本体具有一个外部和一个内部；该本体具有在这些锆英石晶粒之间的一个晶界相，该晶界相包括 SiO_2；将该部件暴露于卤化物中处理一段时间，使得上述晶界相可以被至少部分地从外部除去，从而使得该外部具有比内部更高的孔隙率，由此降低该部件与玻璃液接触时的瞬态鼓泡。

（3）淄博工陶

淄博工陶是最早进行溢流槽用锆英石耐火材料专利申请的中国大陆企业。其专利申请起始于 2007 年，活跃度一直持续到 2013 年，涉及的技术分支有改进化学组分、原料粒度及制备工艺。

在其 2007 年提交的公开号为 CN10103147A 的专利申请中，技术改进点同时涉及改进化学组分、原料粒度及制备工艺 3 个技术分支。

在改进化学组分方面，淄博工陶提出加入添加剂 TiO_2 的量为 $0.2wt\% \sim 1.2wt\%$，并控制杂质含量 $\leqslant 1\%$，尤其需要严格控制 Fe_2O_3 的含量，因为 Fe_2O_3 含量越高，制玻璃时发泡越严重。

在改进原料粒度方面，其提出采用制备锆英石耐火材料时，采用 $30\% \sim 90\%$ 的粒度为 $2 \sim 20\mu m$ 的细磨锆英石粉及 $10\% \sim 70\%$ 的粒度为 $0.1 \sim 1mm$ 的锆英石骨料，因为添加粒径为毫米级别的骨料，可以使耐火材料成型过程中排气顺畅。

在改进制备工艺方面，该申请中披露了将制备锆英石溢流槽的原料装橡胶模型后先抽真空后再进行等静压成形，真空度 $\geqslant 0.01MPa$，优选的真空度为 $0.06 \sim 0.08MPa$，并优化了烧成制度。

进一步，在其 2013 年提交的公开号为 CN103524139A 的专利申请中，淄博工陶的研发角度更集中于改进化学组分上。该申请中提出，原料组成为：锆英石粉质量为 100%，氧化锆短纤维占锆英石粉质量的 $0 \sim 4.0\%$，氧化硅粉占锆英石粉质量的

0.1%～2.0%；占锆英石粉质量 0.1%～0.8% 的复合添加剂，该复合添加剂为 La_2O_3、CeO_2、La_2O_3 与 Y_2O_3 的组合、CeO_2 与 Y_2O_3 的组合、La_2O_3 与 CeO_2 与 Y_2O_3 的组合中的任意一种。

上述氧化锆短纤维与复合添加剂之间具有协同作用：加入复合添加剂可促进氧化锆短纤维部分或全部转化成锆英石、增加原料锆英石与新形成的锆英石颗粒之间的相容性，从而降低高温弯曲蠕变速率；而添加氧化锆短纤维时，单独添加 La_2O_3 或者 CeO_2 烧成后样品，高温抗折强度、蠕变速率有进一步改善。

（4）广州石基

广州石基于 2010 年开始提交溢流槽用锆英石耐火材料方面的专利申请，其于 2010 年提交的 2 项专利申请，技术改进点都在于改进制备工艺。

公开号为 CN101851107A 的专利申请中公开了对制备锆英石溢流槽的原料先进行盐酸处理，把碱性物质，以及产生熔洞的铁金属或其氧化物清除掉；采用预烧结的熟料作为坯体成型原料，熟料的体积稳定性高，还可以便于调配颗粒组成，减少在烧结过程中产生大的收缩，防止裂纹缺陷产生，同时达到砖材内外密度均匀，减少应力残留。

公开号为 CN102229500A 的专利申请中公开了在等静压制备锆英石溢流槽时，在等静压的升压、卸压过程中进行保压，且降低升压、卸压速率；烧成后的降温过程中采用缓慢降温方法。上述升压保压的作用是便于排除坯体内部中间的气体；卸压保压的作用是减少"弹性后效"的现象和消除升压造成的内部应力；采用缓慢降温的方法则会使降温过程中的应力得到很好的消除，因此烧成超大规格产品不开裂，并且抗热震性能良好。此外，该专利也提及在制备原料中加入 0.4%～0.8% 的 TiO_2。

3.3.3.2　制备大块耐火材料

图 3-3-9 显示了溢流槽用锆英石耐火材料在制备大块耐火材料方面的专利申请的技术演进路线。从该图中可以看出，该技术功效的申请人仅为美国康宁 1 家。

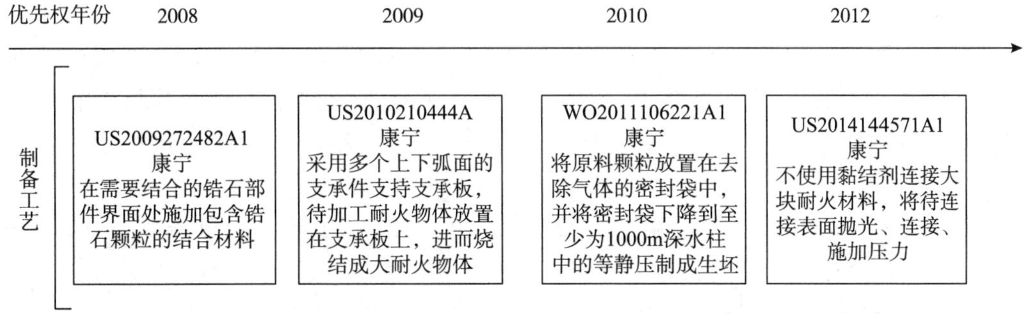

图 3-3-9　溢流槽用锆英石耐火材料专利技术演进路线（II）

这是因为在制备大块耐火材料方面，溢流槽用锆英石耐火材料的专利申请主要是关于如何加工大尺寸溢流槽。而如何加工大尺寸溢流槽这一技术问题的提出，是顺应了高世代超薄平板显示玻璃基板的发展趋势。根据背景调研可知，目前制造超薄玻璃基板主要有两种成型方法，一是浮法成型，二是溢流成型。在这两种方法中，早年业界一直认为溢流成型相对于浮法成型最大的缺陷在于：受溢流槽宽度限制，玻璃基板的宽度难以超过1.5m。但是随着大屏幕显示器件的发展，显示面板制造厂商对于高世代大尺寸玻璃基板的需求越来越强烈。由此，高世代玻璃基板的制造要求有更大尺寸的溢流槽作为设备支撑。对于作为平面显示玻璃基板一直的领军企业而言，康宁显然希望凭借其先进的溢流下拉技术继续主导高世代玻璃基板的发展趋势，并且作为溢流成型技术的先驱者，也只有康宁有动机并且有能力开展该技术相关的前沿研究。综上，康宁开始关注如何制备大块锆英石耐火材料，即加工出大尺寸溢流槽。

需要说明的是，适用于溢流成型高世代玻璃基板的大尺寸溢流槽至少需要满足两方面的要求：①溢流槽用耐火材料的一些固有理化性能，尤其是抗蠕变性需要满足高世代玻璃基板的制造要求；②溢流槽的宽度需要适应高世代玻璃基板的尺寸。而本节的关注点是在材料本身性能可以满足要求后，如何加工出能适应高世代玻璃基板宽度要求的大尺寸溢流槽。

从图3-3-9中可以看到，在制造大块耐火材料方面的申请起始于2008年，这个时间节点除去市场需求因素外，可能还与前面讨论的溢流槽用耐火材料固有理化性能方面研究进展有关：参见图3-3-8可知，康宁于2007年在提高溢流槽抗蠕变性方面集中提出了3项专利申请。我们或许可以推测，在这个时间段附近，康宁关于提高溢流槽材料抗蠕变性方面的研究取得了突破性成果，已获得可满足大尺寸溢流槽应用的耐火材料，进而，其开始研究如何加工获得大尺寸溢流槽。

在2008年提交的公开号为US2009272482A1的专利申请中，康宁提出在多个待结合的锆英石部件在界面处施加包含锆英石颗粒的结合材料，之后在界面处烧结熔合。

进而，在2009年提交的公开号为US2010210444A的专利申请中，康宁提出采用均衡施压烧结的方法制造整体式大尺寸溢流槽，这可以制得最长尺寸在2.5cm以上的溢流槽。

接着，在2010年提交的公开号为WO201106221A1的专利申请中，康宁突破了之前的思维，提出了一种深海等静压的大尺寸溢流槽制作方法，其将原料颗粒放置在去除气体的密封袋中，并将密封袋下降到至少为1000m深的水柱中等静压成生坯。

而在最近，在2012年提交的公开号为US2014144571A1的专利申请中，康宁提出不利用黏结剂连接大块锆英石耐火材料，步骤包括：（a）提供多个耐火材料组件，每个组件具有至少一个需要被连接的表面；（b）将每个需要被连接的表面抛光至粗糙度为200nm以下；（c）连接这些表面形成不连结的耐火基体；（d）烧结同时对连接表面施加压力。

从上述分析也可以看出，在制备大块耐火材料方面，康宁尚未形成完整、连续的体系，目前提出的都是各个独立的、概念性的技术方案，并未对各个独立点构建外围布局保护。

综合上述技术演进路线分析可知，根据专利申请文件披露，在溢流槽用耐火材料领域：

① 美国康宁以 TiO_2（$+Y_2O_3$）添加剂为核心、辅以在原料粒度方面引入多峰分布、在制备工艺方面引入溶胶或液相添加剂，来提高以抗蠕变性为核心的锆英石耐火材料性能；其还通过改进制备工艺来获得大块锆英石耐火材料。

② 在提高锆英石耐火材料的抗蠕变性方面，法国圣戈班虽然早期申请中涉及以 $TiO_2 + Y_2O_3$ 添加剂为核心的技术方案，但其后数年其通过研发，将添加剂的核心转移到了 Nb_2O_5 和/或 Ti_2O_5；进而，圣戈班开拓了新的技术分支——通过制品后处理来抑制锆英石耐火材料与玻璃液接触时的瞬态鼓泡。

③ 中国申请人淄博工陶和广州石基在该领域专利布局较晚，改进重点集中在添加剂和制备工艺方面。

3.4 主要研发团队

针对溢流槽用锆英石耐火材料领域全球专利申请，本节引入发明效率指数[1]的概念来表征各主要申请人的研发效率，该发明效率指数是指专利申请量与发明人数的比值，代表企业研发人员独立创新的能力。

如表 3-4-1 所示，美国康宁的发明效率指数最高，说明其研发人员独立创新能力最强，其次是法国圣戈班和中国广州石基。

表 3-4-1　主要申请人发明效率指数

	康宁	圣戈班	淄博工陶	广州石基
专利申请量/项	14	4	2	2
发明人数量/位	19	6	9	3
发明效率指数	0.77	0.67	0.22	0.67

由此，本节选择了美国康宁和法国圣戈班在溢流槽用锆英石耐火材料的主要发明人作为研究对象，以期得出研发团队相关信息。

3.4.1 美国康宁研发团队

结合 3.1.4 节的讨论，本节以康宁专利申请项数在 3 项以上的主要发明人为核心，构建出其相关研发团队，结果如图 3-4-1 所示。

由图 3-4-1 中可以看到，康宁在溢流槽用锆英石耐火材料方面的研发团队主要分为独立的 2 个分支。

---

[1] 杨铁军. 产业专利分析报告（第 12 册）：液晶显示 ［M］. 北京：知识产权出版社，2013：93.

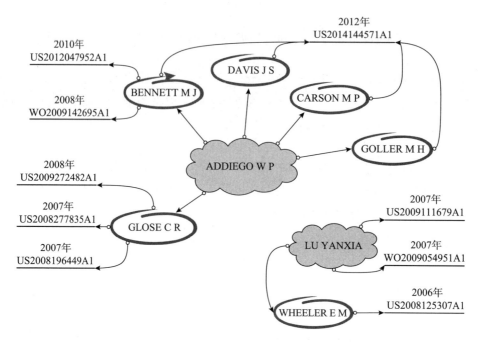

图 3 – 4 – 1　康宁锆英石耐火材料专利申请发明人团队

① 以 ADDIEGO W P 为核心的研发团队：从专利提交时间上看，该研发团队主要活跃在 2007～2012 年，且一直都以 ADDIEGO W P 为第一发明人。起先，在 2007～2008 年，ADDIEGO W P 的唯一合作发明人是 GLOSE C R，其间两者共同申请了 3 项专利，其中 2 项的技术方案是关于改进原料粒度，1 项是关于改进制备工艺以制备大块耐火材料。其后，在 2008～2010 年，BENNETT M J 接替了 GLOSE C R 成为 ADDIEGO W P 的唯一合作发明人，两者共同提出了 2 项专利申请，技术方案主要是关于在选择 $TiO_2 + Y_2O_3$ 作为核心添加剂的基础上，改进锆英石颗粒粒度分布，并进一步加入热分解促进剂来提高锆英石耐火材料的抗蠕变性能。而在 2012 年后，ADDIEGO W P 和 BENNETT M J 的研发团队加入了 3 位新成员 DAVIS J S、CARSON M P 及 GOLLER M H，其又将研发方向转向了大块耐火材料的制备。由此可见，ADDIEGO W P 团队主导了康宁近年来的研发方向。

② 以 LU YANXIA 为核心的研发团队：从专利提交时间上看，该研发团队主要活跃在 2006～2007 年，且一直都以 LU YANXIA 为第一发明人。在 2006 年，LU YANXIA 与 WHEELER E M 合作申请，提出了采用溶胶 – 凝胶方式来提高锆英石耐火材料抗蠕变性的创意。但是之后，在 2007 年，LU YANXIA 作为唯一发明人在上述技术思路上进行后续专利申请。并且同年，LU YANXIA 还作为唯一发明人申请了有关 $TiO_2 + Y_2O_3$ 添加剂方面的专利。

综上，与之前的发明人指数统计相适应的是，康宁的研发团队表现出较强的独立创新能力，核心成员定位明确。

3.4.2 法国圣戈班研发团队

图 3 - 4 - 2 总结了圣戈班的研发团队。结果显示，CITTI O 作为发明人参与了圣戈班在溢流槽用锆英石耐火材料方面的 4 项专利申请。在最早的 2005 年的申请中，CITTI O 是作为辅助发明人参与了该专利技术的研发，该专利技术涉及 $TiO_2 + Y_2O_3$ 添加剂，其比康宁提出涉及 $TiO_2 + Y_2O_3$ 添加剂的专利申请要早 1 年。2006 年以后，CITTI O 组建了自己的研发团队，与 FOURCADE J 共同申请了 3 项专利，其中 2006 年、2008 年申请的 2 项均是以 CITTI O 为第一发明人，技术方案涉及圣戈班独创的 $Nb_2O_5 + Ta_2O_5$ 添加剂，从而使圣戈班在溢流槽用锆英石耐火材料添加剂的选择上，突破了康宁的专利封锁；而 2010 年后，FOURCADE J 提出另一种技术思路，即通过制品后处理的方法来提高溢流槽锆英石耐火材料的抗蠕变性，这是圣戈班在该领域的又一次突破，CITTI O 在该专利申请中处于第二发明人的地位。

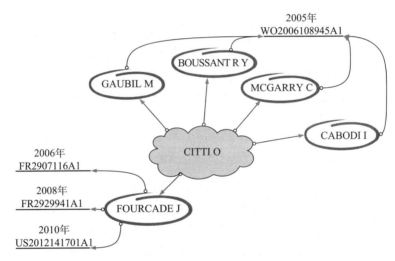

图 3 - 4 - 2 圣戈班锆英石耐火材料专利申请发明人团队

综上可知，CITTI O 和 FOURCADE J 组成的研发团队，是圣戈班在溢流槽用锆英石耐火材料方面的核心研发团队。尤为值得一提的是，CITTI O 于 1996 年作为研发工程师进入圣戈班高端耐火材料和陶瓷材料的核心子公司——圣戈班西普，其后在 2002 ~ 2005 年间负责圣戈班西普旗下子公司科哈特耐火材料公司（CORHART REFRACTORIES CORPORATION，以下简称"科哈特"）的研发工作，研发重心在 LCD 玻璃市场和其他电子市场；2005 ~ 2007 年作为研发助理负责圣戈班西普连接耐火材料部门的研发；2007 年至今作为研发经理负责圣戈班西普研发部门；2014 年至今任职圣戈班西普的研发总监。参见 3.5.1.5 节可知，科哈特于 1987 年被圣戈班收购，其是康宁在溢流槽用锆英石耐火材料方面的核心专利——WO0244102A1 的合作研发伙伴，正是这件核心专利中提出了以 TiO_2 作为核心添加剂的技术方案。由此可以推测，CITTI O 在科哈特的工作经历为其以后研发溢流槽用锆英石耐火材料提供了很好的基础，这也是圣戈班与康宁合作过程中收获的无形资产。

3.5 核心技术的专利保护

随着市场全球化的步伐不断加快，如何有效地保护自身的核心技术成为企业在发展过程中遇到的难题之一。

目前，技术保护的途径主要有两种：一种是专利保护；另一种是技术秘密保护。专利制度的本质，简言之就是公开换保护，即为了促进科学技术进步和经济社会发展，由专利权人公开其技术方案来换取对该技术方案有限期的保护。选择专利保护的前提：一是有市场前景，即有人会用该技术，这是决定申请专利的关键，一种未来没有市场的技术虽然能够获得专利权，但不会给申请人任何回报；二是能够有效行使禁止权，这是决定申请专利的前提条件。对于一旦公开就都会使用而又无法主张他人使用证据的技术，即使获得专利权也无法禁止别人使用。另外，打算长期垄断市场又能有效保密的技术，一般也不宜申请专利，因为专利具有法定的保护期限，到期即入公有领域。技术秘密保护是指通过合约等形式，与相关人员或单位约定就某一项技术进行保密。技术秘密这一保护手段也存在一些局限，最为明显的是，其对保密依赖性过高，即使是善意第三人的无意泄密也将对企业造成不可挽回的损失；此外，假如竞争对手先就该技术申请了专利并获得授权，企业即使是先于竞争对手发现该技术也会存在侵权风险。❶

具体就耐火材料领域而言，由于其产品在市面上存在广泛的流通性，即取证较为方便，且先进的耐火材料技术是具有市场前景的，因此，综合考虑来看，对该领域的部分核心技术申请专利保护是有价值的。这部分用于保护核心技术的专利，常常会构建成核心专利，即受关注程度高、其他企业规避难度较大、具有代表性的基础性专利。

由此，为了协助国内耐火材料企业从专利角度更好地保护自身的核心技术，本节从核心专利的角度出发，在阐述国外企业核心专利保护策略的同时，对比国内外核心专利保护现状，以期为国内耐火材料企业在构建自己的核心技术专利保护圈并规避国外企业专利风险方面提供有价值的参考信息。

3.5.1 国外企业核心专利保护策略

本节以美国康宁在溢流槽用锆英石耐火材料领域的核心专利——公开号为WO0244102A1（以下简记作'102）为例，探讨国外企业对于核心专利保护策略。

'102专利申请，是康宁在溢流槽用锆英石耐火材料领域的最早专利申请，其实质的技术方案相对简单，但是该专利申请的影响却非常深远。

① 从业界关注度上看：图3-5-1（见文前彩色插图第5页）显示了该专利申请施引文件的关系。从该图中可以看到，截至2014年7月28日，该专利总共被引用35次之多。其施引文件的申请人除了康宁自身外，还包括老牌耐火材料制造商、同时也

---

❶ 冯晓青. 企业专利申请战略的运用探讨［J］. 东南大学学报：哲学社会科学版，2007，9（4）.

是康宁在耐火材料方面的合作供应商法国圣戈班，以及同为采用溢流下拉技术制备玻璃基板的日本电气硝子、溢流下拉技术及相关设备研发的参与者彼特拉多和布鲁斯科技。而康宁自身引用该专利申请的施引文件，其技术领域也横跨了锆英石耐火材料、其他耐火材料、溢流下拉技术等多个方面。由此可见，该有关锆英石耐火材料的专利申请的业界影响力，已经不局限于耐火材料领域，更受到下游溢流下拉技术相关企业的广泛关注。

② 从技术延续性看：'102 专利申请技术方案的要点在于控制锆英石耐火材料中的 TiO_2 添加剂含量在大于 0.2wt% 至小于 0.4wt% 的范围内。根据图 3-3-8 所示的技术演进路线，在 2003～2013 年数年内，不仅康宁自身围绕该 TiO_2 核心添加剂作出一系列改进及专利布局，且法国圣戈班的早期申请、我国淄博工陶和广州石基的专利申请中也都存在以 TiO_2 为核心添加剂的技术方案。由此可见，'102 专利申请中披露的技术在业内具有重要地位。

根据图 3-5-2（见文前彩色插图第 6 页）所示的 '102 专利申请全球布局示意图可知，对于这项重要专利，康宁的保护策略可以体现在以下 5 个方面。

3.5.1.1 合理利用优先权 + PCT 制度以优化申请时机

作为一家美国企业，有效利用美国临时申请 + 优先权 + PCT 制度，以获取最大的申请日时间优势，这在康宁的专利申请中非常普遍。

'102 专利申请的最早优先权是 2000 年 12 月 1 日在美国提交的临时申请 US2000025091P；在此优先权日 1 年后，即 2001 年 11 月 30 日，提交了相应的 PCT 申请，其公开号为 WO0244102A1，公开日为 2002 年 6 月 6 日；2003 年 7 月 7 日，该 PCT 申请进入中国国家阶段，申请号为 CN01821788.5；2004 年 4 月 16 日，在中国公布并进入实质审查。

从上述过程中可以看到，康宁以不公开的美国临时申请为优先权，获得了一个较早的优先权日，而后，与国内部分企业常规的申请后要求提前公布、提前实审以尽快获得授权的理念不同的是，康宁并没有急切地提出实质审查以获取授权，而是充分利用了优先权和 PCT 规则，在 12 个月即将届满后，提出 PCT 申请，并且在距最早优先权日 31 个月后通过 PCT 渠道再进入中国，且直到距最早优先权日约 3 年后才进入中国国家阶段实质审查程序。

康宁之所以选择这样的申请时间策略，原因考虑可能是：与常规通过《巴黎公约》向国外申请专利的 12 个月优先权期限不同的是，合理利用优先权 + PCT 制度，申请人实质可以获得自优先权日起 30 个月的期限（通过履行一定的手续，该期限最多可延长至 32 个月），在这段期限内，申请人可以自第一次提出申请后，即在已获得一个较早的申请日的基础上，有充分的时间来观望技术和市场的发展趋势来决定是否仍然需要继续向其他国家或地区提出申请、如果需要则又是需要向哪些国家或地区提出申请、是否需要修改权利要求书以寻求更合适的保护范围等；同时，在手续上，申请人也获得充裕的时间来选择在其他国家或地区的法律代理人，办理必要的手续。

3.5.1.2 合理布局目的地以优化全产业链市场覆盖度

专利的地域性特征决定了企业只有在其他国家或地区申请专利才能在该国或地区

获得专利保护。企业到其他国家或地区去申请专利是实施专利技术输出战略的重要前提，也是企业开拓和占领国际市场的重要手段。'102专利申请的目的地布局策略，正是体现出康宁基于全球视野的思考。

在进一步讨论前，先约定耐火材料产业链的部分定义，本节中：

将耐火材料的原料、制造设备的提供商（例如耐火材料所用原料矿的提供商）定义为耐火材料产业链的上游；

将耐火材料制品制造商定义为耐火材料产业链的中游；

将耐火材料制品的使用商或潜在使用商（例如显示玻璃基板制造商、显示面板显示器制造商）定义为耐火材料产业链的下游。

参考图3-5-2可知，康宁将'102专利申请布局到了耐火材料的全产业链。

① 耐火材料上游：澳大利亚。其是全球最大的锆英石矿产地，在此进行锆英石耐火材料的生产在成本上具有一定优势，康宁在此进行专利布局即可在一定程度上压制其他耐火材料企业简便地借助该原产地优势来生产康宁要求保护的锆英石耐火材料。

② 耐火材料中游：美国、欧洲、日本、德国、中国。在这些国家或地区都存在大量的耐火材料生产企业，尤其是美国、欧洲和日本，这些国家或地区的耐火材料产业历史悠久、资本雄厚、研发实力和市场占有率都较高。康宁在这些国家或地区进行专利布局是从专利角度保护锆英石耐火材料的直接行为。

③ 耐火材料下游：美国、欧洲、中国台湾、日本、韩国、德国、中国大陆。基于3.3.1节的讨论可知，康宁在2000年后提交大量溢流槽用锆英石耐火材料的专利申请，正是期望从保护溢流槽所用的锆英石耐火材料的角度，提高溢流下拉技术的专利准入门槛，最终达到保护其由该技术制造的超薄平板玻璃、维持其市场龙头地位的目的。而上述国家或地区正是超薄平板玻璃制造商及使用商的所在地，康宁在这些区域进行专利布局的最终目的是为了保护其核心的溢流下拉技术。

此外，我们还将康宁溢流槽用锆英石耐火材料领域的其他申请与该核心专利申请相比较，发现其并不是对所有的申请都进行了全产业链目的地的布局，例如有很大一部分申请未去往澳大利亚。可见，康宁在专利申请的目的地布局上，并不是单纯地追求全产业链目的地覆盖，而是基于专利自身的价值、地位，平衡专利布局的经济成本和获得利益，从而有目的性、有选择地确定恰当的目的地布局策略。

3.5.1.3　合理分案以优化全产业链技术主题保护度

分案申请是康宁为了获取时间优势的一种常规手段，尤其在'102专利申请中，康宁采用有选择的分案申请策略，获取其在技术保护主题上的全产业链覆盖最优化。

如图3-5-2所示，对于'102专利申请，自2001年以PCT形式正式提出该申请后，直到2013年的长达13年的时间跨度内，康宁在美国、中国大陆、欧洲、日本、中国台湾等地陆续提出分案申请，尤其是在其本土美国和作为新兴市场的中国大陆，其在母案的基础上，提交了2件以上的分案申请。

为了研究康宁这样布局的动机，接下来将以该案进入中国大陆的同族申请为例，从母案与分案请求保护的技术主题入手进行解读。

'102 专利申请最早进入中国大陆的专利申请公开号是 CN1486286A，其只有 1 组独立权利要求，请求保护的技术主题是"一种等静压板"。

康宁于 2009 年在中国大陆提交该案的第一次分案申请，公开号为 CN101798231A，该案的权利要求数量从母案的 1 组独权扩展到 5 组独权，请求保护的技术主题分别为："一种等静压板""一种耐火砖块""一种能减小等静压板的下沉的方法""一种制造构形适用于生产平板玻璃熔融法的等静压板的方法""一种制造平板玻璃的方法"。

康宁于 2013 年在中国大陆再次提交关于该案的分案申请，公开号为 CN102992592A，该案也包括 5 组独权，请求保护的技术主题分别是："一种等静压板""一种耐火砖""一种能减小等静压板的下沉的方法""一种制造等静压板的方法""一种使用熔融法制造平板玻璃的方法"。

由上可知，最早在母案中，康宁要求保护的是一种耐火材料下位制品——"一种等静压板"，但是其在之后数年内通过分案申请的手段，将要求保护的主题从单一的耐火材料某种下位制品，向产业链上游扩展到了耐火材料广义制品——"一种耐火砖块"，向产业链中游扩展到了耐火材料下位制品的制备方法——"一种制造等静压板的方法"及耐火材料下位制品的改进方法——"一种能减小等静压板的下沉的方法"，更甚者，其还将要求保护的主题延伸到了产业链下游，要求保护使用该耐火材料的制造下游产品的方法——"一种制造平板玻璃的方法"。可见，康宁通过分案申请的手段，将保护范围覆盖至该锆英石耐火材料在应用于溢流下拉技术时可能采用的最佳产品结构和使用方式，最终实现了其对于核心专利在全产业链的技术主题层面的保护范围最优化，从而实现利益最大化。

此处，还产生一个问题，就是康宁为何要通过分案申请来实现这种全产业链的技术主题布局，而非在母案中就请求保护分案申请中提及的所有技术主题？结合超薄平板玻璃的市场趋势，我们推测康宁的这种行为是源于市场驱动力。

①如同业内公知的，康宁在 20 世纪六七十年代即已发现溢流下拉技术，但因为市场当时对超薄平板玻璃没有需求，导致该技术仅成为康宁的储备技术，在 2000 年前，康宁也未就该技术核心部件的基础材料——溢流槽材料要求专利保护。

②进入 2000 年后，以液晶显示器为代表的平面显示设备开始面市，由此带来对超薄平板玻璃的需求，康宁嗅得市场先机，开始利用专利布局来保护生产超薄平板玻璃的领先技术——溢流下拉技术，并且开始尝试性地申请专利来保护该技术核心部件的基础材料——溢流槽用锆英石耐火材料。但是，由于此时市面上仍以阴极射线管显示器为主，以液晶显示与等离子显示为代表的平板显示技术尚不完善，平板显示设备的市场前景并不明朗，这导致康宁未在溢流槽材料的专利布局上投入过多精力，仅请求保护了一个单一的技术主题。

③之后数年内，平面显示市场日新月异，使得溢流下拉技术的市场价值日益升高。由此，作为溢流槽用锆英石耐火材料方面的核心专利，'102 专利申请的价值逐渐凸显，如本节一开始所述，无论是在业界关注度还是技术延续性方面都彰显出其突出的地位。或许正是出于这种市场价值的驱动，康宁反思发现对于该专利技术的保护尚有不足，

于是通过不断的分案申请来完善保护主题，构建出一个覆盖全产业链的技术主题保护圈。

此外，如前所述，康宁在分案的目的地上，也是有选择的。从图 3-5-2 中还可以看出，除了本土美国外，其在中国台湾、欧洲、日本都只进行了 1 件分案且仅有 1 个或 2 个技术主题，但在中国大陆，其进行了 2 件分案申请并分别要求保护 5 个技术主题。这一选择也体现了康宁对于市场现状的把握，因为：

① 中国台湾的相关产业仅涉及玻璃制造及显示相关领域；

② 欧洲虽然有圣戈班进入溢流槽用锆英石领域，但是缺乏先进的溢流下拉玻璃板制造商，而且圣戈班也是康宁的合作伙伴；

③ 日本虽然有电气硝子等溢流下拉玻璃板制造商，但是尚未在溢流槽用锆英石领域有所专利布局；

④ 中国大陆则是既有如淄博工陶、广州石基之类的锆英石溢流槽制造商，也有如东旭集团之类的溢流下拉显示基板制造商，且在中国大陆仍有大量资本意图进入溢流下拉技术领域。

综上，可以认为，分案申请手段，在此处被康宁很好地用作了查漏补缺的手段。鉴于专利布局的经济成本，分案申请这一手段可以提供给申请人更长的市场观望期，通过平衡专利保护成本与预期的市场效益，来决定其是否需要完善对一项技术的专利保护、如何完善、又完善到什么程度。

最后，值得一提的是，对于 '102 专利申请最早进入中国大陆的母案申请 CN1486286A，其于 2004 年进入实质审查阶段，之后，在 2004～2011 年漫长的 7 年时间内，经历了 2 次实审驳回 2 次复审审查，于 2012 年获得授权。如此时间漫长且程序复杂的审查过程，不仅反映出康宁自身对于该专利的重视，也为康宁后续进行分案申请提供了多个可供选择的良好时机。

3.5.1.4 合理布局外围专利保护以优化核心技术保护力度

申请技术方案与原核心专利技术方案交叉、重叠或覆盖的技术改进型专利，形成有效的外围保护圈，避免竞争对手轻易绕开核心专利所保护的技术方案，这也是康宁常规利用的策略之一。

'102 专利申请的核心技术方案是锆英石耐火材料中 TiO_2 含量在大于 0.2wt% 至小于 0.4wt%；而在其后 2003 年提交的 US2005130830A1 专利申请中，康宁又提出控制锆英石耐火材料中 ZrO_2、TiO_2、Fe_2O_3 的含量分别在 0.01wt% ～ 0.15wt%、0.23wt% ～ 0.50wt%（与"大于 0.2wt% 至小于 0.4wt%"数值范围交叉）、0.08wt% ～ 0.60wt%；随后，在 2006 年提交的 WO2009054954A1 专利申请中，康宁提出将包括 Fe_2O_3 在内的第一类烧结添加剂、包括 TiO_2 在内的第二类烧结添加剂及包括 ZrO_2、Y_2O_3 在内的第三类烧结添加剂的含量分别控制在 0 ～ 0.1wt%、0.1wt% ～ 0.8wt%（覆盖了"大于 0.2wt% 至小于 0.4wt%"这一数值范围）及 0 ～ 0.8wt%；而在 2008 年提交的 WO2009142695A1 专利申请的权利要求中，康宁提出在锆英石耐火材料中同时加入至少 0.1wt%（覆盖了"大于 0.2wt% 至小于 0.4wt%"这一数值范围）的 TiO_2 和至多

10wt% 的 Y_2O_3。

由上可以看出，康宁以记载于 '102 专利申请中"包含大于 0.2wt% 至小于 0.4wt% TiO_2 的锆英石耐火材料"的技术方案为核心，后续申请保护多个包括 TiO_2 含量范围与之交叉、重叠或覆盖的技术方案，以对 '102 专利申请形成外围保护形势，避免了竞争对手在获知"包含大于 0.2wt% 至小于 0.4wt% TiO_2 的锆英石耐火材料"这一技术方案后，通过常规实验手段绕过"大于 0.2wt% 至小于 0.4wt%"这一数值范围，获得性能相仿的锆英石耐火材料。

这种由技术改进申请的外围专利，还可视作是核心专利技术的进一步储备，以便在核心专利到期后仍能够对核心技术方案起到保护作用。

3.5.1.5 合理确定产业链上下游合作模式以优化合作共赢

在探讨 '102 专利申请的过程中，通过挖掘作为其优先权的美国临时申请 US20000250921P 的相关信息，还发现了一条比较有意思的信息：在该核心专利技术背后，存在两股研发力量——康宁和科哈特。

科哈特是一家位于美国肯塔基州的耐火材料制造企业，其与康宁具有悠久的历史渊源。在 20 世纪初期，康宁已是一家成熟的玻璃企业，由于玻璃制造业对耐火材料存在大量需求，康宁在积累了一定的研发经验后，决定组建一家公司制造并销售耐火材料。因为当时 HARTFORD EMPIRE 具有大量涉及工艺的重要专利，这两家公司在 1927 年共同投资成立了科哈特。不过之后不久，康宁就买下了 HARTFORD EMPIRE 的股份。1985 年，科哈特通过管理层杠杆收购成为一家独立的公司。而 2 年后，即 1987 年，圣戈班收购了科哈特，后者成为圣戈班旗下高端耐火材料和陶瓷制造子公司——圣戈班西普在美国的重要分公司。

由此可见，康宁与科哈特合作研发的背后，是康宁与圣戈班的联合，即玻璃工业巨头与先进耐火材料制造商的强强联合。

但是，在 '102 专利申请涉及的所有公开文本或公告文本中，申请人或专利权人一栏均没有出现科哈特或圣戈班，即专利所有权仅属于康宁一家。究其原因，根据美国专利商标局专利权转让档案披露，依据"联合研究协议"（JOINT RESEARCH AGREEMENT），科哈特将该技术的专利所有权转让给了康宁。

综上，可以推测，康宁虽然在研发上与圣戈班合作，但在作为研发成果之一的核心专利上，康宁坚持必须己方保有且是唯一保有相关专利权益。从这一点上，可以看出康宁在核心技术方面充分重视专利武器所能发挥的作用，即使是合作研发，也要通过协议的限定，获得唯一的专利所有权。

那么，由此引申出一个问题，科哈特将该核心技术的相关专利权益转让给康宁，是否意味着科哈特或者科哈特背后的圣戈班在这项研究中没有获益？答案是否定的。尽管该协议背后是否有关于市场方面的约定目前尚不可考，但仅从专利角度出发即可以看到：如图 3 - 3 - 8 所示，圣戈班自 2005 年起提交了 4 项溢流槽用锆英石耐火材料的专利申请，其中 2005 年提交的 WO2006108945A1 中公开了以 TiO_2 + Y_2O_3 作为复合添加剂的技术方案，这比康宁在 2006 年提交的 WO2009054951A1 中涉及相关技术方案的时间早；而圣戈班自 2006 年后提交的 3 项专利申请，其技术上都已突破了康宁以 TiO_2 为核心添加剂的专利包围圈。

溢流槽作为溢流下拉技术的关键部件，其基础材料的研发也必然脱离不开对整个溢流下拉技术的了解，至少，该耐火材料的研发方需要了解溢流槽在使用过程中材料方面可能出现哪些问题，即所需材料的性能标准应达到何种水平。结合背景资料可以知晓，显然圣戈班并不具备溢流下拉技术的研发实力，如果要研发出高品质的溢流槽用耐火材料，溢流下拉技术的龙头企业康宁无疑是其最佳的合作伙伴。另一方面，圣戈班除了拥有科哈特这一原先由康宁出资建立的耐火材料公司之外，其也一直是康宁在耐火材料方面的优秀供应商。

由此，以科哈特为媒介，通过签署联合研究协议，康宁获得了其所需的溢流槽用耐火材料，掌握了核心技术及相关专利权，并且提高了该方面的研发实力；而圣戈班则通过这一合作，迈入溢流槽耐火材料的研发门槛，更是通过后期的自主研发，开发出新的溢流槽用耐火材料产品，进而通过获得新产品相关的专利权提高了其与康宁之间在后续合作方面的话语权。

这种产业链上下游合作模式使得双方都有所获利，并且有助于双方之间合作的可持续发展，这无疑对于双方企业、甚至整个产业链的良性发展是非常有利的。

3.5.2 国内外核心专利保护现状对比

为了使国内企业更好地了解国内外目前在核心专利保护现状上的差异，本节以溢流槽用锆英石耐火材料领域，淄博工陶于 2007 年申请的 CN101033147A（以下称为"申请文件 1"）和康宁上述 '102 专利申请进入中国的申请 CN1486286A（以下称为"申请文件 2"）为例，通过对比两者的申请信息（见表 3 - 5 - 1），以期为国内企业完善自身核心专利的保护提供借鉴。

表 3 - 5 - 1　CN101033147A 和 CN1486286A 的申请信息

	申请文件 1	申请文件 2
公开号	CN101033147A	CN1486286A
申请人	淄博工陶	康宁
申请类型	发明专利申请	发明专利申请
申请方式	普通国内申请	以 PCT 形式进入中国
申请日	2007	2001
优先权	无	2000 年，US20000250921P
技术方案全球实质公开年份	2007	2002
技术方案中国实质公开年份	2007	2004

续表

	申请文件 1	申请文件 2		
目的地	中国	美国、欧洲、日本、韩国、中国大陆、中国台湾、德国、澳大利亚		
分案申请	无	2 件，分别于 2009 年、2013 年提交		
独立权利要求		CN101033147A	CN1486286A	CN101798231A	CN101798231A
	技术主题	溢流砖	等静压板	等静压板	等静压板
				耐火砖块	耐火砖块
		溢流砖的制备方法		减小等静压板下沉的方法	减小等静压板下沉的方法
				制造等静压板的方法	制造等静压板的方法
				制造平板玻璃的方法	制造平板玻璃的方法
	公开文本权利要求 1	1. 一种大型致密锆英石溢流砖，其特征是，所述的大型致密锆英石溢流砖由下列重量配比的组分组成：ZrO_2: 64.5% ~69.5%；TiO_2: 0.2% ~1.2%；SiO_2: 30% ~34%；余量为杂质，杂质含量≤1%	1. 等静压板，它是一块板，这块板具有在熔融法中适用的构形，它的材料是锆英石耐火材料，该耐火材料在 1180℃ 和 250psi 的条件下具有的平均蠕变速率（MCR）和此平均蠕变速率的 95% 的置信区间（CB），使得 CB/MCR 小于 0.5，用幂律模型可以定出 MCR 和 CB 的值	1. 一种包括主体的等静压板，所述主体具有在生产平板玻璃熔融法中适用的构形，所述主体包括含 TiO_2 浓度大于 0.2 重量% 且小于 0.4 重量% 的锆英石耐火材料	1. 等静压板，它是一块板，这块板具有在生产平板玻璃熔融法中适用的构形，它的材料是 TiO_2 浓度大于 0.2 重量% 的锆英石耐火材料

以下的对比主要从两个方面来进行，一是专利布局，二是专利申请文件撰写。

3.5.2.1 专利布局

申请文件 1 和申请文件 2 在专利布局方面的差异，主要表现在以下 3 方面：

（1）优先权与公开日

申请文件 1 于 2007 年申请，没有要求优先权，且于 2007 年公开；申请文件 2 要求于 2000 年提交的美国临时申请 US20000250921P 的优先权，由于该临时申请是不公开的，加上 PCT 等制度的利用，因此申请文件 2 的技术方案最早公开是在 2002 年公开的 WO0244102A1 中，公开文本的语言是英语；而申请文件 2 的技术方案以中文语言公开最早是在 2004 年。

以上内容可以透露出两点信息：

① 申请文件 2 充分利用美国临时申请 + 优先权 + PCT 申请制度，在推迟公开日的同时可获得较早的申请相关日，这在实施"先申请制"的专利制度的国家或地区是非常有利的；

② 与申请文件 1 在申请日同年即公开其技术方案不同，申请文件 2 的技术方案实质全球公开是在其提出该技术相关专利申请 2 年后，中文公开则是在 4 年后，这就意味着其至少取得了 2 年的技术保密期，并且假如国内企业只关注该公司的中文专利申请，那么其将于该技术实质要求专利保护的 4 年后才可追踪到该技术。

（2）目的地布局

申请文件 1 只布局在中国大陆，申请文件 2 通过 PCT 途径布局到了美国、欧洲、日本、韩国、中国大陆、中国台湾、德国、澳大利亚。正如 3.5.1.2 节讨论，申请文件 2 的这种布局目的地的选择是基于对该溢流槽用锆英石耐火材料全产业链目的地布局的全局性思考、兼顾成本因素确定的。

（3）分案申请

申请文件 1 无分案申请，申请文件 2 于该申请最早提出 9 年后分别又提交了 2 件分案申请。如 3.5.1.3 节所述，申请文件 2 采用这种分案申请的策略，是基于对市场动向的把握，适时加强了核心技术的保护力度。

3.5.2.2　专利申请文件撰写

申请文件 1 与申请文件 2 在专利申请文件撰写方面的差异，主要表现在以下几个方面。

（1）权利要求中技术主题的撰写形式

申请文件 1 的独立权利要求的技术主题仅包括"溢流砖"和"溢流砖的制备方法"；申请文件 2 则通过分案等手段，要求保护的技术主题从单一的"等静压板"拓展到了"耐火砖块""能减小等静压板的下沉的方法""制造的等静压板的方法""制造平板玻璃的方法"。如 3.5.1.3 节所述，申请文件 2 将请求保护的技术主题扩展到了溢流槽用锆英石耐火材料的全产业链，从而不仅保护了该耐火材料本身，也在一定程度上保护了使用该耐火材料的下游产品及方法。

（2）权利要求中术语的撰写形式

在权利要求实质都是要求保护溢流槽用锆英石耐火材料的情况下，申请文件 1 将权利要求的主题写作"溢流砖"，即从应用领域的角度限定了其请求保护的耐火材料只能用于溢流槽。申请文件 2 则将主题定位在"等静压板"，即仅从耐火材料制造工艺角度对耐火材料进行了限定。由于现有技术中，溢流槽大多是通过等静压工艺成型，因此，"溢流砖"在一定程度上可说是"等静压板"的一个下位概念。由此，这种"溢流砖"的限定在技术主题上就缩小了申请文件 1 的权利要求保护范围。

（3）权利要求中技术方案的撰写形式

在技术方案的实质改进点都是耐火材料组分的情况下，申请文件 1 限定了"所述的大型致密锆英石溢流砖由下列重量配比的组分组成：ZrO_2 64.5% ~ 69.5%；TiO_2 0.2% ~ 1.2%；SiO_2 30% ~ 34%；余量为杂质，杂质含量≤1%"。申请文件 2 限定了"所述主体包括含 TiO_2 浓度大于 0.2 重量% 且小于 0.4 重量% 的锆英石耐火材料"。由上可知，申请文件 2 仅通过"锆英石耐火材料"这一笼统概念描述来限定耐火材料的基础组分为锆英石，而申请文件 1 限定了锆英石溢流砖中以封闭形式限定了锆英石耐火材料中各组分的具体含量，且对作为基础组分的氧化锆，含量甚至限定到了小数点后 1 位，这在很大程度上缩小了其权利要求的保护范围。

通过对上述 2 件申请的权利要求分析可知，同是溢流槽用耐火材料，国内申请和国外来华申请因在撰写技巧方式上存在较大差距而造成保护范围具有较大差异。

3.6　小　结

锆英石耐火材料的全球专利申请主要分别两个阶段，一是 1969 ~ 1993 年的第一增长期，该阶段专利申请主要由日本企业在钢铁冶金用锆英石耐火材料方面的专利申请所主导；二是从 2000 年至今的第二增长期，该阶段专利申请主要由美国、法国、中国企业在溢流槽用锆英石耐火材料方面的专利申请所主导。

锆英石耐火材料的中国专利申请主要来自第二增长期，技术领域主要是关于溢流槽用锆英石耐火材料方面，以美国康宁、法国圣戈班、中国淄博工陶和广州石基为主要申请人。同时，国外企业在中国专利申请的效率较高，例如美国康宁的审结有效率可达到 84.6%。

在技术方面，2000 年后的专利申请主要都集中于溢流槽用锆英石耐火材料方面，其以改进化学组分为主，改进原料粒度、制备工艺和制品后处理为辅，在提高以抗蠕变性为代表的溢流槽用耐火材料主要理化性能的同时，制造适用于大尺寸溢流槽的大块锆英石耐火材料。

第4章 熔铸锆刚玉耐火材料专利分析

本章主要分析了熔铸锆刚玉耐火材料的专利申请趋势以及区域布局情况，对熔铸锆刚玉耐火材料专利技术的相关申请进行了分析，并重点研究了熔铸锆刚玉耐火材料的技术发展路线，同时选取相关的重要专利和重点申请人进行了分析研究。

本章报告的统计分析基础为 2014 年 8 月 1 日提取的已公开全球专利数据和中国专利数据。经检索，全球熔铸锆刚玉耐火材料的相关专利申请为 68 项，中国相关专利为 23 件。

本章报告的研究范围涉及以熔铸方式生产的以锆刚玉为主要基础组分的耐火材料。经过专利检索并结合本领域常规技术知识，约定本章报告中，上述"以锆刚玉为主要基础组分的耐火材料"的范围是：在该耐火材料中主晶相为刚玉（$\alpha - Al_2O_3$），次晶相为斜锆石以及玻璃相，且其化学组成中 Al_2O_3 含量 $\geqslant 40\%$，ZrO_2 含量为 $20\% \sim 50\%$。

4.1 全球专利申请态势

4.1.1 申请趋势

熔铸锆刚玉耐火材料由传统的熔铸刚玉材料改进而来。早先，为了制备耐侵蚀性更加优秀的耐火材料，人们在电熔莫来石中加入氧化锆，获得了较好的效果。在这之后，人们发现在电熔刚玉耐火材料中引入耐玻璃侵蚀性较强的斜锆石（ZrO_2）成分，制得的熔铸砖比电熔莫来石砖更耐玻璃液侵蚀，从而进一步提高了耐火材料的整体性能，使其成为提高玻璃池窑寿命的理想材料。

图 4 - 1 - 1 显示了熔铸锆刚玉耐火材料全球专利的申请量趋势。全球首件关于熔铸锆刚玉耐火材料的专利申请出现在 1939 年，由科哈特在美国提交。随后在 1940 年科哈特又提出了第二份关于熔铸锆刚玉耐火材料的专利申请。但是，由于熔融温度较高，制备工艺相对复杂，成品率相对较低，这种改进的熔铸锆刚玉耐火材料并没有很快得到广泛的关注。直至 1955 年科哈特才再次提出了关于熔铸锆刚玉耐火材料的专利申请。随后，1957 年 CARBORUNDUM 公司也提出了相关专利申请，对熔铸锆刚玉耐火材料作出进一步改进。由于熔铸锆刚玉耐火材料具有良好的稳定性和致密度，是用于玻璃熔融窑的优质耐火材料，其逐步开始得到全球的广泛关注。

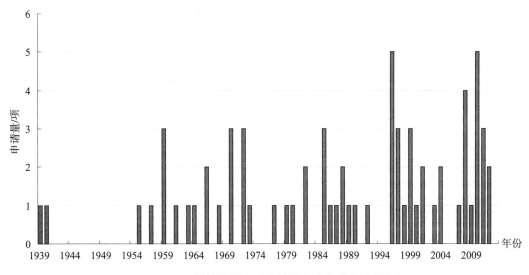

图 4-1-1　熔铸锆刚玉耐火材料全球专利申请量趋势

1956 年苏联的布德尼科夫等人首先发表关于 $Al_2O_3 - ZrO_2 - SiO_2$ 三元体系相图的研究结果，指出了 $Al_2O_3 - ZrO_2 - SiO_2$ 三元体系的共熔点组成以及共熔温度。1975 年联邦德国的西弗尔斯（G. Cevals）经重新研究后又对该三元体系的共熔点组成和共熔温度进行了修正。理论研究的成果进一步推动了熔铸锆刚玉耐火材料技术的发展。与此同时，伴随着经济的发展，从 20 世纪 60 年代开始，建筑及工业对于玻璃的需求量快速增加，使得玻璃材料的市场不断扩大。但是，由于熔铸锆刚玉属于中高档耐火材料，其市场需求量相对平稳，其技术发展也较为缓慢，熔铸锆刚玉耐火材料的专利申请量也进入了相对稳定的时期。20 世纪 60 年代至 90 年代初，全球平均每年都有 1 项专利申请提出。

在传统玻璃产品市场需求持续增长的同时，由于科技进步，电子数码产品逐渐兴起并取得快速发展。特别是在电子显示技术日益成熟之后，用于显示设备的玻璃材料需求急速增长，从而极大地刺激了玻璃熔融窑耐火材料，尤其是中高档耐火材料技术的进一步发展。1996 年和 2010 年，熔铸锆刚玉耐火材料的专利申请出现了两次年申请量 5 项的峰值。1996 ~ 2012 年期间，全球年平均申请量超过 2 项，熔铸锆刚玉耐火材料的专利技术保持了较为稳定的发展趋势。

4.1.2　区域布局

本小节通过对熔铸锆刚玉耐火材料全球专利申请的原创地和目的地进行统计分析，试图展现出熔铸锆刚玉耐火材料相关专利在全球的布局情况。

4.1.2.1　原创地

熔铸锆刚玉耐火材料相关技术最早起源于美国和欧洲。从熔铸锆刚玉耐火材料全球专利申请原创地分布图（图 4-1-2）来看，欧洲、日本、中国和美国是熔铸锆刚玉耐火材料专利技术最重要的原创地。

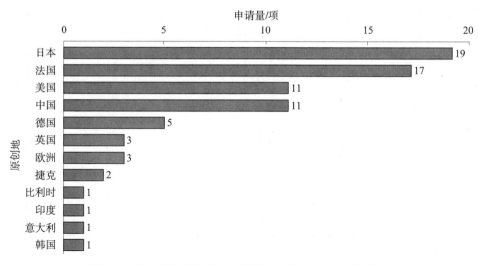

图4-1-2 熔铸锆刚玉耐火材料全球专利申请原创地分布

注：德国数据包括民主德国和联邦德国，捷克数据包括捷克斯洛伐克。

欧洲是传统的耐火材料生产和研发基地，拥有多家实力雄厚的耐火材料企业。关于熔铸锆刚玉耐火材料，法国、德国和英国都是主要的专利技术原创地。日本在"二战"后工业技术获得了极其迅速的发展，其冶金、玻璃等工业快速成长，从而极大地推动了耐火材料生产和技术的发展。在熔铸锆刚玉耐火材料方面，日本的专利申请量达到了19项，位列各主要申请国家第一位。美国是最早对熔铸锆刚玉耐火材料进行研究并申请专利的国家，其在熔铸锆刚玉领域的专利申请也占据了重要的比例。在改革开放之后，国外大型耐火材料企业的资金、技术不断进入中国，如圣戈班、旭硝子等，其陆续在中国设立合资公司并开始将研发部门设立在中国。同时，在与大型跨国公司的不断竞争中，中国企业的自主研发能力不断增强。由于这些原因，在2000年之后，中国原创的熔铸锆刚玉耐火材料专利申请也开始不断增多。目前在全球范围内，原创地在中国的熔铸锆刚玉耐火材料专利申请量能够排在并列第三位。

图4-1-3对全球熔铸锆刚玉耐火材料专利申请量排名前四位的原创地进行了比较。图中各国家的专利申请量趋势，可以在一定程度上反映熔铸锆刚玉耐火材料在不同国家的技术发展历程，以及这4个主要申请国所处的技术发展阶段。

日本的熔铸锆刚玉耐火材料专利申请起步相对较晚，1964年才提出了第一项相关专利申请。其后，日本旭硝子开始对熔铸锆刚玉砖的生产技术进行开发研究，陆续推出了ZB-1681、ZB-1691、ZB-1711系列的熔铸锆刚玉耐火材料产品，使得其迅速成为熔铸锆刚玉耐火材料的重要生产企业之一。可能是由于市场需求量有限的原因，在20世纪70~80年代，日本关于熔铸锆刚玉耐火材料的专利申请并不十分活跃。20世纪70年代和80年代仅各有3项相关专利申请提出。在进入20世纪90年代之后，日本的电子产品相关产业开始快速发展。例如1996~1997年，旭硝子开始生产并销售等离子显示器面板用PD200玻璃和平板电视机显像管玻壳"Tripled"。由于熔融窑耐火材料需求的刺激，日本在熔铸锆刚玉耐火材料专利申请量上出现了一个小的高潮，仅1996

年就有 5 项专利申请提出。在这之后日本的相关专利申请再次进入低谷期，2000 年至检索终止日仅有 2 项关于熔铸锆刚玉耐火材料的专利申请公开。

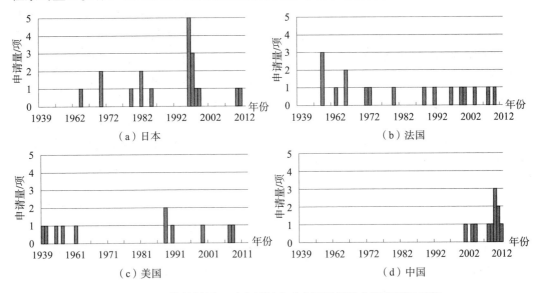

图 4-1-3 熔铸锆刚玉耐火材料全球主要原创地专利申请量趋势

法国的熔铸锆刚玉耐火材料专利申请主要来自圣戈班。1959 年法国出现了第一项关于熔铸锆刚玉耐火材料的专利申请，并且同年还有 2 项熔铸锆刚玉专利申请提出，这 3 项专利申请全部来自圣戈班。1960 年法国圣戈班西普开始正式生产 ZAS1681 熔铸锆刚玉砖。1960～1999 年，法国关于熔铸锆刚玉耐火材料的专利申请进入不活跃期，平均每 10 年内提出 2～3 项相关专利申请。进入 2000 年之后，同样受到显示器玻璃用熔融窑耐火材料需求不断增长的影响，以圣戈班为代表的法国企业在熔铸锆刚玉耐火材料方面的专利申请也开始活跃起来，2000～2010 年就有 5 项专利申请提出。

美国是全球首项熔铸锆刚玉耐火材料专利申请的原创地。在 1939 年和 1940 年相继提出 2 项关于熔铸锆刚玉耐火材料的专利申请之后，1941 年美国科哈特正式生产牌号为 ZAC 的电熔锆刚玉砖，该材料使得玻璃熔窑的寿命延长了 2～4 倍。20 世纪 50～60 年代，美国陆续出现了几项关于熔铸锆刚玉耐火材料的专利申请。随后，由于市场需求平稳，没有快速增长动力，美国在熔铸锆刚玉耐火材料方面的专利申请进入了长达 20 多年的沉寂期，1962～1987 年，美国没有一项熔铸锆刚玉耐火材料相关专利出现。1988 年，美国才再次有相关专利申请提出，但是熔铸锆刚玉耐火材料方面的专利申请仍然不活跃。直至 2000 年前后全球电子产品相关产业开始迅速发展，由于新型显示设备玻璃用耐火材料的需求攀升，美国在熔铸锆刚玉耐火材料方面的专利申请又陆续开始出现，1999 年至检索终止日已公开的专利申请有 3 项。

熔铸锆刚玉耐火材料在中国的发展起步比较早。20 世纪 60 年代在苏联成功生产 BAKOP-33 型熔铸锆刚玉制品之后，中国开始从苏联引进相关技术和设备，研究和生产熔铸锆刚玉耐火材料。1966 年中国研制成功并开始生产 30#熔铸锆刚玉砖；1985 年开始用氧化法生产 33#、36#及 41#熔铸锆刚玉砖和捣打料。但是由于专利制度在中国建立得比较晚，相关企业的专利保护意识还不够强，同时由于中高档耐火材料在中国市场需求量有限，所以在 1985～2000 年的 15 年间，技术上未取得创新发展，这一阶段没有专利申请提交。进入 2000 年后，新兴的电子、汽车等行业以及建筑节能等对于玻璃材料的数量和质量需求同步增加，促进了对于熔铸锆刚玉耐火材料的需求，相关企业对于专利申请也开始重视。2001 年，中国出现第一项关于熔铸锆刚玉耐火材料的专利申请，至 2004 年陆续有 3 项专利申请提出。随着中国耐火材料企业研发能力的不断增强，熔铸锆刚玉耐火材料的专利申请量出现了一个小的高潮，从 2008～2012 年间共有 8 项专利申请提出，使得中国在熔铸锆刚玉耐火材料方面的专利申请量一跃进入全球前四位。

4.1.2.2　目的地

表 4 - 1 - 1 显示了熔铸锆刚玉耐火材料全球专利申请的目的地分布。从该表中可以看出，由于熔铸锆刚玉耐火材料在玻璃熔窑中的良好应用效果，而玻璃工业往往是各国家的基础工业之一，因此在全球的 24 个国家或地区都有熔铸锆刚玉耐火材料的专利申请进行布局。另外还有向世界知识产权组织提交的 8 件国际申请，以及向欧洲专利局提交的 17 件欧洲专利申请。

表 4 - 1 - 1　熔铸锆刚玉耐火材料全球专利申请目的地分布

目的地（国家/地区）	申请量/件	目的地（国家/地区）	申请量/件
日本	35	比利时	5
美国	28	巴西	4
中国大陆	21	印度	4
德国	19	墨西哥	4
欧洲专利局	17	俄罗斯	4
法国	17	中国台湾	4
英国	14	芬兰	3
加拿大	13	捷克	3
奥地利	8	匈牙利	2
国际申请	8	意大利	2
南非	8	挪威	2
西班牙	7	瑞士	1
韩国	5	荷兰	1

由于日本、美国和欧洲是全球最主要的高档玻璃制品出产地，是熔铸锆刚玉耐火材料产品的主要消耗地，而中国也是全球最大的平板玻璃生产地，并且随着中国国内产业结构的升级和调整，对于熔铸锆刚玉耐火材料等高档耐火产品的需求持续增长，

因此，在熔铸锆刚玉耐火材料专利的全球布局中，日本、美国、欧洲和中国仍然是专利技术布局的重点区域。同时，发展中国家由于经济的快速发展，玻璃、钢铁等行业对于高档耐火材料的需求也越来越高，因此，俄罗斯、巴西、南非、印度和墨西哥等主要发展中国家也是熔铸锆刚玉耐火材料专利布局的主要地区。另外，在全球主要的显示器件生产地韩国和中国台湾地区，也都进行了熔铸锆刚玉耐火材料的专利布局。

从熔铸锆刚玉耐火材料全球专利申请原创地与目的地对应分布（参见表4-1-2）来看，全球熔铸锆刚玉耐火材料主要的专利原创国家在专利布局上的策略并不相同。

表4-1-2 熔铸锆刚玉耐火材料全球专利申请原创地与目的地对应分布

原创地	申请量/项	目的地	申请量/件
日本	19	日本	19
		欧洲专利局	4
		美国	3
		其他4个国家或地区	6
法国	17	美国	12
		法国	11
		日本	11
		德国	9
		加拿大	8
		英国	8
		欧洲专利局	7
		中国大陆	5
		南非	5
		奥地利	4
		俄罗斯	4
		中国台湾	4
		西班牙	3
		印度	3
		国际申请	3
		其他9个国家或地区	13
美国	11	美国	8
		日本	4
		法国	4
		奥地利	3
		德国	3
		其他11个国家或地区	19

续表

原创地	申请量/项	目的地	申请量/件
中国大陆	11	中国大陆	11
德国	5	德国	5
		美国	5
		加拿大	4
		法国	4
		英国	4
		日本	3
		其他6个国家或地区	9

原创地为欧洲和美国的专利申请更重视在全球范围内更广泛的布局，专利申请的目的地数量比较多。其中法国拥有全球最大的熔铸锆刚玉耐火材料生产企业圣戈班，该公司的熔铸锆刚玉耐火材料以及用熔铸锆刚玉耐火材料构筑的玻璃熔窑在全球范围内被广泛使用。为了在全球范围内对其熔铸锆刚玉耐火材料技术进行保护，法国原创的专利申请的目的地多达24个，遍布了欧洲、亚洲、北美洲、南美洲和非洲。美国专利申请的布局范围仅次于法国，其原创的熔铸锆刚玉耐火材料专利申请的目的地为16个。德国原创专利申请目的地数量也达到了12个。可见，欧洲和美国的申请人更愿意运用专利对其熔铸锆刚玉耐火材料相关技术进行保护。

与欧洲和美国相比较，原创地为日本的熔铸锆刚玉专利申请在全球范围内的布局显得比较保守。从表4-1-2可以看出，日本原创的专利申请量虽高达19项，但申请目的地仍主要在日本国内。除此之外，日本专利申请仅有部分在欧洲专利局、世界知识产权组织和美国、中国、德国、英国这几个熔铸锆刚玉耐火材料的重要市场进行了布局，并且在这些目的地的申请数量也很少。在其他国家或地区目前没有任何专利申请布局。可能日本申请人在运用专利的同时，也较多地运用了技术秘密对其熔铸锆刚玉耐火材料技术进行更好的保护，从而造成了其在专利的海外布局方面显得并不积极。

最后，原创地为中国的全部11项熔铸锆刚玉耐火材料专利申请都仅仅在中国国内进行了申请，没有一件向国外提出专利申请。可见，在中国熔铸锆刚玉耐火材料生产企业逐步走向世界的同时，中国申请人的专利全球布局和专利保护意识仍有待进一步加强。

4.1.3 申请人分析

图4-1-4显示了熔铸锆刚玉耐火材料全球专利申请人的排名。从全球专利申请人排名可以看出，来自法国的玻璃工业巨头圣戈班占据了首位，而日本的玻璃企业旭硝子排名第二。申请量在3项以上的4位申请人中，日本公司有2家，法国公司和美国公司各有1家（美国的科哈特后被法国圣戈班所收购），这也与4.1.2.1节中熔铸锆刚

玉耐火材料全球的主要专利申请原创地相对应。

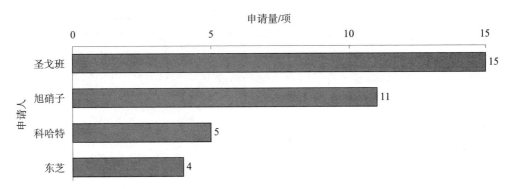

图 4 − 1 − 4　熔铸锆刚玉耐火材料全球专利申请人排名

图 4 − 1 − 5 对熔铸锆刚玉耐火材料全球专利的发明人进行了统计和排名。发明人排名中，日本旭硝子的别府义久排名第一。旭硝子的全部 11 项熔铸锆刚玉耐火材料专利申请中，别府义久独自或与他人合作参与了 6 项专利的发明。GAUBIL M M 和 BOUSSANT R Y 都来自法国圣戈班，两人合作参与了 3 项专利的发明，GAUBIL M M 还与他人合作完成了 1 项专利的发明。从全球专利发明人的排名中也可以看出，在熔铸锆刚玉耐火材料领域，圣戈班和旭硝子是最主要的专利技术来源企业。

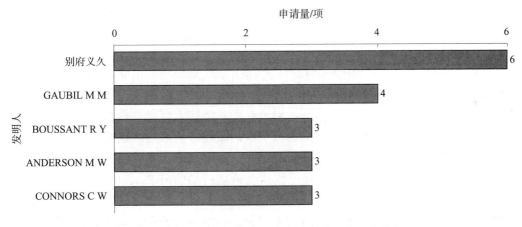

图 4 − 1 − 5　熔铸锆刚玉耐火材料全球专利发明人排名

4.2　中国专利申请态势

4.2.1　申请趋势

图 4 − 2 − 1 显示了熔铸锆刚玉耐火材料中国专利的申请量趋势。由该图中可以看出，在 1985 年——中国专利制度的元年，便有关于熔铸锆刚玉耐火材料的专利申请提交。该项专利申请来自英国的玻璃制造企业皮尔金顿，随后 1999 年和 2001 年陆续有日

本旭硝子和法国圣戈班在中国提交熔铸锆刚玉耐火材料的专利申请，可见中国作为熔铸锆刚玉耐火材料的重要消费市场，国外跨国公司对其重视的程度。由于中国在熔铸锆刚玉耐火材料方面起步较早，具有一定的技术基础，因此在国外大公司进入中国市场并合资建厂之后，中国在熔铸锆刚玉耐火材料方面的生产能力进一步增强。1992 年原国家质量技术监督局颁布实行了行业性强制标准 JC—493—92《玻璃熔窑用熔铸锆刚玉耐火制品》（目前已经更新为 JC—493—2001），该标准是熔铸耐火材料中较早出现的行业标准之一。

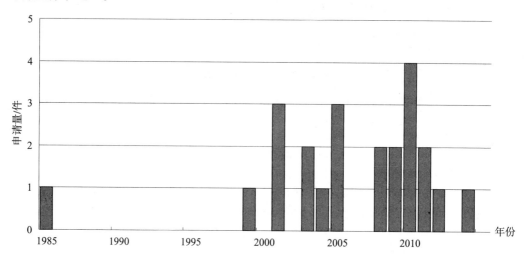

图 4 - 2 - 1 熔铸锆刚玉耐火材料中国专利申请量趋势

在进入 2000 年之后，中国的房地产、汽车、电子制造等产业快速发展，由此带来了对于超薄、超厚、自洁、超白等高档玻璃产品需求的快速增长。中国的浮法玻璃生产线数量和产量虽然都高居世界第一，但是在产品结构上仍以低档玻璃原片为主，产量超过平板玻璃总产量的七成，严重供过于求；而与之相对的高档玻璃原片却供不应求，往往需要进口。这种局面很大程度上是熔铸锆刚玉等中高档耐火材料产量和质量上的不足所造成的。为了顺应市场对于高质量玻璃产品的需求，中国的玻璃生产企业逐步开始产品结构调整。这就需要对玻璃熔窑进行升级，从而使得熔铸锆刚玉耐火材料的市场需求大幅增加。由于已有的技术积累，在市场给予充分刺激后，中国的熔铸锆刚玉耐火材料技术发展开始活跃起来，2001 年起陆续有多件相关专利申请提出。2001 年至检索终止日期间的年均申请量可达 1.5 件。

4.2.2 区域布局

在 4.1.2 节的全球专利布局情况中已经可以看到，中国是全球熔铸锆刚玉耐火材料重要的专利申请目的地。图 4 - 2 - 2 显示了熔铸锆刚玉耐火材料中国专利申请原创地分布。从该图中可以看出，全球主要的熔铸锆刚玉耐火材料专利申请国家当中，除美国外，日本、法国、德国和英国均在中国进行了专利布局。其中法国圣戈班在中国的专利布局多达 7 件，这也反映了其在熔铸锆刚玉耐火材料领域的全球领先地位。

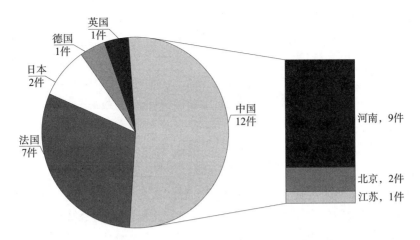

图 4 - 2 - 2　熔铸锆刚玉耐火材料中国专利申请原创地分布

在申请方式上，11 件原创地为国外的专利申请中，除申请日较早的 4 件是以《巴黎公约》形式进入中国的申请，其余的 7 件都是以 PCT 形式进入中国国家阶段的申请。

与第 2 章、第 3 章的熔铸氧化锆和锆英石耐火材料的中国专利申请原创地分布情况不同，在熔铸锆刚玉耐火材料的中国专利申请中，中国申请人所占比例较高，超过了 50%。可见，在锆基耐火材料领域，中国企业在熔铸锆刚玉耐火材料方面的技术发展水平相对较高。

在 12 件原创地为中国的专利申请中，来自河南省的专利申请占据了 3/4。这一方面是由于河南拥有丰富的铝矾土矿产资源，是国内传统的耐火材料生产制造大省，建有数量较多的耐火材料生产企业；另一方面，河南拥有多家大型的耐火材料生产企业以及洛阳耐火等重点科研机构，整体技术研发实力较强。此外，拥有众多高等院校、科研机构和耐火材料生产企业的北京提出了 2 件关于熔铸锆刚玉耐火材料的专利申请。

4.2.3　申请人分析

本小节将对熔铸锆刚玉耐火材料中国专利申请的申请人类型、申请人排名、专利申请的法律状态以及本领域的主要申请人进行分析。

4.2.3.1　申请人类型

由于熔铸锆刚玉耐火材料生产工艺较为复杂，对于生产设备要求较高，并且将原料熔融需要较高的能源消耗，因此熔铸锆刚玉耐火材料的生产需要具有一定规模和技术水平的企业。这也就决定了熔铸锆刚玉耐火材料方面的专利申请人应当以企业为主。图 4 - 2 - 3 显示了熔铸锆刚玉耐火材料中国专利申请人类型。虽然图中显示有 5 件研究机构提出的专利申请，以及 4 件个人提出的专利申请，但是经过进一步分析发现，5 件研究机构的专利申请都是来自企业的研发中心，而 4 件个人申请的申请人都是耐火材料生产企业或玻璃制造企业的法人代表，所以它们实质上仍然是源自公司技术创新而提出的专利申请。可见，在中国专利申请当中，实质上超过 95% 源自公司。

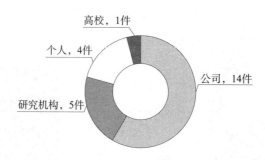

图 4 - 2 - 3　熔铸锆刚玉耐火材料中国专利申请人类型

在中国国内熔铸锆刚玉耐火材料的相关生产企业数量比较有限，市场竞争较为激烈，因此联合研发和合作进行专利申请很少出现。在中国专利申请中，仅有 1 项高校与企业合作提出的专利申请。

4.2.3.2　申请人排名

图 4 - 2 - 4 显示了熔铸锆刚玉耐火材料中国专利申请人的排名情况。其中，圣戈班一家独大，在中国有 7 件专利申请提出，占到了熔铸锆刚玉耐火材料中国专利申请量的 30%。其余申请人间申请量差距不大。中国专利申请量在 1 件以上的申请人中，除圣戈班和旭硝子外，其余均为中国申请人，可见中国企业在熔铸锆刚玉耐火材料相关专利申请数量方面并没有十分大的差距。其中郑州远东耐火材料有限公司（以下简称"远东耐材"）、瑞泰科技股份有限公司（以下简称"瑞泰科技"）、郑州东方企业集团有限公司（以下简称"郑州东方"）以及河南前卫实业集团公司（专利申请人为该公司董事长侯松发）都是国内主要的熔铸锆刚玉耐火材料生产企业。

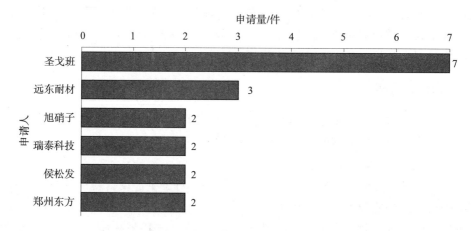

图 4 - 2 - 4　熔铸锆刚玉耐火材料中国专利申请人排名

4.2.3.3　法律状态分析

图 4 - 2 - 5 中对熔铸锆刚玉耐火材料中国专利申请的法律状态进行了分类统计。在熔铸锆刚玉耐火材料的专利申请中，有效专利占比较高，接近 50%。由于熔铸锆刚玉耐火材料中国专利申请快速增长的时间较晚，因此在 2010 年之后提出的申请多数仍处于未决状态。目前未决专利申请占申请总量的 22%。全部 5 件未决申请中，目前仍

处于发明实审阶段的有 3 件，处于发明复审阶段的有 1 件，处于驳回等待复审请求阶段的有 1 件。在熔铸锆刚玉耐火材料中国专利申请中处于失效状态的共计 7 件，其中申请人主动撤回失效的 1 件，视为撤回失效的 1 件，驳回失效的 1 件，申请在授权后因费用失效的 4 件。综合上述统计数据来看，熔铸锆刚玉耐火材料中国专利申请获得授权的比例相对比较高，目前失效的专利申请中仅有 3 件未曾获得授权。可见关于熔铸锆刚玉耐火材料的专利申请虽然数量不多，但是申请的质量相对较好。

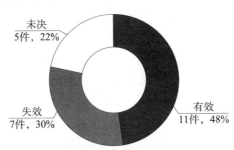

图 4 - 2 - 5　熔铸锆刚玉耐火材料中国专利申请法律状态

对熔铸锆刚玉耐火材料中国专利申请中目前处于有效状态的专利申请进行分析，将各专利的申请人统计排名得到图 4 - 2 - 6。从图中可以看出，圣戈班的有效专利数量依然排名第一。在全部处于有效状态的专利中，中国申请人与国外申请人的有效专利数量基本接近。这同样反映出，与其他领域相比较，熔铸锆刚玉耐火材料领域中国与国外在专利申请数量上的差距要小很多。这与中国在熔铸锆刚玉耐火材料方面起步较早，有一定技术积累是有关系的。

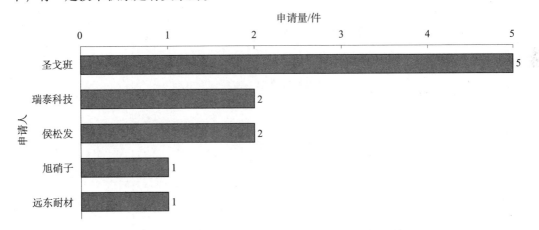

图 4 - 2 - 6　熔铸锆刚玉耐火材料中国有效专利申请人排名

4.2.3.4　主要申请人

① 圣戈班。该公司成立于 1665 年，是全球最大的玻璃及相关耐火材料生产企业之一。在中国建有北京西普、圣戈班研发中心（上海）等多家独资或合资公司。目前圣戈班在中国拥有 5 件熔铸锆刚玉耐火材料的有效专利，另有 2 件专利申请目前仍处于发明实质审查阶段。其在熔铸锆刚玉耐火材料方面的 2 件核心发明专利 CN01101715.5

和 CN01121619.0 维持年限已经超过了 13 年。

② 旭硝子。该公司是全球第二大玻璃制品公司，1907 年成立至今超过 100 年。旭硝子在中国的淄博等多地建有独资或合资公司。旭硝子在中国提出的专利申请比较少，仅有 2 件。目前发明专利 CN200880119237.4 仍处于有效状态，而发明专利 CN99102447.8 在其实质审查过程中已视撤失效。

③ 河南前卫。其与郑州大学高温所合作研究开发了矾土基锆刚玉的生产工艺并申请了专利。此专利技术的问世，不仅大量地节约了能源，并且大幅降低了锆刚玉耐火材料的生产成本。该公司董事长侯松发目前拥有利用天然矾土原料和低品位锆英砂生产熔铸锆刚玉耐火材料的 2 件有效专利。

④ 瑞泰科技。该公司是中国建筑材料科学研究总院控股的上市公司，已建成中国最大的熔铸耐火材料生产基地。该公司研发实力雄厚，在铝锆复合耐火原料和熔铸锆刚玉复合砖方面拥有 2 件有效专利。

⑤ 远东耐材。该公司专业从事玻璃窑用熔铸锆刚玉耐火材料的生产制造，目前拥有 1 件电熔锆刚玉砖的生产方法有效专利，另有 2 件相关工艺方法的未决专利申请。

表 4 - 2 - 1 列出了目前处于有效状态的熔铸锆刚玉耐火材料中国专利。从表中来看，熔铸锆刚玉耐火材料的有效专利维持年限普遍较长，超过 10 年的就有 3 件。与其他领域中国申请人专利维持年限较短不同，在熔铸锆刚玉耐火材料领域中国申请人有 3 件专利的维持年限超过了 5 年，其中 1 件维持年限已超过 10 年。可见本领域中国申请人申请专利的目的主要在于生产运用。

表 4 - 2 - 1　熔铸锆刚玉耐火材料中国有效专利申请列表

序号	申请号	申请日	发明名称	申请人	申请人国家	授权公告日	已维持年限/年
1	CN01101715.5	2001 - 01 - 23	具有改进微观结构的基于氧化铝－氧化锆－氧化硅的电熔化产品	圣戈班	法国	2005 - 07 - 13	13
2	CN01121619.0	2001 - 06 - 19	低成本的熔融浇铸氧化铝－二氧化锆－二氧化硅产品及其应用	圣戈班	法国	2006 - 08 - 23	13
3	CN200310117374.3	2003 - 12 - 12	细晶粒铝锆复合耐火原料	瑞泰科技	中国	2005 - 11 - 02	11
4	CN200580020894.X	2005 - 06 - 23	熔融的氧化铝/氧化锆颗粒混合物	圣戈班	法国	2010 - 05 - 05	9
5	CN200580031697.8	2005 - 09 - 14	减少渗出的氧化铝－氧化锆－二氧化硅产品	圣戈班	法国	2011 - 01 - 05	9

序号	申请号	申请日	发明名称	申请人	申请人国家	授权公告日	已维持年限/年
6	CN200810049016.6	2008 – 01 – 07	利用天然矿物原料生产 AZS 电熔耐火材料的方法	侯松发	中国	2010 – 09 – 01	6
7	CN200880119237.4	2008 – 12 – 05	耐火材料粒子的制造方法	旭硝子	日本	2013 – 02 – 13	6
8	CN200910172328.0	2009 – 09 – 29	利用低品位锆英砂生产电熔锆刚玉制品的方法	侯松发	中国	2011 – 12 – 14	5
9	CN200980152229.4	2009 – 12 – 17	用于玻璃熔炉的耐火块	圣戈班	法国	2013 – 08 – 07	5
10	CN201010609946.X	2010 – 12 – 17	低导热熔铸锆刚玉复合砖及其生产方法	瑞泰科技	中国	2014 – 11 – 06	4
11	CN201110333812.4	2011 – 10 – 28	电熔锆刚玉砖的生产方法	远东耐材	中国	2013 – 06 – 05	3

虽然在熔铸锆刚玉耐火材料领域，中国与国外在专利申请数量上的差距不大，但是，从表 4 – 2 – 1 中可以看到，熔铸锆刚玉耐火材料方面目前有效的中国专利申请中，以圣戈班为主的国外申请人专利的保护主题基本上都是熔铸锆刚玉产品，而中国申请人专利的保护主题通常涉及原料的改进、产品形状的改进以及制备工艺的改进，没有一项涉及熔铸锆刚玉产品组成结构的专利申请。而工艺方法专利的保护程度比产品专利弱很多，而原料、形状、工艺的改进也都没有涉及熔铸锆刚玉耐火材料的核心。所以，与国外公司及其在中国设立的合资公司相比较，中国熔铸锆刚玉耐火材料生产企业在专利申请的质量上还有差距，在核心技术上尚处于劣势。在高品质熔铸锆刚玉耐火材料领域，中国企业还需要不断寻求技术上的创新，从而突破圣戈班、旭硝子等国外公司早已设置好的专利壁垒，使中国企业能够在高品质熔铸锆刚玉耐火材料上取得进一步的发展。

4.3　技术功效

为了进一步分析熔铸锆刚玉耐火材料专利技术的发展趋势以及研究重点，本节对熔铸锆刚玉耐火材料全球专利申请中，记载了技术手段与技术功效的 47 项专利申请进行了标引和整理分析。

图4－3－1显示了熔铸锆刚玉耐火材料全球专利申请的技术功效。通过对全球专利申请数量的对比来看，在熔铸锆刚玉耐火材料的性能方面，本领域申请人对于避免开裂破碎缺陷、提高耐熔融玻璃侵蚀性能以及抵抗玻璃相熔融渗出3项性能的改进最为关注。在熔铸锆刚玉耐火材料被发明初期，就是由于其产品易开裂、崩角，产品成品率低，而没能得到很好的推广应用。因此如何避免熔铸锆刚玉产品开裂破碎的缺陷，始终是本领域关注的重点。另一方面，随着玻璃熔窑工作温度的提升以及对于玻璃熔液纯净度要求的提高，对于熔铸锆刚玉耐火材料耐侵蚀和抗熔渗性能的要求也在不断提高。因此，为了满足玻璃工业发展的需求，对于提高熔铸锆刚玉耐火材料相关性能的研究也在不断深入。此外，为了使熔铸锆刚玉耐火材料能够在更多的领域使用，使其更容易被市场所接受，对于超长超宽超薄制品的研究，以及进一步降低熔铸锆刚玉耐火材料的成本也都是相关专利申请比较关注的方面。

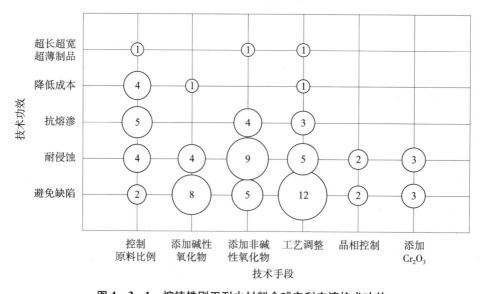

图4－3－1　熔铸锆刚玉耐火材料全球专利申请技术功效

注：图中数字表示申请量，单位为项。

在采用的技术手段方面，添加碱性氧化物和其他氧化物是本领域最常使用的技术手段。其中在熔铸锆刚玉耐火材料中添加 Cr_2O_3 获得了比较好的产品性能，有申请人专门对其进行了研究和改进。而对于制备工艺手段的调整和对于原料比例的控制和调整也是本领域申请人较为常用的技术手段。此外，还有申请人发现，对于熔铸锆刚玉耐火材料晶相结构进行控制也可以获得理想的技术效果。

从技术功效图中综合来看，通过添加碱性氧化物与工艺调整来避免熔铸锆刚玉耐火材料产品缺陷是相关申请最为活跃的方面。通过添加非碱性氧化物来提高熔铸锆刚玉耐侵蚀性能方面，相关专利申请也比较集中。而抗熔渗方面则是控制原料比例、添加非碱性氧化物以及调整工艺等技术手段比较受到关注。

4.4 技术路线与重要专利

通过对熔铸锆刚玉耐火材料技术功效图的分析可以看出，本领域对于该材料性能的关注主要在于提高耐熔融玻璃侵蚀性能、避免开裂破碎缺陷以及抵抗玻璃相熔融渗出3个方面，相关专利技术的研发和申请重点也集中在这3个方面。本节将对熔铸锆刚玉耐火材料这3个方面的全球专利申请进行分析，从而归纳和梳理出熔铸锆刚玉耐火材料相关专利技术的发展和演进趋势。

4.4.1 提高耐熔融玻璃侵蚀性能

熔铸锆刚玉耐火材料的诞生就是为了进一步提高材料耐熔融玻璃侵蚀的性能。氧化锆具有良好的耐熔融玻璃侵蚀性能，可以被用作高档的玻璃熔窑耐火材料。但是氧化锆的原料成本较高，于是技术人员尝试在莫来石材料中加入氧化锆，从而得到了熔铸锆莫来石耐火材料。然而，熔铸锆莫来石的耐火温度不够高，高温下耐侵蚀性能也无法完全满足玻璃熔制的需求。1939年美国专利申请US19390300480由科哈特的T. E. FIELD等人提出。该专利申请提出了一种由刚玉、氧化锆晶体以及含硅的非晶相结构组成的熔铸耐火材料，其含有15%~60%的ZrO_2和小于20%的SiO_2，余量为Al_2O_3及其他原料中不可避免的杂质成分（如Fe_2O_3、TiO_2等）。由于刚玉和氧化锆都具有较高的耐火度，而氧化锆具有优异的耐熔融玻璃侵蚀性能，因此，这种全新的熔铸锆刚玉耐火材料具有极好的综合使用性能。此后，技术人员也始终致力于进一步改善其耐侵蚀的性能。

图4-4-1显示了熔铸锆刚玉耐火材料提高耐熔融玻璃侵蚀性能的技术路线。在专利申请US19390300480之后，早期对于耐侵蚀性能的改善主要仍在于对原料比例的调整。如专利申请GB19560014621，其限定了SiO_2的含量为16%~20%，并且TiO_2和Fe_2O_3作为有害成分，严格限制其含量。由于控制了高温下容易发生化学反应的有害成分含量，从而改善了熔铸锆刚玉耐火材料的耐侵蚀性能。

但是，对于锆刚玉原料比例的调整范围毕竟有限，技术人员开始尝试在锆刚玉原料中添加其他物质以进一步改善其耐熔融玻璃侵蚀性能。专利申请GB19570034694首次提出了在原料中添加1%~2.5%的碱性氧化物和0.1%~0.5%的B_2O_3，从而使熔铸锆刚玉耐火材料的耐侵蚀性能得到提升。专利申请DE19722221996则在原料中添加了小于等于35%的B_2O_3和/或PbO。随后，旭硝子通过研究，相继提出了专利申请JP19960225536和JP19960230928。JP19960225536在锆刚玉原料中添加了0.1%~3.0%的SnO_2或Sb_2O_5或As_2O_5，JP19960230928添加了Ce、Mn、Sb或As的氧化物。随后，旭硝子的专利申请JP19970328814对之前的技术方案作出优化，由于As的氧化物具有毒性，所以选择了添加SnO_2或Sb_2O_5。专利申请KR20110023560在控制TiO_2和Fe_2O_3含量的同时，在原料中添加了Ta_2O_5，从而使得熔铸锆刚玉耐火材料耐熔融玻璃侵蚀的性能获得改善。

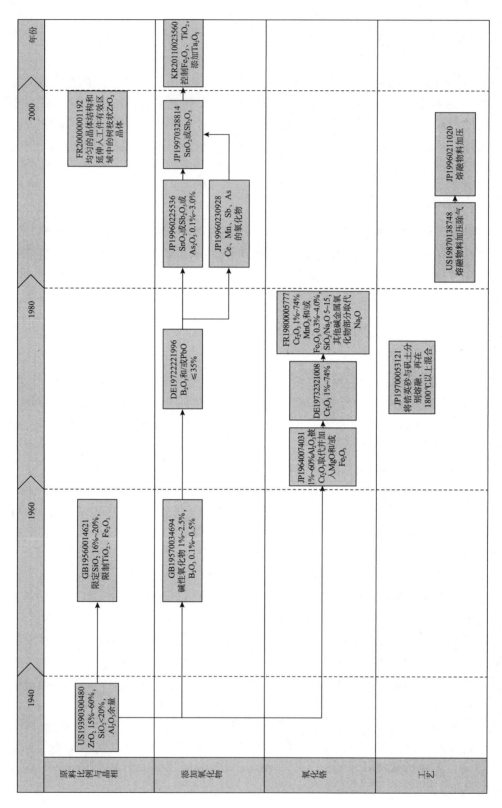

图 4 - 4 - 1　熔铸锆刚玉耐火材料提高耐侵蚀性技术路线

在添加组分方面，旭硝子的专利申请 JP19640074031 首次提出了锆刚玉原料中 1%～60% 的 Al_2O_3 被 Cr_2O_3 所取代，并在原料中加入 MgO 和/或 Fe_2O_3。由于 Cr_2O_3 的加入，在耐火材料的晶相中生成了部分耐侵蚀的铬尖晶石相，从而提升了熔铸锆刚玉耐火材料的耐侵蚀性能。随后，专利申请 DE19732321008 进一步将 Cr_2O_3 的含量限定为 1%～74%。由于 Cr_2O_3 添加对于熔铸锆刚玉耐侵蚀性能的改善作用显著，圣戈班也对其进行了研究。该公司的专利申请 FR19800005777 除限定 Cr_2O_3 为 1%～74% 外，还在原料中添加了 0.3%～4.0% 的 MnO_2 和/或 Fe_2O_3，同时还限定了 SiO/Na_2O 比值为 5～15，以及用其他碱金属氧化物部分取代 Na_2O。通过添加具有一定氧化性的 MnO_2 和/或 Fe_2O_3，可以使铬保持为 Cr^{3+}，保证铬尖晶石相的形成与稳定，同时配合其他元素的调整和比例控制，可以进一步改善熔铸锆刚玉的耐侵蚀性能。

除了对于原料组分的控制和调整，技术人员还通过其他途径对耐侵蚀性能进行改进。在熔铸锆刚玉耐火材料的制备工艺方面，东芝的专利申请 JP19700053121 将锆英砂与矾土分别进行了熔融，然后再在 1800℃ 以上进行混合。由于避免了先混合后熔融时可能出现的副反应，熔铸锆刚玉耐火材料的耐侵蚀性能得以提升。专利申请 US19870138748 和 JP19960211020 都采用了对熔融物料进行加压的技术手段，使得熔融物料中存在的气体被尽量除去，保证了熔铸锆刚玉耐火材料制品的致密程度，提高了其耐侵蚀性。此外，在熔铸材料的晶相结构方面，圣戈班对其实际销售的熔铸锆刚玉产品进行了分析研究，发现对于晶相结构的控制也可以有效改善产品的耐侵蚀性能。该公司的专利申请 FR20000001192 提出，至少在工件有效区，以数量计 20% 以上游离二氧化锆晶体具有树枝状形态，这些晶体彼此之间，以及与共晶体之间聚结生长在一起，其中以数量计至少 40% 树枝状游离二氧化锆晶体的尺寸大于 300μm。通过该发明的技术方案，在不显著增加氧化锆用量的前提下，有效提高了熔铸锆刚玉耐火材料的耐侵蚀性能。

4.4.2 避免开裂、破碎缺陷

熔铸锆刚玉耐火材料中由于添加氧化锆而获得了良好的耐侵蚀性能，但是由于氧化锆自身的特性，也给熔铸锆刚玉的制备带来了困难。氧化锆有立方相、四方相和单斜相三种晶型，从高温冷却发生四方相到单斜相转变时存在体积膨胀，而这一体积膨胀足以超过材料的弹性限度，导致材料开裂。因此锆刚玉耐火材料容易出现开裂、崩角崩边等缺陷，甚至直接破碎，从而使得熔铸锆刚玉耐火材料的成品率以及使用稳定性都难以保证。这也是熔铸锆刚玉耐火材料在发明之初没有很快得到推广应用的原因之一。由此，如何避免熔铸锆刚玉耐火材料开裂、破碎等缺陷，也是本领域申请人重点研究的方向之一。

图 4-4-2 是熔铸锆刚玉耐火材料避免缺陷的技术路线。在最早的专利申请 US19390300480 中，熔铸锆刚玉的原料仅采用了矾土与锆英砂或天然氧化锆，并未添加其他组分，产品中的 Fe_2O_3、TiO_2 和碱金属氧化物等都是原料中带入的组分，含量较低。专利申请 US19400361187 在此基础上，限定了 SiO_2 的含量为 9%～12%，并额外

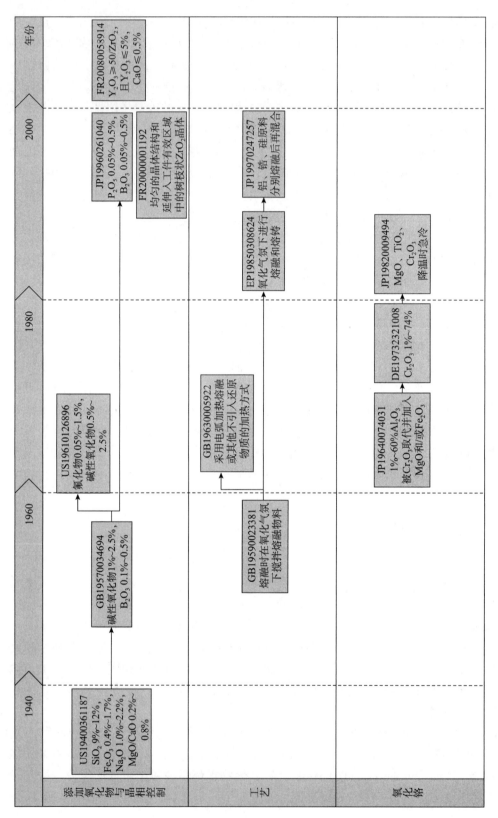

图 4 - 4 - 2　熔铸锆刚玉耐火材料避免缺陷技术路线

添加了氧化物使得原料中含有 0.4% ~ 1.7% 的 Fe_2O_3、1.0% ~ 2.2% 的 Na_2O 和 0.2% ~ 0.8% 的 MgO/CaO。一方面添加氧化物使得锆刚玉中玻璃相的含量增加，而玻璃相使材料具有较好的韧性，可以有效缓解氧化锆体积膨胀产生的应力，避免材料开裂；另一方面，CaO、MgO 等二价氧化物作为稳定剂与 ZrO_2 形成固溶体，生成稳定的立方相结构，从而避免相变引起的材料开裂。该专利申请使人们意识到了硅质玻璃相在熔铸锆刚玉耐火材料中的作用：虽然玻璃相的存在会降低材料的耐火程度，但是其对于避免开裂缺陷、提高制品稳定性而言是必不可少的。

随后，相关专利申请进一步在有效形成适量玻璃相方面进行研究和改进。专利申请 GB19570034694 在原料中添加了 1% ~ 2.5% 的碱性氧化物和 0.1% ~ 0.5% 的 B_2O_3，对玻璃相组分作出了调整，改善了制品稳定性。在此申请基础上，专利申请 US19610126896 在原料中添加了 0.05% ~ 1.5% 的氟化物和 0.5% ~ 2.5% 的碱性氧化物，专利申请 JP19960261040 在原料中添加了 0.05% ~ 0.5% 的 P_2O_5 和 0.05% ~ 0.5% 的 B_2O_3，对玻璃相组分作出进一步的改良。

还有申请人在 ZrO_2 的稳定方面进行了研究，圣戈班的专利申请 FR20080058914 提出在原料中添加 Y_2O_3，Y_2O_3 质量 ≥（50/ZrO_2 质量）且含量 ≤5%，CaO 为不利组分，含量控制在 ≤0.5%。该申请通过对稳定剂的调整，减少熔铸锆刚玉耐火材料的缺陷，降低了其最大膨胀温度，可用性和稳定性提高，且可以制备超长超宽超薄制品。

此外，在锆刚玉原料中添加 Cr_2O_3 生成部分铬尖晶石相，除了可以改善熔铸锆刚玉耐火材料的耐侵蚀性能，对于材料避免开裂、提高稳定性也有很好的作用。专利申请 JP19640074031、DE19732321008 和 JP19820009494 为了避免熔铸锆刚玉开裂、破碎缺陷，都提出了在原料中添加 Cr_2O_3 的技术方案。

制备工艺方面，在锆刚玉原料熔融过程中，通常会由电极或加热棒引入微量碳等杂质，存在杂质的制品在使用过程中，杂质会在高温下发生反应而在耐火材料中形成气孔等缺陷，严重时造成耐火材料的开裂失效。为了避免这种情况，专利申请 GB19590023381 提出物料熔融时要在氧化气氛下进行搅拌，将熔融物料中的杂质充分氧化并去除，从而得到无杂质缺陷的熔铸锆刚玉耐火材料。在该申请的基础上，专利申请 EP19850308624 提出物料的熔融和熔铸都在氧化气氛下进行，而专利申请 JP19970247257 则进一步提出将含铝、锆、硅的原料分别进行熔融后再混合，更好地避免制备过程中引入的杂质缺陷。专利申请 GB19630005922 则从另一个角度解决该技术问题。该申请提出采用电弧加热熔融物料或采用其他不引入还原物质的加热方式熔融物料，从而避免了在熔铸锆刚玉耐火材料中引入杂质缺陷，提高了其制品的稳定性。

4.4.3 抵抗玻璃相熔融渗出

随着熔铸锆刚玉耐火材料使用温度的提高，其在使用过程中遇到了新的问题。与高含量氧化锆耐火材料和锆英石耐火材料的晶相构成不同，熔铸锆刚玉耐火材料中围绕着刚玉、氧化锆以及它们共晶的晶体相存在玻璃基质，其在高温条件下黏度降低，可能会渗流出来。耐火材料中玻璃基质的这种渗出现象会在熔制的玻璃中直接产生一些缺陷。所以在20世纪80年代之后，提高熔铸锆刚玉耐火材料抵抗玻璃相熔融渗出性能，也逐渐成为本领域申请人专利技术研究的重点之一。

图4-4-3显示了熔铸锆刚玉耐火材料抗熔融渗出的技术路线。东芝的专利申请JP19700053121首次关注了熔铸锆刚玉耐火材料在高温下玻璃相熔融渗出的问题，并通过将原料锆英砂与矾土分别进行熔融后再混合的技术手段，在提高制品耐侵蚀性能的同时，也一定程度上改善了耐火材料的抗熔渗性能。旭硝子的专利申请JP19970247257也是通过将含铝、锆、硅的原料分别单独熔融后再混合，不但提高了耐火材料的稳定性，也同时改善了其抗熔渗性能。

东芝的专利申请JP19850206038首次专门对熔铸锆刚玉耐火材料在高温下玻璃相熔融渗出的技术问题进行了研究和分析，认为制品中的 Fe_2O_3 和 TiO_2 会降低高温时玻璃基质的黏度，从而使得耐火材料中的玻璃相更容易在高温下渗出。因此，该申请提出将制品中 Fe_2O_3 和 TiO_2 都严格限制在200ppm以内，提高玻璃基质的高温黏度，改善耐火材料的抗熔渗性能。

旭硝子的专利申请JP19960225536、JP19960230928和JP19970328814则通过在原料中添加Ce、Mn、Sn、Sb、As的氧化物来促进熔铸锆刚玉制品的致密化，高致密度的制品由于减少了玻璃基质渗出的路径，从而有效改善了熔铸锆刚玉耐火材料的抗熔渗性能。随后，旭硝子的专利申请EP19990102785提出，一方面限定 $SiO_2/（Na_2O + 0.66K_2O）$ 或 $SiO_2/（Na_2O + 0.66K_2O + 2.1Li_2O）$ 的比值为 20~30，并在原料中添加 B_2O_3 和 P_2O_5，使玻璃基质在高温下能够维持一定的黏度，避免渗出；另一方面，在原料中添加 SnO_2、ZnO、CuO、MnO_2 中至少一种，提高制品的致密度。这两方面同时作用，更有效地避免了熔铸锆刚玉耐火材料的高温熔渗。

但是，在熔铸锆刚玉耐火材料中添加上述多种氧化物之后，不但使得耐火材料的制造成本大幅提高，同时这些氧化物可能会接触并进入熔融玻璃，造成玻璃着色问题。针对这样的问题，圣戈班的专利申请FR20040009914放弃了在原料中添加额外的氧化物组分，仅控制原料中 Al_2O_3/ZrO_2 的比值为 2.9~5.5，$SiO_2/（Na_2O + K_2O + Li_2O）$ 的比值为 7~9。通过原料比例的控制，可以使其与常规熔铸锆刚玉耐火材料具有不同的特别结晶组分，其全部由晶体刚玉和玻璃相游离氧化锆组成，并且不含有低熔点的 $Al_2O_3 - ZrO_2$ 晶体，通过这样的技术手段来避免玻璃相的熔融渗出。这之后，圣戈班对熔铸锆刚玉耐火材料抗熔渗技术进行了进一步研究。专利申请FR20100054922首先限定了 Y_2O_3 质量 $\geq$（$50/ZrO_2$ 质量）且含量 $\leq$ 5%，CaO含量控制在 $\leq$ 0.5%，以此避免耐火材料的开裂；该申请还进一步限定了 $SiO_2/（Na_2O + K_2O + B_2O_5）$ 的比值大于等于 Y_2O_3 质量值的5倍，其中最好不含 K_2O 和 B_2O_5，或者 K_2O 和 B_2O_5 仅以微量杂质引入，通过原料比例的控制，限制了高温下玻璃相在制品表面上的流动，提高了熔铸锆刚玉耐火材料的抗熔渗性能。

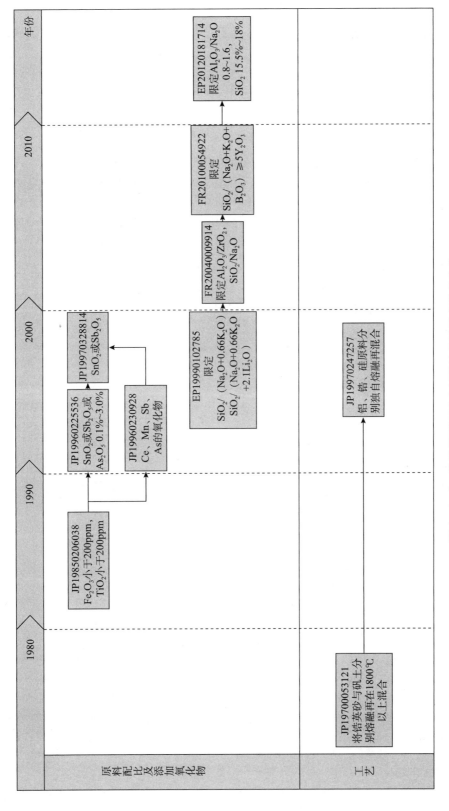

图 4 - 4 - 3 熔铸锆刚玉耐火材料抗熔融渗出技术路线

专利申请 EP20120181714 原料中含有 60% ~ 70% 的 Al_2O_3、2.0% ~ 2.6% 的 Na_2O 和 15.5% ~ 18% 的 SiO_2，通过限定 Al_2O_3 与 Na_2O 的摩尔比值为 0.8 ~ 1.6，达到了提高熔铸锆刚玉耐火材料抗熔渗性的目的。

4.5 小 结

① 从全球范围来看，熔铸锆刚玉耐火材料专利技术仍在稳步发展，法国、日本、美国是其专利技术的主要原创地，中国是熔铸锆刚玉耐火材料的重要市场。

② 与其他锆基耐火材料相比，中国在熔铸锆刚玉耐火材料方面具有一定的产业基础和技术能力，专利申请数量与国外相比并没有太大差距。

③ 目前熔铸锆刚玉耐火材料的相关核心专利仍主要掌握在法国圣戈班、日本旭硝子等少数国外企业手中，中国企业还需要不断寻求技术上的创新和突破。

④ 提高耐熔融玻璃侵蚀性能、避免开裂破碎缺陷以及抵抗玻璃相熔融渗出是全球熔铸锆刚玉耐火材料技术研究的热点，解决这三方面问题的技术手段主要是在原料中添加辅助氧化物组分以及对制备工艺进行调整。

第 5 章　圣戈班

本章从圣戈班的发展概况出发，分析了在锆基耐火材料方面其全球专利申请态势、布局状况，中国专利发展状况和法律状态，重点研究了圣戈班的研发团队、专利产品及保护策略，并对圣戈班在锆基耐火材料方面的未来新产品研发方向作了预测分析。通过这些分析试图探寻圣戈班如何从一个镜子玻璃手工工厂发展成今天一个庞大的工业帝国。

5.1　发展概况

5.1.1　公司发展历程

圣戈班是法国国家垄断资本组织，法国最大的工业集团之一。公司总部设在巴黎。最初是由科尔贝尔于 1665 年创建的，当时是一家王室镜子玻璃手工工厂。20 世纪 70 年代初和蓬·阿·穆松公司合并而建立，当时为私营公司，属于苏伊士财团。1982 年被国有化，公司全部资本为国家控制。国际化是圣戈班经营活动的一大特点，其对外扩张活动十分活跃，现子公司遍布世界 60 多个国家和地区，全球员工 190000 人。1985 年开始进入中国市场。截至 2014 年 7 月该公司在全球带有圣戈班字样为申请人的专利申请即多达 6500 多项，其专利申请各年代分布见图 5 - 1 - 1，由申请趋势可见其申请量逐年递增，尤其 2000 年后申请量有了迅猛增长。

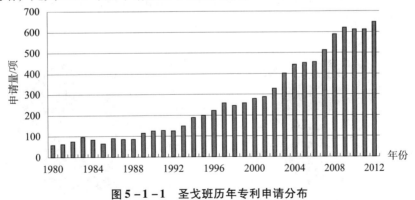

图 5 - 1 - 1　圣戈班历年专利申请分布

圣戈班主要生产玻璃、绝缘产品、管道和纸张，还从事承建工程和城市服务等活动。产品的主要市场在建筑业、汽车和包装业。各类别的专利申请份额如图 5 - 1 - 2 所示，图中数据表明玻璃类产品仍是其专利申请的热点和重点，占 41%，这与该公司主营玻璃产品相吻合。其中平板玻璃、包装玻璃、涂膜玻璃占 34%，汽车玻璃占 7%，在中国每四辆车即有一辆车玻璃为圣戈班生产，在欧洲每两辆车即有一辆车玻璃为圣戈班产品。另外管道及层状材料占16%，其中也有相当部分涉及玻璃产品。磨料、磨具占13%，且近些年来该类产品正在快速发展，成为圣戈班的一个重要主营方向。而陶瓷及耐火材料占比为9%，其中陶瓷占据大部分份额，耐火材料占比极少，但这极少份额的耐火材料却在世界的整个耐火材料领域占有重要位置，在本研究的锆基耐火材料方面，其专利申请量及技术占据世界领先地位。圣戈班的锆基耐火材料主要由圣戈班西普公司研发、制造和销售。

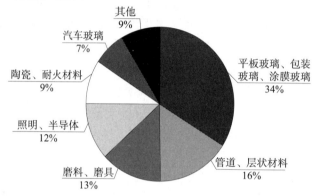

图5-1-2 圣戈班专利申请技术分支占比

圣戈班2013年营业额达420亿欧元，年增长5.6%。该公司2013年的年度净收入与营业收入的占比情况如图5-1-3和图5-1-4[1]所示，本研究的锆基耐火材料属于创新材料。从图中可以看出该公司的创新材料占据营业收入的24%、净收入的21%。创新材料主要包括平板玻璃和高性能材料。其平板玻璃的制造和生产欧洲第一、世界第二。高性能材料又主要分为陶瓷材料（包括给玻璃和冶金熔炉所生产的耐火材料）、磨料、塑料、建筑用玻璃纺织物。而从地域上看，欧洲市场包括法国本土仍为圣戈班营业收入与净收入的重头，而北美及亚洲地区次之。

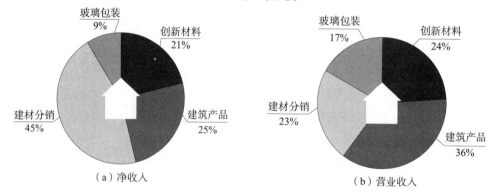

图5-1-3 2013年圣戈班各类产品收入占比

---

[1] 参见 http://www.saint-gobain.com。

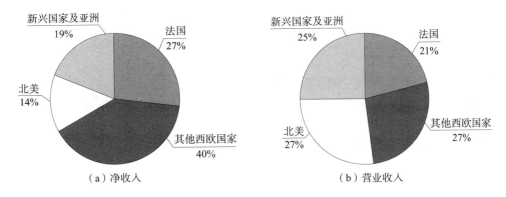

（a）净收入　　　　　　　　（b）营业收入

图5-1-4　2013年圣戈班收入地区占比

5.1.2　组织架构与 EHS 管理

圣戈班的组织架构分公司法国总部与国外市场。圣戈班在法国挑选了8个主要的工业公司和3个研发管理机构。其国外市场的组织架构基本一致为图5-1-5的形式。

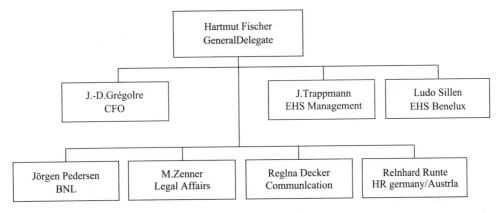

图5-1-5　圣戈班海外市场组织架构

该组织架构简单流畅，与日本形成很大反差。在日本企业中，组织架构中有很多级被认为很正常，但欧美企业却认为应该扁平化，这样会提高企业管理的效率。

EHS 即"环境、健康、安全"的英文缩写。圣戈班发展十分注重 EHS 的管理。制定环境健康安全宪章，追求零工伤事故、零职业病、零废弃物。圣戈班对全球环境安全有承诺，在追求经济效益的同时，始终坚持 EHS 管理。每个企业都建立了安全环保体系，即使仅有几百名员工的企业也要专门设立 EHS 部。

5.2　专利布局

5.2.1　锆基耐火材料专利申请趋势

本节研究数据包括以 ELECTRO - REFRACTAIRE、Société Européenne de Produits

Réfractaires、圣戈班 TM KK、圣戈班陶瓷及塑料股份有限公司、诺顿及被并购前的东芝 MONOFRAX KK 为申请人的专利申请。从图 5 - 2 - 1 中可以看出，圣戈班早在 1932 年就开始了锆基耐火材料的专利申请，但数量较少。20 世纪五六十年代出现了一次申请的小高峰。20 世纪 80 年代开始，相关专利申请有了小规模的增长，从 2002 年开始申请量迅速攀升，随着玻璃制造业的发展，玻璃熔炉所需高性能、长寿命耐火材料的需求迫切，因此这一阶段耐火材料的市场竞争也开始异常激烈。2010 年后申请量仍在持继增长，可见市场对于锆基耐火材料的需求仍存在巨大空间。

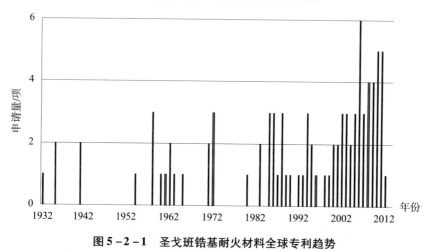

图 5 - 2 - 1　圣戈班锆基耐火材料全球专利趋势

5.2.2　原创地与目的地分析

为了研究圣戈班锆基耐火材料专利技术的区域分布情况、重要目标市场等，本报告对其全球专利申请的原创地及目的地分布进行了统计。

本节研究数据包括以 ELECTRO - REFRACTAIRE、Société Européenne de Produits Réfractaires、圣戈班 TM KK、圣戈班陶瓷及塑料股份有限公司、诺顿为申请人的专利申请。所有专利申请中原创地为法国的有 52 项，日本 7 项，美国 3 项，德国 2 项（为圣戈班 20 世纪 30 年代在德国提出的专利申请）。

圣戈班西普积极响应公司的全球发展战略，从 2002 年开始圣戈班锆基耐火材料开始全球大规模布局。从图 5 - 2 - 2 中可以看出，美国、日本、法国、中国大陆、欧洲、韩国、中国台湾是圣戈班专利布局的重点。

从图 5 - 2 - 3 中可以看出从 2000 年后圣戈班开始在锆基耐火材料方面大量在国外布局。从图 5 - 2 - 4 可以看出圣戈班锆基耐火材料专利申请主要布局在美国（43 件）、欧洲专利局（38 件）、法国（37 件）、日本（35 件）、中国大陆（34 件）、韩国（27 件）、中国台湾（20 件）。2000 年后开始加大在亚洲市场的布局力度，甚至中国香港也成为其重点目标。在 2000 年前在锆基耐火材料方面仅在中国有 2 件专利申请，但 2000 年后基本每提出一项专利申请即在中国布局。2000 年后已将重心由早期布局的重点地区英国（13 件）、德国（11 件）、俄罗斯（8 件）、加拿大、墨西哥、奥地利、丹麦等国家和地区转移至亚洲。而美国和欧洲则一直为圣戈班专利布局的重点。2000 年后多通过 PCT 国际申请的形式提出专利申请。有部分技术原创地为法国，但却并未在法国提交专利申请。

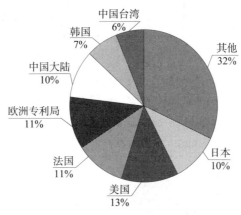

图 5-2-2　圣戈班锆基耐火材料主要目标国/地区状况

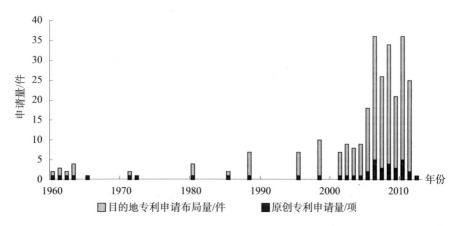

图 5-2-3　圣戈班欧洲及美国锆基耐火材料目的地与原创国分析

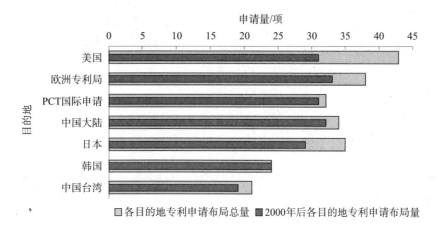

图 5-2-4　各目的地专利布局总量及 2000 年后各目的地专利布局量

5.2.3 专利申请法律状态分析

圣戈班在中国提交的锆基耐火材料的专利申请始于 1990 年，与该公司耐火材料于 1990 年开始在中国布局时间相一致。截至 2014 年 7 月 15 日，该公司在中国可查专利申请共计 34 件，其中有效专利 19 件，失效专利申请 6 件，另外 9 件专利申请目前处于审查未结的未决状态。从图 5-2-5 可以看出该公司在中国的有效专利达到 56%，可见其专利质量较高；未决专利占 26%，主要为驳回等复审状态；还有 1 件为 1990 年申请，1995 年获得中国授权，2010 年已过中国专利 20 年有效保护期而失效。该公司中国有效专利均缴年费，甚至有的已经缴纳第 12 年年费。可见圣戈班的专利申请质量之高。

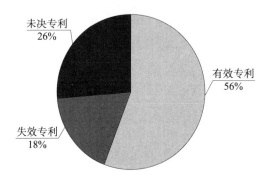

图 5-2-5 圣戈班锆基耐火材料专利申请中国法律状态

5.2.4 技术分析

圣戈班从 20 世纪 30 年代即开始锆基耐火材料的研究，主要有高含量氧化锆、AZS、锆英石、ATZ。高含量氧化锆耐火材料是指氧化锆质量百分比含量在 80% 以上的耐火材料，主要包括熔铸产品和烧结产品，具有高的体积密度和低的显气孔率，尤其熔铸产品具有极高的抗腐蚀性能，应用于玻璃熔炉时不会使玻璃着色并且不会产生缺陷。AZS 分为熔铸和烧结两大类，已成为玻璃熔窑关键部位必需的耐火材料，它抵抗玻璃液的侵蚀性较强。由于高含量氧化锆类与 AZS 类耐火材料的优异性能，逐渐成为耐火行业尤其是玻璃熔炉耐火材料的重要产品。从图 5-2-6 中可以看出高含量氧化锆与 AZS 产品已经占到圣戈班锆基耐火材料产品专利申请的 75% 以上。

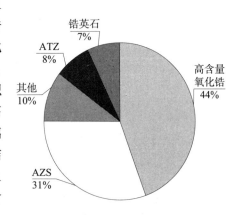

图 5-2-6 圣戈班锆基耐火材料技术分支比例

5.3　研发创新

圣戈班能跻身于"世界100强"公司得益于不断创新，创新是圣戈班的核心战略，并注重与新兴公司的密切合作。截至2014年10月该公司共有来自37个国家和地区的3700多名科研人员投入到700多个项目的研发中，2013年研发投入4.3亿欧元。该公司用4个标准来评测创新程度：申请专利的授权率、专利的全球布局、专利被专业文献所引用的次数及专利申请数量。2013年该公司向全球共申请了400多项专利，超过1/5的在售产品是过去5年间的新研发产品。❶

我国目前在很多领域正在以"低出高进"的方式在经营，深加工核心技术的缺失，导致很多出口只是原材料，附加值低。耐火材料行业为我国的一个传统行业，由于原料丰富，同时低质量的耐火产品的技术门槛低，因此该行业的研发生产良莠不齐，"小作坊式"的企业众多，市场秩序混乱，相互竞价成为常态。而具备技术竞争实力的企业在研发团队的构成及管理上存在许多传统思维，影响了技术的进展。中国的耐火材料研发要想处于世界领先水平，除了加大研发力度，尽早获得深加工核心技术，避免我国资源"低出高进"、外国"以购代采"的劣势，还要注重研发管理与研发团队的架构组成。下面以圣戈班欧州设计研究中心（SAINT - GOBAIN CENT RECH&ETUD EURO SA）及圣戈班 TM KK 两个研发团队的组织架构以及圣戈班研发中心模式为例对其特点进行分析，以期为国内耐火材料企业提供一定的借鉴。

5.3.1　研发中心

圣戈班目前已在全球布局12个研发中心和近百个开发机构。研发中心大部分位于法国，但在德国、西班牙、美国和中国同样设有重要的研发中心。产品的创新与制备是集团的中心任务，缩短创新周期是各个研发中心的目标，它们致力于快速研发并保证产品适应市场需要，基于友好业务关系的基础寻求合作积极发展合作网络，并与高校发展合作研发，互惠互利（HRDC/LDC）。各研发中心具有多重任务，首先为研发中心所在国家或地区的企业提供支持，然后作为公司其他研发中心的技术或者服务中心，最后是参与集团的全球研发计划。圣戈班西普公司的三大主要研发中心见表5-3-1。本章所研究的锆基耐火材料的研发主要由圣戈班欧州设计研究中心来完成。该中心成立于2001年，位于法国西普工厂附近，可为圣戈班西普全球性生产和销售网络提供完整的技术支持和服务。

❶　参见 http：www. siant - gobain. com.

表 5 - 3 - 1　圣戈班西普主要研发中心

中心名称	地址	研发领域
圣戈班美国设计研究中心（NRDC）	美国马萨诸塞州	陶瓷、塑料、磨料
圣戈班欧洲设计研究中心（CREE）	法国库伯瓦	陶瓷材料
圣戈班中国设计研究中心（SGRS）	中国上海	创新材料、玻璃、建筑材料

5.3.2　GAUBIL MICHEL 及其团队

本研究团队的数据只包括圣戈班欧洲设计研究中心锆基耐火材料相关专利申请数据。

圣戈班十分重视对年轻科研人员的培养，在每个项目的运作过程中注重提高年轻科研人员的视野。其研发团队特点显明，与中国的团队形成强烈对比，如图 5 - 3 - 1 所示。该图很清晰地展示出圣戈班欧洲设计研发中心的研发团队情况。图中可见该团队以 GAUBIL MICHEL 为最大核心，其申请的专利有 18 项之多，但这一绝对核心的研

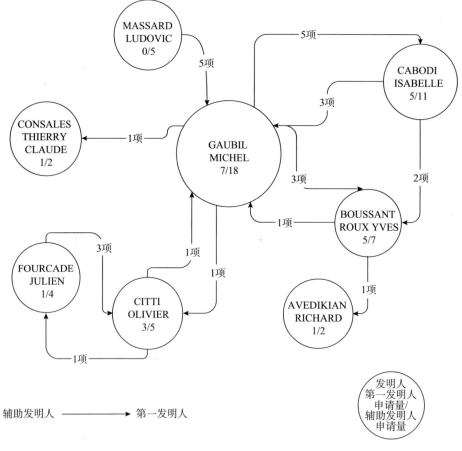

图 5 - 3 - 1　GAUBIL MICHEL 研发团队

注：图中数字表示申请量，单位为项；箭头线上的数字表示合作申请量。

发工程师作为第一发明人的专利申请仅 7 项，主要涉及高含量氧化锆基耐火材料 5 项、锆英石耐火材料 1 项、AZS 1 项；共辅助别人完成了 11 项专利申请，涉及 AZS、高含量氧化锆基耐火材料、不定形锆基耐火材料及锆英石耐火材料。该研发团队还有 3 个小核心：CABODI ISABELLE、BOUSSANT ROUX YVES、CITTI OLIVIER。CABODI ISABELLE 共参与 11 项锆基耐火材料发明专利申请，其中 5 项作为第一发明人，4 项为高含量氧化锆，1 项涉及 AZS，并参与了其他锆基耐火材料的发明专利申请。BOUSSANT ROUX YVES 作为第一发明人共完成 5 项发明专利申请，其中 4 项涉及高含量氧化锆，1 项涉及 AZS。CITTI OLIVIER 主要致力于锆英石耐火材料的研究，并作为锆英石研究的核心。发明人中 GAUBIL MICHEL 和 CABODI ISABELLE 协作密切，经常互为第一发明人共同合作进行发明专利申请。

该研发中心研发团队的特点是并不以任何人作为绝对的研发核心，仅是有所侧重，某一小核心的第一发明人均要协助他人完成其他小核心领域的研发。如在高含量氧化锆及 AZS 的发明专利申请中，GAUBIL MICHEL、CABODI ISABELLE、BOUSSANT ROUX YVES 均作为第一发明人提出过专利申请，在锆英石专利申请的发明人中，也并非完全由 CITTI OLIVIER 作为第一发明人，FOURCADE JULIEN 和 GAUBIL MICHEL 也曾有过作为第一发明人提出锆英石耐火材料的专利申请的经历。而上述人员也均有过作为辅助发明人协助完成高含量氧化锆、锆英石、AZS 发明专利申请。这种研发团队模式致使每一项关键技术都不会被极少数人垄断，避免了掌握核心技术的研发人员跳槽到竞争对手后给公司带来的致命打击。这一点对于中国各公司的研发模式具有很好的借鉴作用，因国内在研发方面通常具有一个绝对的研发核心，其他研发人员基本不具备独立完成相应项目的能力，而一旦该核心人员携带技术出走，通常给企业带来无法弥补的损失。

GAUBIL MICHEL 和 BOUSSANT ROUX YVES 在圣戈班欧洲设计研究中心成立之前即已在欧洲耐火进行锆基耐火材料的研发工作。GAUBIL MICHEL 与 CABODI ISABELLE 互为第一发明人经常进行合作研发。圣戈班还注重多个研发中心的整合，如 CITTI OLIVIER 在美国与法国的研发中心同时进行研发工作。

5.3.3　远藤茂男及其团队

该节研究内容所涉及专利包括日本东芝 MONOFRAX KK 及被并购后的圣戈班 TM KK 作为申请人的锆基耐火材料发明专利申请。

5.3.3.1　团队构成

远藤茂男团队的发明专利申请绝大部分是在东芝 MONOFRAX KK 被圣戈班并购前提出的，而在东芝 MONOFRAX KK 被并购成为圣戈班 TM KK 后，由于圣戈班全球的研发主要由各大负责的研发中心统一进行，自 2007 年后已基本查询不到日本的这支研发团队有新的专利申请提出。从图 5 - 3 - 2（见文前彩色插图第 7 页）可以看出日本的研发团队特点比较突出，即团队稳定，有绝对的研发核心人员远藤茂男，其在锆基耐火材料方面的发明专利申请共有 19 项，作为第一发明人即多达 16 项，主要涉及高含量氧化锆及锆英石。而平田公男在锆基耐火材料方面的发明专利申请也达到了 19 项，但不同的是他均以辅助发明人的身份参与发明专利申请，其中协助远藤茂男多达 14 项，协助户村信雄 3 项，协助松永尚人 1 项，协助濑尾省三 1 项。户村信雄作为该研发团队的新生力量，主导了 2000 年后的重要发明专利申请，在5.3.4 节将作详细介绍。

日本的这支研发团队大部分研发人员穷其一生为公司的研发鞠躬尽瘁，且研发刻苦，数量惊人。远腾茂男、平田公男、土屋伸二、三须安雄、濑尾省三等人中的发明专利申请从 20 世纪 80 年代初持续到 2000 年后，历时近 30 年。从图 5-3-3 中可以看出远腾茂男的锆基耐火材料发明专利申请从 1985 年持续到 2007 年，从 1985~2000 年基本每年都提出发明专利申请。除了锆基耐火材料外，这些发明人还提出了大量其他耐火材料的发明专利申请，数量极为庞大。如三须安雄在该公司的发明专利申请高达近百件，主要涉及无机纤维耐火材料。远腾茂男和平田公男的发明专利申请也高达数十件。从这支研发团队的研发人员身上不难看出，这些日本研发人员勤奋刻苦、工作积极、忠诚于公司、具有很强的团队协作精神，正是这些优秀品质助力公司在研发、产品方面可以多年占据领先地位。

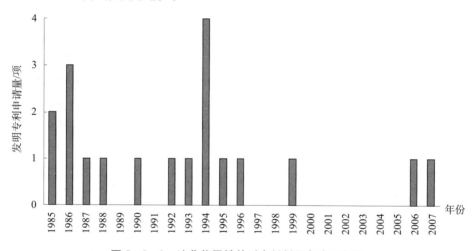

图 5-3-3　遠藤茂男锆基耐火材料历年发明数量

5.3.3.2　团队重要专利申请

遠藤茂男团队的重要专利申请见表 5-3-2。表中列出了相关专利申请的最早申请号、最早的优先权日、申请人、发明人及技术功效。其中申请人包括被并购前的东芝MONOFRAX KK 及被圣戈班并购后的圣戈班 TM KK。

表 5-3-2　遠藤茂男团队重要专利申请

序号	最早申请号	最早优先权日	申请人	发明人	技术功效
1	JP20824994A	1994-08-10	圣戈班 TM KK	遠藤茂男、平田公男、濑尾省三	提高抗裂性能

续表

序号	最早申请号	最早优先权日	申请人	发明人	技术功效
2	JP11476599A	1999-04-22	东芝 MONOFRAX KK	遠藤茂男、瀬尾省三、平田公男	提高热震并减少气泡
3	JP3501588A	1988-02-19	东芝 MONOFRAX KK	遠藤茂男、斉藤康夫、平田公男、五十嵐教之	抑制裂缝
4	JP254890A	1990-01-11	东芝 MONOFRAX KK	遠藤茂男、平田公男、土屋伸二	提高对碱蒸汽的腐蚀性能
5	JP35546892A	1992-12-21	东芝 MONOFRAX KK	遠藤茂男、平田公男、橋本格、中西正樹	提高热震和耐腐蚀性能
6	JP34271093A	1993-12-16	东芝 MONOFRAX KK	遠藤茂男、瀬尾省三、平田公男、土屋伸二	提高对熔渣的耐腐蚀性
7	JP10628494A	1994-04-22	圣戈班 TM KK	遠藤茂男、平田公男、中西正樹、橋本格	提高防腐和耐磨性
8	JP23415994A	1994-09-02	东芝 MONOFRAX KK	遠藤茂男、瀬尾省三、中西正樹	提高热震性能
9	JP23580996A	1996-08-20	圣戈班 TM KK	遠藤茂男、平田公男、土屋伸二	防止裂缝产生，提高熔炉寿命
10	JP5036685A	1985-03-15	东芝 MONOFRAX KK	遠藤茂男、川島治雄、平田公男	减少起泡
11	JP3965686A	1986-02-25	东芝 MONOFRAX KK	遠藤茂男、平田公男	减少渗出
12	JP10170086A	1986-05-01	东芝 MONOFRAX KK	遠藤茂男、平田公男、五十嵐教之	用于玻璃熔炉抗腐蚀
13	JP10929986A	1986-05-12	东芝 MONOFRAX KK	遠藤茂男、平田公男、五十嵐教之	用于玻璃熔炉抗腐蚀
14	JP20603885A	1985-09-17	东芝 MONOFRAX KK	遠藤茂男、平田公男	高温下减少渗出
15	JP11885687A	1987-05-18	MONOFRAX KK	遠藤茂男、平田公男	冷却过程中减少裂缝

5.3.4 戶村信雄及其团队

5.3.4.1 团队构成

戶村信雄作为日本研发团队的新生力量，2000 年后逐渐成为圣戈班 TM KK 锆基耐火材料的研发核心。2000 年后日本的这支研发团队提出专利申请的数量在明显减少，这可能源于圣戈班的管理模式与战略布局，而 2000 年后的数件专利申请中绝大部分是以戶村信雄作为第一发明人，从图 5 - 3 - 4 可以看出戶村信雄在 2000 年后基本以 1 项/年的速度提出发明专利申请，虽然数量不多，但从 5.4 节可知这些专利的质量非常高，对圣戈班 TM KK 的一种高含量氧化锆基耐火材料产品进行了严密的保护。也正是这些专利与圣戈班欧洲中心的专利申请形成了有效的优势互补，打造了一套完整的产品保护策略。

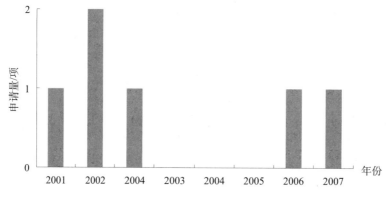

图 5 - 3 - 4　戶村信雄锆基耐火材料历年发明数量

从图 5 - 3 - 5（见文前彩色插图第 8 页）可以看出，从 1985 年 3 月至 2000 年前，圣戈班 TM KK 锆基耐火材料基本以遠藤茂男作为绝对的研发核心，而平田公男作为第二发明人参与了遠藤茂男的绝大部分发明专利申请。2001 年新生力量戶村信雄加入到研发团队中，作为第二发明人协助瀨尾省三合作申请了 1 项重要的专利 JP2003089582A。在此之后，其作为圣戈班 TM KK 锆基耐火材料的重要研发核心取代了遠藤茂男的地位，作为第一发明人从 2002 年至 2007 年间连续申请了 5 件重要的核心专利。而研发元老遠藤茂男、三须安雄、平田公男作为戶村信雄的辅助发明人协助其完成了重要的发明专利申请，其中三须安雄辅助完成 4 项，平田公男辅助完成 3 项，遠藤茂男辅助完成 2 项。可见该研发团队将团队精神发挥得淋漓尽致，不计较个人得失，注重对新生力量的培养与提携。或许由于圣戈班的整体战略布局与公司管理模式，其研发绝大部分由各大研发中心统一进行，对各地区工厂提供研发与技术支持，日本的这支优秀的研发团队或许在日本已经完成了公司赋予的使命，2007 年后则几乎查询不到新的发明专利申请，新生力量戶村信雄在此情况下也脱离公司加入到日本耐火材料方面具有霸主地位的旭硝子，且从 2011 年 10 月开始作为第一发明人为旭硝子申请了 4 项锆基耐火材料的重要专利。

5.3.4.2 团队重要专利申请

以户村信雄为核心的研发团队的专利申请见表5-3-3。

表5-3-3 户村信雄团队重要专利申请

序号	最早申请号	最早优先权日	申请人	发明人	技术功效
1	JP2007334026A	2007-12-26	圣戈班TM KK	户村信雄、远藤茂男、三须安雄	1500℃保持12小时后具有电阻200Ω·cm
2	JP2001276620A	2001-09-12	东芝MONOFRAX KK	濑尾省三、户村信雄、平田公男	抗拉强度20MPa，在高温时熔炉表面无脱落
3	JP2002308130A	2002-10-23	圣戈班TM KK	户村信雄、三须安雄、濑尾省三、平田公男	导热系数为10W/mK或更低
4	JP2002315295A	2002-10-30	圣戈班TM KK	户村信雄、三须安雄、濑尾省三、平田公男	降低起泡性
5	JP2004117462A	2004-04-13	圣戈班TM KK	户村信雄、濑尾省三、平田公男	低起泡性
6	JP2006178176A	2006-06-28	圣戈班TM KK	户村信雄、远藤茂男、三须安雄	1500℃下保持12小时后的电阻为200Ω·cm以上

5.4 产 品

锆基耐火材料产品主要为圣戈班西普来研发、制造和销售。圣戈班西普隶属于圣戈班创新材料事业部的陶瓷材料业务部。圣戈班西普产品的生产工厂主要分布在法国、日本、中国、印度、意大利、美国。

圣戈班西普锆基耐火材料产品及生产工厂如下：

电熔耐火材料：SEPR LE PONTET、SEPR ITALIA、SEPR BEIJING主要生产"ER"系列产品，SEPR INDIA生产"ELECTROFRAX"系列产品，圣戈班TM KK生产"SCI-MOS"系列产品。

烧结耐火材料：SAVOIE（PROVINS）、VINHEDO、CORHART（BUCKHANNON）、SEPR INDIA、LINYI圣戈班耐火材料公司主要生产烧结耐火材料制品。

耗材：SAVOIE（PROVINS）、VINHEDO 负责生产耗材。❶

5.4.1 高含量氧化锆及 AZS 系列产品

圣戈班西普的锆基耐火材料产品主要涉及高含量氧化锆及 AZS 产品。

5.4.1.1 高含量氧化锆产品

圣戈班西普高含量氧化锆基耐火材料产品主要由日本、中国、欧洲的工厂来进行生产，代表性牌号产品的质量百分比组成见表 5 - 4 - 1 和表 5 - 4 - 2。

表 5 - 4 - 1　圣戈班 TM KK 制造的 SCIMOS 高含量氧化锆系列产品化学成分

牌号	ZrO_2	SiO_2	Al_2O_3	Na_2O	其他
SCIMOS Z	94%	4.4%	0.6%	0.3%	<0.7%
SCIMOS CZ	94%	4.5%	0.6%	—	<0.9%
SCIMOS UZ	93%	4.3%	1.7%	0.5%	<0.5%

表 5 - 4 - 2　圣戈班欧洲及中国制造的高含量氧化锆系列产品化学成分

牌号	ZrO_2	SiO_2	Al_2O_3	Na_2O	B_2O_3	$TiO_2 - Fe_2O_3$	M_2O_5（M = Ta/Nb）	（TiO_2，Fe_2O_3，Na_2O，Y_2O_3）
ER - 1195	94.2%	4%	1.2%	0.3%	—	<0.3%	—	—
ER XiLEC 5	92.6%	5%	0.5%	—	0.5%	—	<1.5%	<0.3%
ER XiLEC 9	88.4%	9%	0.5%	—	0.7%	—	<1.5%	<0.3%

圣戈班西普其他牌号产品及适合应用部位见表 5 - 4 - 3。

表 5 - 4 - 3　圣戈班西普高含量氧化锆系列产品

材　料	典型应用
ZPR	窑炉上部结构的特殊形状
CZCT	与玻璃接触部位及玻璃纤维工业支撑
ZS1300	提高热震性能，拉管块
ZS835	硼玻璃接触部位及乳白玻璃
CZ66	玻璃纤维增强及硼玻璃

---

❶ 参见 www. siant - gaoban. sepr. com.

5.4.1.2 AZS 产品

圣戈班西普的 AZS 系列产品牌号早期主要为欧洲生产 ER - 1681、ER - 1685、ER - 1711，该三大类产品在玻璃熔炉耐火材料市场上生产销售了数十年，且现仍为市场上的热销产品。日本生产的主要为 SCIMOS 系列。圣戈班西普近些年研发出的新品代表性的有 ER - 2001 SLX、ER - 2010 RIC。所生产的 AZS 类产品广泛应用于玻璃熔炉，根据锆含量可划分为五类系列产品：

17% ZrO_2 低渗出系列：具有很好的抗碱侵蚀及耐腐蚀性能，低渗出。

32% ~ 34% ZrO_2：主要应用于窑炉与玻璃接触部位及窑炉顶部。

36% ZrO_2：这一系列产品具有提升的耐腐蚀性能，同时还具有强度提升，较适合用于熔炉侧壁。

40% ZrO_2：在 AZS 系列产品里这是耐腐蚀性能最高的一类产品，可用于玻璃熔炉中所有与玻璃接触的部位、电极块、潜炉壁、壁炉咽喉部位、炉侧壁。

具体不同含量 ZrO_2 所对应产品牌号见表 5 - 4 - 4。

表 5 - 4 - 4　圣戈班西普 AZS 系列产品

浇筑/材料	17% ZrO_2 低渗出	32% ~ 34% ZrO_2	36% ZrO_2	40% ZrO_2
正常浇筑	ER - 2001 SLX RN	ER - 1681 RN；SCIMOS CS3 RC；Electrofrax S3 RC		
加强浇筑			ER - 1685 RR；SCIMOS CS4 STC；Electrofrax S4 EC	ER - 1711 RR；SCIMOS CS5 STC；Electrofrax S5 EPIC
密实砖		ER - 1681 Dalles TJ；SCIMOS CS3 DCL；Electrofrax S3 DCL	ER - 2010 RIC TJ	
密实材料	ER - 2001 SLX RT	ER - 1681 Dalles RT；SCIMOS CS3 DCL；Electrofrax S3 EPIC	ER - 2010 RIC RT	ER - 1711 RT；SCIMOS CS5 DCL；Electrofrax S5 EPIC

代表性 AZS 牌号产品的化学组成见表 5 - 4 - 5 和表 5 - 4 - 6。

表 5 - 4 - 5　圣戈班 TM KK 制造的 SCIMOS CS 系列产品化学成分

牌号	ZrO_2	SiO_2	Al_2O_3	Na_2O	其他
SCIMOS CS - 3	35.3%	15.1%	48%	1.5%	< 0.1%
SCIMOS CS - 4	37.2%	14.1%	47.1%	1.45%	< 0.15%
SCIMOS CS - 5	40%	13.4%	45%	1.4%	< 0.2%

表 5-4-6　圣戈班欧洲及中国制造的 AZS 系列产品化学成分

牌号	ZrO_2	SiO_2	Al_2O_3	Na_2O	CaO、TiO_2、Fe_2O_3	添加剂	其他
ER-1681	32.5%	15%	50.9%	1.3%	0.3%	—	—
ER 2001 SLX	17%	13%	68%	1.7%	0.3%	—	—
ER 2010 RIC	36%	14%	46%	—	—	3%	1%

5.4.2　ER 系列产品发展历程

圣戈班大部分锆基耐火材料产品品牌标注为 ER，其源自意大利 SEPR 和北京 SEPR，而品牌 SCIMOS 来自"SGTM 圣戈班 TM"和印度 SEPR "ELECTROFRAX"。本节以 ER 系列 AZS 产品为主线，对各阶段的产品发展历史及相关专利申请进行了梳理。

AZS 系列产品最早出现并应用于玻璃熔炉中，经历了数十年的努力与演进，通过并购美国科哈特成功发展了 AZS 系列产品，主要演进历程如图 5-4-1 所示。

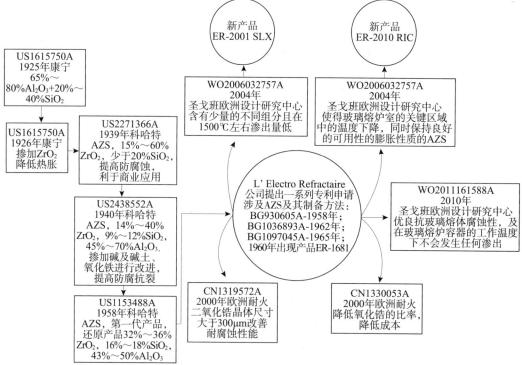

图 5-4-1　圣戈班 ER 系列锆刚玉耐火材料产品发展历程

优先权为 1925 年的康宁的一项专利申请 US1615750A 提出了由 65% ~80% 的 Al_2O_3 和 20% ~40% 的 SiO_2 制备的铝-硅耐火材料，该材料最终在玻璃相中形成多铝红柱石和金刚砂无孔晶体。随后该专利保护的由 74% 的 Al_2O_3 和 21% 的 SiO_2 制备的产品在玻璃熔炉中获得了广泛的商业应用，该类产品的商标被命名为"科哈特电熔耐火"（Corhart Electrocast）。

优先权为 1926 年的康宁的另一项专利申请 US1615751A 进一步提出在硅 - 铝组分中掺加 ZrO_2 可以降低热膨胀性能并使退火操作变得容易。ZrO_2 的掺量高至 60%。

其后在 1939 年，科哈特的专利申请 US2271366A 描述了制造 AZS 类产品的第一个实例：包含大于 75% 的 $Al_2O_3 + ZrO_2$，可选地，含有碱性的种类，例如 Na_2O，SiO_2 的含量必须小于 10%。对所述实例的晶体学分析显示了在玻璃基中的氧化锆和金刚砂的晶体，即 α - 氧化铝，并表明当氧化锆的含量低于 22.1% 时，会出现结晶的莫来石相，而这导致耐腐蚀性被熔融玻璃降低。但该专利没有研究碱性氧化物的影响。至此，科哈特开始尝试制造该类产品并商业应用，但该类制品尽管在退火过程进行精细操作，仍无法克服裂缝问题。

1940 年科哈特的另一项专利申请 US2438552A 对 AZS 产品进行了改进：按质量计，其包含 45% ~ 70% 的 Al_2O_3，14% ~ 40% 的 ZrO_2，9% ~ 12% 的 SiO_2，1% ~ 2.2% 的 Na_2O，0.4% ~ 1.7% 的 Fe_2O_3 和 0.2% ~ 0.8% 的 $MgO + CaO$。该类产品不但具有良好的抗腐蚀性能，同时还具有很好的抗裂性能。然而，这些包括了大量氧化物的产品，商业应用制备成本昂贵。

1941 年美国正式生产牌号为柯尔哈特（Corhart）ZAC 电熔锆刚玉砖。用这种砖砌筑玻璃熔窑，使熔窑寿命延长 2 ~ 4 倍。[1]

1955 年科哈特的专利申请 FR1153488A 涉及了圣戈班 AZS 的第一代产品：32% ~ 36% ZrO_2，43% ~ 50% Al_2O_3，16% ~ 18% SiO_2，1.7% ~ 2.3% 的 K_2O 和/或 Na_2O，0.2% 的 TiO_2 和/或 0.2% 的 Fe_2O_3。正是由于产品的这种化学组成才能够获得所要求的微观结构，晶体聚结生长有利于改善耐腐蚀性能。但该第一代产品为还原产品。晶体结构只是在 $Al_2O_3 - ZrO_2 - SiO_2$ 体系的很小区域才存在，存在过高比例氧化钠对耐腐蚀性产生不利影响，并且应该将 Na_2O/SiO_2 之比限制在 0.14。但第一代产品在熔化玻璃中有释放气泡的趋势，这样会造成玻璃中存在构成严重障碍的缺陷。

1959 年 L'Electro Refractaire 公司（圣戈班西普的前身）在美国提出一项以法国 FRX3035929（1958 年）为优先权的专利申请 US3035929A，在英国提出一项以法国 FRT1191665（1958 年）为优先权的专利申请 GB872759A，两项申请均要求保护一种制备 AZS 耐火材料的方法，给出了一个具有优良性能的 AZS 产品：33% ZrO_2，51% Al_2O_3，13.5% SiO_2。同年公开号为 GB930605A 的专利申请中使用了长弧熔化方法来制备 AZS 耐火材料，使得制品的性能得以大幅提升。

1960 年法国圣戈班西普正式生产 AZS1681 电熔锆刚玉砖。

随后 1963 年 L'Electro Refractaire 公司在英国提出一项以法国 FR19620893739（1962 年）为优先权的专利申请 GB1036893A，旨在降低 AZS 耐火材料的气泡、裂缝缺陷，从而提出了一种产品及制备方法。产品的一个实例为：33% ~ 36% 的 ZrO_2，15% ~ 18% 的 SiO_2，0.8% ~ 1.8% 的 Na_2O，Al_2O_3 补足到 100%。

L'Electro Refractaire 公司于 1966 年提出的以 FR19650016788（1965 年）为优先权

---

❶　参见 http://wenku.baidu.com/view/b0e7a785b9d528ea81c779a8.html。

的重要专利申请 GB1097045A，要求保护一种 AZS 耐火产品，其概括了一个较大的保护范围：25% ~ 60% 的 Al_2O_3，50% 的 ZrO_2，2% ~ 30% 的 SiO_2，不超过 0.5% 的 Na_2O，一定比例的 CaO、MgO、BaO、SrO。且 $SiO_2/$（Na_2O + 碱土金属氧化物）的质量比为 6 ~ 14。

1972 和 1973 年 L'Electro Refractaire 公司又分别提出 2 项专利申请——DE2236258A、DE2321008A，对 AZS 产品进行进一步改性。

1980 圣戈班西普分别在美国、意大利、日本、墨西哥、法国、德国、加拿大、英国提出一项专利申请，核心技术方案为：Cr_2O_3 1% ~ 74%，ZrO_2 15% ~ 40%，Al_2O_3 3% ~ 76%，SiO_2 7.5% ~ 20%，Na_2O 0.4% ~ 2.5%，MnO 和/或 FeO 0.3% ~ 4.0%，SiO_2/Na_2O 比为 5 ~ 15，Na_2O 可以部分被一种或多种碱金属氧化物替换。以上各组分的总和至少为 97%，Fe 氧化物源自原料铬铁矿的杂质。

经过不断的研发与改进，20 世纪 90 年代圣戈班西普试制成功 ZrO_2 含量达 50% 和 60% 的熔铸 AZS 砖。[1]

在 2000 年，由欧洲耐火分别在中国内地、匈牙利、欧洲专利局、美国、日本、印度、葡萄牙、俄罗斯、中国香港、西班牙提出一项"具有改进微观结构的基于氧化铝－氧化锆－氧化硅的电熔化产品"的专利申请，中国的专利公开号为 CN1319572A。该专利涉及 AZS 类型耐火材料，其组成以质量百分数计为 40% ~ 55% 的 Al_2O_3，32% ~ 45% 的 ZrO_2，10% ~ 16% 的 SiO_2 和 1% ~ 3% 的选自 Na_2O、K_2O 及其混合物的碱金属氧化物，该耐火材料的微观结构基本上包括 α － 氧化铝晶体、游离 ZrO_2 晶体、共晶体和晶间玻璃态相，其特征在于至少在工件有效区，20% 以上数目游离二氧化锆晶体具有树枝状形态，这些晶体彼此之间与共晶体聚结生长，其特征还在于至少 40% 数目树枝状游离二氧化锆晶体的尺寸大于 300μm。该专利为圣戈班在售 ER－1681、ER－1682、ER－1711 类产品的进一步改进。在原有的这些产品中，存在所述的游离二氧化锆或原料二氧化锆（不包括在共晶体中）。这些游离二氧化锆晶体尺寸很小，易于成球形或结核状。同时还存在刚玉－二氧化锆共晶体。这些晶体具有相对各向异性的形态。另外，在实际销售的产品中，人们往往观察到游离的刚玉晶体。AZS 耐高温材料广泛地应用于玻璃熔炉中与熔融玻璃接触的区域。某些新的玻璃组合物对构筑熔炉的材料具有比较强的侵蚀性，另一方面，玻璃制造商希望连续操作时间（耐火材料寿命）明显地延长，因此，仍然需要更耐熔化玻璃腐蚀的耐火材料。最敏感的区域是在吃水线处。事实上，熔炉的寿命往往与在吃水线处的材料磨损相关。另外，改变玻璃制造工艺炉的设计可导致炉底受到的载荷增加。为了达到限制炉的消耗的目的而增大炉底隔离，使用加热器或增加横穿底部的电极数，可提高与熔化玻璃接触的底部的温度，这样加重了腐蚀问题，因此还需要具有改善的耐腐蚀性产品。人们熟知加入更大量的二氧化锆能够改善耐腐蚀性，但是，增加二氧化锆含量伴随着成本增加，而且还会引起产品中出现更大量熔析，这样可能导致工业可行性减小。另外，二氧化锆含量增加可引起导热

---

[1] 参见 http://wenku.baidu.com/view/b0e7a785b9d528ea81c779a8.html。

率降低，这对于工业腐蚀速度是不利的。事实上，材料腐蚀速度与玻璃/耐火材料界面温度相关，温度本身与耐火材料的导热率相关。耐火材料产物越是隔离，界面温度升得越高，因此其腐蚀速度就越快。而该专利的产品改善了耐腐蚀性且其中二氧化锆含量并未明显增加。该专利在中国获得授权，并已经进入第 14 年保护期。

2000 年，欧洲耐火分别在中国、加拿大、欧洲专利局、美国、日本、韩国、印度尼西亚、印度、墨西哥提出关于"低成本的熔融浇铸氧化铝－二氧化锆－二氧化硅产品及其应用"的专利申请，在中国的专利公开号为 CN1330053A。该专利保护的产品的核心方案为：熔融浇铸的氧化铝－氧化锆－氧化硅产品成分按质量计为：Al_2O_3 45% ~ 65%，优选 50% ~ 65%；ZrO_2 10.0% ~ 29.0%，优选 14% ~ 25%；SiO_2 20.0% ~ 24.0%，优选 >20% ~ 24%；SiO_2/（$Na_2O + K_2O$）为 4.5 ~ 8.0，优选 6 ~ 7；其他物质 0.5% ~ 4.0%，优选 0.5% ~ 4%。与实际使用的常见 AZS 产品相比，该产品中 SiO_2 含量较高，而 ZrO_2 含量较低。这些产品可以使用生产废料或回收的旧材料生产。已有产品 ER - 1681、ER - 1685 或 ER - 1711 都含有 45% ~ 50% Al_2O_3、32% ~ 40% ZrO_2、12% ~ 16% SiO_2 和约 1% 的 Na_2O。这些产品极好地适合制造玻璃熔炉。目前 AZS 材料原则上用于与熔化玻璃接触的区域以及用于玻璃熔炉的上部结构。但是，从耐腐蚀的观点来看，处在实验室中的某些炉子上部结构具有较小吸引力。另外，炉子尾部区域，如燃烧器管道或炉顶、交流换热器室的壁和堆砌块，由于不与熔化玻璃接触，从耐腐蚀的观点来看也是具有较小吸引力的区域。由于目前的 AZS 产品成本过高，所以它们很少被用于这些区域。相反地，处在这些炉子区域中的材料随着交流换热器使用循环承受温度的剧烈变化。事实上，在交流换热器的堆砌室运行期间，来自炉子的热气体由高处进入堆砌块，释放出热量。在此期间，冷空气在前面循环中进入其他加热堆砌块下面，从堆砌块高处放出热量，由此直至到达燃烧器为止。因此，该发明提供了一种低成本的耐火材料，通过一方面降低作为该组合物中贵重元素的氧化锆含量、另一方面通过使用二次材料（生产废料或回收的废料）达到这一点。该专利保护的产品主要用于构筑玻璃熔化炉尾部区域，如燃烧器管道或炉顶，或交流换热器室壁，以及在生产交流换热器堆砌部件中，如十字形或其他形状的部件。该专利在中国获得授权并进入第 14 年保护期。

2000 年后新一代减少渗出产品 ER - 2001 SLX 问世。2001 年法国圣戈班在欧洲成立了圣戈班欧洲设计研究中心。2004 年由该中心向世界知识产权组织国际局提交了一件国际公布号为 WO2006032757A 的专利申请，并于 2001 年进入中国、法国、欧洲专利局、美国、日本、韩国、西班牙、奥地利、印度，在中国的公开号为 CN101027262A。该专利的核心技术方案为：AZS 型熔铸耐火材料产品，其组分质量百分数为：ZrO_2 15.5% ~ 22%、SiO_2 10.5% ~ 15%、$Na_2O + K_2O + Li_2O$ 1.0% ~ 2.5%、杂质含量 <1%、Al_2O_3 补充到 100%，其产品全部由晶体金刚砂和玻璃相游离 ZrO_2 组成且不含低熔点 $Al_2O_3 - ZrO_2$ 晶体。主要应用于熔铸耐火材料产品用于玻璃熔炉的上部结构或炉顶部。解决现有耐火材料制造的玻璃熔炉上部结构在 1500℃ 左右玻璃相会渗出的问题。现今市场上可以买到的 AZS 产品，例如由圣戈班西普制造的 ER - 1681、ER - 1685 或者 ER - 1711 含有：按质量计 45% ~ 50% 的 Al_2O_3，32% ~ 40% 的 ZrO_2，12% ~ 16% 的 SiO_2 和大约

1%的Na_2O。所述产品适合玻璃熔炉制造，特别是适合与熔融玻璃接触的区域，但在使用该类产品时，当上部结构的温度在1500℃左右，其玻璃相渗出的问题会突然出现。而ER 2001 SLX产品通过调节常规AZS产品不同组分之间的比率，而不需要添加额外的种类就可以使AZS产品的渗出减少，其制造因此简化并且成本降低。

2008年圣戈班欧洲设计研究中心向世界知识产权组织国际局提交了国际申请公布号为WO2010073195A的专利申请，并进入中国大陆、美国、欧洲专利局、日本、韩国、中国台湾、南非、法国。该专利申请保护了圣戈班市场上的产品ER－2010 RIC。该申请的核心技术方案为：熔凝耐火产品，其具有下列平均化学组分，以基于氧化物的质量百分比计，总量为100%：ZrO_2：30%~46%；SiO_2：10%~16%；Al_2O_3：补充总量至100%；Y_2O_3≤5%；Na_2O+K_2O：0.5%~4%；CaO：≤0.5%；和其他种类：≤1.5%。其中，Y_2O_3部分地或者甚至完全地被一种或多种选自CeO_2、MgO、Sc_2O_3和V_2O_5的氧化物所替代。该产品提供具有能够使得玻璃熔炉的室的关键区域中的温度下降，同时保持良好的可用性的膨胀性质的AZS（$Al_2O_3－ZrO_2－SiO_2$）熔凝耐火产品，可避免玻璃的腐蚀。当前由圣戈班西普销售的AZS产品，非常适合于制造玻璃熔炉。更具体地，当前的AZS产品主要用于与熔化的玻璃相接触的区域和玻璃熔炉的上部结构。所述产品运行良好，但是经常需要提高玻璃熔炉的运行条件，以及改进玻璃的质量。尤其是，构成玻璃熔炉的室的熔凝AZS产品比在室外要经受与熔化的玻璃相接触的较高的温度。运行中，仅在对应于温度接近块的最大膨胀温度的区域中发生两个相邻室块之间的接触。因此，这是关键的区域，其中必须特别避免玻璃的腐蚀。当在该接触区域中的温度较低以及当玻璃较不粘时，这样的腐蚀相应地降低。而该专利申请保护的产品具有能够使得玻璃熔炉的室的关键区域中的温度下降同时保持良好的膨胀性能。该专利在中国获得了授权，并进入第5年保护期。

2010年圣戈班欧洲设计研究中心向世界知识产权组织国际局提交了国际申请公布号为WO2011161588A的专利申请，并进入中国大陆、美国、欧洲专利局、日本、韩国、中国台湾、南非、法国。进入中国大陆的申请公布号为CN103097311A。该专利保护了一种同时具有产品ER－2010 RIC及产品ER－2001 SLX优异特性的产品。其核心技术方案为：熔融AZS（矾土－氧化锆－硅石）耐火制品，包括下列化学组成，以下组成以基于氧化物的质量百分比表示，且总共为100% ZrO_2：30%~50%；SiO_2 8%~16%；Al_2O_3至100%的余量；Y_2O_3≥50/ZrO_2及Y_2O_3≤5%；$Na_2O+K_2O+B_2O_3$≥0.2%及$SiO_2/（Na_2O+K_2O+B_2O_3）$≥5$Y_2O_3$；CaO含量≤0.5%；其他氧化物种类含量≤1.5%。优选：ZrO_2 32%~45%；及SiO_2 10%~15%；及Al_2O_3：40%~50%；及Y_2O_3 2.2%~4.0%；及Na_2O 0.4%~1.2%。用于与玻璃熔体接触的区域及用于玻璃熔炉的上部构造中。对于组成玻璃熔炉容器的AZS熔融制品块，重要的是限制工作温度下的渗出问题。而该项专利提供了一种具有优良抗玻璃熔体腐蚀性及在玻璃熔炉容器的工作温度下不会发生任何渗出（exudation）问题的AZS熔融制品。

圣戈班的产品从20世纪60年代开发的ER－1681到ER－2001 SLX经历了数十年，产品的性能越来越适用于玻璃熔炉的高端需求，甚至ER－2001 SLX的渗出结果测试为0，大大改进了 ER – 1681 的 3% 甚至 5.4% 的渗出率（见表 5 – 4 – 7[1]）。从微观结构上看，ER – 2001 SLX 已经具备了独特的微观结构，无共熔体，是刚玉和枝状氧化锆晶体的结合体。

表 5 – 4 – 7　各产品渗出率结果

牌号	ER – 1681	ER – 1711	ER 2001 SLX	ER 1195
试验 A	< 3%	< 2%	0	< 1%
试验 B	5.4%	4.5%	< 0.5%	< 1%

5.4.3　产品与专利

图 5 – 4 – 2（见文前彩色插图第 9 页）为圣戈班西普所生产的锆基耐火材料主要产品的牌号所对应的专利。2000 年后圣戈班对各类材料的研发与保护力度加大，对已有的核心产品在不断进行有效的专利保护。

AZS 产品专利主要围绕 ER – 1681、ER – 1685、ER – 1171 进行改进，主要重点解决如下几个方面技术问题：

① 在玻璃熔炉操作时上部结构在温度为 1500℃ 左右，玻璃相渗出的问题会突然出现；

② 在玻璃熔炉的室中当温度下降时仍能保持良好的膨胀性。

在围绕 BPAL 烧结制品进行改进时主要在于耐火产品有利于降低或避免玻璃制品中的起泡性。

在围绕 ZA33 烧结制品进行改进时主要提高抗热冲击性的热机械强度，达到当前耐火产品或更好的耐腐蚀性和孔隙率。

高含量氧化锆基核心产品 ER – 1195，涉及一种由几种原材料混合物在氧化条件下熔融并浇铸而成的无裂纹的耐火材料制品，所得到的制品平均化学成分按质量计优选范围为：$ZrO_2 > 92$，SiO_2 2 ~ 6.5，Na_2O 0.12 ~ 1.0，Al_2O_3 0.4 ~ 1.15，$Fe_2O_3 + TiO_2 <$ 0.55，$P_2O_5 < 0.05$。对于相同二氧化锆含量的其他产品，ER1195 在和要处理的主要的玻璃接触时具有良好的抗腐蚀性。

高锆耐火材料近年来热点集中于提高电阻率的 XiLEC 系列立品，分为 XiLEC5、XiLEC9，围绕这些产品有多件专利进行严密保护。该类产品具有高的电阻率。它们可有利地使玻璃电熔化期间的电力消耗稳定并且特别可避免与耐火材料中的短路相关的任何问题，这些问题导致它们的快速劣化。在玻璃电熔化期间，部分电流穿过耐火材料。由于这些耐火材料产品中电阻率的提高，因此能够减少可从其中穿过的电流的量。对于非常高质量的玻璃，特别是用于 LCD 型平面显示器的玻璃而言，目前的发展趋势是增加对于来自玻璃熔炉的耐火材料产品的需求。特别地，需要具有进一步改进的电阻率的、保持良好的耐熔融玻璃腐蚀性的耐火材料产品。

圣戈班西普代表性产品所对应专利的基本概况包括公开号、优先权日、进入国家/地区、发明名称、权利要求 1，见表 5 – 4 – 8。

---

[1] 参见 www.sefpro.com。

表 5 - 4 - 8　产品对应专利概要

公开号	优先权日	进入国家/地区	发明名称	权利要求 1	产品牌号
WO2006032757A1	2004 - 09 - 20	FR、KR、WO、ZA、CN、EP、JP、DE、MX、US、AU、IN、BR、RU	减少渗出的氧化铝 - 氧化锆 - 二氧化硅产品	1. 一种 AZS 型熔铸耐火材料产品，其特征在于所述产品具有下述化学组分，按质量重量百分数计： ZrO_2: 15.5% ~ 22%； SiO_2: 10.5% ~ 15%； $Na_2O + K_2O + Li_2O$: 1.0% ~ 2.5%； 杂质：<1%； Al_2O_3: 补充到 100%	ER - 2001 SLX
WO2010073195A1	2008 - 12 - 22	US、CN、WO、JP、RU、TW、FR、ZA、EP	用于玻璃熔炉的耐火块	1. 一种熔凝耐火产品，该产品具有下列平均化学组分，以基于氧化物的质量百分比计并且总量为 100%： ZrO_2: 30% ~ 46%； SiO_2: 10% ~ 16%； Al_2O_3: 补充总量至 100%；$Y_2O_3 \times 100 \geqslant 50/$ ($ZrO_2 \times 100$) 并且 $Y_2O_3 \leqslant 5\%$； $Na_2O + K_2O$: 0.5% ~4%； CaO: ≤0.5%；以及其他种类：≤1.5%	ER - 2010 RIC

续表

公开号	优先权日	进入国家/地区	发明名称	权利要求 1	产品牌号
WO2011161588A1	2010 – 06 – 21	CN、WO、US、FR、TW、JP、EP	耐火块及玻璃熔炉	1. 一种包括下列化学组成的熔融耐火制品，以下组成以基于氧化物的质量百分比表示，且总共为100%： ZrO_2：30%～50%； SiO_2：8%～16%； Al_2O_3：100%的余量； $Y_2O_3 \geq 50/ZrO_2$ 及 $Y_2O_3 \leq 5\%$； $Na_2O + K_2O + B_2O_3 \geq 0.2\%$ 及 $SiO_2/（Na_2O + K_2O + B_2O_3）\geq 5 \times Y_2O_3$； CaO：$\leq 0.5\%$； 其他氧化物种类：$\leq 1.5\%$	ER – 2010 RIC
WO2013014573A1	2011 – 07 – 22	IN、CN、KR、EP、JP、US、FR、WO	耐火块和玻璃熔炉	1. 一种熔凝的耐火产品，以基于氧化物的质量百分比计且以氧化物总量为100%，所述耐火产品具有下列平均化学组成： ZrO_2：60.0%～80.0%； SiO_2：4.0%～10.0%； Al_2O_3：补足至100%； $Y_2O_3 \leq 5.0\%$； $Na_2O + K_2O + B_2O_3 \geq 0.3\%$ 且 $SiO_2/（Na_2O + K_2O + B_2O_3）\geq 5.0$； 其他氧化物：$\leq 2.0\%$； 质量含量比 ZrO_2/Al_2O_3 在 2.0 至 6.0 之间	提高导热 未来新品

续表

公开号	优先权日	进入国家/地区	发明名称	权利要求 1	产品牌号
WO03043953A1	2001-11-20	FR、CN、EP、WO、US、JP、BR、IN、AU	尤其用于制造玻璃熔炉的炉底的未加工耐火组合物	1. 用于制造玻璃熔炉的炉底的未成形耐火组合物，其特征在于它包括含以下物质的基本混合物：1wt%～6wt%的水硬性水泥，和94wt～99wt%的至少一种其主要成份为 Al_2O_3、ZrO_2 和 SiO_2 的耐火材料的颗粒，所述基本混合物含有：Al_2O_3 45wt%～65wt%，ZrO_2 20wt%～35wt%，SiO_2 12wt%～20wt%，所述基本混合物中尺寸小于40μm的颗粒部分，按照占所述基本混合物质量的百分比计，以下述方式分布：<0.5μm的部分：≥4wt%；<2μm的部分：≥5wt%；<10μm的部分：≥16wt%；<40μm的部分：29wt%～45wt%；所述耐火组合物还包括以所述基本混合物重量计的下述物质：0.02wt%～0.08wt%的有机纤维，和0.075wt%～1wt%的表面活性剂	ERSOL（不定形铺底浇筑料）
WO2010049872A1	2008-10-29	FR、CN、EP、WO、US、JP、TW、IN、RU	自流平混凝土	1. 一种粉末，以质量百分比计，该粉末包含：（a）94%～99%的至少一耐火材料的颗粒，该颗粒的主要成分为氧化铝和/或氧化硅；（b）1%～6%的水硬水泥；或氧化硅；（c）0～0.03%的有机纤维，优选为0.075%～1%的，优选为0.1%～1%的表面活性剂；和（e）可选的，促凝剂，相对干粉，尺寸小于40μm的颗粒的部分以质量百分比计，尺寸小于40μm的颗粒的部分的分布如下：<0.5μm的部分：≥4%；<2μm的部分：≥5%；<10μm的部分：≥16%；<40μm的部分：29～45%，氧化锆在被称为"细粒"的尺寸小于10μm的部分中的比例，以相对干细粒部分的总重的质量百分比计，为在35%～75%之间	ERSOL（不定形铺底浇筑料）

公开号	优先权日	进入国家/地区	发明名称	权利要求1	产品牌号
CN1048025A	1989-06-15	通过《巴黎公约》进入 CN、HU、EP、US、JP、RU、HK、DE、AU	具有高二氧化锆含量的熔铸耐火材料产品	1. 一种无裂纹的耐火材料制品，用原材料的混合物在氧化条件下通过熔融和浇铸制得的，使所得制品具有平均化学成分以下列氧化物按质量计的%为：ZrO_2 >92%，SiO_2 2%~6.5，Na_2O 0.12%~1.0%，Al_2O_3 0.4%~1.15%，$Fe_2O_3 + TiO_2$ <0.55%，P_2O_5 <0.05%	ER-1195
WO2007099253A	2006-02-24	CN、FR、EP、WO、US、JP、KR、TW	具有高氧化锆含量的高电阻率耐火材料	1. 具有高氧化锆含量的熔铸耐火产品，按基于氧化物的质量百分数计并且对于大于98.5%的总量，所述产品包含： $ZrO_2 + Hf_2O$: >85%； SiO_2: 1%~10%； Al_2O_3: 0.1%~2.4%； B_2O_3: <1.5%； 选自 CrO_3、Nb_2O_5、MoO_3、Ta_2O_5、WO_3 及其混合物的掺杂剂，掺杂剂的加权量使得： $0.2% \leq 8.84CrO_3 + 1.66Nb_2O_5 + 6.14MoO_3 + Ta_2O_5 + 3.81WO_3$	XiLEC 9（高电阻率高含量氧化锆基材料）

5.4.4 产品重要原料与制备工艺

CC10、CS10、AC44 均为圣戈班所制备 AZS 及高含量氧化锆类产品所需的重要原料，尤其 CC10，从图 5-4-3 可以看出多项专利中的高含量氧化锆基耐火材料、AZS 耐火材料、锆英石耐火材料产品所用原料均涉及 CC10。该原料按平均重量计，主要包括 98.5% ZrO_2，0.5% SiO_2 和 0.2% Na_2O，并且氧化锆颗粒的中值直径（D50）为 3.5μm。CC10 为由欧洲耐火销售。

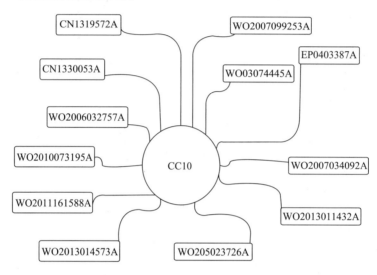

图 5-4-3 圣戈班重要原料 CC10 的应用情况

以氧化锆、锆英石为原料制造的耐火制品根据生产工艺的不同，含锆耐火制品分为烧结制品、熔铸制品和不烧制品。含锆耐火制品具有熔点高、热导率低、化学稳定性好的特点，特别是对熔融玻璃和液态金属具有良好的耐侵蚀性。对这些种类制品的制备工艺显得尤为重要。圣戈班所生产的 AZS 产品及高含量氧化锆系列产品的制备工艺均使用了长弧熔化的方法，如图 5-4-4 所示。

该制备工艺由圣戈班西普的早期公司——L'ELECTRO REFRACTAIRE 公司于 1958 年提出的专利申请 FR1208577A 所记载。该方法包括：使用电弧炉，在该电弧炉中，在进料和远离该进料的至少一电极之间发出电弧；以及调节弧长，使得其还原作用被降低至最小，同时在熔融材料上保持氧化氛围，并同时通过电弧本身的作用或者通过氧化气体（例如空气或氧气）在熔融材料内的鼓泡，或者通过向熔融材料中添加释放氧气的物质（例如过氧化物）来混合所述熔融材料进行搅拌。该工艺为熔铸锆基耐火材料的重要工艺，对合格产品的制备起到了至关重要的作用。在 1959 年 L'ELECTRO RE-FRACTAIRE 公司申请的公开号为 GB930605A 的专利申请中又保护了一种使用了长弧熔化方法所制备的耐火材料。

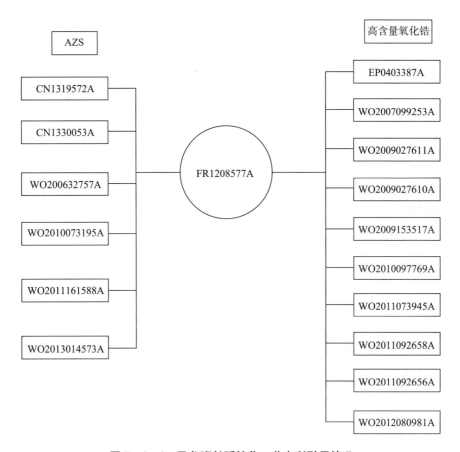

图 5 – 4 – 4　圣戈班长弧熔化工艺专利引用情况

5.4.5　产品保护策略

随着知识经济时代的到来，全球经济一体化的进程不断加快，技术创新的规模和进程以前所未有的速度发展。与此同时，科技产业化不断加快，技术及产品的生命周期大大缩短，市场竞争愈演愈烈。就市场而言，单个和少数专利往往不能对产品及销售市场形成有效保护。从专利的角度，一个公司要想有效保护自身知识产权，需要采用全方位多角度的保护策略。而采取有效的产品保护策略，利用专利制度保护好自己的核心技术成为产品有效占领市场的重要举措。下面结合圣戈班西普在 AZS 耐火材料方面专利的保护策略进行分析。从图 5 – 4 – 5 可以看出，其主要采取了以下几个方面对产品进行了有效保护。

5.4.5.1　核心产品重重包围

ER – 1681、ER – 1685、ER – 1711 为圣戈班 AZS 的核心产品，第一代产品在 20 世纪 60 年代即已面市，经过不断改进成为耐火材料市场的热销产品。该系列产品问世后所申请的相关专利始终围绕这些产品不断进行改进研发。CN1319572A 于 2000 年提出申请，WO2010073195A1 于 2008 年作出改进并产生新产品 ER 2010 RIC，2010 年再次围绕 ER 2010 RIC 进行改进并申请专利 WO2011161588A。

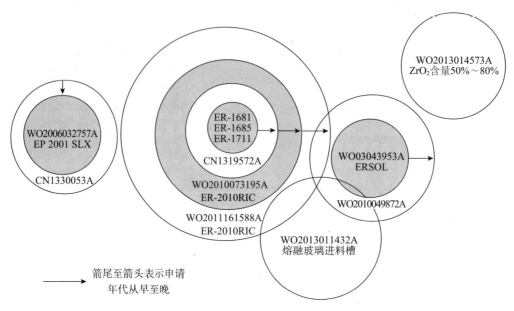

图 5 - 4 - 5　圣戈班 AZS 产品专利保护策略

对于不定形耐火材料产品 ERSOL，圣戈班西普先于 2001 年申请了公开号为 WO2003043953A 的发明名称为"尤其用于制造玻璃熔炉炉底的未加工耐火组合物"的专利申请，该申请对 ERSOL 系列产品进行保护。7 年之后该公司又提出国际公开号为 WO2010049872A 的发明名称为"自流平混凝土"的专利申请，继续对产品 ERSOL 进行保护，后者仅在个别组分含量及氧化锆细粒尺寸的比例作出微小调整。

随着时间的进程不断对核心产品进行保护，这样使得产品在整个生命周期中始终处于有效保护之下，防止了其他公司对该产品的侵害，也避免了产品因专利保护期满而成为公共技术。

5.4.5.2　现有产品扩大保护

核心产品 ER – 1681、ER – 1685、ER – 1711 属于 AZS 系列产品，该产品的 ZrO_2 的含量分别为 32%、36%、40%。2000 年的专利申请 CN1319572A 中 ZrO_2 的含量为 32% ~ 45%，2008 年的 WO2010073195A 所保护改进的新产品 ER – 2010 RIC 的 ZrO_2 的含量为 30% ~ 46%，到 2010 再次围绕 ER 2010 RIC 进行改进的专利申请 WO2011161588A 将 ZrO_2 的含量限定为 30% ~ 50%。

5.4.5.3　新品提前布局

圣戈班 AZS 系列传统的核心产品 ZrO_2 含量一般在 32% ~ 40% 之间，但其早在 2000 年即在中国、加拿大、欧洲专利局、美国、日本、韩国、印度、印度尼西亚、墨西哥对 ZrO_2 含量低于 30% 的产品进行提前布局，例如在中国专利公布号为 CN1330053A，保护产品 ZrO_2 含量为 10% ~ 29%。而在 2004 年提出一项国际申请，国际公布号为 WO2006032757A，ZrO_2 含量为 15.5% ~ 22%，至此所保护的提高防渗出率的新品 ER

2001 SLX 问世。

而其在 2011 年向世界知识产权组织国际局提交了国际申请公布号为 WO2013014573A1 的专利申请，并进入中国、印度、美国、欧洲专利局、日本、韩国、法国。进入中国的专利申请公布号为 CN103827047A。该专利申请中请求保护的 AZS 产品 ZrO_2 含量为 60% ~ 80%，突破了已有 ZrO_2 含量的限制，可见其又在对高锆含量产品进行提前布局。从该专利可窥见该公司未来新产品向高锆 AZS 方向进发，突破了传统 AZS 研发壁垒，并率先突破全球竞争对手热衷于研发的优势产品，寻求新的制高点，首先将未来市场新产品保护住。新产品面市前先在一个大范围内进行有效布局，抢占先机后，再进行精准研发改进，确定合理保护范围。

5.4.5.4　不同产品保护范围交叉

专利申请 WO03043953A 和 WO2010049872A 保护一种不定形耐火材料，所对应产品为 ERSOL。通常在玻璃熔炉炉底的板之间的玻璃渗透引起用于形成板下方的被称为"砂浆层"的层的材料的腐蚀，然后引起板的腐蚀。为了限制板间的熔化的玻璃的渗透，需注入新拌混凝土以对这些板进行灌浆。因此该专利提供尤其用于制造玻璃熔炉的炉底的粉末，该粉末以质量百分比计包含：（a）94% ~ 99% 的至少一种耐火材料的颗粒，该颗粒的主要成分为 Al_2O_3 和/或 ZrO_2 和/或 SiO_2；（b）1% ~ 6% 的，优选为 3% ~ 5% 的水凝水泥；（c）0 ~ 0.03% 的有机纤维；（d）可选的，优选为 0.075% ~ 1% 的，优选为 0.1% ~ 1% 的表面活性剂；和（e）可选的，促凝剂，以相对于粉末的质量的质量百分比计，尺寸小于 40μm 的颗粒的部分的分布如下：< 0.5μm 的部分：≥4%；< 2μm 的部分：≥5%，优选≥8%；< 10μm 的部分：≥16%；< 40μm 的部分：29% ~ 45%，优选≥30% ~ 45%。其中保护的耐火材料颗粒即为 ER – 1681、ER – 1685、ER – 1711 系列产品：耐火材料颗粒总量超过 95%：Al_2O_3：40% ~ 65%；ZrO_2：20% ~ 45%；SiO_2：8% ~ 20%。可见保护 ERSOL 产品的专利与保护核心产品 ER – 1681、ER – 1685、ER – 1711 系列产品的专利保护范围出现交叉。

专利申请 WO2013011432A 要求保护一种用于熔融玻璃的进料槽。与熔融玻璃接触的进料装置的基础结构块必须满足非常严格的要求。进料装置实际上是终端部分，经调整处理的即"备用的"熔融玻璃穿过该终端部分。与在熔炉的上游中产生的缺陷不同，在进料装置中产生的任何缺陷均具有导致玻璃制品成为废品的可能性。与在进料装置得到的那些缺陷相比，在熔炉中产生的缺陷实际上经受了更高的温度。另外，与在进料装置中产生的那些缺陷相比，在熔炉中产生的缺陷经受这些温度的时间更长。因此，与在进料装置中产生的缺陷相比，消除这些缺陷的可能性更高。因此该专利主要保护一种用于熔融玻璃的进料装置，所述进料装置包括基础结构，所述基础结构包括原位自浇铸且原位烧结的块。所述块包括颗粒和水硬性黏结剂。高铝水泥的含量大于 2% 且小于 8%。所述块具有这样的组成：以氧化物的质量百分比计，Al_2O_3 + ZrO_2 + SiO_2 + CaO + MgO + TiO_2 + Y_2O_3 的总含量大于 90%。可见该专利的保护范围与保护 ERSOL系列产品的专利 WO03043953A 和 WO2010049872A 出现交叉重叠，即均涉及不定形耐火浇筑料，同时又与保护 AZS 核心产品 ER – 1681、ER – 1685、ER – 1711 的系列专利出现重叠。

申请技术方案与原核心专利技术方案交叉、重叠或覆盖的技术改进型专利，形成有效的外围保护圈，避免竞争对手轻易绕开核心专利所保护的技术方案。这种由技术改进申请的外围专利，还可视作核心专利技术的进一步储备，以便在核心专利到期后仍能够对核心技术方案起到保护作用。

5.4.5.5 产品整个产业链保护

保护用于玻璃熔炉所有部位应用到的耐火产品：专利 CN1330053A 保护的产品用于构筑玻璃熔化炉尾部区域，如燃烧器管道或炉顶，或交流换热器室壁，以及在生产交流换热器堆砌部件中，如十字形或其他形状的部件。WO2006032757A 保护的熔铸耐火材料产品用于玻璃熔炉的上部结构或炉顶部。WO2005023726A 和 WO2007034092A 分别保护砌块形式的耐火烧结产品用于工业生产设备的燃烧室，用于制造钠钙玻璃（SCC）或者超白玻璃（SCEB）的玻璃熔炉的末端区域，不但保护块材也保护黏结块材的不定形浇筑料。

不但保护熔铸耐火产品还保护烧结耐火产品：如专利 WO2005023726A 的权利要求 1 为："砌块形式的耐火烧结产品，其具有下面的平均化学组成，以基于氧化物的质量百分比计：$20\% < Al_2O_3 < 90\%$，$6\% \leqslant SiO_2 < 30\%$，$3\% < ZrO_2 < 50\%$，$0 \leqslant Cr_2O_3 < 50\%$，该产品包含 $17\% \sim 85\%$ 的莫来石 – 氧化锆颗粒。"WO2007034092A 的权利要求 1 为："一种坯件，它具有以无机氧化物为基准的质量百分数表示的下述平均无机化学组成：$40\% \leqslant Al_2O_3 \leqslant 95.7\%$，$0 \leqslant ZrO_2 \leqslant 41\%$，$2\% \leqslant SiO_2 \leqslant 22\%$，$1\% < Y_2O_3 + V_2O_5 + TiO_2 + Sb_2O_3 + Yb_2O_3 + Na_2O \leqslant 5\%$。"

保护由产品制备的熔炉部件：如专利 WO2013011432A 保护用于熔融玻璃的进料槽，即一种用于熔融玻璃的进料装置，所述进料装置包括基础结构，所述基础结构包括原位自浇铸且原位烧结的块。其中，所述块包括基部和侧柱，所述侧柱从所述基部延伸至由具有浇铸面外观的上表面限定的自由端。所述块具有 "U" 形剖面的形状。

这些专利对产品的整个制作工艺及整个玻璃熔炉进行了整个产业链的严密保护。

圣戈班西普采取上述专利保护策略，打造了较为完整的保护体系，将专利变为一个有力的武器，借助专利遏制竞争对手，为产品的市场销售扫平了专利障碍。

5.4.6 未来研发方向

2011 年圣戈班欧洲设计研究中心向世界知识产权组织国际局提交了国际申请公布号为 WO2013014573A1 的专利申请，并进入中国、印度、美国、欧洲专利局、日本、韩国、法国。进入中国的申请公布号为 CN103827047A。其核心技术方案为：基于氧化物的质量百分比计且总量为 100%，所述耐火产品具有下列平均化学组成：ZrO_2：$60.0\% \sim 80.0\%$；SiO_2：$4.0\% \sim 10.0\%$；Al_2O_3：补足至 100%；Y_2O_3：$\leqslant 5.0\%$；$Na_2O + K_2O + B_2O_3 \geqslant 0.3\%$ 且 $SiO_2 / (Na_2O + K_2O + B_2O_3) \geqslant 5.0$；其他氧化物种类：$\leqslant 2.0\%$；质量含量比 ZrO_2 / Al_2O_3 在 $2.0 \sim 6.0$ 之间。当前由圣戈班西普销售的 AZS 产品（例如 ER – 1681、ER – 1685 或者 ER – 1711）包括 $45\% \sim 50\%$ 的 Al_2O_3、$32\% \sim$

41%的 ZrO_2、12%～16%的 SiO_2 和大约1%的 Na_2O。具有高氧化锆含量（即包括按质量计超过85%的 ZrO_2）的电熔铸产品以其极高的耐腐蚀性而知名，而不会使所生产的玻璃着色且不会产生缺陷。由圣戈班西普公司生产和销售的产品 ER－1195 现今广泛用于玻璃熔炉中。其化学组成包括约94%的 ZrO_2、4%～5%的 SiO_2、约1%的 Al_2O_3、0.3%的 Na_2O 及按质量计小于0.05%的 P_2O_5。其为用于玻璃熔炉的典型的具有极高氧化锆含量的产品。这些产品提供良好的性能且非常适于建造玻璃熔炉。然而，它们不能被永久使用，尤其对于构成玻璃熔炉的槽或喉部的块。事实上，这些块的外表面被冷却，因此在熔炉的块的内表面和外表面之间存在很大的温度差。为了有效地冷却，这些块具有高的导热性是重要的。此外，始终需要改善玻璃熔炉的工作条件和玻璃的品质，尤其是对于要求特别高的应用的新的玻璃组合物。具体而言，通过熔融玻璃改善耐腐蚀性总是有益的。该申请提供了一种具有优异的耐熔融玻璃的腐蚀性和高的导热性的熔凝产品。通过微观结构观察，它们具有树枝状氧化锆晶体以及金刚砂的柱状晶体和金刚砂－氧化锆共熔合金的柱状晶体，这产生高度互穿的微观结构，该微观结构通过提供较好地阻止在表面处的对流运动而有助于玻璃的界面的稳定性，由此较好地阻止玻璃的腐蚀。在实施例中评价的热导率优选大于 $3.00W/m \cdot ℃$、优选大于 $3.05W/m \cdot ℃$，甚至大于或等于 $3.10W/m \cdot ℃$。与具有非常高氧化锆含量的产品相比，该产品还可以实现更高的热导率，实现了耐腐蚀性和导热性之间优异的折中，由于熔融的玻璃/耐火产品界面的更高的稳定性，故可以实现明显改善的使用寿命。这也是圣戈班在 AZS 耐火材料产品上的一个新的方向。从申请的专利上分析，圣戈班将来或将重点放在提高玻璃熔炉所用耐火材料的高导热性能研究上，并突破传统 AZS 中氧化锆含量不大于60%的限制与研制难点。

5.5　小　　结

圣戈班最初就是一个镜子手工玻璃工厂，但今天却发展成一个庞大的工业帝国，在其所涉猎的所有行业中均成为世界领跑者。究其原因：圣戈班始终将研发创新作为公司的核心战略，在世界多个国家和地区建立了12个一流的研发中心，组建一流的研发团队，并根据地域特点选择合适的研发团队模式，投入大量的研发经费（甚至占到公司营业额的6%）。同时，圣戈班将专利作为与商业对手竞争的核心武器，利用专利对上市的产品进行严密保护，具有系统的专利保护策略。在管理方面制定了简洁有效的管理模式，并注重社会、安全、责任管理，甚至仅有几百名员工的企业也要专门设立 EHS 部。可见圣戈班的成功并不是偶然的。

第6章 圣戈班西普并购分析

本章对圣戈班西普从建立之初到目前的并购尤其跨国并购历史进行了梳理,并总结出圣戈班的并购策略,同时对国内耐火材料企业的发展提出建议。

企业并购是指一个企业购买另一个企业的全部或部分资产或产权,从而影响、控制被收购的企业,以增强企业的竞争优势,实现企业经营目标的行为。当今时代企业并购被认为是减少交易成本的一种手段,是现代经济生活中跨国企业自我发展的一个重要内容,是当今全球化市场经济下企业运营的重要形式。通过并购企业可以有效实现资源和劳动效率的合理再分配,实现协同效应,并且提升企业的价值,增强市场控制力和长期获利能力。并购方式主要表现在3个方面:横向并购、纵向并购和混合并购。横向并购主要指生产同类型产品或者生产相近产品的企业之间的并购,实际上是同行业相互竞争对手之间的合并。纵向并购是指在生产过程或经营环节相互衔接、紧密联系的企业之间的并购行为,即所谓的企业与供应商或者客户的合并,优势企业与本行业生产、营销相关的生产一体化。纵向并购企业之间不存在直接的竞争关系,一般是两者之间有一定的互补性。❶ 混合并购是指处于不同产业部门、不同市场,且这些产业部门之间没有特别的生产技术联系的企业之间的并购。

6.1 圣戈班西普全球版图

圣戈班西普1929年成立于法国,现隶属于圣戈班创新材料事业部的陶瓷材料业务部。圣戈班西普从建立之初到如今已通过并购方式完成了对数个不同国家耐火材料企业的并购,有策略地向世界多国进行扩张,并购年代及企业所属国家见图6-1-1。

目前圣戈班西普在全球有10多个生产工厂及销售代表处,60多个代理和分销商,版图已分布在北美洲、南美洲、亚洲、欧洲。

圣戈班西普具备强大的研发和技术支持能力,研发人员占员工数量的7%,研发经费占公司销售额的6%。圣戈班西普所研发与生产的耐火材料主要为玻璃制造业提供服务。其拥有3个主要研发中心,分别位于法国(CREE,法国南部)、美国(NRDC,Northoboro)和中国(SGRS,中国上海),主要是针对不同类型的玻璃制造提供耐火材料方面的研发。法国研发中心隶属于圣戈班高性能材料事业部,主要研发高性能陶瓷产品,其研发成果直接用于工业生产,集团为各个研发团队提供很好的技术及后勤保

---

❶ 黄宁蔚. IT 企业跨国并购的动机和绩效分析——基于 SAP 收购 Sybase 案例 [D]. 上海:华东理工大学,2013.

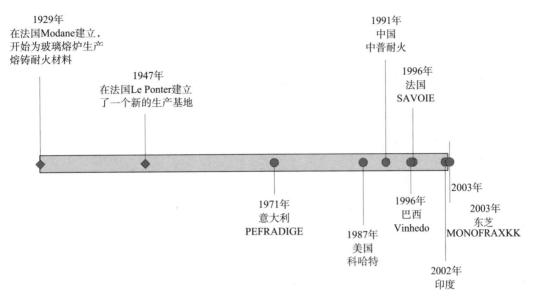

图6-1-1　圣戈班西普并购公司所属国家及年份

障。该中心共有230名研发和技术人员工作在各个实验室及工厂车间，这些人员掌握着最尖端最全面的专业技术。位于中国上海的研发中心是圣戈班全世界最大的研发中心之一，该中心具有强大的技术研发能力，在深度科学探索、市场需求的快速应答、前沿技术革新方面具有很强优势，同时配备了先进的研发设备。圣戈班美国研发中心也是集团全球最大的研发中心之一，从27个州雇佣了200名科研人员和工程师，致力于结构材料、陶瓷、塑料和磨料的研发。

6.2　并购历程

圣戈班西普从1971年开始第一次并购后，即开始了快速并购扩张之旅，近些年并购尤其活跃，具体并购历程如图6-2-1（见文前彩色插图第10页）所示。

圣戈班西普最初是在1929年，由圣戈班与康宁一起合作建立于法国Modane，公司名称定为"L'ELECTRO-REFRACTAIRE"，并开始为玻璃熔炉生产熔铸耐火材料。

1947年，在法国Avignon附近的Le Pontet建立了一个新的生产基地。

1971年收购了意大利的REFRADIGE耐火材料公司。该公司建立于1960年，主要生产熔铸材料的制造设备，名称为"SICEDISON"。

1973年，L'ELECTRO-REFRACTAIRE更名为"SEPR（Société Européenne de Produits Réfractaires）"。

1987年并购了美国科哈特。

1991年，与北京玻璃集团公司签属了一份合作协议在中国生产熔铸耐火材料，公司命名为北京中普公司（ZPER Co. Ltd）。

1996年，并购了法国萨维里弗拉克泰里斯（SAVOIE）公司。萨维里弗拉克泰里斯公司成立于 1898 年，有百年历史，主要为玻璃熔炉生产黏结耐火材料。

1996 年，并购了巴西 Vinhedo，该公司成立于 1968 年。

2001 年，ZPER 更名为北京西普耐火材料，在北京昌平设立生产工厂。

2002 年，并购了印度科美（CUMI）公司的耐火材料事业部门，并购后命名为西普耐火材料印度股份有限公司。

2003 年，收购了日本东芝 MONOFRAX KK，即现在的圣戈班 TM KK。

2006 年，在中国建立了临沂圣戈班耐火材料厂。

2011 年，在印度设立了烧结耐火材料制造工厂。

2015 年，即将在印度开始又一家耐火材料制造厂。

6.3 并购相关专利分析

6.3.1 美国科哈特

科哈特是一家位于美国肯塔基州的耐火材料制造企业，是世界第一流制造生产纺织玻璃纤维所需的各类致密氧化铬和致密氧化锆耐火材料的专业公司。1987 年被圣戈班收购，成为圣戈班西普在美国的重要分公司。

科哈特在烧结耐火材料研发与制备方面具有悠久历史，在熔铸耐火材料方面也具备极强实力。其在 1952 年生产出电熔镁铬质制品。该制品比烧结制品致密，有较好的抗渣性和耐磨性，但抗热震性较差。1961 年直接结合镁铬砖在美国市场出现。由于物理、化学和机械性能以及高温性能的改进，直接结合镁铬砖比早期的镁铬砖大大前进了一步。[1] 在锆基耐火材料方面，科哈特称得上为 AZS 制品研究的鼻祖。在 20 世纪 30 年代末科哈特即开始 AZS 的研究，在专利申请 US2271366A 中描述了制造这类产品的第一个实例：其包含大于 75% 的 $Al_2O_3 + ZrO_2$，可选地，含有碱性的种类，例如 Na_2O，SiO_2 的含量因此必须小于 10%。对所述实例的晶体学分析显示了在玻璃相中的氧化锆和金刚砂的晶体，即 α - 氧化铝。该申请没有研究碱性氧化物的影响。当氧化锆的含量低于 22.1% 时，会出现结晶的莫来石相，而这导致耐腐蚀性被熔融玻璃降低。科哈特随后又对该类产品进行了改进，在专利申请 US2438552A 中描述改进产品：按质量计，其包含 45% ~ 70% 的 Al_2O_3，14% ~ 40% 的 ZrO_2，9% ~ 12% 的 SiO_2，1% ~ 2.2% 的 Na_2O，0.4% ~ 1.7% 的 Fe_2O_3 和 0.2% ~ 0.8% 的 $MgO + CaO$。在该专利中提出添加 Na_2O 和 MgO/CaO，以便解决有关含有 45% ~ 70% Al_2O_3、14% ~ 40% ZrO_2 和 9% ~ 12% SiO_2 的产品的可行性问题。在优先权为 1956 年的专利 FR1153488A 描述了其中晶体聚结生长有利于改善耐腐蚀性的 AZS 产品，这些产品是第一代产品，即还原产品。这些发明人指出，产品正是由于这种化学组成，才能够获得所要求的微观结构。特别地，他们明确指出，他们发明的晶体结构只是在 $Al_2O_3 - ZrO_2 - SiO_2$ 体系的很小区域才

---

[1] [EB/OL]. http://baike. gqsoso. com.

存在，在这样的区域中，SiO_2 含量是 16% ~ 20%。另外他们还指出，存在过高比例 Na_2O 对耐腐蚀性产生不利影响，并且应该将 Na_2O/SiO_2 之比限制在 0.14。随后科哈特在 FR1328880A 等专利申请中继续不断地对 AZS 产品进行研发改进。而上述专利文献被后续的圣戈班 AZS 研究大量引用。

在高含量氧化锆耐火材料方面，圣戈班欧洲耐火保护重要产品 ER - 1195 的专利 EP0403387A 中引用了科哈特的专利申请 US3519448A，该专利建议加入稀土氧化物来稳定 ZrO_2。

圣戈班并购了科哈特后，如鱼得水。优先权为 1989 年的欧洲耐火发明专利 US5124287A 出让给科哈特，该专利描述的产品主要由锆石和少量 ZrO_2 和 TiO_2 的添加物构成。发明人指出加入到组合物中的氧化锆含量达 5% ~ 25%。实施例显示，对于含高于 25% 氧化锆的产品进行大块整体焙烧时会观察到出现裂纹，并且甚至对于一块低于 10kg 的小块整体焙烧也是如此。该专利明确指出若存在其他的化合物，如果想要保持该产品抗腐蚀水平与主要由致密锆石构成的产品的抗腐蚀水平相同，其应优选为氧化锆含量低于 2%（质量）。发明人也指出氧化锆百分比过高会招致高成本以及结石的倾向。另外，需明确指出优选使用单斜晶的氧化锆并因此避免如 Y_2O_3 稳定剂的存在。科哈特在该专利的基础上，成功制备了产品 ZS - 1300。该产品为圣戈班的热销产品，主要用于多电极电炉底。

6.3.2 法国萨维里弗拉克泰里斯公司

1996 年，法国萨维里弗拉克泰里斯公司被圣戈班成功收购，成为圣戈班西普的一员。萨维里弗拉克泰里斯公司成立于 1898 年，有百年历史，主要为玻璃熔炉生产黏结耐火材料。

圣戈班通过并购萨维里弗拉克泰里斯公司，获取了该公司在鼓风炉方面的工艺专利技术，并将其不断改进。圣戈班印度西普的耐火材料工厂的制备工艺即沿用了萨维里弗拉克泰里斯公司的专利技术。该公司在熔炉及制品制备工艺方面的代表性专利如表 6 - 3 - 1 所示。欧洲耐火与萨维里弗拉克泰里斯在并购前也存在合作申请关系，曾在 1977 年合作申请过关于耐火材料生产设备、生产线的相关专利申请 FR2379784A，该专利涉及熔炉耐火衬里。

表 6 - 3 - 1　萨维里弗拉克泰里斯公司被并购前重要专利

专利公布号	公布日期	专利公布号	公布日期
FR2469854A1	1981 - 05 - 29	FR2503186A1	1982 - 10 - 08
FR2296676A1	1976 - 09 - 03	FR2373498A1	1978 - 08 - 11
FR2561365A1	1985 - 09 - 20	FR2621311A1	1989 - 04 - 07
FR2379784A1	1978 - 10 - 06	FR2423467A1	1979 - 12 - 21
FR2552535A1	1985 - 03 - 29	FR2464294A1	1981 - 04 - 10
FR2632971A1	1989 - 12 - 22	FR2660742A1	1991 - 10 - 11

现该公司主要生产 ZPR、ERMOLD、CHROME AZS、BPAL、ZA33 和 Arkal60/65 产品，产品全球销售。通过对萨维里弗拉克泰里斯的并购，圣戈班的业务种类在增加，技术分布从单一逐渐扩展到整个耐火产业链，从而逐渐形成了耐火材料的规模经济。

6.3.3 日本东芝 MONOFRAX KK

日本东芝 MONOFRAX KK 电熔浇注耐火材料是东芝陶瓷的一个事业部，最初是由东芝陶瓷与ハビソン·カーボランダム社于 1966 年 7 月 21 日在日本东京共同成立的，其中前者持股 51%，后者持股 49%。同年 11 月电铸耐火材料开始生产。1996 年 4 月，ハビソン·カーボランダム社将其持有的 49% 股权全部转让给圣戈班。2003 年 4 月圣戈班已取得大部分股权并将该公司正式更名为圣戈班 TM KK。2006 年 4 月，圣戈班 TM KK 将其中的人造矿物纤维事业部转卖。该公司并购历程见图 6-3-1。该公司在东京设有公司总部，在京都市设有销售部，在千叶县神崎设生产工厂，同时神崎工厂也是公司耐火材料的生产、研发基地，以生产各种应用的熔铸耐火材料的悠久历史而闻名，在为各种工业应用提供性能优异的耐火材料方面已具备近 50 年的历史。

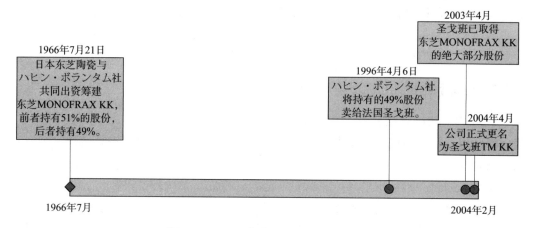

图 6-3-1 圣戈班 TM KK 成立历程

东芝 MONOFRAX KK 拥有大量 AZS 及高含量氧化锆基耐火材料专利技术，其产品性能优异。1986 年 SCIMOS-S 系列产品即开始生产，1987 年 SCIMOS-CZ 开始问世。这些产品均有大量专利进行保护，代表性专利见表 6-3-2。

表 6-3-2 东芝 MONOFRAX KK 被并购前锆基耐火产品专利

序号	最早申请号	最早优先权日	序号	最早申请号	最早优先权日
1	JP20824994A	1994-08-10	5	JP35546892A	1992-12-21
2	JP11476599A	1999-04-22	6	JP34271093A	1993-12-16
3	JP3501588A	1988-02-19	7	JP10628494A	1994-04-22
4	JP254890A	1990-01-11	8	JP23415994A	1994-09-02

续表

序号	最早申请号	最早优先权日	序号	最早申请号	最早优先权日
9	JP23580996A	1996 – 08 – 20	13	JP10929986A	1986 – 05 – 12
10	JP5036685A	1985 – 03 – 15	14	JP20603885A	1985 – 09 – 17
11	JP3965686A	1986 – 02 – 25	15	JP11885687A	1987 – 05 – 18
12	JP10170086A	1986 – 05 – 01	16	JP2001276620A	2001 – 09 – 12

被并购后即 2003 年后，以日本研发团队新核心戸村信雄为主的日本研发人员成功研发出 SCIMO Z 系列高电阻产品，并拥有严密的专利保护圈，见表 6 – 3 – 3。

表 6 – 3 – 3　东芝 MONOFRAX KK 被并购后锆基耐火产品专利

序号	最早申请号	最早优先权日	序号	最早申请号	最早优先权日
1	JP2007334026A	2007 – 12 – 26	4	JP2004117462A	2004 – 04 – 13
2	JP2002308130A	2002 – 10 – 23	5	JP2006178176A	2006 – 06 – 28
3	JP2002315295A	2002 – 10 – 30			

日本东芝 MONOFRAX KK 拥有核心专利技术，圣戈班利用自身已有优势与东芝 MONOFRAX KK 产品互补。具有抗侵蚀及合适电阻率的高含量氧化锆基耐火材料产品为近年来圣戈班的主打产品，其中 XiLEC5 及 XiLEC9、ER – 1195 系列由圣戈班欧洲研发中心研发，而 SCIMOS 系列由日本东芝方面研发，通过并购东芝 MONOFRAX KK，这一系列产品已可以适用于整个耐火玻璃熔炉领域。这些系列产品覆盖了非电熔炉或碱性玻璃及电熔炉或无碱玻璃，见图 6 – 3 – 3。可见通过并购，圣戈班实现了垄断整个玻璃耐火产品领域的目标。圣戈班利用圣戈班 TM KK 的技术优势与欧洲研发中心进行了优势互补，打造了耐火材料整个产业链所需锆基耐火材料的需求。现日本千叶工厂的产品主要为日本国内销售。

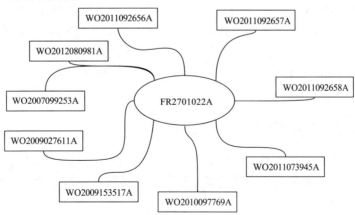

图 6 – 3 – 2　圣戈班引用日本旭硝子专利情况

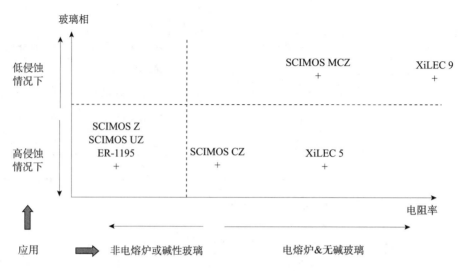

图 6 – 3 – 3　圣戈班欧洲与日本 TM KK 产品

6.3.4　印度科美公司

圣戈班耐火材料印度有限公司是圣戈班西普的全资子公司，2002 年圣戈班通过收购印度 Carborundum Universal（CUMI）公司的熔铸耐火材料业务部而成立。印度西普正在尝试着在同一工厂同时进行熔铸耐火材料和烧结耐火材料的制备，为东南亚、俄罗斯、欧洲、美国、非州、中东、韩国、日本的玻璃制造商提供耐火材料产品。产品制备所用设备及技术沿用西普从法国萨维里弗拉克泰里斯继承来的烧结工艺，并使用相同产品商标。2015 年圣戈班西普在印度开辟的第三个耐火材料工厂即将投入生产。

6.3.5　意大利的 REFRADIGE

意大利的 REFRADIGE 耐火材料公司建立于 1960 年，1971 年被圣戈班并购，也是西普最早并购的一个公司，先从同在欧洲的市场开始，逐渐扩张到其他大洲。仅查询到 1 项意大利的 REFRADIGE 耐火材料公司在并购前申请的关于耐火材料方面的专利，查询到并购后又相继申请了 2 项。其建立时间较短，但圣戈班西普看好该公司耐火材料的制造工厂，扩大了产能，并将圣戈班的产品顺利打入意大利市场。目前意大利西普主要生产 ER – 1681、ER – 1851、ER – 1711、ER – 1685、ER 2001 SLX 系列产品及熔铸耗材，产品远销全球。

6.3.6　中国北京玻璃集团公司

北京玻璃集团公司（BGG）前身是建立于 1940 年的北平硝子工厂。北京玻璃集团公司以日用玻璃、工业玻璃、技术玻璃、石英与硅材料、高档电熔耐火材料等为主要产品。

1991 年圣戈班与北京玻璃集团公司签属了一份合作协议在中国生产熔铸耐火材料，由法国圣戈班西普占股 52% 和北京玻璃集团公司占股 48% 合作成立了北京中普

（ZPER）。中普公司是中国电熔耐火材料行业的第一家合资企业。2001 年扩资后的北京中普公司改名为北京西普，由圣戈班绝对控股 87.5%，新工厂设在昌平，临近八达岭长城。❶

目前圣戈班的 ER 55XX RXF 十字砖、ZIRCHROM 85 高铬耐火材料、T8 十字砖及第 5 章所研究的锆基耐火材料新品 ER – 2001 SLX、ER – 2010 RIC、XiLEC 5 均由北京西普生产，而这些产品均由欧洲研发中心提供技术支持及相关研发工作。可见通过与北京玻璃集团公司的合资控股，圣戈班在中国取得了熔铸耐火材料的生产基地。虽然圣戈班与中国制造的耐火材料在技术方面并无太大差距，但中国目前正处于经济飞速发展时期，钢铁、建材等耐火材料下游行业的需求旺盛，在中国建厂成本较低，再加上中国劳动力价格低廉，使得其在中国生产的熔铸耐火材料在达到相同性能时成本更低，因此其产品在中国具有明显的竞争优势。

北京西普在圣戈班西普全球网络占有至关重要的作用，其为中国、亚洲、欧洲和北美玻璃制造厂商提供玻璃接触部位、熔炉上部及尾部熔铸耐火材料。

6.3.7　临沂圣戈班耐火材料有限公司

临沂圣戈班耐火材料有限公司由圣戈班和临沂市耐火材料有限公司于 2005 年 9 月共同投资建立，采用科哈特的最新技术和工艺，生产用于玻璃纤维窑炉的特种耐火材料，即致密氧化铬砖和致密氧化锆英石砖。

6.4　并购策略

6.4.1　变合资为独资

企业分为两种不同的类型：合资是指集团与其他公司或企业签署合作协议的形式，与之相对的是独资，指完全由集团投资并拥有的企业。

从圣戈班西普对日本东芝 MONOFRAX KK 与中国北京中普公司的收购来看，其收购策略如出一辙。对日本东芝，先于 1996 收购 49% 股权与东芝陶瓷合资经营，历时 8 年后的 2003 年即已取得大部分股权并将该公司掌控手中。对于中国北京中普公司，先于 1991 年签属合作生产协议，由法国圣戈班西普占股 52% 和北京玻璃集团公司占股 48% 合作成立了中普公司，2000 年圣戈班绝对控股 87.5%，实现了对于中普的绝对掌控，并将公司更名为北京西普。

刚进入外国市场时，公司需要寻找到一些了解本国市场的合作伙伴，而以合资为主则刚好满足这种需求。近年来，圣戈班旗下的独资企业数目开始远远超过合资企业，成为圣戈班布局中国市场最重要的方式。而在独资企业中，圣戈班很少会自己投资建设一个新的企业，更多是采取收购的方式，或者是将之前的合资企业变为独资企业。

---

❶　参见 http：// saint – gobain. com. cn.

6.4.2 低调扩张

圣戈班一直坚持低调扩张，虽然收购活动非常频繁，却未引起媒体关注，很少有媒体或舆论大肆宣扬圣戈班的收购活动，评论其收购动机，其堪称作风低调的隐形外资大鳄，至今已完成了其在中国建材业的"十面埋伏"。

中国市场上，外资企业在多个行业展开并购，不仅引发了业内企业的担忧，有的更是上升到了国家安全的层面。同样是外资巨头，经营建筑材料产品的圣戈班，在中国悄然进行的狂飙式扩张虽然捷报不少，"是非"却没有那么多。圣戈班在并购国内企业时，几乎没有遇到什么竞争，可谓"兵不血刃"。这与它在中国的低调投资有关。另外，中国建材生产企业非常分散，而且这些企业多是老国有企业，经营效益并不好，有些还面临亏损，由此成为地方政府的包袱，这使圣戈班在中国进行大举并购成为可能，而且非常顺利。或许这种低调投资更值得我们学习。

6.4.3 借收购技术优势公司克制竞争对手

圣戈班西普为起源于法国的一家企业，最初仅在法国或欧洲小范围内进行产品的销售与布局，随着世界经济的发展，仅在法国本地发展已经满足不了集团的快速发展需求。而欧美、亚洲地区成为圣戈班西普的扩张目标。但在这些国家或地区都存在大量的耐火材料生产企业，尤其是美国、欧洲和日本，耐火材料产业历史悠久、资本雄厚、研发实力和市场占有率都较高，要想直接成功入主这些国家或地区存在很大难度。而寻找这些国家或地区合适的耐火材料企业，借助这些企业作为跳板成为圣戈班西普企业发展的目标。

1987年圣戈班西普收购世界第一流制造各类致密氧化铬和致密氧化锆耐火材料的美国公司科哈特，通过相互之间资源的整合获得协同效应，顺利进入美国市场，并大大增加了原有市场份额和占有率，形成了卖方集中的局面，市场势力随之增加。同时在并购前，科哈特是圣戈班西普在产品市场上强劲的竞争对手，掌握着耐火材料的重要技术，成为圣戈班西普在锆基耐火材料前行路上的一个难以逾越的鸿沟。与此同时，美国联合矿产有限公司、贝克耐火材料公司、维苏威公司、柯蒂斯（C. E. Curtis）公司挡住了圣戈班西普进入美国市场的前行之路。而成功并购科哈特之后，圣戈班西普不但拥有了重要专利技术，还少了一个强劲对手，同时借由科哈特成功打入美国市场，开始了圣戈班对美国耐火材料市场的分羹，实现了与美国劲敌竞争瓜分美国耐火材料市场的梦想。同时圣戈班与科哈特优势互补，共同协作研发。

圣戈班从1996~2003年历时7年成功收购日本东芝MONOFRAX KK。日本东芝MONOFRAX KK陶瓷的相当一部分耐火材料的研发及产品涉及锆基耐火材料，而该公司与旭硝子、黑崎播磨等日本的传统耐火材料公司占据了日本耐火材料的霸主地位。旭硝子在锆基耐火材料方面的技术绝对是圣戈班难以逾越的鸿沟，从欧洲直接打入日本市场是比较困难的，但对于东芝陶瓷耐火的成功并购，不但减少了东芝这个竞争对手，同时使其立即在日本的耐火材料市场有了立足之地。且东芝具有优秀的管理团队、成熟的企业文化以及成熟的市场运作模式，可见圣戈班通过股权并购，成功入主日本耐火材料市场。

圣戈班 1996 年并购法国萨维里弗拉克泰里斯公司。该公司有百年历史，在耐火材料制备工艺及设备方面具有极强的优势。通过收购该公司，圣戈班不但在耐火材料的制备工艺及设备上获得了传承，还有利于拓展欧洲市场的业务。

这些知名耐火材料公司都具有丰富的渠道资源和多年累积的品牌影响力，这些也成为圣戈班并购后的又一大优势，收购后可以继续让品牌延续，为其所用。

6.4.4 注重开拓新兴市场国家

圣戈班从 1985 年进入中国市场以来在华业务扩展迅猛。耐火材料事业只占圣戈班产值的极小一部分，但圣戈班西普从 1991 年开始与中国北京玻璃集团公司合作生产，到目前仅耐火材料方面已在中国开拓了北京与山东临沂两个超级工厂。2002 年并购了印度科美的耐火材料事业部门，其后从事熔铸耐火材料的生产，2011 年在印度设立了烧结耐火材料制造工厂，2015 年即将在印度启动第三家耐火材料制造厂。

中国和印度同属于发展中国家，地缘相近，人口众多，同为世界新兴经济体——金砖四国之一。这两个国家耐火原料丰富，劳动力成本低，耐火材料产品下游需求旺盛，极具潜力。耐火材料为中国的传统行业，小作坊式的生产企业众多，提供的产品质量难以保证，但价格低廉；而国内有实力的耐火材料公司虽然可以提供质量上乘的产品，但一般造价较高。而跨国公司通过并购这些国家原有的企业，可以使企业的技术和原材料得到充分利用，同时利用集团公司的技术及整合优势，并通过扩大生产规模，节约成本，促进生产过程的各个环节的密切配合，加速生产流程，缩短生产周期，节约运输、仓储费用和能源来提供出质优价廉的产品，所以在新兴国家其产品极具竞争力。跨国公司对新兴国家进行并购可以充分利用本土优势，以最快速度占领具有潜力的市场，提高市场占有率。在新兴国家进行收购也是圣戈班巩固新兴国家战略市场领域地位的重要举措，有助于其完善在这些国家的生产基地布局，进一步提高公司综合竞争力。圣戈班在印度的熔铸耐火材料工厂产品主要供应东南亚、俄罗斯、欧洲、美国、非洲、中东、韩国、日本市场，在印度的烧结耐火材料工厂产品供应全球，设在中国北京和山东的耐火材料工厂所生产产品为中国、亚洲、欧洲和北美玻璃制造厂商提供耐火产品。

圣戈班在这些新兴国家设立加工生产工厂，充分利用了这些国家生产制造成本低的特点，为企业生产提供了一个比较稳定的经营环境，而且这些国家正在经济飞速发展时期，对产品需求旺盛，同时利用地源优势将产品销往周边国家，扩大了自己的产能。在中印这两个新兴国家所建的新的工厂使圣戈班巩固了在亚洲耐火材料市场的地位，保证了产品的销路，扩大了在耐火材料市场的份额及产品的覆盖范围。

6.4.5 并购技术实力并不突出的小分支

圣戈班西普所并购的印度科美是印度的知名企业，成立于 1954 年，隶属于印度

Murugappa 集团。科美的主要业务涉及磨料磨具、工业陶瓷及高档耐火材料。[1] 而被收购的为科美的一个小分支，与磨料磨具及工业陶瓷相比，占公司经营份额的极少部分，小分支在并购时难度不大，对小分支进行并购后，圣戈班利用集团的资源优势进行整合。

再如中国北京玻璃集团公司主营业务为玻璃产业，要从一个有悠久历史的企业中并购主营业务存在重重困难，但从不被看好的小分支下手则容易得多。且这些小分支多数已成为原企业发展的包袱或鸡肋，影响公司的良性运营和发展，但并购后经过重新整合则可发挥出"1+1＞2"的优势。

企业并购后的生产协同主要通过工厂规模经济取得，并购后，企业可以对原有企业之间的资产和规模进行调整，使其实现最佳规模，降低生产成本。原有企业相同的产品可以由专门的生产部门进行生产，从而提高生产和设备的专业化，提高生产效率。

6.4.6 并购后快速整合

对于企业而言，仅仅实现对目标企业的组织并购还远未达到目的，还需要对被并购企业的战略、业务、制度、人力资源和文化等所有企业要素进行进一步的整合。而圣戈班西普具有一套有效的产业整合平台，能用最快时间将并购企业融入集团的发展中，给被并购企业植入先进的技术和管理理念。如在中国和印度的工厂里，一般会引入圣戈班先进的生产线与先进技术，并能够快速对市场准确定位，结合被并购企业原有的优势确定产品的生产制造及销路。圣戈班西普坚持用责任和效率提供服务，用创新思维解决客户新需求，始终坚持提供高质量服务。

日本东芝 MONOFRAX KK 在 2003 年被圣戈班西普并购后，由欧洲实验及研究中心提供日本千叶工厂生产产品的相关技术支持及进行相关研发工作。这样将产品生产与研发进行明确分工，实行单独管理，提高了各自的效率。

圣戈班西普在整合过程中发现会拖累企业运营或利用资源优势无法顺畅将其融入主流产品发展的项目，也会综合考虑及时处理。如 2006 年 4 月，圣戈班 TM KK 将其并购的东芝 MONOFRAX KK 中的一个小分支——人造矿物纤维事业部转卖。

圣戈班西普能充分利用自身技术与产品上的优势、效率与成本上的优势来挑战竞争对手。圣戈班西普始终能充分利用原有企业的运作系统、经营条件、管理资源，使企业在后续阶段顺利发展。质量、经验和创新是圣戈班西普与全球玻璃业界共同发展的财富。

6.5 国内借鉴

随着国家知识产权格局的逐步成熟，企业国际化深入，各个企业之间打专利战只是时间问题，缺少专利的企业要为自己的短板埋单。

---

[1] 参见 http://cumichina.com/article/1。

6.5.1　加大研发与知识产权保护力度

中国企业知识产权保护意识虽然近些年来有所提高，但与欧美日相比差距还很大，甚至有的企业产品已经面市，但仍没有运用专利对其进行有效保护，或有些企业只注重在国内申请专利，却从不向国外布局。专利是一种强大的竞争工具，一个有力的武器，无论是市场竞争还是寻求差异化发展，都必须迈过竞争对手专利这道坎。因此中国企业应在研发创新的做法上，注重与高校、研究机构以及上下游方的合作，合力攻关，见效快而好。并注重知识产权的保护，提前做好专利布局，核心产品一定要用专利进行严密保护，借助专利遏制竞争对手。通过加大研发力度推出具有里程碑意义的创新性拳头产品，打开市场，做到规模化销售。

6.5.2　通过并购重组提高行业集中度

圣戈班西普数十年来扩张活动十分活跃，已建立了耐火材料全球性生产和销售网络。其并购的模式值得中国耐火材料企业借鉴。中国近几年在建材、冶金、电力、石化等耐火材料下游行业的飞速发展拉动下，耐火材料行业也有了一定的发展，但存在无法有效竞争的困境。同时耐火材料专业协作分工乏力，自主创新能力不足，新型耐材比重偏低，产业格局单一，已经成为我国耐火材料产业发展、提高的瓶颈。通过耐火材料企业的重组联合，改变产业生产集中度低、自主创新能力差的局面，可以形成更完备的产品技术体系和更强大的整体解决方案。以用户需求为中心的服务模式不仅可以整合行业技术资源，提高产品技术服务能力，更能为用户提高产业技术水平提供坚强的技术支持，逐渐形成我国耐火材料行业"生产集约化、经营国际化、管理现代化"的新格局。

6.5.3　注重环保、安全和社会责任

在追求经济效益的同时，始终坚持 EHS 管理。在欧洲高度发达国家，环保、安全和社会责任已经形成普遍接受和重视的理念。中国经济发展到目前阶段，对环保、安全和社会责任，各企业也应高度重视，要承担社会责任。这也是与欧洲等国发展合作关系的需要。

6.6　小　　结

圣戈班西普从 1929 年建立之初发展到今天，成为一个在全球拥有 10 多个生产工厂及销售代表处，60 多个代理和分销商，3 个主要研发中心，版图已分布在北美洲、南美洲、亚洲、欧洲的超级跨国公司，并购可谓助其飞速跨国发展的一个重大举措。在多年的并购发展中，圣戈班西普积累了丰富的并购经验，已形成一套因地制宜的并购策略：变合资为独资、低调扩张、借收购技术优势公司克制竞争对手、注重开拓新兴市场国家、并购技术实力并不突出的小分支、并购后快速整合。

　　圣戈班西普的并购发展模式只是圣戈班快速全球化发展的一个缩影，截至目前，其子公司已遍布世界60多个国家和地区，全球员工已达190000人。国内的耐火材料企业应针对自身特点适当借鉴圣戈班的并购发展模式，尽快提高行业的集中度，逐渐形成我国耐火材料行业"生产集约化、经营国际化、管理现代化"的新格局。

第7章 主要结论

本报告主要针对锆基耐火材料中高含量氧化锆耐火材料、锆英石耐火材料、熔铸锆刚玉耐火材料这 3 方面的全球专利申请进行了系统分析，同时对重点申请人圣戈班的专利布局、研发团队、核心产品的专利保护等进行研究，最后对圣戈班旗下高端耐火材料子公司——圣戈班西普的并购历程、并购策略及相关专利进行了深入分析。

本章对上述内容进行提炼和总结，主要结论如下。

7.1 高含量氧化锆耐火材料

表 7 - 1 - 1 为高含量氧化锆耐火材料领域的专利申请情况。

表 7 - 1 - 1 高含量氧化锆耐火材料领域专利申请情况

专利申请量	全球 121 项	日本 47%	中国专利申请法律状态	有效 56%
		中国 21%		
		法国 15%		失效 12%
		美国 11%		
		其他 6%		未决 32%
	中国 50 件	中国 50%	中国申请人类型	公司 90%
		法国 30%		
		日本 10%		大学及研究机构 8%
		其他 10%		个人 2%

高含量氧化锆耐火材料的全球专利申请在近十数年来进入了快车道，即进入了技术的高速发展期。其中尤为值得一提的是，近年来，国外在高含量氧化锆耐火材料方面的专利申请重点已从高含量烧结氧化锆领域转向高含量熔铸氧化锆领域，且加快了全球专利布局的步伐，尤其以日本、法国、美国的创新主体为代表；而中国申请人的专利申请仍集中在高含量烧结氧化锆耐火材料领域，在高含量熔铸氧化锆耐火材料领域的技术实力和专利布局都较为欠缺，这需要引起国内各创新主体的重视。

具体地，在高含量熔铸氧化锆耐火材料领域，圣戈班、旭硝子和奥镁等少数几家耐火材料龙头企业占据了大部分市场份额。尤其是圣戈班，其不仅通过自身研发开发出具有自主知识产权的 XiLEC 系列产品，且通过并购，获得了握有大量高含量熔铸氧化锆专利的东芝 MONOFRAX KK 控股权。圣戈班此举既提升了自身研发实力，也进一步扩大了市场份额。这种方式值得国内企业借鉴。

进一步，从技术层面来探讨高含量熔铸氧化锆耐火材料领域的专利申请，其技术改进主要在于通过改善氧化锆晶粒间玻璃质相的组成来提高该材料高温电阻率和防止开裂性能。

综上所述，目前国内外在高含量烧结氧化锆耐火材料方面技术已较为成熟，但是与国外企业相比，国内企业在高含量熔铸氧化耐火材料方面的技术研发及专利布局均较为薄弱，把握市场动向、积极吸纳国外先进技术、提高自身技术水平是当务之急。

7.2 锆英石耐火材料

表7-2-1为锆英石耐火材料领域的专利申请情况。

表7-2-1 锆英石耐火材料领域专利申请情况

专利申请量	全球99项	美国30%	中国专利申请法律状态	有效58%
		日本29%		失效21%
		俄罗斯10%		未决21%
		中国9%		
		其他22%		
	中国33件	美国55%	中国申请人类型	公司100%
		中国24%		大学及研究机构0
		法国12%		个人0
		其他9%		

锆英石耐火材料的全球专利申请经历了1969～1993年的第一增长期，目前正处于自2000年起的第二增长期；而关注的技术领域也从第一增长期的钢铁冶金用锆英石耐火材料转向了第二增长期的玻璃工业用锆英石耐火材料；相应地，专利技术的原创地也发生了明显的转移，第二增长期中，以来自美国、法国为主的申请人取代了第一增长期中日本申请人的主导地位；同时，第二增长期中专利申请的全球布局活跃度显著增加，除了关注耐火材料本级市场外，各技术创新主体在专利布局方面还将注意力集中到了耐火材料上下游市场所在的目的地。

具体地，在该第二增长期中，顺应信息技术的发展，以溢流槽用锆英石耐火材料为代表的专利申请占据了主导地位，主要申请人有美国康宁、法国圣戈班、中国的淄博工陶和广州石基。其中，作为全球先进玻璃制造商和耐火材料制造商的美国康宁和法国圣戈班无论从专利申请时间、原创数量还是全球布局上都占据了强势地位；而作为中国申请人的淄博工陶和广州石基业已迈入该领域的门槛，并且也已经初步意识到该领域专利布局的重要性，开始进行专利申请，只是起步时间较晚，申请数量相对较少，全球布局意识薄弱。

进一步，从技术层面看，对于作为目前关注重点的溢流槽用锆英石耐火材料：美国康宁主要是以 TiO_2（$+Y_2O_3$）添加剂为核心，辅以在原料粒度方面引入多峰分布、在制备工艺方面引入溶胶或液相添加剂，来提高以抗蠕变性为核心的锆英石耐火材料性能，而其近年的研究重心还分散到了通过改进制备工艺来获得大块锆英石耐火材料；法国圣戈班则通过研发将添加剂核心转移到了 Nb_2O_5 和/或 Ta_2O_5，并于近年开拓了新的技术分支——通过制品后处理来抑制锆英石耐火材料与玻璃液接触时的瞬态鼓泡；中国申请人的技术改进的重点方向则集中在添加剂和制备工艺方面。

此外，在该领域，美国康宁与法国圣戈班良好的产业链上下游合作共赢模式为国内企业提供了一个范例，国内企业可以在此基础上结合自身特点，思考适合自身的研发模式。

综上所述，在锆英石耐火材料领域，可喜的是国内企业业已进入溢流槽用锆英石耐火材料这一技术领域并已取得初步成果，需要注意的是国内企业的专利申请布局较为薄弱，后续在研发技术的同时应当更关注该领域的自主知识产权保护，并提高专利风险防范意识。

7.3 熔铸锆刚玉耐火材料

表 7 – 3 – 1 为熔铸锆刚玉耐火材料领域的专利申请情况。

表 7 – 3 – 1 熔铸锆刚玉耐火材料领域专利申请情况

专利申请量	全球 68 项	日本 28%	中国专利申请法律状态	有效 48%
		法国 25%		失效 30%
		美国 16%		
		中国 15%		未决 22%
		其他 16%		
	中国 23 件	中国 52%	中国申请人类型	公司 58%
		法国 30%		大学及研究机构 25%
		其他 18%		个人 17%

熔铸锆刚玉耐火材料的全球专利申请近年来稳步上升。从专利技术原创数量上看，中国专利申请与日本、法国、美国等地原创专利申请数量上差距并不是特别大，体现出国内申请人已具有一定的研发水准；但是从专利申请时间和目的地布局上看，中国专利申请全部集中在了 2000 年以后且仅布局在了中国本土，这与日本、法国、美国等地专利申请从 20 世纪 30 年代延续至今的时间跨度及在多目的地进行专利布局的布局策略形成了鲜明对比。

从技术层面来看：

在技术功效上，在避免开裂破碎缺陷、提高耐熔融玻璃侵蚀性能以及抵抗玻璃相熔融渗出3项技术功效方面的改进最为活跃；

在技术手段上，添加碱性氧化物和其他氧化物是最常用的技术手段；

综合而言，该领域技术改进重点集中在：通过添加碱性氧化物与工艺调整来避免熔铸锆刚玉耐火材料产品缺陷，通过添加非碱性氧化物来提高熔铸锆刚玉耐火材料的耐侵蚀性，通过控制原料比例、添加非碱性氧化物、调整工艺来提高熔铸锆刚玉耐火材料的抗熔渗性能。

而在上述技术改进方面，相关的核心专利仍主要掌握在法国圣戈班、日本旭硝子等少数国外企业手中。

综上所述，在熔铸锆刚玉耐火材料领域，可喜的是国内创新主体在该领域已具有一定的产业基础和技术能力，同时在中国本土的专利布局意识较强；需要注意的是国内外核心技术水平仍存在一定差距，尤其是在高端产品方面，因此中国的创新主体还需要进一步追踪国外先进技术、同时增强自身研发实力，以取得技术上的创新和突破。

7.4 圣戈班

表7-4-1为圣戈班锆基耐火材料领域的专利申请情况。

表7-4-1 圣戈班锆基耐火材料领域专利申请情况

全球专利申请布局量343件	美国13%	各技术分支全球专利申请比例	高含量氧化锆耐火材料44%
	欧洲专利局11%		AZS耐火材料31%
	法国11%		ATZ耐火材料8%
	日本10%		锆英石耐火材料7%
	中国大陆10%		其他10%
	韩国7%	中国大陆专利申请法律状态	有效56%
	中国台湾6%		失效18%
	其他32%		未决26%

圣戈班作为建材行业的顶尖企业，其专利申请量逐年上升，尤其在锆基耐火材料领域，随着玻璃制造业的发展，其专利申请量自2002年迅速攀升。

圣戈班在技术研发、市场份额与专利布局上所占有的突出地位得益于其基于创新的核心战略及良好的研发团队管理。结合不同的地域文化，圣戈班对于不同地域的研发团队管理体现出不同的思路：在以GAUBIL MICHEL团队为代表的欧洲研发团队管理中，其重视对年轻科研人员的培养，同时避免某一发明人作为团队的绝对核心，团队成员之间多边交叉合作频繁；而在以遠藤茂男团队和戸村信雄团队为代表的日本研发团队中，其重视对团队成员忠诚度的培养，团队构成稳定，团队核心明确，团队的发展与核心成员的更迭脉络清晰。

此外，圣戈班还非常重视其产品的专利保护，通过对核心产品进行专利重重包围、对现有产品扩大专利保护范围、对新产品提前进行专利布局、必要时将专利保护圈扩大到整个产业链等方式，对其旗下各产品形成严密的专利保护。本章基于专利申请数据，重点梳理了圣戈班旗下核心高含量氧化锆、锆英石及 AZS 耐火材料产品的专利保护圈，及未来可能的发展方向，以供国内企业参考。

7.5　圣戈班西普并购

为了适应研发与市场的需要，耐火材料行业是一个并购非常活跃的行业。圣戈班西普，作为圣戈班旗下高端耐火材料生产子公司，其发源于法国，自 1947 年至今，在意大利、美国、中国、法国、巴西、印度、日本等地并购了多家耐火材料相关企业，多次并购使其在获取别家专利技术的同时，打入了不同地域的销售市场，构建了良好的良性发展网络，实现了企业版图的扩张。本章详细梳理了圣戈班西普历次并购所涉及的专利及相关专利技术信息，供国内企业参考。

在多年的并购发展中，圣戈班西普积累了丰富的并购经验，已形成一套因地制宜的并购策略：变合资为独资，低调扩张，借收购技术优势公司克制竞争对手，注重开拓新兴市场国家，并购技术实力并不突出的小分支，并购后快速整合。

圣戈班西普的并购历程为我国耐火材料企业提供了一个很好的样本，国内企业可以针对自身特点适当借鉴圣戈班的并购策略，开发出适合自身的企业发展路线。

关键技术三

供热终端

目　录

第 1 章　研究概况

1.1　研究背景

1.1.1　技术概况

建筑内供热终端目前有 3 种形式：自然对流、强制对流和辐射。传统应用的集中供暖暖气片或者对流式电暖气就是自然对流供热终端，悬挂式、落地式和集中送风式的空调室内机就是强制对流供热终端，在地板、墙体内或者天花板设置供暖盘管对室内进行供暖的就是辐射供热终端。自然对流供热终端由于空气的对流作用，热空气向上流动，冷空气向下流动，室内温度场是上热下冷的分布，并且室内温度在同一水平面亦不均匀，靠近自然对流供热终端处的温度相对远离供热终端处的温度要高。强制对流供热终端也有上述缺点，还额外增加了室内噪声，上述两种供热终端形式也会占用室内的空间。辐射供热终端通常设置在地板下，由于采用辐射换热的形式可以将供热终端的温度降低，而采用相同温度的自然对流和强制对流的供热终端对用户来说无法得到相同的温暖度，而且辐射地板采暖的温度分布是下热上冷，这种温度分布对人来说是最合理的温度分布，因此，低温地板辐射供暖被公认为目前最舒适的供暖方式。本报告将针对舒适度最高的辐射供热终端进行研究，其中的技术热点是电热膜辐射地板采暖、蓄热材料辐射地板采暖和低品位能源辐射地板采暖。本报告将针对上述 3 个技术点进行研究，下面对 3 个技术点的技术现状分别加以介绍。

1.1.1.1　电热膜

电热膜供暖采用低温辐射的加热方式，以电力为能源，以电热膜为发热体，产生的热能以远红外辐射和对流的形式对外传递，将大部分热量以辐射形式送入房间，使墙壁、家具升温，然后再通过对流换热加热室内空气，具有转化效率高、耐高压、耐潮湿、承受温度范围广、高韧度、低收缩率、运行安全、便于储运等优良性能，还可以通过独立的温控装置使其具有恒温可调、经济舒适等特点。电热膜之所以能够对空间起到迅速升温的作用，就在于其 100% 的电能输入被有效地转换成了超过 66% 的远红外辐射能和 33% 的对流热能。

电热膜供暖系统由电热膜、T 型电缆、绝缘防水快速插头、温控器及温度传感器、自动控制电抗器等部件组成。电热膜是整个电热膜供暖系统的核心，按照材料可以将其分为 3 种：金属基电热膜、无机非金属基电热膜和高分子电热膜。

（1）金属基电热膜

金属基电热膜采用金属材料或金属氧化物，如银、铂、锡、钨等，用气相生长、电弧等方法把金属材料涂到绝缘材料表面，形成薄薄的一层导电膜。金属基电热膜是第一代电热膜，加工工艺复杂，成本较高，但是抗老化能力强，热惯性小，温度控制精确，是一种高端的电热膜。近些年还有一些金属基电热膜是在金属氧化物中掺入稀土等材料作为添加剂以提高电热膜的抗腐蚀、抗氧化能力。

（2）无机非金属基电热膜

无机非金属基电热膜主要是将无机导电材料作为基材，例如石墨、SiC、SiO_2 和其他硅酸盐材料，在无机导电材料中添加成膜剂、阻燃剂等助剂制成涂料，把这种涂料涂抹在绝缘材料的表面，经高温处理后，去除黏结材料，在绝缘材料表面形成一层导电膜。由于无机材料本身所拥有的特点，因此具有寿命长、成本低、耐高温的优点。当前主流的无机非金属材料主要以碳为基材，例如碳基油墨、碳纤维、碳纳米管等，尤其是碳基油墨和碳纤维电热膜占据了电热膜市场近半的份额。近几年随着新型碳基材料，尤其是石墨烯材料的快速发展并且未来有望实现大规模的产业化，石墨烯电热膜有可能成为未来的主流电热膜之一。

（3）高分子电热膜

高分子电热膜的发热材料为导电高分子材料。高分子电热膜的工艺是，首先利用不同的分子设计手法合成出功能性高分子导电复合材料，通过喷涂或逗号涂工艺将上述导电高分子材料均匀涂敷于预先植入电极的基材上形成裸体电热膜，外覆不同绝缘材料即形成高分子电热膜。

尽管电热膜类型不同，但都含有发热体、电极和绝缘层 3 个共同的部分，都是外覆绝缘层内加发热体结构。不同的是金属基电热膜和碳基油墨电热膜是直接热压在绝缘聚酯薄膜间，而碳纤维和高分子电热膜是将发热材料涂敷于基材上，然后外覆绝缘材料。

1.1.1.2 蓄热材料

建筑供热、空调能耗的不断攀升以及严重的环境问题，使得建筑节能成为能源利用的一项重要研究课题。除传统的供暖方式，太阳能、热泵由于其对环境的友好性，越来越多地用于住宅供暖。但太阳能和热泵均存在随着室外温度的下降，运行效率降低的问题，在冬季较寒冷地区尚不能完成家庭供热的需求。而将太阳能、热泵与蓄热技术相组合，能有效提高能源利用率。另外，在存在峰谷电价差的地区，利用蓄热技术，在平抑峰谷负荷的同时可省电费支出。采用蓄热技术，一方面可以缓解能量供求双方在时间、强度和地点上不匹配的矛盾，起到移峰填谷的作用；另一方面可减少建筑物内的温度波动，提高室内舒适度，是一种降低能耗和环境负面影响的有效途径。

地板采暖用的蓄热材料分为传统蓄热材料和相变蓄热材料。传统蓄热材料多采用水泥砂浆或者碎石混凝土。相变蓄热材料分类方法较多些，按储热温度范围分，范围在 0～120℃ 的为低温相变蓄热材料，范围在 120～850℃ 的为高温相变蓄热材料；按相变形式分为固 – 液相变材料和固 – 固相变材料；按化学成分不同分为无机类、有机类和混合类（无机类和有机类混合）。目前，最为广泛使用的相变材料是石蜡和无机水合盐类。

1.1.1.3　低品位能源

能源和环保是人类生存和发展的两大主题，是全球关注的问题。建筑节能是贯彻可持续发展战略的重要组成部分，是执行国家节约能源、保护环境基本国策的重要措施，是世界建筑发展的大趋势，也是今后建筑技术发展的重点。

20 世纪 70 年代的能源危机，让人们认识到节约能源的重要性。为了节约常规的高品位能源，将土壤、太阳能、水、空气和工业废热中蕴藏的无穷无尽的低品位热能，应用于不需要温度很高的室内供暖，一直受到业界的重视。这些能源都是较燃料型能源更清洁的能源，因此越来越受到关注。由于这些热能的温度与环境温度相近，因而无法直接利用。通过结合热泵技术，可以通过输入较少的高品位能源把这种低品位的热能提高到可以在建筑用能的温度。

1.1.2　产业现状

地板采暖历史悠久，总的来说，分电地板采暖和水地板采暖两种形式。水地板采暖出现较早，早在 1907 年，英国的 BARKER ARTHUR HENRY 就申请了辐射地板采暖的首项专利 GB190728477A（公开日为 1908 年 12 月 17 日）。在该专利申请中，首次披露在地板内铺设换热管束，将换热管束内载热介质的热量提供到室内，并且，该专利也确立了采用低温介质供暖的思想，这种低温地板辐射供暖方式被公认为目前最舒适的供暖方式。鉴于该专利的划时代意义，图 1-1-1 示出了该专利申请。地板采暖在中国的发展只有 20 年的时间，由于中国人习惯了以水为热媒的散热器采暖方式，所以在地板采暖行业发展的前 10 年中，低温热水地板辐射采暖最先被设计研究单位和用户所接受，因此，水地板采暖的规模远超过电地板采暖的规模。电地板采暖自 20 世纪 50 年代以来就已经在欧洲、北美和亚洲的日本、韩国等地广泛使用，随着水地板采暖行业竞争的加剧而导致的利润空间下降和 2009 年哥本哈根气候大会提出的低碳经济，电地板采暖逐渐扩大了规模。地板采暖的产业链主要包括采暖热源产业和散热终端产业，采暖热源产业包括燃气壁挂炉、太阳能集热系统、电锅炉和燃料锅炉等。水地板采暖还包括地板采暖盘管的制造产业，电地板采暖还包括电热膜、发热电缆等制造产业。虽然地板采暖历史悠久，但尚无明确数据表明全球共有多少家地板采暖企业。仅在中国，据最保守的估计，地板采暖企业也在 4000 家以上，这些企业规模大小不一，技术水平也参差不齐，并且不存在有口皆碑的大企业和大品牌。2000 年是我国地板采暖行业兴起的纪年。2004 年 10 月 1 日，原建设部颁布了《地面辐射供暖技术规程》，该规程是地板采暖行业进行设计、施工和验收的重要参照标准。2006 年以来，随着大量新建住宅的出现，我国地板采暖行业进入高速发展阶段，虽然地板采暖行业在采暖领域仍不占主流，但由于国家鼓励自主采暖的政策，以及地板采暖所具有的舒适性，地板采暖在采暖领域的市场份额会逐年上升。

N° 28,477   A.D. 1907

Date of Application, 27th Dec., 1907

Complete Specification Left, 24th July, 1908—Accepted, 17th Dec., 1908

PROVISIONAL SPECIFICATION.

New or Improved Means for Heating and Cooling the Rooms, Halls, and other Parts of Buildings.

I ARTHUR HENRY BARKER of Woodcroft, Trowbridge in the County of Wilts, Consulting Engineer, do hereby declare the nature of this invention to be as follows:

I have discovered and proved by experiment, that a less expenditure of heat
5 is required to comfortably warm a room or compartment by utilizing the heat to heat the floor or walls direct, so that the air in the room is heated by contact and radiation from such floors or walls, than by imparting the heat by radiators, hot pipes and the like.

According to this invention, rooms, halls, or other apartments of buildings,
10 are warmed by heating the walls or floors, or walls and floors of such apartments directly, so that the walls of a room, may be heated without first heating the air of the room; the latter being mainly heated by contact with the heated floors or walls. As a consequence the heat is diffused more uniformly and equally in the room, and the oppressive feeling due to heated air is avoided.

15 For this purpose I provide a material or composition, which is more or less heat conducting, and form this into slabs, large tiles or the like, suitable for forming the surface of a floor or a covering for the floor, or for forming a lining or covering to the surface of the wall.

In each slab, tile or the like is bedded a system or coil of small pipes or tubes,
20 preferably near the outer surface of such slab or tile; the commencing and terminating ends of the pipes or tubes having a space left round them, so that the tube or pipe in one slab may be coupled up to the tube or pipe of the adjoining slab by any ordinary union. The positions of the inflow and return ends on the slab are so arranged that the tubes or pipes may be arranged to
25 pass a continuous flow or a series of flows, over the whole of the floor or wall, or parts only, as for example panels on the walls, may be covered with this material.

The slabs or the like are formed either to a few standard sizes or sections, to permit of them being readily arranged and combined to suit variations in
30 the size and positions of the parts to be covered; or they may be cast or moulded in the position, where they are to remain.

The commencing and terminal ends of such single continuous or series systems of pipes in a floor or wall are connected to the main out-flow and return pipes, which latter are connected with some source supplying hot or cold water, steam,
35 brine or the like. The circulation may be kept up by any known means for heating or cooling and circulating the heating or cooling fluid.

The material or composition, which should be more or less of a conducting nature, will vary according to the nature of the surface of the floor or wall and the desired temperature of the surface. This invention if applied to a large
40 area, permits of a much lower temperature of the heating surface sufficing to make the apartment feel warm; so that in such cases the pipes may be bedded in linoleum, lincrusta and the like. Where the temperature is higher, the

[Price 8d.]

图 1-1-1　首项辐射地板采暖专利申请 GB190728477A

1.1.3　行业需求

地板采暖行业市场规模巨大，但我国地板采暖企业多而散，没有行业龙头。正规的企业没有生意做，而没有资质的小企业到处"打游击"，恶性竞争导致地板采暖行业产品质量参差不齐，干扰了地板采暖行业的正常有序发展。而与地板采暖相关的行业标准只有2004 年10 月1 日原建设部颁布的《地面辐射供暖技术规程》，2010 年，该规程被重新编修，2013 年6 月1 日，新版《地面辐射供暖技术规程》出版实施，但仅有该规程还不足以规范市场。地板采暖行业在我国虽只有不足 20 年的发展历程，但世界上任何一个国家的所有地板采暖形式都可以在我国找到应用案例，一些在国外尚不成熟的地板采暖系统引进我国，因此，亟需有一个统一的市场准入门槛。人们普遍认为水地板采暖比较安全，采用低温热水的采暖方式更舒适，对电地板采暖了解不多。另外，电地板采暖只有行业标准，而缺乏国家标准，业内呼吁国家对电地板采暖产品实施统一的 3C 认证、制定国家标准、规范行业标准和市场准入，对没有资质的企业严格取缔，避免假冒伪劣产品干扰正常的市场竞争。

随着我国地板采暖行业的不断发展，申请专利的势头亦迅猛发展，与专利相关的侵权纠纷开始出现，业内开始注意到专利对一个企业生产经营的重要性，很多企业表示关注国内外行业内的专利技术、专利布局和专利纠纷情况，希望知晓这些情况，以帮助企业发展。业内还关注行业的发展趋势、技术潮流和导向以及如何获得专利权并保护好自己的专利权。

从用户终端的角度来说，电力是最清洁方便的能源，因此采用电热地板采暖是地板采暖行业的发展趋势；而对业界应用较为普遍的电热膜加热地板，目前可参照的仍然是行业标准，如住房和城乡建设部的《低温辐射电热膜》标准和《低温辐射电热膜供暖系统应用技术规程》，业内强烈需求设立国家标准和强制认证以规范电热膜地板采暖市场。随着 20 世纪全球能源危机的出现，业内对太阳能、土壤能、空气能和工业废热等低品位能源亦广泛关注，希望将其利用到地板采暖领域，以达到节能和环保的要求。2006 年 1 月 1 日《中华人民共和国可再生能源法》开始实施，原建设部随之出台了《建筑节能管理条例》，国家发展和改革委员会于 2007 年 9 月发布了《可再生能源中长期发展规划》。节省能源是我国目前一个重要的战略目标，节能技术和产品面临着巨大的市场需求。蓄热材料是地板采暖行业在使用电力和太阳能等热源时经常使用的材料，因此，采用蓄热材料的地板采暖技术也是业内关注的重要技术点。

本报告针对上述行业需求，对全球和中国地板采暖领域的电热膜地板采暖领域、蓄热材料地板采暖领域、低品位能源地板采暖领域的专利申请和重要申请人进行分析，意图能满足上述行业需求，对企业提供有用的参考信息。

1.2　研究对象和方法

1.2.1　技术分解

根据供热终端的技术情况，用表 1－2－1 示出了供热终端的技术分解表。由于辐射供热终端是目前业界公认的最节能、最舒适的供暖方式，因此，本报告选取辐射供热终端作为研究的出发点。

表 1 - 2 - 1   供热终端技术分解表

一级分支	二级分支	三级分支
自然对流	暖气片	
	对流式电暖气	
辐射	水加热	蓄热技术
		常规热源技术
		低品位热源技术
	电加热	蓄热技术
		电热膜技术
		发热电缆技术
		碳晶技术
强制对流	悬挂式暖风机	
	落地式暖风机	
	集中送风	

　　根据国家倡导的节能和环保的发展政策，电力将是今后能源应用的重点，尤其是我国目前大力发展核电、风电等清洁电力能源行业，用户供热终端应用电力是方便、清洁的，电热膜地板辐射采暖是新兴的具有广阔市场前景的技术。为了响应国家对电力填谷平峰的政策，使用蓄热材料在用电低谷时段进行蓄热，在用电高峰时段进行放热，是节约电力的有效途径。随着20世纪70年代以来的国际能源危机，使用太阳能、土壤能、空气能和余热能等低品位能源进行地板采暖是节约能源和环境保护的有效措施，因此，本报告将研究重点放在上述3种技术上，具体技术分支为电热膜地板采暖、蓄热材料地板采暖和低品位能源地板采暖。

1.2.2　数据检索及处理

　　本报告采用的专利文献数据来自国家知识产权局专利数据库，其中，中国的专利数据来自中国专利摘要数据库（CPRS）和中国专利全文数据库（CNTXT）。全球专利数据来自EPOQUE系统中的德温特专利数据库（WPI）和欧洲专利数据库（EPODOC）。

　　数据的检索采用国际专利分类号辅助关键词的检索方法。

　　查全率采用如下方法控制：利用国际专利分类号进行块检索，利用国际专利分类号和关键词进行交叉检索，利用关键词进行检索，在使用关键词的检索过程中，都使用了全文数据库，将上述结果汇总。

　　查准率采用如下方法控制：对中文的总结果通过逐篇人工浏览摘要的形式去噪，筛选出目标文献，对疑似目标文献采用人工全文浏览的形式进行去噪，以获得总的中文检索结果。对外文的总结果主要采用排他性关键词（认为有该关键词就必然非目标文献）和细化的分类号进行去噪，对排除的文献再次进行抽样核对，如随机抽取几百篇文献进行人工浏览摘要，以验证去噪的正确性。对剩余的结果仍采用人工逐篇浏览摘要的形式进行去噪。

对去除噪声后的中文检索结果和全球检索结果采用《专利分析实务手册》❶中第4.8节的评估方法进行评估后，中文检索结果的查全率和查准率都超过90%，全球检索结果的查全率和查准率都超过80%，符合专利分析报告所需要的检索结果的查全率和查准率，可以作为专利分析报告的基础。

课题组在去除噪声整理检索结果的同时，同步进行了数据的标引工作。

---

❶ 杨铁军. 专利分析实务手册 [M]. 北京：知识产权出版社，2012.

第2章　电热膜地板采暖专利分析

电热膜地板采暖采用电热膜低温辐射加热，将热能转换成辐射能，通过电磁波的形式发射到人体和房间的围护结构上，电磁波又转换成人体和墙面的热能，产生热效应。电热膜地板采暖具有无污染、散热面积大、温度均匀、分时控制、按需供暖、寿命长、安全性高等优点，应用前景广阔。

本章对电热膜地板采暖全球专利概况进行分析，专利申请数据来源于 EPODOC、WPI 和 CPRS 检索系统。截至 2012 年 12 月 31 日，电热膜地板采暖的全球专利申请量为 379 项，中国专利申请量为 167 件。

2.1　全球专利申请态势

2.1.1　全球专利申请量趋势

图 2-1-1 为电热膜地板采暖全球专利申请量趋势，根据申请量可以将其划分为 3 个阶段：起步阶段（1970～1985 年）、发展阶段（1986～2005 年）、繁荣阶段（2006～2012 年）。

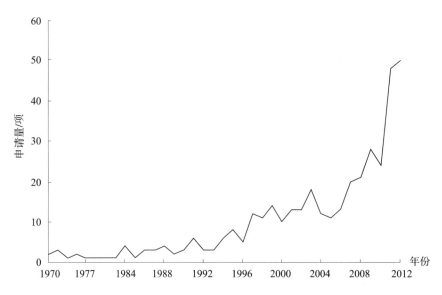

图 2-1-1　电热膜地板采暖全球专利申请量趋势

图 2 - 1 - 2 为 3 个阶段各个国家的专利申请量分布，图 2 - 1 - 3 为日本和德国的专利申请量趋势。下面根据图 2 - 1 - 1 并结合图 2 - 1 - 2 和图 2 - 1 - 3 对 3 个阶段分别进行分析。

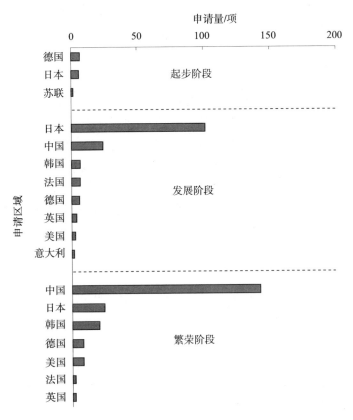

图 2 - 1 - 2　电热膜地板采暖各个阶段全球申请量国家分布

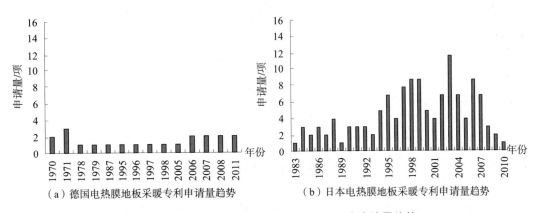

（a）德国电热膜地板采暖专利申请量趋势　　（b）日本电热膜地板采暖专利申请量趋势

图 2 - 1 - 3　电热膜地板采暖专利德国和日本申请量趋势

（1）起步阶段

起步阶段全球的专利申请总量并不大，共计 17 项。参见图 2 - 1 - 2 可知，排名前三位的分别为德国 7 项、日本 6 项、苏联 2 项。电热膜技术最早起源于德国，这个时期是电热膜技术刚刚开始发展的阶段，其主要应用之一就是地板采暖。电热膜地板采暖最早的专利也出现于德国，为德国赫斯特公司（HOECHST AG）于1970年2月20日提交的发明专利申请DE2007866A。该专利涉及一种可以用于地板加热的加热膜，加热膜由不同比例的塑料分散剂、炭黑或石墨以及短聚合纤维混合形成，在膜的两侧平行设置有由铜网组成的电极。该申请分别在美国（US3683361A）、法国（FR2078828A5）、荷兰（NL7101981A）、比利时（BE763143A1）和瑞士（CH525594A）进行了申请。日本最早的专利申请为TOHO BESLON有限公司于1977年6月6日提交的发明专利申请JPS6023473A，其涉及用于地板加热的发热元件，发热元件由高分子材料制成，包括有编织纤维层并且浸渍有热塑或热固化树脂，能够提供低于100℃的温度。苏联共有2项专利，分别为BELO AGRIC MECHN公司于1976年提交的涉及一种具有负热电阻电热膜的地板加热部件的专利申请SU785599B和于1984年提交的涉及一种具有金属加热板的地板加热器的专利申请SU1130285A。由此可见，电热膜地板采暖可以说起源于科学技术基础比较扎实的德国，并且德国企业积极地尝试在欧洲其他国家进行了布局，而日本在20世纪70年代在其国内大力倡导使用地板采暖，也逐渐开始了电热膜地板采暖的研究，但是布局仅限于其国内；苏联由于处于高寒地区，因此地板采暖技术应用也比较早，但是专利布局也仅仅限于其国内。

总之，这一阶段由于电热膜技术尚未成熟，市场认可度较低，地板采暖仍然主要以传统的水暖和电缆式电暖为主，因此发展较为缓慢。

（2）发展阶段

随着电热膜技术的不断发展，包括金属基电热膜、无机非金属基电热膜以及高分子电热膜在内的各种形式的电热膜都取得了一定的发展，电热膜的应用范围逐渐扩大，认知度逐步提高，电热膜地板采暖全球专利申请量也相应地逐步增加，整体呈现出一个波动上升的态势，处于稳步发展的阶段。

由图2-1-2可见，这个时期进行电热膜专利申请的国家数量明显增加，可见电热膜地板采暖的使用范围在逐渐扩大，尤其引人注目的是亚洲国家，这其中以日本的专利申请量变化最为明显。受国内房地产的迅猛发展，日本在这期间申请量快速激增，占据了第一位。日本国内的多家知名企业都纷纷涉足电热膜地板采暖领域，最具代表性的企业就是日本的松下集团。其在这一时期有11项电热膜地板采暖专利申请，具有代表性的例如专利申请JP2002195594A。该专利涉及一种蓄热类型的电热膜采暖地板，潜热蓄热材料封装在袋状容器中，便于地板组装和更换。韩国在这一时期虽然在新建成的房屋和楼宇中多数仍然采用传统的水暖和电缆式电暖，但是也开始出现电热膜地板采暖，最早的申请为1999年JUNG H S提交的发明专利申请KR20010060744A。该专利涉及一种用于浴室的电热膜地板加热装置。法国这个时期也有7项专利申请，与韩国持平，最早的为1991年法国DELEAGE P E公司提交的专利申请FR2679630A1，其涉及电加热元件的热控制系统。参照图2-1-3（a）可见，德国在这一时期具有6项专利，申请的年平均量已经明显下降了很多。虽然相对数量较少，但是其专利技术仍然围绕电热膜地板加热装置本身的层状结构以及电热膜本身进行研究，技术水平相对较高，代表性的例如 KOITZSCH R（WEIC－I）WEICK R 于 1997 年提交的专利申请 DE19713587A1。该专利涉及一种可以用于地板加热的透明电加热板，其具有由二氧化锡形成的电热膜。英国、美国、意大利分别有 4 项、3 项和 2 项专利申请。

中国这个时期开始出现了电热膜地板采暖相关专利，共计 24 项，最早的为张伟东于 1997 年提交的专利申请 CN2280398Y。该专利涉及一种可以用于地板加热的低温辐射电热膜。这个时期国内的申请人以个人为主，电热膜并未引起国内企业的太多关注。需要注意的是，这个时期日本在华已经有 3 项专利申请，分别为出光兴产株式会社于 2001 年提交的专利申请 CN1342032A（一种带特殊绝缘层的电热面状发热部件）、清川晋、清川太郎于 2001 年提交的专利申请 CN1396413A（一种地板供暖装置的控温方法）以及永大产业株式会社于 2003 年提交的专利申请 CN1590671A（一种地板取暖面板和地板取暖地面）。参见图 2－1－3（b）可知，2001～2003 年日本电热膜地板采暖专利申请量达到巅峰，当时已经有日本的企业和个人注意到了中国的市场并已经开始尝试进行专利布局，尤其是其中的永大产业株式会社是日本国内知名的地板生产企业。瑞士的克劳诺普拉斯技术有限公司在 2005 年提交了一份涉及墙壁、天花板或地板覆盖物用的加热设备的专利申请 CN101103652A，该专利至今仍处于授权保护状态。

总之，这个时期电热膜地板采暖技术已经有了很明显的发展，尤其引人注目的是亚洲的日本、中国和韩国，申请量明显开始增加，而日本的申请量也在这一时期达到了巅峰。

（3）繁荣阶段

2006 年之后，电热膜加热地板在全球的专利申请量激增，从图 2－1－1 可以看出，其几乎垂直上升，这个时期电热膜技术研究获得了突破，多种形式的电热膜，包括金属基电热膜、无机非金属基电热膜以及高分子电热膜都取得了快速的发展，随着电热膜技术的成熟，电热膜地板采暖也逐渐被市场认可。

参见图 2－1－2 可见，这其中尤其引人注目的就是中国的申请量，超越了日本跃居第一位，共有 143 项专利申请。这个期间国内申请人中企业的数量开始明显增多，代表性的有江苏德威木业有限公司、江苏贝尔装饰材料有限公司、江苏怡天木业有限公司等传统的地板或装饰材料公司，说明国内企业已经开始积极开拓电热膜地板采暖市场。与之相反，这个时期国外企业在中国的申请很少，只有美国吉普瑟姆有限公司（US GYPSUM CO）于 2009 年提交了 1 项专利申请 CN102159895A，涉及一种用于地板的加热系统，该加热系统具有基于导电油墨的辐射加热器和具有可透水薄层的结合膜；韩国的绿色生命株式会社于 2010 年提交了 1 项专利申请 CN101896013A，涉及一种具有易紧贴施工结构的采暖用面状发热体，这 2 项专利申请目前仍处在审查中。日本的申请量为 24 项，从图 2－1－3（b）可见，受国内经济下滑和房地产市场逐渐饱和的影响，日本的申请量比上一时期明显减少，并且呈现逐年下降的趋势，其中松下集团这个时期仍然有 8 项专利申请，但是也是逐年下降，2010 年之后再没有进行相关申请。韩国的申请量为 20 项，比上一时期明显增多，但是基本还是在韩国国内进行布局。从图 2－1－3（a）可见，德国这一时期具有 8 项专利申请，基本与前面的 2 个时期持平，年代分布也较为均匀，但是近几年实用新型的数量开始增多，有 4 项为实用新型专利，技术研究的方向也开始向地板采暖结构改进以及具体应用转变，更加侧重解决实际应用中遇到的安装、维护、控制和安全性等问题，例如电热膜采暖地板的电连接结构、控制系统、拼装结构等。这一定程度上说明电热膜发热体自身的结构已经达到了成熟阶段，未来的技术发展可能会转向电热膜采暖地板的零部件等细节方面，由原来纵深发展逐步转向横向发展。美国这个时期有 8 项专利申请，申请量反而开始逐渐增多，但是 2010 年以后也没有新的申请，其中美国著名的建筑材料公司吉普瑟姆有限公司为这一时期的主要申请人，共有 2 项专利申请——US20090560950A1 和 US20090560972A1，均涉及用于地板加热的复合地板结构。

总之，这一时期全球申请量呈现井喷状态，其中中国申请量大幅上涨并占据主导地位，韩国的申请量也有所提高，日本则呈现出快速下降的态势，电热膜地板采暖技术起源较早的德国的申请量则一直保持比较平稳的状态，开始逐渐关注解决电热膜地板采暖在实际应用中遇到的问题。这种趋势说明，一方面国内企业在自身发展的同时知识产权意识也有所提高，注重技术向专利的转化；另一方面国内企业也需要注意国外技术发展方向以及专利申请量的变化，及时调整自身的发展方向和专利策略。

2.1.2　区域分布

图 2 - 1 - 4 为电热膜地板采暖全球专利国家或地区分布图。从图中可以看出，总量排名前三位的分别为中国、日本和韩国这三个亚洲国家，后面依次是德国、美国、法国、英国等欧美国家。

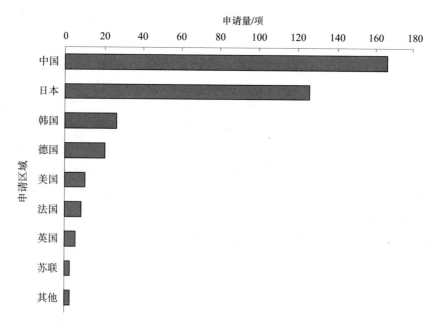

图 2 - 1 - 4　电热膜地板采暖全球专利国家或地区分布

从图 2 - 1 - 4 可以看出，中国的申请量几乎占了全部申请量的近一半。究其原因大致有如下几点：

① 我国北方地区采用传统的燃料型集中供暖方式，污染大，能耗高，效率低，维护费用高，还具有一定安全性问题，迫切需要寻找新型的采暖方式，而电热膜地板采用的电热膜为面状发热体，发热效率高，电在用户端使用过程中不会产生污染，方便控制和分户计量，还可以使用低谷电，减少浪费，同时，未来电的来源会越来越广泛，符合我国新能源战略的发展要求。

② 我国南方地区随着经济水平越来越高，人民对生活舒适度的要求也越来越高，迫切需要在阴冷的冬季采暖，而电热膜地板由于安装方便、容易控制，耐久性和安全性也比较高，很适合南方这种分散的采暖需求。

③ 国内电热膜技术发展迅速，高效、节能、环保、安全的新型电热膜越来越多，推动了电热膜地板采暖的发展。

④ 国家知识产权战略的实施，调动了企业申请专利、进行知识产权保护的积极性，促进了专利申请的增加。

日本和韩国是传统的席地而居的国家，地板采暖应用广泛，电热膜地板采暖作为一种效率比较高、安装使用比较方便的地板采暖方式很容易推广。近些年，随着韩国经济的快速发展，日本逐渐摆脱经济危机的困扰，民众的生活质量日益提高，越来越多的家庭开始选择安装电热膜地板采暖，因此电热膜地板采暖的申请量也位居前列。虽然日本申请数量比中国略少，但是其研发能力比中国要强，技术比较先进，而且企业比较集中，有利于这项技术的长久发展。德国作为最早进行电热膜地板采暖专利申请的国家，虽然申请量不多，但是年份分布比较平均，专利的质量相对较高，说明这种技术在德国一直都是平稳有序发展。美国则是最近几年开始积极推广，尤其是一些跨国的建筑材料公司（例如吉普瑟姆有限公司），随着在全球业务的开展，也慢慢开始关注新兴国家市场。

2.1.3　全球申请人分析

图 2 - 1 - 5 为电热膜地板采暖全球专利申请人排名图。从图中可以看出，日本的松下集团以 22 项申请排名第一位；排名第二位的是中国江苏的德威木业有限公司，共有 17 项专利申请；排名第三位的是日本的积水化成品工业株式会社，共有 9 项专利申请；排在后面的申请人中以中国的企业和个人为主。

根据前面的分析可知，中国的专利申请数量主要是近几年开始增多。这说明一方面随着国内专利制度的成熟和完善，专利带来的价值越来越受到企业的重视；另一方面也要注意片面追求数量带来的负面影响，将专利从数量转移到质量上才是企业长久之计。

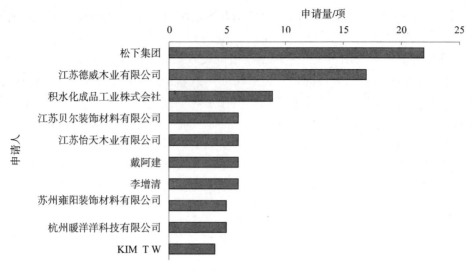

图2-1-5 电热膜地板采暖全球专利申请人排名

2.1.4 技术功效

图2-1-6是电热膜地板采暖技术分支与技术功效图。电热膜地板采暖技术可以分成2个技术分支，分别为电热膜自身结构和电热膜地板结构。这里所说的电热膜自身结构实际所指的主要是整个电热膜发热体的层状结构，具体到电热膜本身的成分和制作方法的专利在2.3节进行分析。电热膜地板结构所指的是将电热膜发热体整合到地板中形成的完整地板结构以及相应的蓄热、控制、安全等部件。

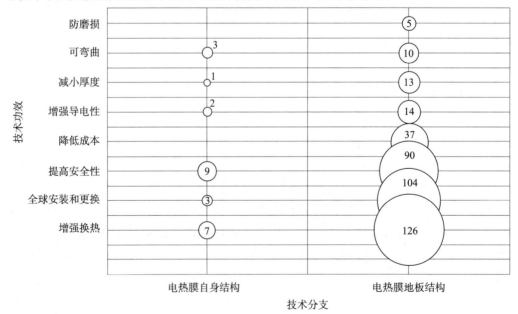

图2-1-6 电热膜地板采暖技术分支与技术功效

注：图中数字表示申请量，单位为项。

从图 2-1-6 中可以发现在 2 个技术分支中,电热膜地板结构改进占了绝大多数,相反电热膜自身结构的研究和改进占比较小,反映出电热膜地板采暖这个领域仍然属于电热膜技术应用的一个领域,主要的研究在于具体的应用结构而不是电热膜本身的结构。在这其中又以增强换热为最多,达到 126 项,表明大多数专利申请还是注重提高换热效率;而便于安装和更换以及增加安全性则是从采暖地板在生活中的使用需求角度出发,强调用户的使用体验,这在电热膜地板采暖技术广泛应用后是非常重要的一个方面。其他方面涉及量虽然相对较小,但是也正说明这些方面存在研究上的空缺,未来可以作为潜在的技术发展方向,企业可以适当关注。例如,未来家用地板具有向超薄型发展以减小所占室内空间的趋势,那么在这种情况下如何减小厚度并同时提高耐磨损性能则是需要关注的。

2.1.5 技术路线

参照图 2-1-6 的技术功效图并结合 2.2.1 节对专利申请趋势的分析,从电热膜自身结构和电热膜地板结构 2 个方面出发,分别绘制出这 2 个方面技术的申请量趋势图,具体参见图 2-1-7。

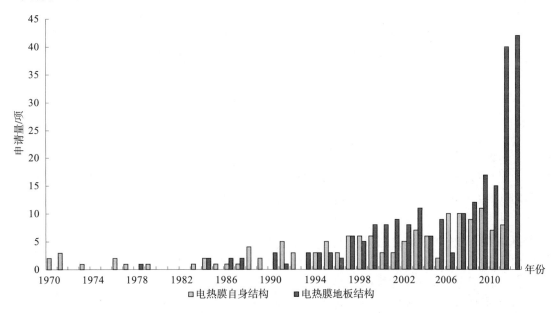

图 2-1-7 电热膜地板采暖两种技术分支的申请量趋势

从图 2-1-7 可以看出早期电热膜地板采暖专利技术基本都是涉及电热膜自身结构(也就是发热体),由此可见电热膜自身结构是电热膜地板采暖技术发展的基础。电热膜自身结构的专利申请量从 1985~2011 年整体呈现波动上升的趋势,但是变化很平缓,即使在整个电热膜地板采暖专利快速发展的阶段,申请量也没有明显的放大。电热膜地板整体结构早期申请量较少,从 1985 年之后申请量才逐年增加,2006 年开始几乎呈直线上升,这主要是因为 2006 年以后中国的申请量大幅增加,而其中又包括了大量的实用新型专利申请。这从一定程度上表明国内的专利技术水平总体来说相对不高，但同时也要注意到中国的申请中绝大多数都涉及电热膜发热体在地板采暖中的具体应用，说明国内企业更加注重解决产品市场应用中遇到的一些问题，例如安全性、耐久性、安装方便性等方面的问题，这种趋势表明电热膜地板采暖在国内的市场已经开始逐渐打开。与此同时，德国在近几年的专利申请里，实用新型的数量也有所提高，可见其同样比较看重解决在电热膜地板采暖的具体应用遇到的问题。一种产品从基础研究向应用研究转变的过程，客观地表明该产品的市场在逐步扩大，电热膜地板采暖的这种趋势一定程度上也表明未来电热膜地板采暖市场前景广阔。

参照图 2-1-7 的 2 个技术分支绘制出电热膜地板采暖的技术路线图，具体如图 2-1-8 所示。

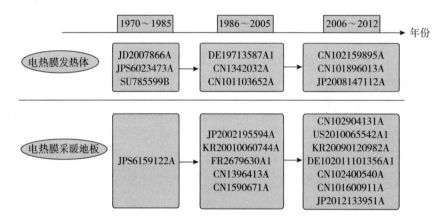

图 2-1-8　电热膜地板采暖技术路线

（1）电热膜自身结构

电热膜自身结构最早的专利为德国赫斯特公司于 1970 年提交的公开号为 DE2007866A 的专利申请，其分别在美国、法国、比利时、荷兰、瑞士具有同族专利申请，涉及一种可以用于地板加热的加热膜。如图 2-1-9 所示，该加热膜由中间的电阻材料 2 和位于两边的金属导体 3 构成，金属导体 3 采用短聚合物纤维增强，通过在基体内混入塑料分散材料和导电炭黑，并且设置金属导电带 3′形成。这种加热膜容易维修并且具有良好的导热性能。

日本 TOHO BESLON 公司于 1983 年提交的专利申请 JPS6023473A（1988 年 8 月 11 日授权），涉及一种发热元件，由高分子材料制成，包括有编织纤维层并且浸渍有热塑或热固化树脂，能够提供低于 100℃的温度，具体参见图 2-1-10。

专利申请 DE19713587A1 公开了一种可以用于地板加热的电加热透明板，通过将二氧化锡带沉积在硬质或陶瓷玻璃片上，再在上方覆盖电绝缘材料形成。

JP2008147112A 为松下集团 2006 年提交的一份专利申请，涉及可以用于墙或地板加热的平面加热元件，其具有形成在聚酯型树脂膜 2 中的一对电极 4 和 PTC 电阻 3，加热元件不具有 PTC 电阻 3 的部分发生弯曲，由此减少了非发热部分的安装面积并且抑制了元件连接区域的温度降低，提高了安装效率，具体参见图 2-1-11。

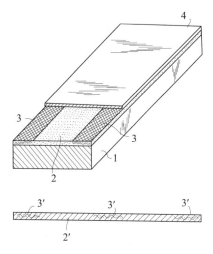

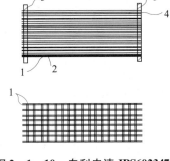

图 2 - 1 - 9　专利申请 DE2007866A
技术示意图

（1—支撑；2—电阻材料；3—金属导体；
4—覆盖层；2′—塑料分散材料；3′—金属导电带）

图 2 - 1 - 10　专利申请 JPS6023473A
技术示意图

（1—含氮纤维；2—有机无机混合纤维；
3—铜电极；4—树脂薄膜）

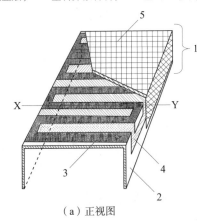

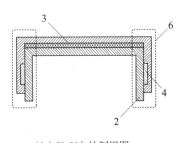

（a）正视图　　　　　　　　（b）X-Y向的剖视图

图 2 - 1 - 11　专利申请 JP2008147112A 技术示意图

（1—平面加热元件；2，5—树脂膜；3—PTC 电阻；4—电极；6—弯曲部分）

（2）电热膜地板结构

电热膜地板结构早期代表性的专利申请例如为松下集团于 1984 年提交的专利申请
JPS6159122A，涉及一种具有蓄热功能的加热地板，其中潜热蓄热材料 3（例如十水硫
酸纳，即 $Na_2SO_4 \cdot 10H_2O$）被封装在由聚乙烯膜制成的袋状容器 4 中，袋状容器 4 下
方为平面发热体 2，上方为例如由橡胶制成的保护层 5，利用灰泥层 1 和 6 将它们包覆
住，烘干后形成加热地板，具体参见图 2 - 1 - 12。这种地板成本低，容易填充和密封
蓄热材料，并且蓄热材料不容易渗漏。

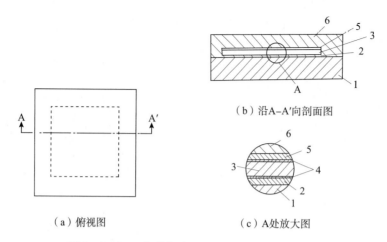

图 2 – 1 – 12　专利申请 JPS6159122A 技术示意图

（1，6—灰泥层；2—平面发热体；3—蓄热材料；4—袋状容器；5—保护层）

专利申请 JP2002195594A 为松下集团于 2000 年提交的一份发明专利申请，涉及一种蓄热类型电热膜采暖地板，将蓄热板 2 和电热膜 1 整体堆叠包覆在袋状物 3 内，能够限制由于热膨胀系数不同而造成的相互位移，具体参见图 2 – 1 – 13。

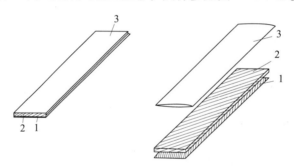

图 2 – 1 – 13　专利申请 JP2002195594A 技术示意图

（1—电热膜；2—蓄热板；3—袋状物）

专利申请 CN101690384A 为国内申请人王柏泉于 2008 年提交的一份发明专利申请，该申请同时还具有一份相应的 PCT 专利申请（WO2009055059A1），涉及一种导电发热板，包括基材层 10、附着在基材层 10 上的导电发热层 20，基材层为中、高密度木质纤维板或者实木复合板或氧化镁板，导电发热层包括导电发热材料和黏结剂，具体的结构参见图 2 – 1 – 14。

专利申请 CN102904131A 为德威木业有限公司于 2011 年提交的一份发明专利申请，涉及电热地板的供电插座和供电线路，提供一种电热地板中使用的便于插接和组装的供电结构，具体参见图 2 – 1 – 15。

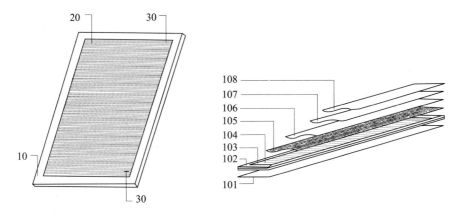

图 2 – 1 – 14 专利申请 CN101690384A 技术示意图

（10—基材层；20—导电发热层；30—电极；101—平衡层；102—基材层；
103—导电发热层；104—电极；105—树脂胶层；106—热扩散层；107—装饰层；108—耐磨层）

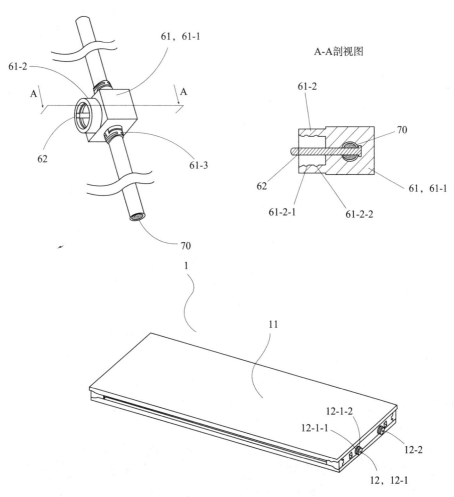

图 2 – 1 – 15 专利申请 CN102904131A 技术示意图

（1—电热地板；11—主体部；12—插头部；6—供电插座；61—座体；62—供电插钉；70—电线）

2.2 中国专利申请态势分析

2.2.1 中国专利申请量趋势

图2-2-1为电热膜地板采暖中国专利申请量趋势图。从图中可以看出，在2000年以前，申请量很小，可以看作中国的起步阶段，而2001~2006年可以看作中国的发展阶段，2006~2012年为繁荣阶段。

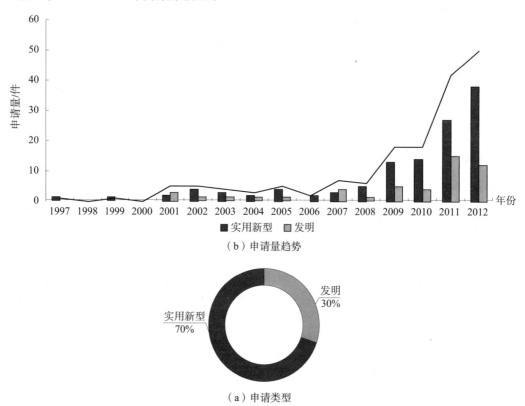

（b）申请量趋势

（a）申请类型

图2-2-1 电热膜地板采暖国内专利申请量趋势

由图2-2-1可以看出，我国在电热膜加热地板技术上在2000年以前申请量很小，只有2件专利，基本属于空白状态，而且申请人均为个人。2000~2006年，专利申请量有所提高，有24件。这个期间国内申请人依然以个人为主，企业较少；与之相反，国外申请人是以企业为主，包括日本的出光兴产株式会社、永大产业株式会社，以及瑞士的克劳诺普拉斯技术有限公司。这说明在电热膜地板采暖领域，国外企业对中国市场的关注要早于国内企业，这当然也与国内相关技术和专利发展起步较晚有关。从2006年开始，由于前面2.1.2节分析的几个方面原因，电热膜地板采暖快速发展，专利申请量大幅提高。2008~2012年呈激增态势，专利申请量迅速达到一个很高的水平。

虽然我国电热膜地板采暖专利申请量增长迅速，但是近些年的申请主要是以实用新型为主，2006～2010 年发明的申请量基本没有什么变化，2011～2012 年发明的申请量甚至开始下降，可见我国电热膜地板采暖专利主要以实用新型为主，通常以电热膜采暖地板的整体结构、组装、维护以及控制结构的改进为主。

从图 2-2-2 可以看出，当前的国内专利申请有 33% 已经失效，有 13% 处于审查过程中，剩下 54% 的有效。表面上看起来似乎有效率比较高，但经过分析可以得出，在这些有效的专利中，发明与实用新型的比值大约为 1∶8，只有 11 件发明专利仍然维持有效，而这 11 件发明专利中维持有效的年数基本都小于 4 年。由此可见我国真正具有创新性的技术仍然欠缺，在电热膜地板采暖的技术深度上仍然需要进行挖掘，大量实用新型专利表面上看起来似乎很繁荣，但是往往经不住推敲。未来国内的企业的专利申请意识需要从注重政策引导、短期利益、申请数量向注重技术研究、长期利益、申请质量转变，不断提高企业自身的技术实力。

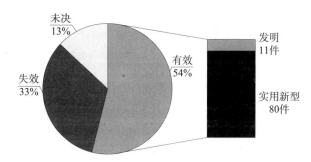

图 2-2-2　电热膜地板采暖国内专利法律状态和类型分析

2.2.2　国别和省份分布

图 2-2-3 为电热膜地板采暖国内申请区域分布图。从图中可以看出排在前三位的都是经济比较发达、之前在冬季又没有采暖的省市，分别为江苏、浙江和广东。这三个地区的地板企业数量多而且集中，有利于电热膜地板采暖技术的快速发展。

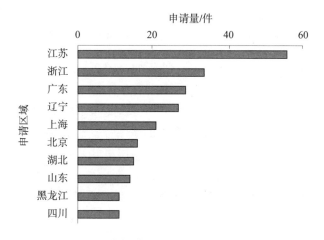

图 2-2-3　电热膜地板采暖国内申请区域分布

综合观察图2-2-3可以看出，国内电热膜地板采暖一部分主要分布在江苏、浙江、上海、广东、湖北以及四川等地区。这主要是因为江、浙、沪和广东地区地板企业比较多，国内目前从事电热膜地板采暖研发和生产的企业主要还是传统的地板企业，这些企业具有良好的地板生产经验和基础，转型到电热膜地板采暖相对较为容易；另外这些区域冬季没有采暖，未来采暖市场潜力和发展空间巨大。还有一部分主要分布在吉林、辽宁、黑龙江、北京以及山东这种传统的冬季采暖地区，这些地区目前仍然采用的是高污染、高能耗、低效率的锅炉热水供热，未来能源形势紧张、环境污染严重等问题迫使这些地区寻找新型的采暖方式。电热膜地板采暖作为一种清洁、环保、高效的采暖方式，未来有可能成为北方冬季主流的采暖方式之一。

2.2.3　申请人排名

图2-2-4为电热膜地板采暖国内申请人排名图。从图中可以看出，江苏的企业的申请量明显较多，而在这些企业中又是以传统的地板和装饰建材企业为主，比较有代表性的是江苏德威木业有限公司。

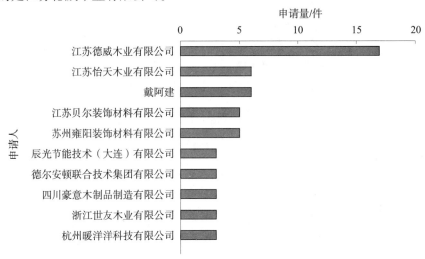

图2-2-4　电热膜地板采暖国内申请人排名

电热膜地板采暖本身是地板技术的一种延伸，图2-2-4中主要的几家公司都是江苏的企业，江苏地处长江以南，以往冬季没有集中供暖，冬季阴冷难受，随着经济发展（江苏的经济发展速度尤其引人注目），人民对生活质量的要求也逐渐提高，逐渐开始在家中安装采暖装置。电热膜地板采暖正是一种安装方便、适合分户计量的采暖形式，很适合旧房改造，只需要在地面上铺设一层电热膜地板就能解决冬季采暖的问题，于是在这个地区产生了对电热膜采暖地板的巨大需求，需求带动市场的发展，而从事传统木业和建筑装饰材料的公司近水楼台，积极转型开展这方面的研究，占领市场。与此同时课题组也发现，这几家公司的申请数量加起来也不算多，而且比较分散，还没有形成一定的研发规模和专利集群。

2.2.4 外国申请人在华专利申请

图 2 - 2 - 5 是电热膜地板采暖申请人国别分布图。从图中可以看出，国内申请人占了绝大多数，而外国申请人却寥寥无几，尤其近几年更是如此。这说明该领域国内的市场目前还没有被外国申请人关注，他们可能还没有意识到国内的巨大市场，因此并没有进行专利布局。这对于国内的企业来说是一个发展的好机会。国内企业要把握住这个机会，积极进行技术研究和专利布局，以在未来的市场竞争中占据有利的地位。

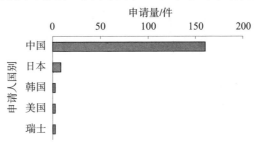

图 2 - 2 - 5　电热膜地板采暖申请人国别分布

2.3 电热膜

本节对电热膜地板采暖的全球专利概况进行分析。专利申请数据来源于 EPODOC、WPI 和 CPRS 检索系统，截至 2012 年 12 月 31 日，关于电热膜的全球专利申请量为 92 项。

2.3.1 全球专利申请量趋势

图 2 - 3 - 1 为电热膜地板采暖全球专利申请量趋势图。

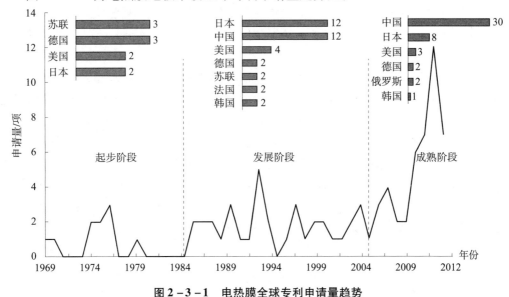

图 2 - 3 - 1　电热膜全球专利申请量趋势

（1）起步阶段

从图2-3-1可以看出，1969～1984年电热膜技术的发展处于起步阶段。这个时期专利申请量很低，主要的研发国家包括苏联、德国、美国和日本，电热膜的类型以第一代的金属基电热膜为主，通常采用金、银、铂等贵金属或氧化铟、氧化锡和铟锡氧化物掺杂的半导体材料制成，例如POPOV G P于1975年提交的专利申请DE2642161A公开的电热膜是在二氧化锡（SnO_2）和锑（Sb）的混合物中加入硼以改善晶体结构，提高电热膜的高温稳定性、与基材的黏结性以及热容量。该专利在日本、美国、英国、苏联都有所布局，按照该专利技术制造出的电热膜的性能到现在看仍然很好，为以后金属基电热膜的发展奠定了坚实的技术基础。

（2）发展阶段

1985～2004年长达20年的时间里，电热膜专利申请量并没有大的波动，维持一个相对适中的水平稳步发展，可以看到这个时期电热膜在许多国家都有了发展，比较明显的就是中国和日本。在这个阶段，各种类型的电热膜都开始有所发展，其中无机非金属基电热膜得到快速发展，碳基油墨电热膜和碳纤维电热膜作为最常见的非金属基电热膜在这个时期都取得了长足的发展。例如日本专利申请JPH044588A、JP2000028155A均涉及一种碳基油墨电热膜，在其上覆盖有电绝缘树脂材料；中国专利申请CN1338885A公开了一种碳纤维电热膜及其制备方法；此外，还有一些半导体电热膜在其中掺入稀土元素，可以提高电热膜的抗氧化性和抗酸碱腐蚀能力，例如中国专利申请CN1083653A涉及一种采用喷涂热解沉淀工艺形成的掺杂有稀土的二氧化锡电热膜，CN1180288A涉及一种采用化学喷涂沉淀工艺形成的具有钙钛矿结构的稀土复合物半导体电热膜。

（3）成熟阶段

2004～2012年电热膜的专利申请量快速上升，从图2-3-1中可以看出，这个阶段专利申请开始向日本和中国集中，尤其是中国的申请量大幅快速增长。主要原因大致如下：首先，国家鼓励技术创新，提倡知识产权保护，实施知识产权战略，从顶层设计上为我国专利技术发展指明了方向，促使企事业单位、科研院所和个人积极主动对自身的技术和研发成果进行专利保护；其次，我国经济近些年快速稳定发展，人民生活水平不断提高，家用电器市场需求大幅增长，电热膜作为一种电热转换效率极高的材料广泛应用在多种家用电器和加热设备中，可以取代传统的高耗电的设备，例如电热炊具、取暖器等，也顺应了国家节能环保的号召，就电热膜应用最广泛的电热膜加热地板来说，近些年国内市场呈现出快速的增长，尤其是在南方地区，市场需求同样推动企业积极进行电热膜的研发生产。这个阶段电热膜技术主要包括高分子电热膜、纳米材料电热膜、碳纤维电热膜、复合型电热膜、石墨烯电热膜等。有机高分子电热膜，例如日本松下集团的专利申请JP2005135643A涉及一种聚烯烃纤维类型的热塑性树脂膜；专利申请JP2011003329A涉及一种具有热保存特性原料的高分子电热膜，专利申请CN101346017A涉及一种采用架桥和选择性嫁接技术合成的高分子涂料制成的高分子电热膜，专利申请CN103763792A涉及一种由多种组分形成的高分子生物电热膜。

纳米材料电热膜，例如专利申请 CN103305051A 涉及一种采用碳纳米管导电油墨制成的电热膜，专利申请 CN103281813A 涉及一种碳纳米复合微晶电热膜。碳纤维电热膜，例如专利申请 KR100794296B 涉及一种在 PET 膜之间设置有碳纤维的电热膜。专利申请 CN102123529A 涉及一种具有采用碳纤维编织而成的网状层的电热膜。复合型电热膜，例如专利申请 CN1980494A 涉及一种复合型低压电热膜，其复合结构的电热无机化合物是由碳系无机材料、稀土材料、金属氧化材料、无机化合材料、聚合液体介质黏结剂组成的。石墨烯电热膜，例如专利申请 CN102883486A 涉及一种采用石墨烯的透明电加热薄膜；专利申请 CN103338538A 涉及一种将石墨烯浆料涂覆在纤维面料上形成的发热膜；专利申请 CN103707795A 涉及一种将石墨烯胶状悬浮液采用真空抽滤的方法均匀覆盖于微孔滤膜上，经过干燥，再通过机械剥离、浸泡或有机溶剂溶解的方法得到均匀稳定的石墨烯发热薄膜；专利申请 KR20110020444A 涉及一种石墨烯 - 金属复合电热膜；专利申请 WO2012100178A1 涉及一种复合结构的透明石墨烯纳米带电热膜。

2.3.2　技术演进

通过电热膜的发展历程来看，电热膜技术大致可以分为 3 种，即金属基电热膜、无机非金属基电热膜、高分子电热膜，其中金属基电热膜是将金属材料或金属氧化物，如银、铂、锡、钨等，用气相生长、电弧等方法把金属材料涂到绝缘材料表面，形成薄薄的一层导电膜。无机非金属基电热膜的种类比较复杂，主要采用无机导电材料，如石墨、SiC、SiO_2 和其他硅酸盐材料，在无机导电材料中添加成膜剂、阻燃剂等助剂制成涂料，把这种涂料涂抹在绝缘材料的表面，经高温处理后，去除黏结材料，在绝缘材料表面形成一层导电膜，其中碳基油墨和碳纤维是目前主流的无机非金属基电热膜。高分子电热膜是在高分子材料中加入导电粒子，或用导电有机材料制成薄膜材料，也可以把有机材料涂在绝缘材料表面制成有机导电薄膜。

通过对 1969～2012 年与电热膜相关的专利进行分类，得出图 2 - 3 - 2 所示的结果。通过该图可以看出无机非金属基电热膜几乎占据了一半的份额，一方面是由于这个类型的电热膜可以选择的无机材料种类比较多，尤其是以碳为基础材料的无机材料，例如前面提到的碳基油墨、碳纤维、碳纳米管、石墨烯等，另一方面，也是最主要的，是因为这一类的电热膜所具有的优势比较明显，例如成本低、技术成熟、寿命长、耐高温等。

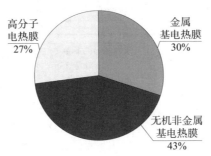

图 2 - 3 - 2　三种主要类型电热膜专利申请占比

通过对 3 种类型的电热膜的专利申请量趋势图进行分析，得到图 2 – 3 – 3。从该图中可以看出，在 1994 年之前，申请量最人的是金属基电热膜，也就是第一代的电热膜；1995～2004 年，3 种电热膜的申请量基本持平，都在平稳地发展；2005 年至今是电热膜蓬勃发展的时期，各种类型的电热膜的申请量也相应地快速增大，在 2011 年达到高峰，2012 年有所回落。

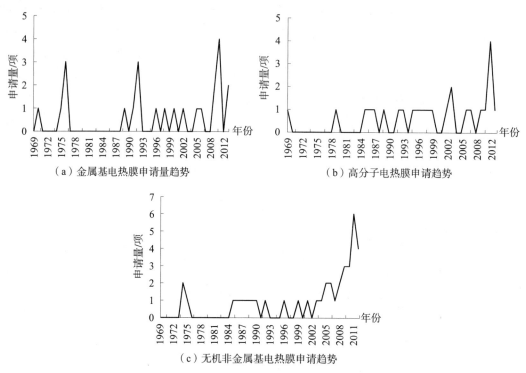

图 2 – 3 – 3　三种类型电热膜专利申请量趋势

根据电热膜专利的发展并结合产业发展历程可以得到如图 2 – 3 – 4 所示的电热膜技术路线图。

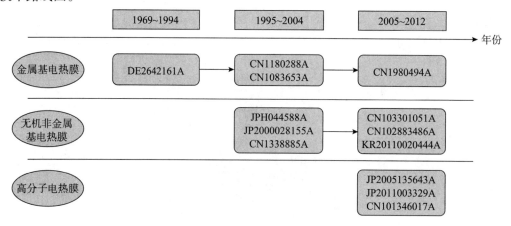

图 2 – 3 – 4　电热膜全球专利技术路线

2.3.3　石墨烯电热膜

通过图 2 - 3 - 4 的技术路线图可以发现，虽然近些年 3 种类型的电热膜均有所发展，但是碳纳米管、碳纤维、石墨烯等碳基材料电热膜，以及高分子电热膜未来有可能成为电热膜的主流发展方向。通过对新型材料领域的研究和产业发展进行调研发现，电热膜技术的发展和新型材料的发展紧密结合，吻合得很好。近些年碳纳米材料、石墨烯、高分子材料以及复合半导体材料等新型材料均取得了快速的发展，这些材料所具有的特性也使得它们非常适合制作电热膜，未来电热膜技术将与新型材料技术的发展息息相关，这其中尤其引人注目的是石墨烯电热膜的发展。

如图 2 - 3 - 5 所示，石墨烯是一种由碳原子构成的单层片状结构的新材料，是一种由碳原子以 sp^2 杂化轨道组成六角型呈蜂巢晶格的平面薄膜、只有一个碳原子厚度的二维材料。石墨烯是已知的世上最薄、最坚硬的纳米材料，它几乎是完全透明的，只吸收 2.3% 的光，导热系数高达 5300W/(m·K)，高于碳纳米管和金刚石，常温下其电子迁移率超过 15000cm^2/(V·s)，又比纳米碳管或硅晶体高，而电阻率约只 $10^{-8}\Omega$·cm，比铜或银更低，为世上电阻率最小的材料。因其电阻率极低，电子迁移的速度极快，因此被期待可用来发展更薄、导电速度更快的新一代电子元件或晶体管。由于石墨烯实质上是一种透明、良好的导体，也适合用来制造透明触控屏幕、光板，甚至是太阳能电池。

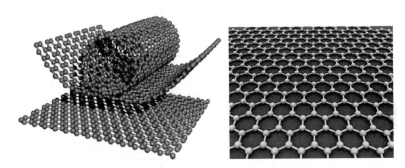

图 2 - 3 - 5　石墨烯结构示意

在目前节能减排成为国际大趋势下，设计出新颖的电热元件是涉及节约能源和环境保护的重要课题。二维平面的电热膜具有整个面都向外发出热量的优点，电热膜的发展潜力巨大，符合低碳经济发展趋势。电热膜在日常生活中有着广泛应用，其中主要应用于除霜除冰、保温供暖等。石墨烯作为材料界刚刚升起的新星，具有极好的导电性、透光性、导热性、机械性能。考虑到石墨烯这些优异的性质，将其应用于电热膜也可能引起电热膜技术的飞跃发展。

科技部"863 计划"纳米材料专项将石墨烯研发作为一个重点的支持内容，预计在"十三五"科技发展规划中，石墨烯研发及产业化将单独占有重要地位。中国在石墨烯应用领域的研究几乎与西方国家同步，目前技术水平不相上下，而专利数更多；不过，与西方国家的专利主要由跨国公司申请不同的是，中国的专利主要掌握在科研院所手中，未来产业化可能不如西方顺利。此外，中国的石墨储量占世界储量的70%多，资源垄断性堪比稀土，而上游的石墨矿领域也与稀土类似，面临小而散的局面，要想抢占石墨烯产业的先机，仍需着力整个产业链。

图2-3-6为各国石墨烯研发计划和成就。目前中国在石墨烯领域的专利已经排到世界第一位，美国、韩国、日本紧跟其后。美国、日本、韩国的专利申请起步很早，但近3年专利数量上升缓慢。检索到的最早的石墨烯电热膜是韩国汉阳大学于2009年8月24日提交的专利申请KR20110020444A，该申请于2011年12月11日获得授权。

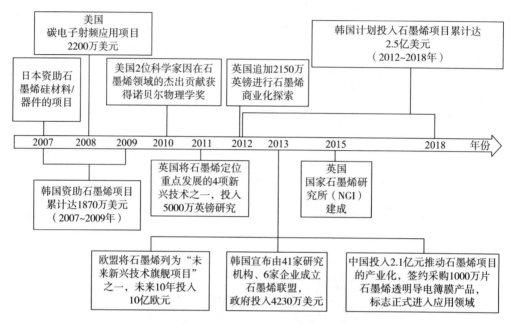

图2-3-6　各国石墨烯研发计划和成就

其他涉及石墨烯电热膜的专利申请包括：美国著名的威廉马什赖斯大学和洛克希德-马丁公司于2012年提交的发明专利申请WO2012100178A1，该专利申请分别在美国、加拿大和欧洲进行了申请，其中石墨烯膜由功能化石墨烯纳米带、原生石墨烯纳米带等多种类型石墨烯混合形成，主要用于飞机和船舶设备的除霜、除冰；中国江苏物联网研究发展中心于2012年提交的专利申请CN102883486A，涉及一种在柔性衬底上设置石墨烯膜，在石墨烯膜上设置导电连接网形成的电热膜；中国南京中脉科技控股有限公司于2013年提交的专利申请CN103338538A，涉及将石墨烯浆料涂覆在纤维面料表面形成电热膜，其中浆料由石墨烯粉末、远红外发射剂和黏结稀释剂组成；中国科学院金属研究所于2013年提交的专利申请CN103607795A，涉及一种将石墨烯胶状悬浮液采用真空抽滤的方法均匀覆盖于微孔滤膜上，经过干燥，再通过机械剥离、浸泡或有机溶剂溶解的方法得到均匀稳定的石墨烯发热薄膜。

从上面的信息可以看出，石墨烯电热膜已经引起了多个国家知名公司和科研机构的注意。通过对比发现，我国的专利技术在数量和质量上都占有一定优势，而且国内目前也没有外国企业进行布局，这对于国内企业来说是一个良好的布局时机；同时需要注意的是，国内石墨烯技术仍然主要掌握在科研院所和高校里，距离真正的产业化还有一段路要走，未来仍然有一段产学研相结合的路要走，不但对于电热膜领域如此，对于国内很多新兴技术都是如此。

2.4　国内外重要申请人分析

本节对国内外重要申请人松下集团和江苏德威木业有限公司的专利申请量趋势、技术发展路线、专利保护策略等方面进行分析，以期为国内企业的专利申请和保护策略提供有益帮助。

2.4.1　松下集团

松下集团创建于1918年，创始人是被誉为"经营之神"的松下幸之助。创立之初是由3人组成的小作坊，其中之一是后来三洋的创始人井植岁男。经过几代人的努力，如今已经成为世界著名的国际综合性电子技术企业集团。

松下集团跨越了地区和社会，在40多个国家开展着企业活动。其企业活动的范围不局限于生产，还开展包括服务和信息系统等解决方案在内的多种业务。并且，其还在全球范围内开展及时应对市场需求的产品制造和以客户为本的商业活动。更为突出的是，为了满足各个国家客户的需求，松下集团将过去设在日本的地区统一管理机构分别迁到北京、新加坡、新泽西、伦敦等地，在当地直接开展市场营销活动。

松下集团从事的民用事业主要有：数字AV网络化事业，节能环保事业，数字通信事业，系统工程设计事业，家用电器事业，住宅设施事业，空调设备事业，工业自动化设备事业及相关事业的元器件、零部件事业，网络、软件事业等。地板采暖隶属于住宅设施事业部。松下集团从20世纪70年代开始进行地板采暖的研发和生产，并且于1977年与大阪燃气、日立电线、古河电工等企业组成日本地板采暖工业会，旨在宣传普及地板采暖的基本知识，开拓这一新领域的市场。松下集团是日本地板采暖行业历史悠久的公司，对其电热膜地板采暖专利的分析研究有助于厘清电热膜地板采暖的技术发展历程，为国内企业提供借鉴。

2.4.1.1　申请量趋势

检索到的松下集团关于电热膜地板采暖的最早专利为1984年提交的具有防潮和防滑功能的电热膜地板。截至2012年12月31日，松下集团的申请共计22项。

从图2-4-1的申请量趋势可以看出，松下集团从1984～2010年这二十几年关于电热膜地板采暖专利的申请量基本保持一个很平稳的水平，并没有太大的波动，而且这些专利均没有在日本之外的其他国家进行布局。这表明松下集团在电热膜地板采暖领域并没有像其在其他领域那样积极拓展全球市场，而是仅仅关注国内市场。这与松下集团的产业布局具有一定关系，虽然在20世纪60年代日本就已经开发出地板采暖，但是电热膜地板采暖作为家庭采暖的一个技术分支在日本国内也是在2000年之后才开始逐渐盛行，由于初装成本和使用成本（主要是电费）相对较高，在日本的发展也是方兴未艾。松下集团虽然现在没有在日本之外布局，不代表未来不会，尤其是国内的企业需要引起关注，一旦像松下集团这样技术和资金实力都很雄厚的跨国企业开始进入国内市场，势必对国内的企业造成很大的冲击。从图2-4-1中可以看到，虽然不明显，但是近几年松下集团的申请量还是有了明显的上升，不排除未来会介入我国国内市场的可能，所以国内的企业需要未雨绸缪，现在应该开始积极进行专利和产业布局。

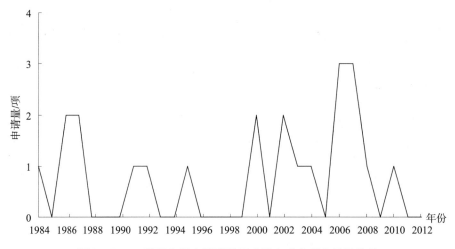

图2-4-1　松下集团电热膜地板采暖全球专利申请量趋势

2.4.1.2　技术路线

对松下集团的专利申请的技术功效进行分析可以得出图2-4-2。图中的安全性所指的主要是从用电安全性考虑，提高地板在使用中的安全性；均匀性主要是从地板采暖的温度均匀性考虑，使地板的各个区域的发热温度均匀；稳定性主要是从耐久性、可靠性以及使用寿命考虑，提高地板的使用寿命，减少维修更换频率。分析时对这三个方面的分类各有所侧重，实际上某些专利在三个方面均有所考虑。从该图可以看出三个方面所占的比例基本持平，说明电热膜地板采暖在实际设计时通常需要综合考虑这三方面内容。

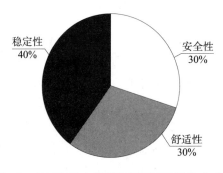

图2-4-2　松下集团电热膜地板采暖三种技术功效占比

课题组结合申请时间和专利的技术内容对松下集团的专利进行分析，从技术功效的角度出发，绘制出了松下集团电热膜地板采暖的技术路线图，如图2-4-3所示。

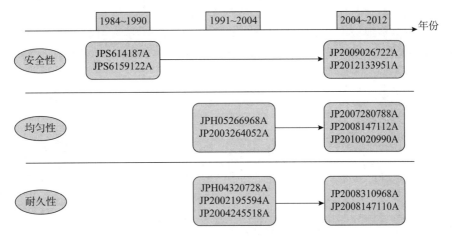

图2-4-3 松下集团电热膜地板采暖技术路线

一种技术的发展方向总是由遇到的问题所决定，电热膜地板采暖同样如此。从图2-4-3可以看出，在电热膜地板采暖初期（1984~1990年），松下集团对安全性的重视程度比较高。这是因为电热膜地板采暖在当时是一种较为新颖的技术。由于涉及用电，并且地板是民众每天都需要接触的事物，因此遇到的最大问题就是安全性问题，使民众接受这种事物优先想到的就是用户的安全性，因此企业在研发时对安全性相对较为重视。在1991~2004年这个期间，电热地板越来越受到民众的认可，在安全性获得保证的基础上，所遇到的问题就是加热不均匀以及稳定性较差，因此这个时期在均匀性和稳定性方面的专利申请量比较多，寻求地板加热更加均匀，使用寿命更长。在2004~2012年这个期间，三个方面的专利数量都相对较多，但是均匀性的专利相对较多一些，说明在加热均匀性方面存在的问题较多，也是企业需要多加关注的，还有一个现象就是近2年的技术关注点又有向安全性转移的趋势，比如专利申请JP2012133951A和JP2009026722A都涉及安全方面的技术，这也需要引起企业的关注，多追踪这方面的专利技术动向。

2.4.1.3 重要技术

下文参照图2-4-3，对松下集团的重要专利信息进行分析。

① 在提高稳定性和使用寿命方面，专利申请JP2002195594A涉及一种蓄热类型的地板采暖。对于蓄热材料，尤其是相变蓄热材料来说，其封装技术是关键。该专利将蓄热板和发热膜整合到一起，存放和堆叠在袋状体内部，这种封装方式很简单且容易，并且不会限制由于热膨胀系数差引起的不同移动，提高了地板的稳定性和使用寿命，参见图2-4-4（a）。

② 在提高加热均匀性、舒适性和热效率方面，专利申请JP2008147112A涉及一种正温度系数（PTC）面状加热板，可以用于地板采暖。其中加热板不具有发热电阻的一部分被弯折使得加热板的非发热部分的安装面积减少并且使得连接区域的温度下降

被抑制，整个加热板的发热更加均匀，效率更高，参见图2-4-4（b）。

③在提高安全性方面，专利申请JP2012133951A涉及一种根据电极将导电线设置在连接器的相对侧上避免导电线相互交叉的面状加热元件。由于导电线仅仅设置在面板的侧面而不会在地板下方交叉，可避免导电线由于受压断裂引起局部过热而发生危险，参见图2-4-4（c）。

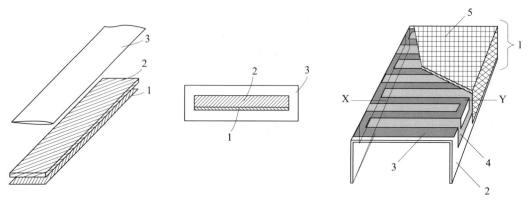

（a）专利申请JP2002195594A技术示意图　　　（b）专利申请JP2008147112A技术示意图

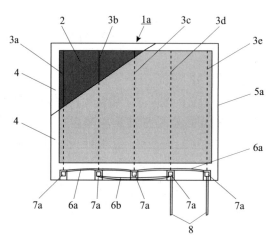

（c）专利申请JP2012133951A技术示意图

图2-4-4　松下集团重要专利技术

2.4.1.4　主要发明人

松下集团的发明人小原和幸（OBARA K）在与地板有关的平板发热器方面研究较多，在20世纪90年代，其专利申请基本是在电加热的面状发热体领域，例如专利申请JPH04174992A涉及浴室用加热单元的绝缘和温度探测，专利申请JPH04208318A、JPH04223087A涉及平面电加热毯的耐用性。2003年后，小原和幸开始涉足地板采暖领域，在该技术领域其代表专利申请有JP2005149876A、JP2005302503A、JP2006079834A、JP2008103233A、JP2008267628A、JP2009004107A和JP2011034905A。

小原和幸早些年的专利申请主要还是对面状发热体的结构的研究和改进，但是他最近提交的专利申请 JP2014002841A 是对印刷油墨型电热膜的油墨固定的改进,从微观角度对电热膜本身的成型进行改进,参见图 2 - 4 - 5。从已有专利文献来看,对电热膜与地板结构结合的文献占绝大多数,改进点也很多,但技术效果都不突出,整个电热膜地板采暖发展的关键主要仍然在于电热膜本身的改进,这在未来将是推动整个行业发展的动力。松下集团已经开始从组合结构的研发向电热膜本身的研发进行转换,国内的企业也应该关注这个新的发展方向。

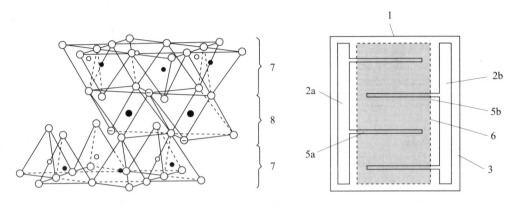

图 2 - 4 - 5　小原和幸最新专利技术示意

(1—平面加热元件;2—导电集线器;3—绝缘板;5—导电通道;
6—电阻器;7—四面体层;8—八面体层)

2.4.2　江苏德威木业有限公司

2.4.2.1　申请量趋势

　　江苏德威木业有限公司建立于 1996 年,公司主营各种地板,包括强化地板、实木地板、实木复合地板、拼花地板,近几年开始转向自发热地板,也就是电热膜地板采暖领域的研发和生产,在国内地板行业中占有一定的市场份额。江苏德威木业有限公司从 1999 年开始投入大量资金和人力从事技术创新工作,并且获得了一定的专利成果。目前江苏德威木业有限公司共有发明和实用新型专利共计 68 件。

　　从图 2 - 4 - 6 可以看出,江苏德威木业有限公司在 2006 年之前的专利量并不突出,甚至在 2005 年出现了断档,这期间最重要的专利就是专利号为 ZL03112761.4 的名称为"强化木地板及其制造方法"的发明专利,该专利也是江苏德威木业有限公司后面几年进行专利诉讼、成立专利联盟和产业联盟的基础。2007 ~ 2010 年期间,江苏德威木业有限公司没有一件专利申请,主要原因可能在于其忙于国内外的各种专利诉讼,直到 2010 年 6 月 12 日与燕加隆集团联合成立中国地板行业专利联盟。江苏德威木业有限公司通过这几年的专利诉讼积累了大量的专利诉讼和保护经验,也意识到了专利的重要性,于是 2011 ~ 2012 年期间积极进行产业转型和技术研发,提交了大量的专利申请。国内很多企业目前的状况都与江苏德威木业有限公司类似,未来如果想要寻求长久的发展,只能坚持不断创新,积极进行技术研发和专利布局,加强知识产权保护意识,不断地做大做强。

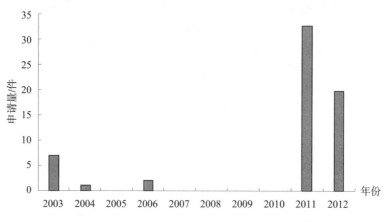

图 2 - 4 - 6　江苏德威木业有限公司申请量趋势

2.4.2.2　技术路线

从图 2 - 4 - 6 可以看出，江苏德威木业有限公司从 2011 年开始申请量大幅增加，而从图 2 - 4 - 7 可以看出这 2 年的专利申请中，自发热地板（也就是电热膜地板）相关专利占据了 72%。由此可见，未来江苏德威木业有限公司的发展方向瞄准了电热膜地板采暖，其已经开始在该领域积极进行专利布局。值得注意的是，这其中也不乏PCT 国际专利申请（WO2012136021A1；PVC 锁扣地板；WO2013044610A1：自发热式地板及其电热式组件），表明江苏德威木业有限公司的专利布局已经开始向其他国家扩展，这也是我国企业自身不断壮大，尤其是技术创新不断进步的表现。产品如果要走出国门，必然需要提前在国外市场进行专利布局，即所谓专利先行，否则在海外可能会遭遇很大的风险。

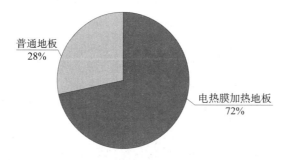

图 2 - 4 - 7　德威木业专利申请技术类别占比

2.4.2.3　专利保护策略

江苏德威木业有限公司近些年在国内外积极布局专利的同时，也在不断利用手中的专利维护企业自身和整个地板行业的创新发展，尤其是 2006～2010 年，作为创新型的中国民营企业，该公司的专利维权和保护之路可以说是中国民营企业探索知识产权保护的一个缩影，其进行知识产权创新和保护的经验，为国内企业提供了良好的借鉴。

总的来说，可以把江苏德威木业有限公司的知识产权保护划分为对内和对外两个部分，下面分别对此进行分析。

①对内：主要的策略有专利许可、专利侵权诉讼、成立专利技术联盟和产业联盟，如图2－4－8所示。

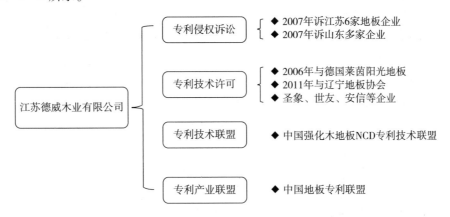

图2－4－8　江苏德威木业有限公司国内专利保护策略

专利许可包括2006年与德国柯诺木业集团旗下的莱茵阳光地板之间的专利交叉许可，可以交叉使用对方（柯诺）的E0（低甲醛）专利或者（德威）的V型槽专利。2011年沈阳地板协会下属的沈阳东生地板、沈阳思诺尔家地板、沈阳朗森地板、沈阳秋水伊人地板、沈阳经典之家地板和沈阳龙玉地板等6家企业与江苏德威木业有限公司签署许可协议；国内圣象、世友、美丽岛、安信等知名地板企业与江苏德威木业有限公司签署许可协议。

专利侵权诉讼主要有2007年诉江苏6家地板企业、2007年诉山东多家企业。

成立技术联盟包括2008年10月10日，在中国林产工业协会、国家知识产权局中国专利保护协会、中国消费者协会和中国技术监督情报协会的支持下，成立旨在"倡导创新、打击侵权"的中国强化木地板NCD技术专利联盟。

成立产业联盟包括2010年6月12日，与燕加隆集团共同成立中国地板专利联盟，旨在实现中国地板行业专利共享、共同进步，并最终实现中国地板行业的做大做强。

②对外：主要是积极应诉和主动出击，包括2007年帮助杭州一家地板企业对抗西班牙弗奥斯公司，江苏德威木业有限公司找到了能说明西班牙弗奥斯公司压纹技术属于现有技术的关键证据，向国家知识产权局提出了专利无效请求，最终得到上海市中级人民法院的判决，杭州这家企业反败为胜。

2008年江苏德威木业有限公司向西班牙弗奥斯公司主动宣战，提出专利无效宣告请求，运用了美国一份发明专利的材料作为对比文件，该专利最终被国家知识产权局专利复审委员会判定其全部无效；其后西班牙弗奥斯公司不服向北京市中级人民法院和北京市高级人民法院提出诉讼或上诉；2009年9月2日，北京市高级人民法院判决维持国家知识产权局专利复审委员会的决定，本次判决为终审判决，至此西班牙弗奥斯公司对江苏德威木业有限公司展开的为期3年的诉讼全部告终。

2.4.2.4 江苏德威木业有限公司的启示

江苏德威木业有限公司作为国内知名的地板企业，2011年之后的专利申请着重于电热膜地板采暖，并且开始研发、生产电热膜采暖地板，因此其专利申请、保护策略值得国内电热膜地板采暖企业以及普通地板采暖企业借鉴。

国内企业目前的状况是技术研发实力较弱，专利比较分散，没有形成规模，相互之间还存在一些竞争，不排除存在一些不正当竞争，抵御外国企业冲击的能力较差。未来首先需要提高企业自身的创新能力，其次需要企业之间开放专利许可或者进行交叉许可，成立产业或技术联盟，整个行业作为一个整体促进本行业的健康发展，并积极开拓海外市场，进行海外专利布局，提高中国企业在世界范围内的竞争力。

2.5 电热膜地板采暖国内企业 SWOT 分析

本节针对前面各节分析的目前国内外电热膜地板采暖专利布局情况，结合国内能源、经济发展政策以及知识产权战略对电热膜地板采暖行业进行综合分析，试图给出未来国内采暖行业的发展方向，为国内企业提供一些借鉴和参考。

2.5.1 国家政策

国家"十三五"能源规划已经启动，未来在减煤的同时需要积极发展新能源，减轻燃煤对环境造成的污染，在我国北方当前冬季采暖的主流仍然是依靠燃煤锅炉加热热水供热，这种传统的供热方式效率低、污染大、安全性差，不符合我国清洁能源战略的要求。虽然在一些城市（例如北京）已经开始用天然气或者油替代煤，但是燃烧、供热效率仍然较低，且较为分散，不容易管理和控制，天然气和油仍然是不可再生能源，这只能是能源转型期的替代方案，不能作为最终的能源解决方案。

电能作为一种清洁能源，获取的途径丰富，转换效率高，不污染环境，将在未来取代大部分的传统能源，成为应用范围最广的最终能源。从图 2 - 5 - 1 可以看到，新

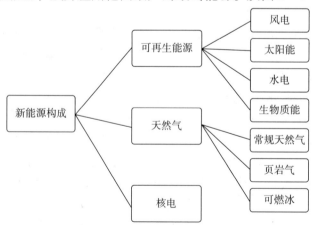

图 2 - 5 - 1 未来新能源构成示意

能源主要包括可再生能源、天然气和核电。可再生能源主要包括风电、太阳能、水电、生物质能等；天然气包括常规天然气（含煤层、油田伴生气）、页岩气和可燃冰。这些新能源中，风电、太阳能、水电、生物质能，包括天然气，最终生成的能量都是电能。在未来，随着国家能源战略中特高压输电线路范围的扩大、核电的快速发展、太阳能分布式发电的增长、陆基和海上风电的稳步发展、页岩气技术的突破、生物质能的推广，将极大丰富电能的来源，扩大我国的发电容量，降低民众的用电成本，减轻对环境造成的污染，因此将电能作为我们未来的最终能源是一个正确的选择。

在未来电能作为最终能源的前提下，电热膜地板采暖作为电采暖的其中一个技术分支，具有效率高、加热均匀、安装方便、便于控制、不占用室内空间等优点，发展空间巨大。

2.5.2 国内企业的 SWOT 分析

通过前面几节的分析并结合上面提到的国家政策和战略，可以得出国内电热膜地板采暖企业的优势、劣势、机会和威胁（SWOT），具体如图 2 - 5 - 2 所示。

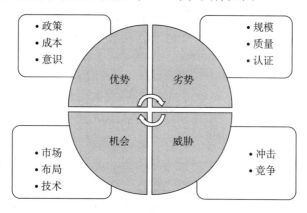

图 2 - 5 - 2 国内企业 SWOT 分析

（1）优势（Strength）

① 符合国家能源战略的方向，属于国家倡导的新型、绿色建材。

② 国内人力、原料成本相对较低。

③ 企业知识产权保护意识不断提高，并具有一定的专利运用经验和抗风险能力。

（2）劣势（Weakness）

① 企业规模较小，分布较为分散，技术实力总体较弱。

② 专利意识不足，"山寨"和侵权现象普遍，产品质量参差不齐。

③ 专利质量不高，盲目追求数量，未来的风险抵御能力较差。

④ 虽然已经有行业标准，但是仍然缺乏国家标准和国家强制认证（3C 认证）。

（3）机会（Opportunity）

① 国内市场需求大，空间广阔。

② 国外企业（尤其是一些大型的跨国企业）在国内专利布局较少。

③ 未来电能来源丰富，电价会逐步降低，民众使用成本降低。

④ 国内新型材料电热膜发展水平领先，电热膜地板采暖行业未来优先受益。

（4）威胁（Threaten）

① 国外企业未来可能会进入中国市场，对国内企业造成冲击。

② 企业之间的恶性竞争比较普遍，不利于整个行业的发展。

通过上面的分析可以得出，国内企业在发挥优势、把握机会的同时也需要弥补劣势、消除威胁，4 个方面之间随着时间的发展可能发生转换，就看企业未来如何把握。总体来说目前国内企业的机遇大于挑战，未来只要坚持技术创新、加强专利保护、保证产品质量，我国的电热膜地板采暖行业就一定能够取得巨大的成就，从品质上彻底改变人民的生活。

2.6 小   结

① 电热膜地板采暖专利技术主要集中在中国、日本、韩国等亚洲国家以及德国、法国、美国等欧美国家。近几年中国专利申请量尤其突出，已经跃居第一位，但是以实用新型专利居多，发明专利申请占比较小，且授权后保护期限较短，说明国内企业仍需注重专利质量的提高。

② 国内地板采暖市场迅速扩大，而国外企业在国内专利布局很少，当前正是国内企业积极进行专利布局、开拓市场的好机会。

③ 电热膜地板采暖技术未来需要关注用户的使用体验，重点在于舒适性、安全性、耐久性等方面的研究。

④ 电能未来来源广泛，符合新能源发展方向，并且北方传统燃煤取暖替代市场和南方新增取暖需求很大，国内市场前景广阔。

⑤ 目前欠缺国家标准和强制认证，国内企业产品质量参差不齐，设计和施工安全两个环节之间脱节，直接影响市场推广。未来需要加强企业之间的兼并重组，优质的企业不断做大做强，使我国电热膜地板采暖行业稳步健康发展。有技术实力的企业还需要走出国门，坚持专利先行的策略，积极布局海外市场。

⑥ 专利策略方面，企业需要遵循专利申请、专利许可、侵权诉讼、成立技术联盟以及产业联盟的路线稳步发展。

第3章　蓄热地板采暖专利分析

　　地板采暖是近年来逐渐推广应用的供暖技术，其由于舒适性，受到了企业关注及用户欢迎。地板采暖根据热源形式分为热水和电加热两种，且由于地热采暖良好的热辐射效果，可采用低温热水作为热源。太阳能、热泵由于其对环境的友好性，逐渐用于地热采暖。但太阳能和热泵均存在随室外温度的下降，运行效率降低的问题，在冬季较寒冷地区尚不能完成家庭供热的需求。电网运行中存在峰谷用电问题，有效提高电网的运行效率，也是地板采暖领域从业人员需要考虑的问题。在地板采暖中采用蓄热技术，采用太阳能、热泵作为热水热源时，能有效提高能源利用率。采用电加热技术时，能在平抑峰谷负荷的同时节省电费支出。采用蓄热地板采暖技术，是一种降低能耗和环境负面影响的有效途径。

　　本章对利用蓄热材料的地板采暖进行专利分析，专利申请数据来源于 EPODOC、WPI 和 CPRS 检索系统，统计分析截至 2012 年 12 月 31 日申请的全球专利数据。蓄热地板采暖的全球专利申请量为 566 项，中国专利申请量为 123 件。

3.1　全球专利申请态势

3.1.1　专利申请趋势

　　随着人们节能需求的不断提高，蓄热地板采暖技术也得到了迅猛发展。图 3-1-1 示出了蓄热地板采暖全球申请趋势。从该图中可以看出，蓄热地板采暖全球专利申请大致可以分为 3 个阶段。

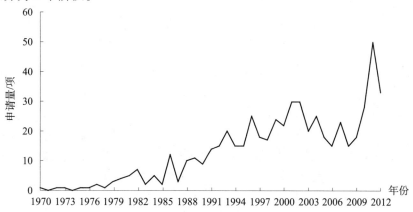

图 3-1-1　蓄热地板采暖全球申请趋势

（1）萌芽期（1970～1990年）

地板采暖技术发展初期，人们就关注其蓄热性能，从而实现节能目的。该阶段地板采暖技术开始应用于住宅供暖中，随着地板采暖技术的应用，蓄热地板采暖技术也开始发展。蓄热地板采暖领域最早的专利申请为1970年德国的专利申请DE7027529U，申请日为1970年7月22日。其公开了一种蓄热地板结构电加热部件，将电加热部件的热量存储在地板结构的蓄热器内。1980年之前，蓄热地板采暖专利申请中，蓄热材料通常选择显热蓄热材料，对地板结构等技术细节涉及较少。如专利申请JPS54100469U（申请日为1977年12月27日）公开了一种地板供暖装置，在热水管外部设置蓄热材料。

从1980年开始，相变蓄热的基础理论和应用研究在发达国家，如美国、加拿大、日本、德国迅速崛起。在此背景下，具有优异蓄热性能的相变蓄热材料也被用于蓄热地板采暖，蓄热地板采暖专利申请中开始使用相变蓄热材料作为蓄热介质。最早采用相变蓄热材料的专利申请为JPS57150739A，其申请日为1981年3月13日。该申请公开了一种加热地板结构，地板上设置平行热水管道，并设置与热水管道平行的蓄热材料管道，相变蓄热材料填充在蓄热管道内。在此期间，相变蓄热材料一般选择十水硫酸钠等无机相变蓄热材料。蓄热地板采暖专利申请萌芽期，全球总申请量少，但是人们已经开始关注蓄热材料在地板采暖中的节能效果。

（2）快速发展期（1990～2002年）

从1991年开始，蓄热地板采暖专利申请进入快速发展期，年申请量快速增长，并在2002年达到了峰值。在此期间，蓄热材料的选择、封装形式、地板结构的布置、控制等技术得到了深度研究。蓄热材料方面，开始选用热物理性能好的有机相变蓄热材料，如石蜡、脂肪酸等有机相变蓄热材料。专利申请JP5066024A中选用脂肪酸等有机混合物，专利申请JP10160373A选用石蜡作为相变材料。无机相变蓄热材料技术方面，采用混合结晶盐类作为相变蓄热材料。地板结构方面，多采取封装结构的蓄热材料，具体限定地板的各层构造，以便于实现地板产业化。专利申请JPH1194274A（申请日为1997年9月25日）公开了一种蓄热地板，并具体公开了地板各层材料的布置。专利申请JP2002061857A（申请日为2000年8月21日）公开了一种蓄热地板及其蓄热材料，具体公开了蓄热材料的选择和设置。控制技术在该阶段也得到了深入发展，专利申请中对系统的控制逐渐细化。如专利申请JP2003343864A（申请日为2002年5月28日）公开了一种蓄热地板装置及其加热方法，加热体上方设置相变蓄热材料，并根据时间和温度实现对系统控制。

（3）技术稳定期（2003～2012年）

2003年之后，蓄热地板采暖的专利申请进入稳定发展期。地板结构和蓄热材料技术得到飞速发展之后，技术相对成熟，申请人开始关注室内舒适性和系统控制技术。在此期间，蓄热地板采暖的专利申请中蓄热材料的选择不作具体限定，仅将其限定为蓄热部件。地板结构的改进较少，专利申请的侧重点为蓄热地板采暖的控制。专利申请JP2006105493A（申请日为2004年10月6日）公开了一种加热地板，并具体公开了

一种地板结构及该结构的温度特性，关注地板结构的舒适性及节能性。专利申请
JP2005249377A（申请日为2005年2月2日）公开了一种蓄热地板结构，具体公开地
板各层结构及其参数，从而便于地板安装。

　　纵观全球申请趋势，蓄热地板技术的发展，受全球能源环境的影响巨大。能源危
机爆发之后，各国加大了对节能技术的研发，而作为能源消耗的重要组成部分，供暖
技术也得到了快速发展。随着石油、煤炭等不可再生资源的大量消耗，节能技术在很
长时间内将仍是全球各个国家的技术研究的焦点，蓄热地板技术仍具有广阔的发展
前景。

3.1.2　区域分布

　　图3-1-2示出了蓄热地板采暖专利申请全球区域分布情况，其中日本专利申请
量居第一位，占了全球申请总量的62%，具有绝对领先优势。其次为中国，居第二位；
韩国和德国分别居第三位和第四位。

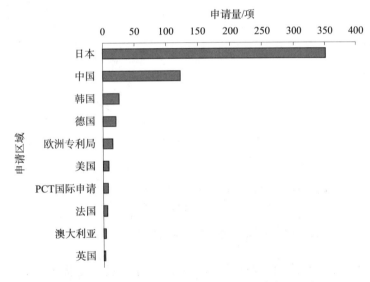

图3-1-2　蓄热地板采暖专利申请全球区域分布

　　上述专利布局主要受各国的能源结构和采暖方式影响。日本煤炭、石油等资源少，
能源主要依赖进口，因此日本重视节能技术的研究。地板采暖是日本的主要采暖技术，
日本在蓄热地板采暖节能领域的专利研发投入较大。基于相同原因，韩国、德国也非
常重视蓄热地板采暖技术的研发。我国传统的供热终端为通过对流换热的散热器，近
年来地板采暖技术才在国内得到推广。虽然中国研究起步较晚，但国内研究热情高，
我国申请总量在全球专利中也占了很大比重。相变材料研究方面，美国一直处于领先
地位。但该技术并未推广至地板采暖技术层面，因此，美国在该领域的专利申请较少。

　　通过区域分析可以发现，中国和日本是蓄热地板采暖领域的重要申请国。
图3-1-3示出了中国和日本专利申请趋势。

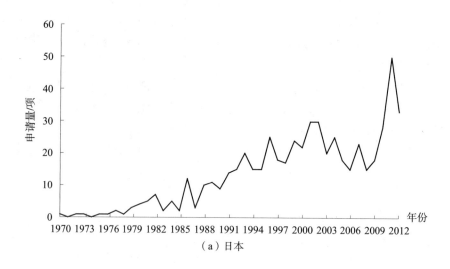

（a）日本

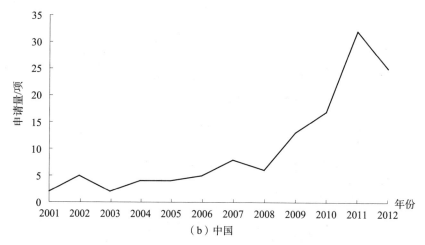

（b）中国

图 3 - 1 - 3   蓄热地板采暖重要申请国申请量趋势

通过中国和日本的申请趋势对比可以看出，日本在蓄热地板采暖领域的专利申请起步较早，开始于 20 世纪 70 年代。日本的专利申请高速发展期出现在 1990～2002 年。在此期间，中国的专利申请量很少，中国在该领域的技术研发比日本晚了 10 年。除去技术原因，这也与我国专利保护制度的大环境有关。从 2000 年之后，国内才开始重视专利保护制度。2000 年后，中国专利申请开始增长。2007 年之后，日本的专利申请量进入平稳发展期。中国的专利申请量自 2006 年开始有了大幅的增长，且在 2011 年达到峰值。2008 年之后，中国的专利申请态势影响了全球申请态势。

3.1.3   申请人分析

本节统计蓄热地板采暖领域全球重点的申请人。图 3 - 1 - 4 统计了蓄热地板采暖领域全球专利申请排名前十位的申请人及其专利数量。从图中可以看出，在该领域，日本的松下集团排名第一位，三菱电线工业株式会社（以下简称"三菱电线"）排名第二位。中国的芜湖市科华新型材料应用有限责任公司（下面简称"芜湖科华"）以10 项专利申请、清华大学以 8 项专利申请也位居前十位。日本非常注重环境保护，重视低品位能源的开发利用，比如对太阳能、地热等资源的利用非常重视，与之相关的蓄热地板采暖也就相应成为热点技术。

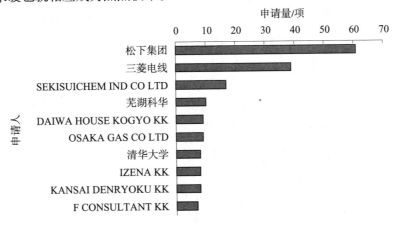

图 3 - 1 - 4　蓄热地板采暖全球专利申请人排名

3.2　中国专利申请态势

3.2.1　专利申请趋势

图 3 - 2 - 1 是蓄热地板采暖中国申请量趋势图。从图中可以看出，2000 年之前，国内蓄热地板采暖领域并没有专利申请。从 2001 年开始，开始有专利申请。从专利申请初期，蓄热地板采暖专利中就采用相变蓄热材料，如清华大学 2002 年提出的专利申请 CN1369669A，涉及一种带风口的相变蓄热电加热采暖地板，采用石蜡 - 聚苯乙烯定形相变蓄热材料。国内的专利申请从 2007 年进入高速增长期，申请量快速增长，并在2011 年达到峰值。在此期间，大量的科研单位及企业，如清华大学、北京建筑工程学院等，在该领域进行了技术研发，并将自己的研发成果进行专利保护。

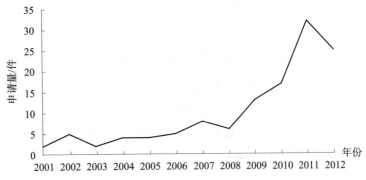

图 3 - 2 - 1　蓄热地板采暖中国申请量趋势

图3-2-2为蓄热地板采暖国内专利法律状态和类型分析图。从图中可以看出，123件专利申请中有70件实用新型专利申请、53件发明专利申请。53件发明专利申请中，仅有11件有效，在审12件，30件专利已经失效。通过分析发现，发明专利的有效率低，国内蓄热地板采暖领域的专利创新性不高。国内蓄热地板采暖专利总申请量在全球专利中占据了很大比重，但在技术深度上仍需要作进一步研究。

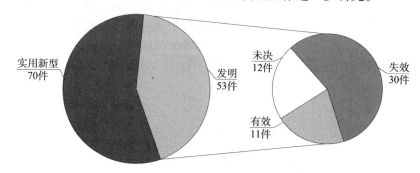

图3-2-2　蓄热地板采暖国内专利法律状态和类型分析

3.2.2　区域分析

图3-2-3为蓄热地板采暖国内申请区域分布图。从图中可以看出，排在前三位的分别是北京、江苏、安徽。

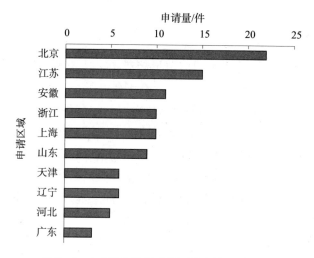

图3-2-3　蓄热地板采暖国内申请区域分布

国内蓄热地板采暖专利申请量最多的区域是北京。北京集中了国内顶尖的大学和科研设计院所，是蓄热地板采暖技术的主要研究区域。我国的地板采暖企业主要集中在江苏、安徽、上海、浙江等南方省市，上述区域没有集中供暖传统，未来采暖市场潜力大，具有很大的发展空间，相关企业研发热情高。另一部分集中在山东等传统的冬季集中供暖区域。

3.2.3 申请人分析

图3-2-4为蓄热地板采暖中国申请人排名图。排名第一位的是芜湖科华，排名第二位的是清华大学，之后依次为北京建筑工程学院和四国化研（上海）有限公司。

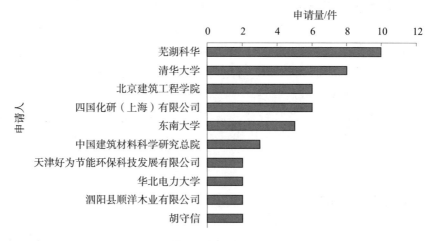

图3-2-4 蓄热地板采暖中国申请人排名

芜湖科华具有10件专利，该公司的专利申请开始于2011年。2011年，该公司根据计算机控制的自限温复合蓄热地面集中供暖系统分别申请了发明和实用新型专利（CN102183062A、CN202092227U），根据一种风电、光电及电网互补变功率蓄能供热系统分别申请了发明和实用新型专利（CN102353085A、CN202204061U），其后期的6件专利都是上述两项发明专利的分案申请。专利申请CN102183062A涉及一种计算机控制的自限温复合蓄热地面集中供暖系统，公开了供暖系统的计算机控制系统、地板及电加热系统设置，依据该专利有5件分案申请。

清华大学2002~2008年提出了8件专利申请。8件专利申请中，共有5件发明专利申请，且有4件获得了专利权。清华大学的专利申请主要侧重于地板结构、供热系统及其控制装置。如专利申请CN1369669A公开了一种带风口的相变蓄热电加热采暖地板，设置时间控制器和温度控制器，时间控制器固化在电网低谷期的夜间定时启动，并通过温度控制器控制加热装置的温度。

北京建筑工程学院在蓄热地板采暖领域共提出了6件专利申请，其中有2件发明专利申请。北京建筑工程学院的专利申请技术重点也是地板结构，蓄热材料选用相变蓄热材料，热源为热水。四国化研（上海）有限公司也是该领域重要的研究机构，其专利申请类型都是实用新型专利，专利研发重点为地板采暖结构（如专利申请CN202350171U、CN202253904U），有1件专利（即专利申请CN202331232U）涉及地板的温度控制系统。

仅有2项专利——专利申请CN1396413A和专利申请CN1324446A是国外在华专利申请。

专利申请 CN1396413A 的申请人为日本的清川晋、清川太郎。该申请涉及一种地板供暖装置及其温控方法，并具体公开了：在电加热部件上设置封装蓄热材料的蓄热部，蓄热材料为显热蓄热材料或潜热蓄热材料，并根据温度和时间对地板供暖装置进行温控。该专利授权后因欠缴费用失效。

专利申请 CN1324446A 的申请人为德国舒曼·萨索尔公司。该申请涉及一种多孔结构的潜热体及其制造方法，并具体公开了：一种地板电热设备，包括设在粗盖与护盖之间的调温装置，具有以石蜡为基的潜热储存材料，潜热储存材料置于具有存放腔的载体物质内，在载体物质的内部构成潜热储存材料的毛细存放腔。该申请申请日为2001年11月28日，专利授权后有效。

随着国家对节能环保技术的重视及一系列相关政策的推出，蓄热地板采暖技术市场化的进程会进一步加速。国内研发机构需要加强技术研发，并重视授权专利的保护，以作为专利储备。

3.3 国内外重要申请人分析

本节对国内外重要申请人松下集团、三菱电线和芜湖科华、清华大学的专利申请进行分析，以期为国内企业的专利申请提供有益帮助。

3.3.1 松下集团

松下集团在蓄热地板采暖领域的专利申请总量为61项，全球排名第一位。松下集团从20世纪70年代开始进行地板采暖的研发和生产，并在1977年与其他企业组成日本地板采暖工业会。松下集团在蓄热地板采暖领域的专利申请开始于1979年，最早的专利申请为JPS567923A，申请日为1979年6月29日，其结构如图3-3-1所示。

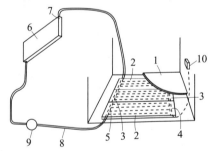

图3-3-1　专利申请JPS567923A的技术示意图

（1—地板；2—平板状换热板；3—集管；
4—电加热器；5—水管；6—太阳能集热器）

专利申请 JPS567923A 涉及一种地板加热器，该专利公开了一种将太阳能和电能提供的热量通过水进行蓄热的装置。在地板下方设置平板状加热板，加热板由集管和多根水管构成；集管与太阳能集热器连接，通过传感器控制集管与太阳能集热器的水循环；电加热器设置在集管内，当传感器检测到集热器温度过低时，水循环停止，电加热器提供热量，通过水管实现太阳能和电能的蓄热目的。

松下集团在相变蓄热地板采暖领域专利申请开始于1981年，最早的专利申请为JPS57150739A，申请日为1981年3月13日，其结构如图3-3-2所示。

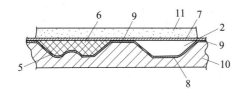

图3-3-2　专利申请JPS57150739A的技术示意图

（2—热水通道；5—腔体；6—相变蓄热材料；7，8—不锈钢板）

专利申请JPS57150739A涉及一种地板加热板，该专利公开了一种将高温热水热量通过相变材料蓄热的地板结构。在平行设置的不锈钢板之间设置热水通道和蓄热腔体，蓄热腔体内填充相变蓄热材料。

3.3.1.1　申请量趋势

图3-3-3统计了松下集团在蓄热地板采暖领域专利申请年度申请量。1990年之前，松下集团在蓄热地板采暖领域申请量仅有几件。从20世纪90年代开始，松下集团开始加大在蓄热地板采暖领域的专利申请力度，并在1993～2002年得到了平稳的发展，2003年的专利申请量到达峰值，为10项。之后又进入平稳发展阶段。2007年之后，松下集团在该领域没有进行专利申请。

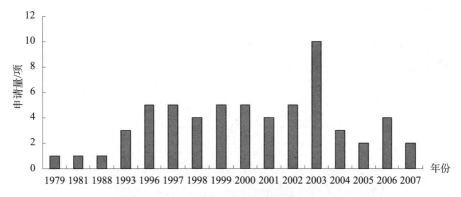

图3-3-3　蓄热地板采暖松下集团申请量趋势

3.3.1.2　技术路线

松下集团是蓄热地板采暖领域较早进行专利申请的企业，其初期的专利申请涉及具体的地板结构，热源多采用电加热。专利申请JPS636328A（申请日为1986年6月24日）。公开了一种加热地板材料，在加热体上方设置相变蓄热材料，靠近室内侧设置低温相变蓄热材料，靠近楼板侧设置高温相变蓄热材料。专利申请JPH0634287A（申请日为1992年7月14日）公开了一种蓄热板，将相变蓄热材料封装在蓄热板内，并公开了封装和蓄热材料的具体类型。专利申请JPH07233952A（申请日为1994年2月22日）公开了一种地板加热装置，在地板上方设置隔热材料，隔热材料上方铺设加热器，板状蓄热材料设置在加热器上方。

1996～2002 年，松下集团的专利技术进入稳定发展期。该阶段的专利申请的重点为显热蓄热材料与拼装结构的地板结构，侧重点为地板结构的生产及组装的便利性。专利申请 JP2000161687A（申请日为 1998 年 11 月 25 日）公开了一种蓄热地板加热器，蓄热材料上方设置可压缩的袋，蓄热材料的安装空间通过竖梁支撑，提供一种安装方便且控制蓄热材料散热的地板结构。专利申请 JP2005155979A（申请日为 2003 年 11 月 21 日）公开了一种蓄热地板加热装置，在蓄热材料的上部和下部都设置加热器，减少传感器，从而降低地板成本。

2003～2006 年，专利申请开始较多地涉及相变蓄热系统及其控制装置。专利申请 JP2005300087A（申请日为 2004 年 4 月 15 日）公开了一种电加热器，加热体设置在绝热材料内，微胶囊蓄热材料分布在绝热材料中，并设置温度传感器对其自动控制，从而降低向环境的散热。

3.3.1.3　重要技术

通过对松下集团在蓄热地板采暖领域的专利申请分析发现，在热源方面，其专利申请中热源既包括水源加热也包括电加热。蓄热材料选择方面，早期的专利申请采用十水硫酸钠等无机相变蓄热材料，之后选用石蜡等有机类相变蓄热材料。而在 2000 年之后的专利申请中，其对蓄热材料的类型不再具体限定。地板结构方面，2000 年之后的专利申请主要选用面状发热体作为加热部件，在面状发热体下方设置形状与其配合的蓄热体结构。

松下集团还研究了蓄热地板采暖中放热时机的控制。即在蓄热材料与上层地板结构之间设置可控热传导的部件，通过增强或隔绝蓄热材料与上层地板结构之间的热传导，从而控制蓄热放热的时机，实现蓄能的合理利用。松下集团对具有该功能的地板结构及地板控制提出了多项专利申请。典型地板结构如图 3 - 3 - 4 所示。

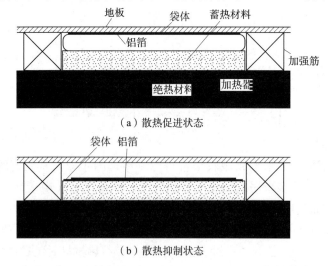

（a）散热促进状态

（b）散热抑制状态

图 3 - 3 - 4　专利申请 JPH11337095A 的技术示意图

专利申请 JPH11337095A 涉及一种蓄热地板结构，加热体设置在蓄热材料下部，蓄热材料与上层地板之间设置具有热传导性能的袋体，袋体可膨胀或收缩，地板结构通过横梁支撑。通过袋体的膨胀收缩，增强或隔绝上层地板与蓄热材料之间的热传导，从而有效控制散热时机。

之后，松下集团对专利申请 JPH11337095A 进行了技术改进。专利申请 JP2000130778A 及 JP2000161687A 对散热控制袋体的固定结构作了改进，以便于施工操作。专利申请 JP2000130778A 设置槽部或端板结构对袋体进行固定。专利申请 JP2000161687A，将散热控制袋体固定在横梁上。上述 2 项专利的发明人为远田正和与森本征久。专利申请 JP2001090968A 对散热控制袋体的结构作了改进，以提高充气效率，发明人为田村俊树与前田太。专利申请 JP2003065488A 对散热控制袋体的材质作了改进，以提高换热效率，发明人为田村俊树与前田太。专利申请 JP2004060918A 对地板结构作了改进，增加风机等部件，以提高换热效率，发明人为堀田敏郎、田村俊树与前田太。由此可见，松下集团重视对专利申请的后续研发，且研发团队稳定。

3.3.2　三菱电线

3.3.2.1　申请量趋势

三菱电线是蓄热地板采暖领域申请量排名第二位的企业。图 3 - 3 - 5 统计了三菱电线在蓄热地板采暖领域专利申请年度分布。由该图可以看出，在 1990 年之前，三菱电线在该领域没有进行专利布局。从 20 世纪 90 年代开始，三菱电线开始在该领域进行专利申请，到 1996 年专利申请量达到最大值 6 项。1996～1999 年，专利申请呈下降趋势，上述申请量下降与 1998 年日本的经济危机关系密切。1999 年之后，三菱电线的专利申请进入平稳发展期。

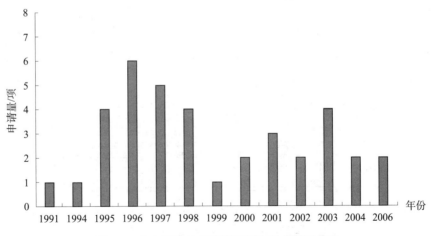

图 3 - 3 - 5　蓄热地板采暖三菱电线申请量趋势

3.3.2.2　技术路线

三菱电线在蓄热地板采暖领域的专利申请开始于 1991 年，多涉及电热膜加热结构的蓄热地板技术。初期，三菱电线的专利申请将面状结构的蓄热材料和电热膜拼装，用于夜间电力的蓄能操作，如专利申请 JP5066024A 和 JP7332689A。蓄热材料的选择上，选用石蜡等有机相变蓄热材料。三菱电线的早期专利申请也涉及温度传感元件，但较少涉及蓄热地板采暖装置的控制方法。

1995～1998 年，是三菱电线专利申请的高峰期。该时期三菱电线的专利申请侧重蓄热地板的具体结构设置。典型的蓄热地板结构由上部地板结构、面状发热体、蓄热层、绝热层组成。专利申请 JP8254322A 和 JP9089277A 采取了上述地板结构。为提高地板强度，将蓄热层用横梁进行分隔和支撑。蓄热材料一般选用石蜡等有机相变蓄热材料。在控制技术方面，在地板中设置温度传感器，通过具体的温度信号来实现地板的控制，如专利申请 JP10160373A。

1999 年开始，三菱电线在蓄热地板采暖领域的专利申请侧重地板结构的施工及电热膜的布线。在蓄热材料选择方面，没有具体限定蓄热材料的种类，仅将其限定为蓄热体。典型的地板结构包括多个平行设置的面状电热膜，覆盖在相变蓄热材料上方，面状电热膜之间设置横梁支撑地板结构。专利申请 JP2002310115A 和 JP2002061859A 采用了上述地板结构。

2003 年之后，三菱电线开始注重蓄热地板采暖的控制技术。在涉及蓄热地板采暖的专利申请中，采用温度曲线的方式，根据检测到的温度参数与目标温度参数的差值进行系统控制，如专利申请 JP2005069528A。该时期三菱电线的专利申请，不涉及地板结构和蓄热材料的选择。

3.3.2.3　重要技术

通过对三菱电线在蓄热地板采暖领域的专利申请分析发现，在热源方面，其仅采用电加热膜。蓄热材料在初期采用石蜡类有机相变蓄热材料，后期的专利申请采用板状蓄热材料，并不涉及蓄热材料具体类型。地板结构方面，选用面状发热体作为加热部件，在面状发热体下方设置形状与其配合的蓄热体结构，上下层地板之间通过横梁部件实现支撑。该地板结构施工方便，便于产业化生产。

专利申请 JP2002061859A 三菱电线一种典型的地板结构，申请日为 2000 年 8 月 11 日，其具体结构如图 3－3－6 所示。

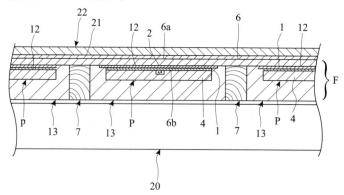

图 3－3－6　专利申请 JP2002061859A 的技术示意图

(1—面状发热体；2—传感器；4—蓄热板；7—横梁；13—绝热材料)

专利申请 JP2002061859A 涉及一种蓄热地板加热结构，提供一种降低厚度、提高传热效率且便于组装的地板结构。地板包括面状发热体、在面状发热体上设置传感器，蓄热板设置在面状发热体下方，地板结构由横梁实现支撑。面状加热体与蓄热板无缝拼接，提高了蓄热能力，且地板结构安装方便，便于施工操作。

3.3.3 芜湖科华

3.3.3.1 申请概述

芜湖科华在蓄热地板采暖领域的专利申请开始于 2011 年。2011 年 3 月 29 日，芜湖科华就计算机控制的自限温复合蓄热地面集中供暖系统的技术，分别申请了发明和实用新型专利申请（CN102183062A、CN202092227U）。2011 年 7 月 26 日，芜湖科华就风电、光电及电网互补变功率蓄能供热系统的技术，分别申请了发明和实用新型专利申请（CN102353085A、CN202204061U）。其后期的 6 件专利申请，有 5 件是 CN102183062A 的分案申请，1 件为 CN102353085A 的分案申请。由此可见，CN102183062A 和 CN102183062A 为该公司的基础专利，下面介绍这 2 件专利申请。

3.3.3.2 重要技术

芜湖科华第一件重要专利申请为 CN102183062A，申请日为 2011 年 3 月 29 日，于 2013 年 12 月 4 日被授权，其结构如图 3 - 3 - 7 所示。依据该专利，芜湖科华于 2013 年 4 月 28 日提出了 5 件分案申请。

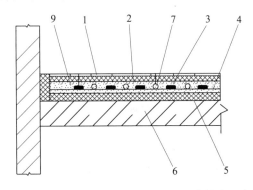

图 3 - 3 - 7 专利申请 CN102183062A 的技术示意图

（3—加热电缆；7—储能管；8—计算机网络控制系统）

专利申请 CN102183062A 涉及一种计算机控制的自限温复合储能地面集中供暖系统，用于建筑物的面辐射供暖。集中供暖系统中设置计算机网络控制系统，形成智能控制系统。该专利申请并具体公开了复合储能地面具体结构、加热电缆和储能管的配置、网络控制系统的操作内容。

专利申请 CN102183062A 对蓄热材料种类并未作具体限定，对地板结构层中地面装饰层、找平层、绝热层、结构层、加热电缆和相变储能槽的配置方式作了多种方式的限定。热源设置方面，采用谷期电加热及热泵热水作为热源。网络控制系统设置方面，公开了控制原理，如计算机网络控制系统对谷峰用电、地面辐射供暖质量、用电负荷特性、用电行为实现集中智能控制，但未涉及控制系统的具体运行方法及控制参数的选择。

芜湖科华的第二件重要专利申请 CN102353085A，申请日为 2011 年 7 月 26 日，于 2013 年 12 月 4 日被授权，其结构如图 3－3－8 所示。依据该专利，芜湖科华于 2013 年 4 月 28 日提出了 1 件分案申请。

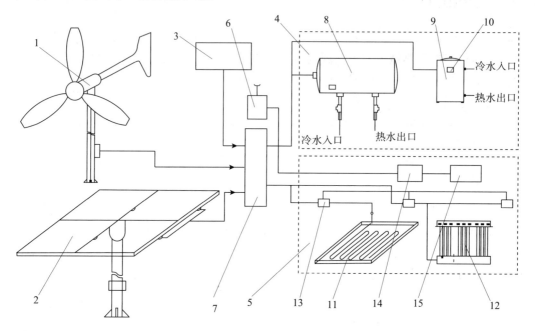

图 3－3－8　专利申请 CN102353085A 的技术示意图

(6—计算机集中远程控制系统；11—蓄能地面；15—分户智能控制器)

专利申请 CN102183062A 涉及一种风电、光电及网电互补变功率蓄能供热系统，包括风电机组、太阳能电池板、变功率电热蓄能供水子系统和变功率电热蓄能供暖子系统；还与市电电网连接；风电机组、太阳能电池板和市电电网均通过电路连接到三电分线器的输入端上；变功率电热蓄能供水子系统和变功率电热蓄能供暖子系统均通过电路连接到三电分线器的输出端上，并公开了该系统的运行方法。该申请将可再生能源风能与太阳能作为热源，并利用低谷电对风能和太阳能作稳定补充。

专利申请 CN102183062A 对蓄热材料种类、地板结构未作具体限定，对风电、光电与系统的部件及线路配置方式作了具体的限定。该专利公开了系统的控制方法，该方法仅对风电、光电及市电的启停步骤作了限定，未涉及具体的控制参数设置。

3.3.4　清华大学

3.3.4.1　申请概述

清华大学的专利申请侧重于地板结构、热源配置及系统控制。地板结构方面，涉及7件专利申请，其所要求保护的技术方案涉及具体的地板结构，且部分专利申请在地板结构中采用了风口结构以提高地板的散热性能（专利申请 CN1369669A、CN101280935A）。热源技术方面，有3件专利申请的热源采用热水，4件专利申请的热源采用电加热，1件专利申请直接利用太阳能作为热源（专利申请 CN1587590A）。系统控制技术方面，涉及4件专利申请，多采用时间控制器和温度控制器共同作为控制参数。

3.3.4.2 重要技术

清华大学在蓄热地板采暖领域的专利申请，地板结构是其技术研究重点。专利申请 CN1369669A 公开了一种典型地板的结构，其结构如图3-3-9所示。

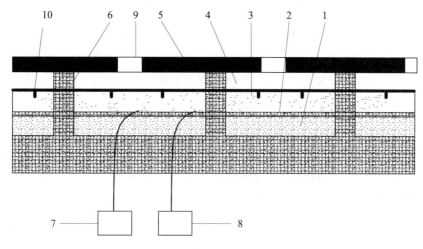

图3-3-9 专利申请 CN1369669A 的技术示意图
（2—电热膜；3—定形相变材料；4—风道）

专利申请 CN1369669A 涉及一种带风口的相变蓄热电加热采暖地板。结构上，由保温层、电加热膜、定形相变材料层和地板覆盖层构成，且在相变材料层与地板覆盖层之间设有一风道，地板覆盖层上带有风口，通过可控风口，能够人为地调节风口放热量，主动控制室内温度，并在相变材料层上面加装散热肋片，强化散热。在相变材料选择上，选用定形相变材料层。控制技术方面，在电加热膜上安装固化了与电网峰谷期相匹配的时间控制器和温度控制器，利用电网峰谷电力。但该专利申请没有具体公开相变材料的组分及控制的具体参数。

清华大学在蓄热地板采暖领域的专利申请还涉及控制方法，如专利申请 CN101280934A 公开了一种太阳能相变地板采暖系统及其控制方法，其结构如图3-3-10所示。

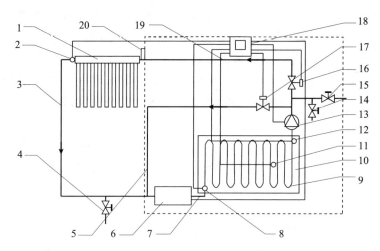

图 3 – 3 – 10　专利申请 CN101280934A 的技术示意图

（1—太阳能集热器；10—相变地板采暖装置；18—控制柜）

专利申请 CN101280934A 以太阳能为主要热源，相变材料制成的相变地板作为太阳能的蓄热装置，代替了常规太阳能蓄热水箱。结构主要包括：太阳能集热器、辅助热源、相变地板采暖装置、供热泵和温度时间控制装置等。该专利申请还公开了一种太阳能相变地板直供采暖控制方法，根据时间参数和传感器检测到的具体温度参数，实现系统的启停操作。

3.3.5　重要申请人比对

松下集团的专利申请起步早，开始于 1979 年，在地板采暖技术应用初期，其就开始了蓄热地板采暖技术的专利申请。三菱电线的专利申请开始于 1991 年，比松下集团晚 10 年。日本重视将技术转化为专利保护，一项技术开始研究应用时，企业就会对其进行专利申请，从而作为企业的专利储备。国内蓄热地板采暖领域的专利申请较晚，清华大学开始于 2002 年，芜湖科华开始于 2011 年。我国从 20 世纪 80 年代才开始实施专利保护制度，且地板采暖技术在我国推广的时间也较晚。而一个领域专利技术的研发，初期往往由高校提出，专利多涉及理论性的系统设置。而当一项技术的市场前景大的时候，才会有企业对该领域进行专利布局。而芜湖科华作为国内申请量第一的申请人，也说明蓄热地板采暖技术的市场前景广阔。

从申请数量作比较，松下集团以 61 项专利申请、三菱电线以 39 项专利申请占据绝对优势。在蓄热地板采暖领域，国内单个申请人的总申请量虽然不高，但国内蓄热地板采暖领域总的申请量并不少，说明在我国该技术领域的技术研发处于起步阶段，是很多申请人所关注的技术领域。

在蓄热材料选择方面，松下集团的专利研发较早，相变材料涉及十水硫酸钠等无机相变蓄热材料、石蜡等有机相变蓄热材料。三菱电线的专利申请中，相变材料多选用石蜡等有机相变蓄热材料。清华大学的专利申请中蓄热材料选用石蜡 – 聚乙烯构成的定形相变蓄热材料，而芜湖科华对蓄热材料的类型并没有作具体限定。在蓄热地板采暖领域，专利申请初期，多采用无机类相变材料。随着材料技术的发展，具有良好性能的有机相变材料逐渐得到推广应用。2000 年之后，蓄热材料的选择成为本领域中一项常规技术选择。

在地板结构方面，松下集团的专利申请涉及电热及水加热热源结构，且非常注重地板结构的研发。在地板结构中采用支撑、膨胀收缩导热袋体等结构来实现地板蓄热性能的调整，且重视地板中的布线及地板产业化。三菱电线的专利申请热源仅采用电加热，以面状电加热膜作为加热体，重视地板结构的施工便利性及地板产业化。且松下集团和三菱电线专利申请中地板结构的专利申请具有连续性，后期专利申请对前期的地板结构不断改进。而清华大学和芜湖科华专利申请中的地板结构相对单一，且专利申请不具有连贯性，较少对在先专利进行改进。

控制技术方面，松下集团和三菱电线从 2003 年开始关注控制技术的专利申请，通过具体的温度和时间参数实现控制。清华大学和芜湖科华的专利申请仅涉及控制原理，不涉及细化的控制参数和控制步骤。在蓄热地板采暖的控制领域，国内的申请人需要作进一步深入的研究，根据我国的采暖现状研发适合我国国情的蓄热地板采暖控制系统。

3.4　重要技术

3.4.1　蓄热材料

蓄热地板采暖专利根据蓄热材料类型划分，分为显热蓄热材料和相变蓄热材料两种类型。通过对全球蓄热地板采暖专利分析，得到图 3 – 4 – 1 所示的全球蓄热地板采暖专利蓄热材料占比图。其中使用显热蓄热材料的专利申请约占 20%，相变蓄热材料的专利申请约占 59%，两种材料通用的专利申请占 21%。

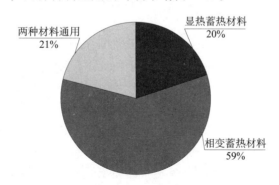

图 3 – 4 – 1　全球蓄热地板采暖专利蓄热材料占比

显热蓄热材料在成本和安全性方面具有无可替代的技术优势，今后显热蓄热地板采暖技术仍会受到本领域技术人员的关注。相变蓄热材料蓄热能力强，具有明显的技术优势。采用相变蓄热材料的地板采暖技术的研发依赖于相变蓄热材料技术的发展。

随着相变蓄热材料在安全性及降低成本等方面取得技术进步，采用相变蓄热材料的地板采暖结构也会随之得到发展。

3.4.1.1 显热蓄热材料

传统的蓄热材料，如沙浆、混凝土等常规蓄热材料，很早就用于地板采暖中。在地板采暖的热源处设置蓄热材料，能避免室内温度的波动，提高室内环境的舒适性。蓄热材料的设置，能提高地板的热容量，在地板采暖系统中实现节能蓄能的效果。1973年能源危机之后，世界各国都开始关注节能蓄热技术。显热蓄热材料成本低廉，安全性好，在地板采暖专利申请中得到了推广使用。其技术研发路线如图3-4-2所示。

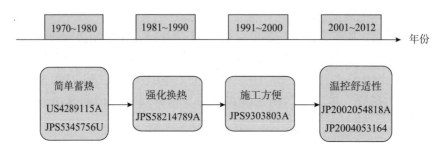

图3-4-2 显热蓄热材料全球技术路线

早期的专利公开的供热系统结构简单，仅在加热部件周围填充蓄热材料，对蓄热材料的填充方式、结构不作具体的限定。如专利申请JPS5345756U在地板下设置换热器，换热器四周设置蓄热材料，利用蓄热材料显热蓄热。专利申请US4289115A公开了一种利用太阳能的房屋结构，在加热部件上方填充沙子组成蓄热层，将热量或冷量储存在蓄热层内。

1981年开始，专利申请开始注重蓄热效果及蓄热材料的热传递性能。专利申请JPS58214789A公开了一种蓄热地板结构，在蓄热材料与地板之间设置U形导热结构，提高蓄热材料与地板之间的热传递。

随着技术的发展，1990年之后，显热蓄热地板采暖技术得到进一步发展。这一时期，蓄热地板采暖专利申请侧重于地板结构的设置，关注地板的实用性。专利申请JP9303803A公开了一种地板采暖设备，绝热材料组成槽部，槽部内放置热水管，在热水管四周填充蓄热材料。该专利公开的地板制造方便，配管方式实现标准化，干式施工便于施工操作且保温效果好。在2000年之前，设置显热蓄热材料的地板采暖，较少涉及系统的控制技术，研发的重心都在结构方面。

2000年之后，专利申请开始关注室内温度的舒适性及系统的控制技术。专利申请JP2000234750A公开了一种地板采暖装置，加热部件上方设置水容器，水容器内灌装蓄热用水。利用水作为蓄热材料，降低了地板成本，并提高了室内温度的均一性。专利申请JP2001141262A公开了相似的地板采暖结构，更侧重地板结构的强度变化。专利申请JP2002054818A公开了一种细砾蓄热地板采暖装置，地板内设置热水管，用固定厚度的细砾作为蓄热材料层覆盖热水管。利用无机蓄热材料层释放的红外线有益于人体健康，且温度均匀，节能效果好。专利申请 JP2004053164A 公开了一种蓄热式电采暖地板，采用电加热管作为热源，电加热管外填充沙土；并根据填充蓄热层的厚度及温度参数，列出了地板的蓄热性能参数。

水作为蓄热材料，具有蓄热能力大、成本低廉的优势。但是水具有流动性，需要对其封装。水作为蓄热材料时，需要对蓄热容器进行支撑，从而避免水泄漏。专利申请 JP2001141262A 采用钢结构支撑，用于蓄热容器的保护。采用混凝土、砂浆作为蓄热材料时，对封装容器的要求相对较低，可以采用槽内直接填充，如专利申请 JP2002054848A。也可以将加热部件安装在蓄热管内，然后将蓄热材料填充在蓄热管，如专利申请 JP2000274709A。

3.4.1.2 相变蓄热材料

根据相变蓄热材料的化学成分，一般可将其分为无机类、有机类和混合类 3 种。其中，无机类相变蓄热材料包括：结晶水合盐（如十水硫酸钠）、熔融盐、其他无机相变蓄热材料。有机类相变蓄热材料包括：石蜡类、羧酸类、羧酸脂类、多元醇类、正烷醇类、聚醚类等。混合类是指有机类与无机类相变蓄热材料的混合物。采用相变蓄热材料的专利技术的技术演变如图 3-4-3 所示。

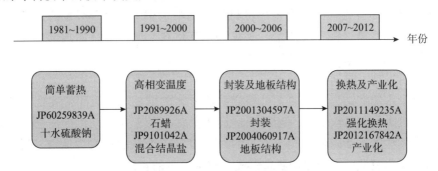

图 3-4-3 相变蓄热材料全球技术路线

1980 年之后，地板材料专利申请中开始使用相变蓄热材料作为蓄热介质。相变蓄热地板采暖领域的专利申请开始于 1981 年，最早的专利申请为 JPS57150739A，申请日为 1981 年 3 月 13 日。专利申请 JPS57150739A 涉及一种以热水作为热源的供暖地板结构，地板上平行设置热水管道，并设置与热水管道平行的蓄热材料管道，蓄热材料填充在蓄热管道内。

早期的专利将蓄热材料在蓄热容器内简单填充，仅对地板结构提供蓄热能力。相变蓄热材料多选用十水硫酸钠。如专利申请 JP60259839A 公开了一种地板采暖装置，蓄热材料选择十水硫酸钠，相变温度为 28℃ 左右。专利申请 JP63006329A 也公开了一种类似的蓄热式地板采暖装置，采用十水硫酸钠作为相变蓄热材料。在此期间，专利申请很少涉及相变蓄热材料的尺寸及结构参数。

从 1990 年开始，低相变温度蓄热材料不能满足人们的需求，申请人开始关注高温的相变蓄热材料。为了提高相变蓄热材料的性能，申请人开始选择不同材料或组分的相变蓄热材料从而提高相变蓄热材料的相变温度。石蜡等有机相变蓄热材料得到了广泛应用，在此期间，无机盐类的相变蓄热材料的研究也在继续，专利技术中不再采用单纯的十水硫酸钠作为相变蓄热材料，而开始采用混合结晶盐类作为相变蓄热材料，如专利申请 JP9101042A。采用有机相变蓄热材料的专利，选用石蜡、脂肪酸等有机相变蓄热材料。专利申请 JP5010534A 公开了一种蓄热式采暖地板，其中选用石蜡等有机相变蓄热材料，其相变温度为47℃，具体限定了相变蓄热材料及其添加剂的具体组分。专利申请 JP5066024A 公开了一种蓄热式地板采暖装置，相变蓄热材料选用脂肪酸等有机混合物。

2000 年之后，相变蓄热材料的专利申请，无机类和有机类相变蓄热材料都得到了广泛的应用，该时期的专利申请开始关注相变蓄热材料的封装及结构设置。专利申请 JP2001304597A 公开了一种蓄热式地板采暖装置，十水硫酸钠作为相变蓄热材料，具体公开了其封装结构。专利申请 JP2002061857A 公开了一种蓄热装置，采用高相变温度的醋酸钠作为相变蓄热材料，公开了蓄热材料具体封装厚度设置。专利申请 JP2004060917A 公开了一种蓄热地板采暖装置，采用相变温度为57℃的石蜡作为相变蓄热材料，并在地板中设置通风结构。

2007 年之后，相变蓄热地板采暖专利对相变蓄热材料的种类不作限定，可同时使用无机相变蓄热材料或有机相变蓄热材料。专利申请 JP2012167842A 公开了一种相变蓄热地板，相变蓄热材料可选择无机或有机相变材料，通过提高加热部件与相变蓄热材料的接触面积，提高蓄热能力及地板产业化性能。

通过分析发现，早期的专利申请中，多采用以十水硫酸钠为主的无机类的相变蓄热材料。以十水硫酸钠为代表的无机相变蓄热材料的低相变温度不满足需要时，高相变温度的有机类相变蓄热材料逐渐得到申请人关注。随着材料技术的成熟，申请人对相变温度的关注度逐渐降低，相变材料的封装设置成为新的技术关注点。近期，地板蓄热能力的强化及地板产业化的要求，成为技术人员的关注点。

3.4.2 蓄热地板结构

蓄热地板采暖专利申请初期，地板结构仅作示例性概述，不涉及地板各层之间的配合及连接关系。典型的地板结构包括上层地板、蓄热层、加热部件、下层地板。专利申请 US4289115A（申请日为 1981 年 9 月 15 日）公开了一种利用太阳能的蓄热地板结构，下层地板上方铺设沙子作为蓄热层，太阳能蓄热管设置在蓄热层内，蓄热层上方铺设上层地板。该时期，典型的蓄热地板结构如图 3 - 4 - 4 所示。

随着技术的发展，蓄热地板采暖专利申请开始关注地板结构，以提高地板蓄热能力及合理设置地板结构以便于地板生产施工。对地板结构的研究，主要集中在 2 方面：地板结构的支撑及蓄热强化。

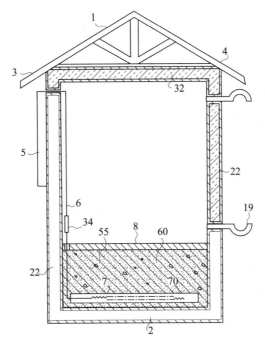

图 3 - 4 - 4 专利申请 US4289115A 的技术示意图

(7—太阳能蓄热管；55—蓄热腔)

3.4.2.1 地板结构的支撑

采用非定形相变蓄热材料、水或沙子作为蓄热材料时，需要考虑蓄热层结构的稳定性，即需要在地板结构中设置支撑部件，从而保持地板结构的稳定。

（1）独立支撑结构

通过设置在上下层地板之间的立梁结构实现地板结构的支撑，这是常规的支撑结构。设置单独的立梁结构，能简化地板结构的成型工艺，只需要在现有地板结构的基础上增加立梁就可实现蓄热层的放置。该地板结构对上层地板的强度具有一定要求。独立支撑结构，是蓄热地板采暖领域最早出现的支撑结构。典型独立支撑结构的蓄热地板结构如图 3 - 4 - 5 所示。

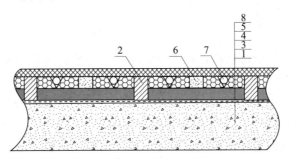

图 3 - 4 - 5 专利申请 CN201425339Y 的技术示意图

（2—龙骨托梁；5—封装相变材料模块；6—轻质混凝土砌块）

专利申请 JP2251020A 公开了一种蓄热地板结构，在上下层地板之间设置立梁，蓄热材料及加热部件设置在立梁支撑的空间内。专利申请 CN201425339Y 公开了一种干式蓄能地板采暖装置，在地面基层和地面覆盖层之间设置龙骨托梁，蓄热材料和加热盘管设置在托梁支撑的空间内。专利申请 CN101713563A 公开了一种储热与热缓释复合地板模块，相变蓄热材料包覆换热管，隔热保温底板与竹质地板面层之间设置木方进行支撑。支撑结构也具有立梁、支架、三角筋等多种结构，如专利申请 JP10026356A 公开了一种长方体立梁结构，专利申请 JP11270864A 公开了一种三角筋形支撑结构，专利申请 JP11063532A 公开了一种螺栓支架的支撑结构。

（2）上层地板或下层地板上设置支撑结构

蓄热地板采暖领域另一种常见的地板支撑结构，是在上层或下层地板上开设槽部，将蓄热材料设置在地板的槽部中，由地板提供支撑，其典型结构如图 3 - 4 - 6 所示。采用该结构，地板的稳定性好，但增加了地板的加工程序。专利申请 JP2005009829A 公开了一种蓄热地板采暖装置，在上层地板上开设槽部，加热部件和蓄热材料都设置在槽部内。专利申请 JP7233952A 也公开了类似的地板支撑结构。

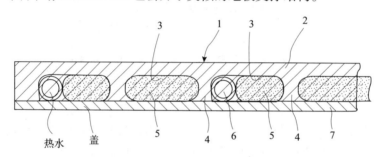

图 3 - 4 - 6　专利申请 JP2005009829A 的技术示意图

（2—平板地板；3—槽；5—蓄热材料；6—管）

（3）蓄热层提供支撑

蓄热地板采暖领域的另一种支撑结构是通过蓄热层提供支撑。蓄热层支撑结构又分为蓄热材料本身提供支撑和封装结构提供支撑 2 种方式。蓄热材料根据其结构分为定形蓄热材料和非定形蓄热材料。在蓄热过程中外部形态不发生变化的为定形蓄热材料，如混凝土、定形相变材料。典型蓄热层提供支撑的蓄热地板结构如图 3 - 4 - 7 所示。

定形蓄热材料由于材料本身具有一定强度，可以通过蓄热材料直接实现地板结构的支撑。专利申请 JP2004053164A 公开了一种蓄热式地板采暖装置，蓄热材料选用混凝土，将加热部件设置在混凝土内部，通过混凝土蓄热层实现地板结构的支撑。采用定形相变材料的地板结构，如专利申请 CN1570483A 公开了一种相变蓄热地板，保温层位于地面之上，定形相变材料在保温层之上，水管均匀分布在定形相变材料中，地板覆盖层在定形相变材料之上。通过封装材料实现地板结构的支撑，通常封装材料选择具有一定强度的材质，如金属或合成树脂。

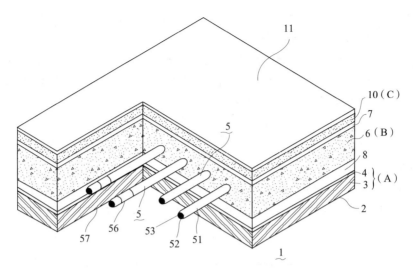

图 3 - 4 - 7　专利申请 JP2004053164A 的技术示意图

（B—混凝土蓄热层；5—加热部件）

3.4.2.2　蓄热强化

当利用相变蓄热材料时，相变蓄热材料在蓄热和放热工作过程中由于相变产生的渗漏或形变，需要对蓄热材料进行封装。将相变蓄热材料独立封装，该结构对相变蓄热材料要求较低，能有效扩大相变材料的选择范围，为很常见的蓄热地板结构。当蓄热材料独立封装时，需要关注封装蓄热材料与加热部件的换热。换热面积提高的常规方式是：改变封装结构的形状、采用强化换热部件强化换热或采用双层封装材料覆盖加热结构。

（1）改变封装结构的形状

在将蓄热材料封装时，将封装结构的表面设置成与加热部件相配合的形状，能增大蓄热材料与加热部件的换热面积。常规的封装结构变形如图 3 - 4 - 8 所示。

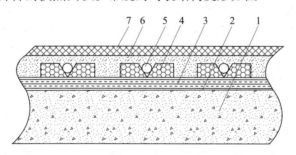

图 3 - 4 - 8　专利申请 CN201081328Y 的技术示意图

（4—封装相变材料模块；5—盘管）

专利申请 JP2003194354A 公开了一种加热地板，其中蓄热材料封装在容器内，容器上设置槽部，加热管设置在槽部内。专利申请 JP2003194356A 和专利申请 JP2012026597A 公开了类似的地板结构。专利申请 CN201081328Y 公开了一种相变材料蓄热地板采暖装置，保温层上按一定的方式布置封装好的相变蓄热材料模块；将相变材料封装成直角梯形台体，将热水管镶嵌在各组两个封装的相变材料构成的 V 字形凹槽中，热水管及相变材料模块周边填充一定量的砂石混凝土形成带有蓄热材料的埋管层。专利申请 CN1667215A 公开了一种保温隔热楼地面，保温层上相互间隔地安装供暖管和相变管，相变管中填充有相变材料，并且相变管的端口用密封膏封实；或相变管是一种带有凹槽的管道，凹槽内安装供暖管。

（2）采用强化换热部件

另一种强化换热的方法，是将加热部件通过强化换热部件增强换热，其常规结构如图 3 - 4 - 9 所示。具体的如专利申请 JP2011149235A，其公开了一种地板加热装置，其中相变蓄热材料封装在容器内，加热管通过金属导热体与封装容器连接。

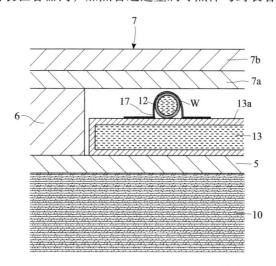

图 3 - 4 - 9　专利申请 JP2011149235A 的技术示意图

（2—加热管；13—相变蓄热材料；17—金属导体）

（3）采用双层封装材料覆盖加热结构

第三种强化换热方式为，采用双层蓄热结构中间设置换热管的地板结构，将蓄热材料分别封装，在两层蓄热材料之间设置加热结构，从而增大蓄热材料与加热部件的换热面积，其常规结构如图 3 - 4 - 10 所示。

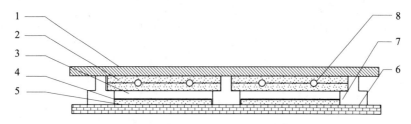

图 3 - 4 - 10　专利申请 CN101280935A 的技术示意图

（2—相变材料层；8—供暖水管）

专利申请 JP2010223522A 公开了一种地板加热系统，其中相变蓄热材料采用独立封装结构，在上下两层蓄热材料中间设置加热部件。专利申请 CN101280935A 公开了一种干式相变蓄热地板采暖末端装置，相变材料分为上下两层，采用金属或塑料封装好的相变材料，在两层相变材料之间设置供热水管。CN102269443A 公开了一种利用毛细管网和相变蓄热材料的室内地热采暖结构，包括地板装饰层、上层相变材料、龙骨架、毛细管网栅、下层相变材料、反射膜、保温层和地板基层；分别封装的上下层相变材料中间设置毛细管换热管。

3.5　小　　结

本章分析了蓄热地板采暖领域的专利申请。通过分析发现，蓄热地板采暖专利申请主要集中在日本和中国。日本的专利申请起步早，且专利申请涉及地板结构、控制、蓄热材料封装等多个技术层面。中国的专利申请总量虽然不低，但专利申请对技术的研究还不够深入，今后国内的专利申请还需在技术层面作进一步研究。

第4章 低品位能源地板采暖专利分析

　　能源和环保是人类生存和发展的两大主题，是全球关注的问题。建筑节能是贯彻可持续发展战略的重要组成部分，是执行国家节约能源、保护环境基本国策的重要措施，是世界建筑发展的大趋势，也是今后建筑技术发展的重点。

　　随着我国经济的不断增长，人们对建筑室内舒适程度要求的不断提高和城镇化进程的加快，建筑能耗进一步增加。据统计，我国建筑能耗占社会总能耗的 20% 以上，建筑能耗以供热采暖和空调能耗为主，因此建筑节能的重点应放在采暖和降温能耗上。减少我国冬季采暖所造成的大气污染，降低供暖空调系统的能耗、节约能源是建筑节能和暖通空调工作者一直追求的目标，特别是近几年来大中城市为改善大气环境，迫切需要减少燃煤量，大力推广使用包括可再生能源在内的清洁能源。在土壤、太阳能、水、空气和工业废热中蕴藏着无穷无尽的低品位热能，这些能源都是较燃料型能源更清洁的能源，因此越来越受到关注。由于这些热能的温度与环境温度相近，因而无法直接利用。通过结合热泵技术，可以通过输入较少的高品位能源把这种低品位的热能提高到可以在建筑用能的温度。

　　目前，业内通常将低品位能源分为 5 类，分别是太阳能、土壤能、空气能、水源热和工业余热。其中，水源热通常是指地下水系和大的地表水系，因为地下水系被土壤覆盖，地表水系覆盖土壤，因此也有将利用地下水系和地表水系的热源归于土壤能利用的范畴。本报告也采用了这种划分方法，将水源热归到土壤能之内。因此，本报告将低品位能源划分为太阳能、土壤能、空气能和余热能 4 种。本章将对采用低品位能源作为热源的地板采暖进行专利分析，统计分析基于截至 2012 年 12 月 31 日申请的全球专利数据，其中，中国专利为 586 件，全球专利数据为 1506 项。

4.1　全球专利申请态势

4.1.1　专利申请趋势

　　早期的地板辐射采暖系统多用常规能源，业内对能源供给方式并不关注，但自 20 世纪 70 年代的能源危机以来，人们开始注意到节约能源的重要性。而随着热泵技术和保温材料技术的发展，人们开始了探索使用低品位能源进行地板辐射采暖的节能之路，与之相关的专利申请也不断涌现。图 4 - 1 - 1 给出了低品位能源地板采暖全球专利申请趋势。从该图中可以看出，低品位能源地板采暖全球专利申请趋势大致可以分为 4 个阶段。

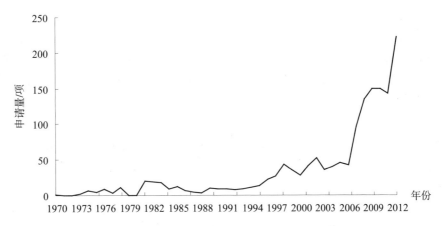

图 4-1-1 低品位能源地板采暖全球专利申请趋势

（1）萌芽期（1970～1980 年）

20 世纪 70 年代的 10 年，可视为低品位能源采暖专利申请的萌芽期，专利申请数量不多，总的申请量只有 37 项，所涉及的低品位能源多为土壤能、太阳能或太阳能和土壤能联合应用，并辅以热泵的循环。在萌芽阶段，虽然全球总的申请量不大，但是节约能源的理念已经被充分认识。

（2）调整期（1981～1997 年）

20 世纪 80 年代初至 1997 年的 17 年，可视为低品位能源采暖专利申请的调整期。在 20 世纪 70 年代的能源危机后，发达国家开始致力于研究与推行建筑节能技术，采用低品位能源采暖的技术也持续受到关注。在这个阶段，全球总的专利申请量为 210 项，太阳能、土壤能、空气能和余热能的利用都有涉及。其中，德国的专利申请量最大，为 75 项；日本以 45 项的专利申请量占第二位；其后主要专利申请国家是美国（38 项）和法国（26 项），中国在该阶段有 1 项专利申请。说明欧洲在低品位能源地板采暖的开发利用方面走在前列，中国由于专利制度出现较晚，在该方面的专利申请基本处于空白状态。

（3）缓慢发展期（1998～2006 年）

在这个阶段，全球在专利申请总量上总体呈缓慢上升趋势，该阶段的全球专利申请总量为 364 项。而日本有 221 项专利申请，占了该阶段全球专利申请总量的 60.71%，是申请量最多的国家；德国和美国的专利申请脚步放缓，分别只有 34 项和 12 项；值得关注的是，该阶段开始出现韩国和中国的申请，分别有 22 项和 18 项。

（4）高速发展期（2007～2012 年）

在 2007～2012 年，低品位能源地板采暖的专利申请量迅速增长，并且多涉及热泵技术与多种低品位能源的组合应用。该发展态势和中国的专利申请量激增关系密切，在该阶段，中国的专利申请量为 518 项，占该阶段专利申请总量的 57.87%，说明我国对低品位能源地板采暖的技术非常关注，尤其是由于历史原因，我国秦岭、淮河以南地区的居民没有集中供暖，而随着人民生活水平的提高，加之地理气候因素，供暖需求意愿日益提高，在国家节能环保的政策指引下，低品位能源的研发日益受到重视，从专利申请量可见一斑。

分析造成上述全球专利申请态势的原因，主要还是因为能源的紧张已经是全球共识，以高品位能源如电能、液体或者气体燃料等能源进行采暖，是对能源的一种浪费，而低品位能源如太阳能、土壤能和空气能又是非常容易得到的热源，具有可持续发展的优势，而且从环境保护的角度，较传统燃料型的能源要清洁得多，因此，采用低品位能源代替高品位能源来供暖，是节能和环保的双重追求。从上述全球申请态势的分析，完全有理由相信，该领域在全球的申请量会持续上升，也会一直受到能源业界的持续关注。

4.1.2 区域分布

图 4-1-2 示出了低品位能源地板采暖全球专利申请区域分布。其中，中国以 536 项的专利申请量占第一位，占全球专利申请总量的 35.59%；日本以 353 项的专利申请量占第二位，占全球专利申请总量的 23.44%；德国以 174 项的专利申请量占第三位，占全球专利申请总量的 11.55%；韩国以 133 项的专利申请量占第四位，占全球专利申请总量的 8.83%；美国以 96 项的专利申请量占第五位，占全球专利申请总量的 6.37%。可见，中国在低品位能源采暖的专利申请数量上是占优势的。但由图 4-1-3 所示出的低品位能源地板采暖五大国专利申请趋势可以看出，1993 年以前，中国和韩国没有低品位能源地板采暖的专利申请，而从 1971 年开始至 1993 年的时间段，德国和美国却一直有专利申请，虽然申请量不大。

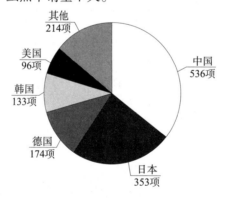

其他
214项

美国
96项

韩国
133项

德国
174项

中国
536项

日本
353项

图 4-1-2 低品位能源地板采暖全球专利申请区域分布

德国仅在 1981 年和 1983 年各有 12 项专利申请，但纵观德国的整体申请趋势，可以发现，德国在 20 世纪 80 年代初是全球最关注低品位热源地板采暖的国家，并在该时期有一个低品位热源地板采暖专利申请的高峰。而在同期，美国也有较大的关注。两个国家一直持续有专利申请，而且整体申请量并不高。日本在 1993 年以前仅有少量的专利申请，其后申请量大幅攀升，并持续保持高申请量态势。从图 4-1-3 可以看出，日本的专利申请高潮比德国晚了约 20 年。中国和韩国专利申请的步调明显是滞后的，基本上是在日本的专利申请高潮过后，才开始大量申请。韩国在 2001 年才开始有专利申请，2009 年开始专利申请量剧增。值得关注的是，中国的专利申请量从 2008 年开始出现大幅增长，2012 年更出现井喷态势。可以说，2008 年以后，中国的专利申请态势

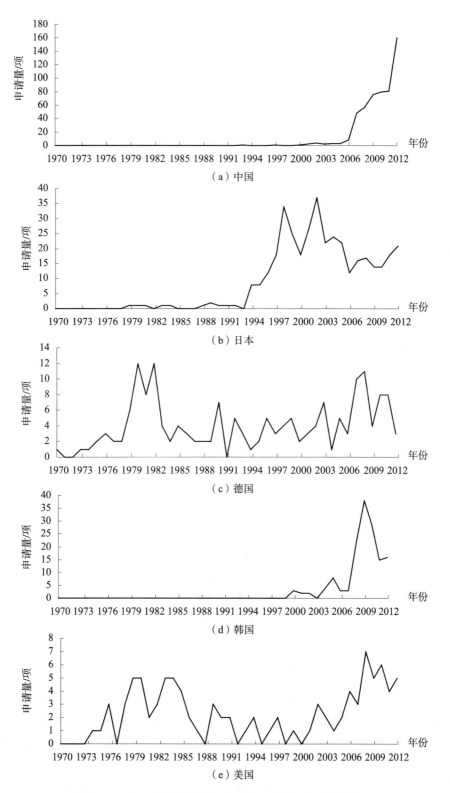

（a）中国

（b）日本

（c）德国

（d）韩国

（e）美国

图 4 - 1 - 3　低品位能源地板采暖五大国专利申请趋势

左右了全球专利申请量的态势，中国专利申请的态势和中国政府倡导知识产权战略密切相关，也说明重视知识产权、重视专利申请的理念已经在中国申请人心中进一步强化。从美国和德国这两个技术大国来看，低品位能源采暖的技术发展比较稳定，并没有大的起落，两国的专利申请量发展也比较平稳。日本在1995年后专利申请量有迅猛发展，但总体高峰期在1999～2007年，从日本善于使用专利包围战术来看，其专利申请趋势亦是合理的。中国和韩国的专利申请几乎在2007年同时起步，可以判断中国和韩国应该在专利策略上大体趋同，韩国在2010年达到申请量高峰后也呈现回落趋势，但中国的专利申请量没有出现预期的回落趋势，而是一路走高，这种趋势是政策驱动下的专利泡沫，其与我国在该领域的技术储备和社会经济发展不相匹配，很可能会干扰正常的经济秩序，增大社会总成本，甚至阻碍国家经济的发展。

4.1.3　热源构成

图4-1-4示出了低品位能源地板采暖全球专利申请热源分布。由该图中可以看出，太阳能是低品位能源地板采暖专利申请中热源的首选，有593项专利申请。从理论上来说，除了核能，地球上的能量基本上都来自太阳，所以，太阳能必然是人类最关注的能量来源，是最重要的可再生能源，开发潜力巨大。近年来，随着太阳能事业的发展和建筑节能的要求，"太阳能与建筑一体化"和"全天候供热"已成为太阳能热利用的重要议题。"太阳能与建筑一体化"就是把太阳能产品作为建筑部件安装，使其有机结合起来，符合建筑美学要求，并尽可能地利用太阳能等新能源和可再生能源替代常规能源，以减少建筑能耗对常规能源的依赖，降低建筑能耗，并提高常规能源利用率。太阳能由于其清洁性和可持续性，还将持续被业界关注。

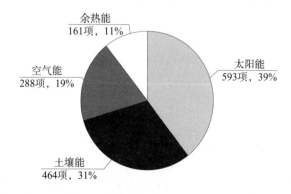

图4-1-4　低品位能源地板采暖全球专利申请热源分布

排在第二位的是土壤能，有464项专利申请。由于土壤的四季温差小，是理想的热/冷量来源，尽管土壤能地板采暖初期投资大，并且对地质条件要求苛刻，但仍受到广泛的重视，尤其是欧美等有经济实力和较大居住空间的采暖用户需求，推动了土壤能地板采暖的应用。

排在第三位的是空气能，有288项专利申请。由于其清洁性和易得性，空气能也是目前地板采暖行业的研发热点。其局限是在室外温度太低时，利用其热量不经济，而当室外温度过高时，利用其冷量不经济，当室外温度低于零下25℃时，基本不能作为采暖热源，因此在极寒地区基本无法使用空气能进行采暖。但在很宽的环境温度范围内，空气能采暖是大有可为的。

排在最后的是余热能，共有161项专利申请。余热能由于其受到客观条件限制，必须是在产生余热的场合才能应用，因此申请量不大，和其他低品位能源的应用市场和前景均不可同日而语。但是在煤炭、石油、钢铁、化工、建材、机械和轻工业等行业甚至城市污水中也确实存在数量可观的废热资源，利用余热回收技术将其应用到供热终端仍然是节约能源的有力举措，应该给予足够重视。

4.1.4　技术功效

图4-1-5是低品位能源地板采暖各技术功效全球专利申请各技术功效量。从图4-1-5中可以看出，节能是使用低品位能源地板采暖专利申请的最主要的原因，这主要源于全球对能源危机的战略意识，如果业内没有意识到能源危机，或者说高品位能源如果取之不尽，用之不竭，那也就完全不会出现对采用低品位热源进行供暖的探索。

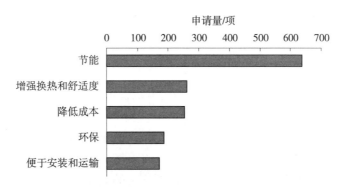

图4-1-5　低品位能源地板采暖各技术功效的全球专利申请量

提高换热效率和舒适度以及降低成本占该领域专利申请关注度的第二位和第三位；另外，对传统的多采用燃料为热源而带来的环境污染问题也越来越被人们重视，基于环保而提出的申请占第四位。随着地板采暖产业的规模化，便于安装和运输也就越来越被业界关注。尽管节能是专利申请最大的诱因，但除却节能因素而外的其他专利申请才是低品位能源地板采暖真正大规模市场化的前奏。从图4-1-5中可以看出，目前低品位能源地板采暖仍处于积极的专利布局阶段，当涉及其他因素的专利申请，特别是降低成本以及便于安装和运输等专利申请大批量申请时，低品位能源地板采暖的大规模市场化才会到来。

4.1.5　申请人分析

图4-1-6显示了低品位能源地板采暖全球专利申请量排名在前十位的申请人。由图4-1-6可以看出，中国的福州斯狄渢电热水器有限公司以74项的申请量排名第

一位；日本的 SEKISUI CHEM IND CO LTD 以 21 项的申请量排名第二位；中国的天津大学有 9 项申请，排名第六位；中国的天津好为节能环保科技发展有限公司有 8 项专利申请，排名第七位。其他排名靠前的申请人均为日本的公司，说明中国和日本的企业在该领域具有专利申请量上的优势，而日本的多家公司都在密切关注该技术领域。采用低品位能源作为热源的地板采暖技术与热泵技术密切相关，日本的热泵技术发达，在很大程度上推动了低品位能源在地板采暖领域的应用。

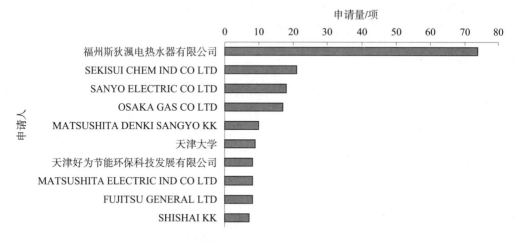

图 4-1-6　低品位能源地板采暖全球专利申请人排名

中国的福州斯狄沨电热水器有限公司涉足低品位能源地板采暖是在 2011 年，核心发明人是陈建亮。该申请人的 74 项专利申请中，发明专利申请为 8 项，实用新型专利申请为 66 项，全部专利申请的核心技术是利用低品位能源作为热源，或者以低品位能源作为燃气炉和电加热等常规能源的辅助热源的辐射地板取暖技术，其中一些专利还涉及提供生活热水，而低品位热源的使用既有单一的太阳能、空气能或土壤能，也有上述多种能源形式的组合。图 4-1-7 详细给出了福州斯狄沨电热水器有限公司在低品位能源地板采暖领域的主要专利技术。图 4-1-7（a）中为专利申请 CN102168869A 的技术示意图，其中 3 为地板采暖系统，采用了太阳能辅助电加热的供暖方式。图 4-1-7（b）中为专利申请 CN102519070A 的技术示意图，其中 5 为地板采暖系统，采用了太阳能、空气能辅助电加热的供暖方式，还增加了智能控制系统 7 和控制终端 8，控制终端 8 可以是电脑或者手机，通过互联网或者移动通信网络对供暖系统进行远程控制。图 4-1-7（c）中为专利申请 CN203190488U 的技术示意图，其中 302 为地板采暖系统，采用了双压缩机空气能的供暖方式。图 4-1-7（d）中为专利申请 CN203052805U 的技术示意图，其中 31 为地板采暖盘管，采用了太阳能、空气能和燃气壁挂炉联合供暖的方式。上述 4 项专利技术完全代表了该申请人全部 74 项专利申请技术。然而，遗憾的是上述 74 项专利申请都仅在国内进行了专利申请，而没有在国外进行专利申请布局。

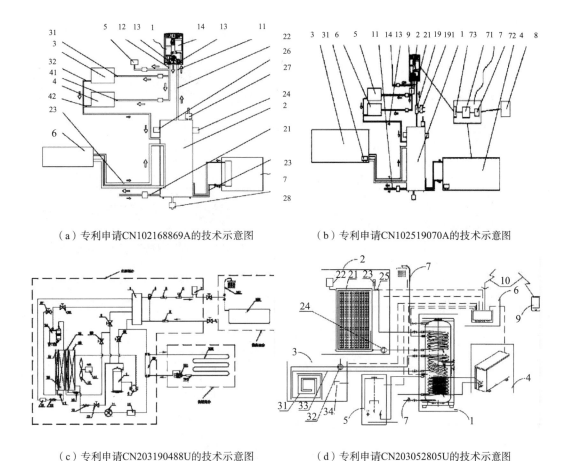

（a）专利申请CN102168869A的技术示意图　　　　（b）专利申请CN102519070A的技术示意图

（c）专利申请CN203190488U的技术示意图　　　　（d）专利申请CN203052805U的技术示意图

图4-1-7　福州斯狄渢电热水器有限公司代表专利申请技术示意图

日本的 SEKISUI CHEM IND CO LTD 成立于 1947 年，是一家全球性跨国集体公司，主要涉足组装住宅、水环境基础设施和高性能塑料三大事业领域。该申请人的低品位能源辐射地板采暖技术早期主要以利用太阳能为主。图4-1-8 示出了 SEKISUI CHEM IND CO LTD 的三种太阳能地板采暖的代表性专利技术。其中，图4-1-8（a）中的 JP2000038779A 示出了被动式太阳能地板采暖技术，其中，42 所示部分为地板下空间，被太阳光加热的空气从地板下空间 42 流过，对地板进行加热。类似专利申请还有 JP2005024139A 等。图4-1-8（b）中的 JP2002081761A 示出了主动式太阳能地板采暖技术，其中 1 为太阳能采集模块，10 为地板采暖模块。类似专利申请还有 JP2001074259A、JP2001311556A、JP2001317758A、JP2002081761A、JP2002181381A 和 JP2005024139A 等。图4-1-8（c）中的 JP2003120949A 示出了主被动结合式太阳能地板采暖技术，其中 13 为太阳能采集模块，15 和 20 为地板采暖模块。该专利技术既使用了热介质的循环供暖方式，也使用了太阳光直接照射的供暖方式。

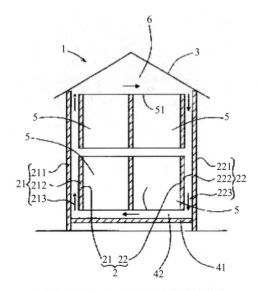

（a）专利申请JP2000038779A的技术示意图

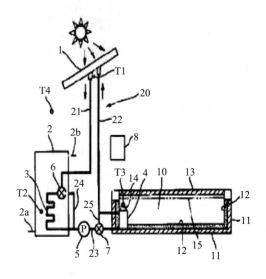

（b）专利申请JP2002081761A的技术示意图

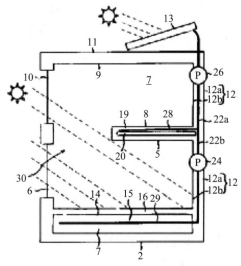

（c）专利申请JP2003120949A的技术示意图

图4-1-8　SEKISUI CHEM IND CO LTD 代表专利申请技术示意图

2010年后，SEKISUI CHEM IND CO LTD 主要以利用空气能和土壤能为主，采用空气能热泵技术进行地板采暖的代表性专利如图4-1-9中所示的 JP2012122656A 所示，其中，6为空气能热泵，42为地板下空间，10为地板。

采用土壤能进行地板采暖的代表性专利如图4-1-10中所示的 JP2012180944A，其中，5为浅层土壤地埋管，1c为地板。类似专利技术还有 JP2012132666A 和 JP2013213626A 等。

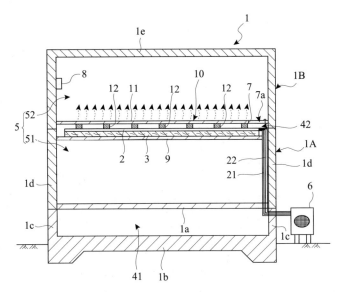

图 4 - 1 - 9　专利申请 JP2012122656A 技术示意图

（6—空气能热泵；10—地板；42—地板下空间）

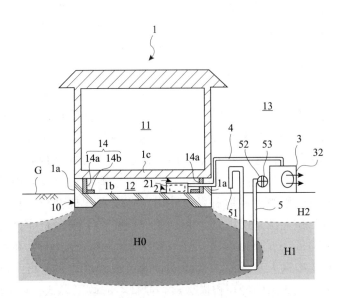

图 4 - 1 - 10　专利申请 JP2012180944A 技术示意图

（1c—地板；5—浅层土壤地埋管）

　　采用土壤能和太阳能共同进行地板采暖的代表性专利如图 4 - 1 - 11 中所示的 JP2014098535A，其中，30 为太阳能集热器，16 为浅层土壤地埋管，4 为地板下空间，3a 为地板。

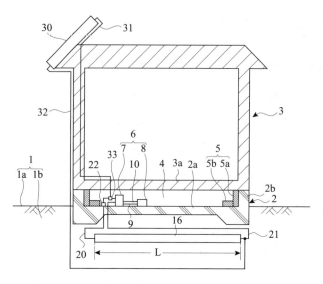

图4-1-11 专利申请JP2014098535A技术示意图

（16—浅层土壤地埋管；3a—地板；30—太阳能集热器；4—地板下空间）

日本对利用低品位能源发展区域供热有明确的优惠政策，主要分3个方面：第一方面是赋税，通过减免税收和执行特定标准税收等手段，对低品位能源采暖的企业进行扶持。第二方面是银行融资，通过通融资金、低利息和利率补贴的形式对低品位能源采暖的企业进行扶持。第三方面是政府补贴，日本通产省每年对有效利用低品位能源的区域供热系统，其设计、管理等均为上乘的企业发放一定数额的行业补助金，以促进该行业的积极发展。另外还预先提供该行业的可行性研究补助金、行业普及宣传补助金和行业科研开发补助金。不得不说，日本政府对低品位能源的开发利用的鼓励政策是相当高效的。首先，从减低赋税入手是对企业最大的优惠政策，能够惠及该行业的所有企业；其次，银行融资和利率方面的优惠是切实解决企业资金问题的有效手段；最后，政府只补贴在行业内做得好的上乘企业，不仅资金投入精准，而且会刺激企业的自我管理和进步以得到政府补贴，使得行业发展积极健康。日本政府的行为无疑推动了日本对低品位能源采暖的开发和利用，也吸引了众多企业介入低品位能源采暖领域。从图4-1-6中就可以看出，日本申请人都是企业，而且在前十位申请人中占了7位，可见日本申请人对低品位能源采暖的重视程度，是值得我国政府高度重视和借鉴的。可喜的是，我国已经在积极探索类似日本的政策形式，如2008年国家电网公司和北京市政府联合启动北京市"煤改电"工程，电采暖设备主要采用蓄能式电暖气。在该项工程中有如下政策：①居民承担蓄热式电采暖器设备费用的1/3；②由北京市发改委负责落实居民享受每度0.30元的峰谷电价政策；③参加煤改电工程的居民可以享受《北京市居民住宅清洁能源分户自采暖补贴暂行办法》《北京市平房煤改电示范区补助办法》中的有关补贴政策。北京市的这种做法对我国居民采暖，特别是经济不发达地区摒弃燃料型、污染大的取暖方式，有很大推广实用价值和示范效应。但是也应该看到，中国政府采取的仍然是单纯对居民采取补贴的政策，而没有对企业方面的优惠和激励政策,相比之下,日本政府的政策更有效。如果把日本的政策在我国有条件的地区也积极应用到低品位能源地板采暖上,相信会促进低品位能源的推广应用,对国家整体能源的消耗和环境改善方面都会有积极意义。

4.1.6 六大国专利布局

图 4 - 1 - 12 示出了采用低品位能源地板采暖六大专利申请国专利申请流向分布。从该图中可以看出,日本籍、德国籍、美国籍、韩国籍和法国籍的申请人,在中国均有专利申请,其中最重视中国市场专利布局的是日本籍申请人,同时,日本籍申请人在其他大国的专利布局也意图明显。德国籍申请人除在自己国家申请专利外,非常注重在美国、欧洲和世界知识产权组织进行专利申请,而美国籍申请人除了在自己国家申请专利外,也最重视在欧洲和世界知识产权组织提交专利申请。相比之下,中国籍和韩国籍申请人基本都在本国进行专利申请,在国外专利布局很少。中国共有 527 项专利申请,但在国外的专利申请量是 18 项,仅占其专利申请总量的 3.42%;而日本籍申请人在国外的专利申请量占其专利申请总量的 17.99%;德国籍申请人在国外的专利申请量占其专利申请总量的 34.10%;美国籍申请人在国外的专利申请量占其专利申请总量的 43.30%;韩国籍申请人在国外的专利申请量占其专利申请总量的 8.28%,法国籍申请人在国外的专利申请量占专利申请总量的 37.10%。可见,美国、德国、法国和日本籍申请人对在国外进行专利布局非常重视,充分应用了专利制度的优势,而中国籍申请人和外国籍申请人专利策略上的差距之大也可见一斑。同时也说明,国外的几个专利申请大国在低品位能源地板采暖领域的市场占有率和产品的全球占有程度远远高于中国。分析中国在国外申请量少的原因,可能的因素是:①技术含量低,在国外难以立足;②向国外申请专利的意识淡薄;③赢得市场的观念有问题,中国籍申请人

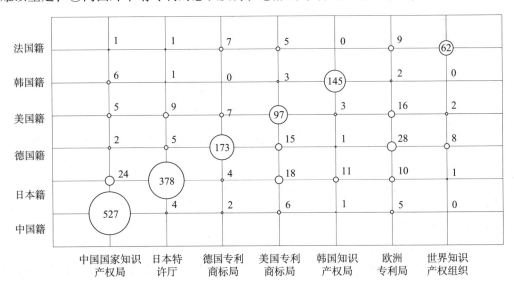

图 4 - 1 - 12 低品位能源地板采暖六大国专利申请流向分布

注:图中数字表示申请量,单位为项。

通常倾向于先出产品，再向国外进行专利布局，而实际上专利战略应该采取相反的做法，即先行向国外进行专利布局，再出产品；④个人或者小企业没有经济能力向国外申请专利和维护自己的专利权不被侵犯。

知晓国外在中国进行的专利布局对我国企业和政府是十分必要的。企业对已经失效的专利可以自由使用，对授权保护状态的专利必须主动避开侵权，可以有目的地借鉴、改进和作为技术储备，开阔研发人员的视野，企业经营时规避侵权风险。政府通过了解国外的专利布局，也能有效调整国家知识产权方面和反垄断方面的政策，使专利制度发挥应有的作用。

4.2 中国专利申请态势

4.2.1 专利申请趋势

图4-2-1示出了低品位能源地板采暖的中国专利申请趋势。从该图中可以看出，低品位能源地板采暖的中国专利申请趋势大致可以分为3个阶段。

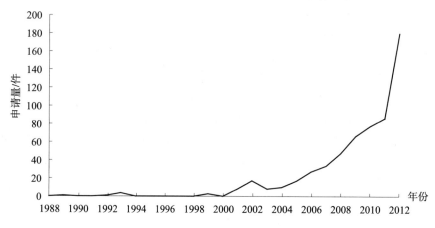

图4-2-1 低品位能源地板采暖中国专利申请趋势

（1）萌芽期（1989~2000年）

1989~2000年，可视为中国低品位能源采暖专利申请的萌芽期。1989年中国开始有专利申请，1992年和1993年有少量申请，在一段空白期后，1999年又出现少量申请，由于我国历史上在秦岭、淮河以北才有供暖政策，而且多以城镇集中供暖和农村自采暖为主，加之专利意识并未深入人心，因此，关注低品位能源供暖的人并不多，是造成该态势的主要因素。

（2）缓慢发展期（2001~2004年）

2001~2004年，可视为中国低品位能源采暖专利申请的缓慢发展期。该阶段申请量先缓慢上升，在达到高点后有所回落，该阶段共有43件专利申请，尚没有国外申请人在中国的专利布局。说明当时中国低品位能源地板采暖的市场不大，尚未引起外国申请人的重视。

（3）高速发展期（2005~2012年）

2005~2012年，可视为中国低品位能源采暖专利申请的高速发展期。该阶段申请量持续攀升，在2012年达到年申请量的顶峰180件，该阶段共有534件专利申请，占中国申请总量的91.13%。分析造成该高速发展态势的原因，首先应该是由于2008年6月5日，国务院印发了《国家知识产权战略纲要》，给出了提升我国知识产权创造、运用、保护和管理，建设创新型国家，实现全面建设小康社会的目标。因此，激励了专利申请量的逐年大幅提高。其次，建筑行业的节能和环保是我国目前一个重要的战略目标，节能技术和产品面临着巨大的市场需求。而供暖在建筑能耗中占有很大比重，随着中国城镇化脚步的加快，供热终端方面的专利申请随之迅猛发展。值得注意的是，在高速发展阶段，外国申请人开始关注在中国的专利布局，外国申请人在中国共有40件专利申请，在4.2.6节中将对外国申请人在中国的专利布局情况作详细分析。该情况说明外国申请人看到了中国低品位能源地板采暖的巨大市场，有很强的市场占有意识。

4.2.2　区域分布

图4-2-2示出了中国低品位能源地板采暖专利申请量的地区排名概况。福建以93件的申请量排名第一位，北京以68件的申请量排名第二位，山东以53件的申请量排名第三位，辽宁以41件的专利申请量排名第四位，河北以38件的申请量排名第五位。

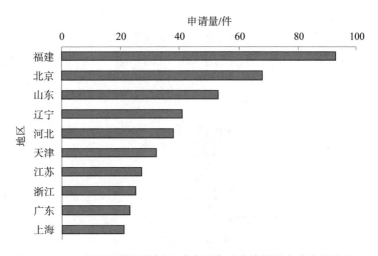

图4-2-2　低品位能源地板采暖中国专利申请量排在前十位的地区

福建的申请量居首主要是申请人福州斯狄沨电热水器有限公司有74件专利申请，占了该省专利申请总量的绝大部分。北京是最早重视低品位能源地板采暖专利申请的地区，发明人清华大学的李元哲教授在2001年提交了申请号为CN01207657的实用新型专利申请，提出了采用太阳能预热空气和热泵结合的形式进行地板采暖；

2002 年又提交了申请号为 CN02232651 的实用新型专利申请，提出了采用空气能热泵作为热源的地板采暖技术。在太阳能和空气能地板采暖的利用上，该发明人还提出了专利申请 CN202692535U 和 CN202973580U，体现出该发明人在国内较早重视低品位热源与地板采暖结合。山东是太阳能利用大省，在以太阳能作为热源的地板采暖专利申请中，山东占第一位，也使该省成为低品位能源地板采暖的专利申请大户。

综合国内在低品位热源地板采暖的排名情况，可以看出，东部沿海地区专利申请量明显靠前，这与东部沿海地区经济相对发达，企业较集中有关。因为经济发达，由于历史原因没有采暖设施的开始出现采暖需求，有采暖设施的也开始追求舒适度，所以，以舒适度高而进入市场的辐射地板采暖方面的专利申请也就相应增加。而节能和环保的理念也首先在经济发达的城镇地区被普及和接受，因而有关采用低品位热源进行辐射地板供暖的专利申请也集中在东部沿海城镇化进程较快的地区。

4.2.3　热源构成

图 4 - 2 - 3 是中国采用低品位能源作为热源的地板采暖的热源分布，其中以太阳能为热源的专利申请量为 316 件，超过了一半的比例。究其原因，是因为我国一直重视太阳能的利用。20 世纪 70 年代初，世界上出现开发利用太阳能热潮，对我国也产生了巨大影响。一些有远见的科技人员，纷纷投身太阳能事业，积极向政府有关部门提建议，出书办刊，介绍国际上太阳能利用动态；在农村推广应用太阳灶，在城市研制开发太阳能热水器，空间用的太阳电池开始在地面应用。1975 年，在河南安阳召开"全国第一次太阳能利用工作经验交流大会"，进一步推动了我国太阳能事业的发展。这次会议之后，太阳能研究和推广工作纳入了我国政府计划，获得了专项经费和物资支持。一些大学和科研院所，纷纷设立太阳能课题组和研究室，有的地方开始筹建太阳能研究所。当时，我国兴起了开发利用太阳能的热潮，太阳能开发利用工作处于前所未有的大发展时期。

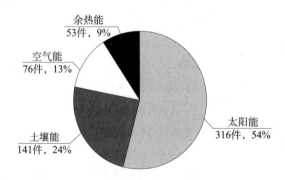

图 4 - 2 - 3　低品位能源地板采暖中国专利申请热源分布

采用土壤源作为热源的地板采暖专利申请量为 141 件，占低品位热源地板采暖专利申请量的第二位。我国国土资源部在 2008 年 12 月 3 日印发了第 249 号文件《国土资源部关于大力推进浅层地热能开发利用的通知》，该通知中指出：浅层地热能是一种可再生的新型环保能源，也是一种特殊矿产资源，利用前景广阔。开发利用浅层地热能对构建资源节约型和环境友好型社会、保障国家能源安全、改善我国现有能源结构、促进国家节能减排战略目标的实现具有非常重要的意义。上述文件可以说概括了利用低品位的土壤源热能的必要性。利用土壤能进行采暖也存在一些问题，比如：土壤内的地埋管常用的是水平埋管和竖直埋管，水平埋管虽然由于埋入地层较浅，初期投资小，但占地面积大，而竖直埋管虽然占地面积小，但因为需要深挖（通常需要在地表以下 50～100m），所以初期挖掘成本很高。另外，中国农村虽然具有住宅分散的优势，但由于建造成本问题，采用土壤源的用户仍然是很少的。而我国城市人口密集，采用地源热泵进行供暖很难达到供暖要求，由于土壤的热容量和传热性能上的缺陷，因此不适合大范围集中供暖。

专利申请量占据第三位的是空气能，总共有 76 件。空气是取之不尽、用之不竭的天然资源，空气源热泵利用空气能，并辅以清洁能源——电能，运行中没有任何污染，是国家大力推广和提倡的低品位热源。2008 年 5 月 1 日，我国《商业或工业用及类似用途的热泵热水机》国家标准颁布施行，给商用热泵热水器的产品生产和工程安装提供了参考依据，对行业内的企业行为起到引导和规范作用，同时，提高了行业的准入门槛，有助于整体提升行业技术水平，促进行业的健康发展。各级政府对空气能热泵热水机等节能环保项目在资金上给予补贴支持。由于得到政府政策性鼓励和支持，因此社会各界对空气能热泵热水产品节能效果逐渐认知认可，空气能热泵热水器经历了几年的起步阶段，开始步入快速成长期。据《中央空调市场》杂志市场调研显示，2008 年上半年，空气能热泵热水器市场呈现持续快速增长，2007 年热泵热水器行业的总销售额约为 7 亿元，2008 年全国销售额突破 12 亿元，增长幅度超过 70%。利用空气能进行地板辐射采暖的关键还是空气能热水器技术，因此，空气能热水器的推广是空气能辐射地板采暖能够推广的先决条件。

专利申请量占据第四位的是余热能，总共有 53 件。余热要能够达到供暖的程度，通常需要有一定的规模和余热量，也可以说，必须是在有固定的时间和地点能够产生余热的地方才能利用其供暖，因此，余热利用地板采暖方面的专利申请较少。随着我国城镇化脚步的加快，除了工业废热以外，城市污水所蕴含的热量也越来越被重视，城镇污水管网的热量是一个稳定可靠的热源，政府如果能对城镇污水管网统筹规划，将城镇污水管网的热量利用起来，变废为宝，就能够节约大量能源。另外，将余热与蓄热手段相结合，可以将余热产生场所在非采暖季产生的余热有效地储存起来，在采暖季将所蓄的热量取出，也是一种有效利用余热的手段。

图 4-2-4 示出了低品位能源地板采暖中国专利申请的各热源申请趋势。从中可以看出，太阳能和土壤能应用较早，太阳能作为地板采暖的热源从 1989 年开始出现相关专利申请，在 2000 年开始快速发展，到 2007 年增速提高，到目前仍然呈快速增长态势。土壤能作为地板采暖热源的专利申请始于 1992 年，也是 2000 年开始持续增长，呈波动上升趋势。空气能作为地板采暖的热源要明显滞后，在 2002 年才开始有专利申请，2009 年申请量开始大幅提高，到 2012 年稍有回落。余热作为地板采暖热源的专利

申请始于 1999 年，但申请量不大，说明余热利用形式的地板采暖并不受关注；直到
2005 年，专利申请量才开始呈上升态势；2011 年开始，余热作为地板采暖热源的专利
申请量出现激增态势，尽管在 4 种热源中，其申请量是最少的，但利用余热的受关注
程度却大幅度提高。上述各种低品位能源地板采暖的发展趋势和地板采暖技术本身有
关，与传统的集中供暖采用暖气片作为供热终端的供暖形式相比，地板采暖在我国属
于新兴技术，步入市场也就十几年，所以涉及该领域的专利申请也就集中在最近几年，
但发展势头是迅猛的。

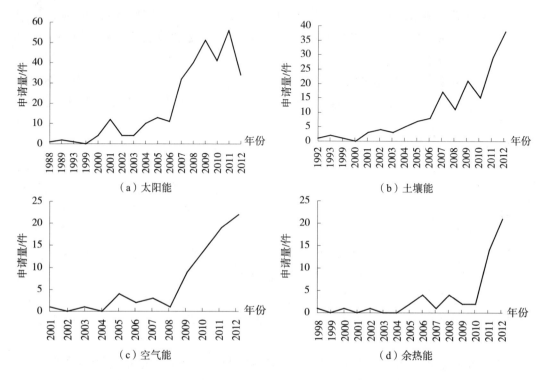

图 4 - 2 - 4　低品位能源地板采暖中国专利申请的热源申请趋势

4.2.4　技术功效

图 4 - 2 - 5 是低品位能源地板采暖各技术功效的中国专利申请量。可以看出，节
能仍然是采用低品位能源作为热源的地板采暖专利申请的主要原因。与全球专利申请
技术功效不同的是，出于环境保护目的的申请在中国专利申请总量中占据第二位，便
于安装和制造占专利申请总量的第三位，提高换热效率与舒适性占第四位，节约成本
和延长寿命分别占第五位和第六位。

类似在 4.1.4 节中对低品位能源地板采暖全球技术功效所作的分析，尽管节能和
环保是我国专利申请最大的诱因，但除却节能和环保因素而外的其他专利申请才是我
国低品位能源地板采暖真正大规模市场化的前奏，从图 4 - 2 - 5 中可以看出由于便于
安装和制造的因素而提出的专利申请已经有 89 件，增强换热和舒适度方面的专利申请

已经有74件，出于节约成本目的的专利申请已经有67件，说明我国采用低品位能源地板采暖的市场化已有规模化趋势。

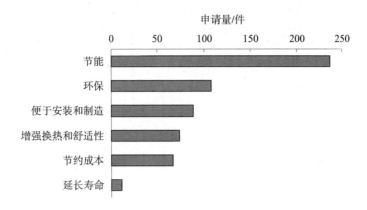

图4-2-5 低品位能源地板采暖各技术功效的中国专利申请量

4.2.5 申请人分析

图4-2-6示出了中国专利申请量排名靠前的申请人排名。福州斯狄渢电热水器有限公司以74件的申请量位居第一位，天津大学以9件的申请量位居第二位，天津好为节能环保科技发展有限公司以8件的申请量位居第三位。福州斯狄渢电热水器有限公司不仅是中国申请量最多的申请人，在全球范围内，其也是占据申请量第一的位置，从专利申请数量上来说，是非常引人注目的。

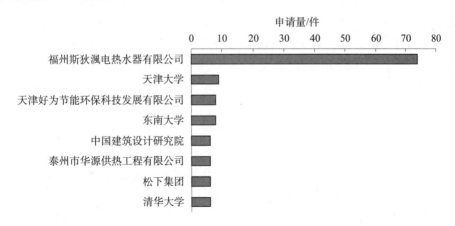

图4-2-6 低品位能源地板采暖中国专利申请人排名

天津大学的低品位能源地板采暖的专利申请重点技术为系统配置，代表性专利如图4-2-7所示的CN101701733B。该专利涉及采用太阳能-地源热泵-地板辐射采暖的联合供热系统。

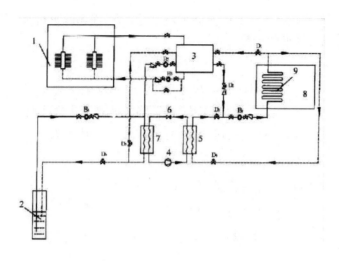

图 4 – 2 – 7　中国专利申请 CN101701733B 技术示意图

（1—太阳能集热系统；2—地热井；9—地板采暖盘管）

天津大学还有如下专利申请：CN1987212A（采用地热源的辐射地板采暖盘管的安装方法）、CN201621769U（采用太阳能－地源热泵－地板辐射采暖的联合供热系统）、CN102777960A 和 CN202581505U（地热水高效梯级利用供暖方法）、CN202581506U 和 CN103195529A（余热作为热源的地板采暖）、CN103591629A（利用土壤源热泵并带有土壤层温度监控）。

天津好为节能环保科技发展有限公司成立于 2010 年 4 月，其前身是天津沃富环保科技发展有限公司，主要经营地源热泵中央空调系统的设计、安装及维修，新能源咨询及相关工程设计，空调节能改造，机电设备变频改造，工业锅炉节能改造和合同能源管理服务。其在低品位能源地板采暖领域的专利申请亦以系统配置为主，其代表性专利如图 4 – 2 – 8 所示的 CN102297468A。

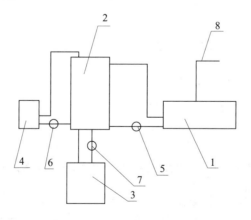

图 4 – 2 – 8　中国专利申请 CN102297468A 技术示意图

（1—太阳能集热器；3—地板采暖盘管）

天津好为节能环保科技发展有限公司在低品位能源地板采暖领域还涉及土壤能，以及利用低品位能源作为空调热源的应用，在采暖终端地板结构上亦有一定的申请量。

4.2.6　国外在华专利布局

图4－2－9示出了低品位能源地板采暖领域国外申请人在华专利申请国家分布。从图4－2－9（a）中可以看出，在我国采用低品位能源地板采暖的所有专利申请中，国外申请人在华申请量为40件，占总申请量的6.83%。从图4－2－9（b）中可以看出，日本的申请人在采用低品位热源辐射地板采暖方面的申请有24件，其数量最多而且比较可观；其次是韩国，有6件专利申请；美国有3件专利申请；德国有2件专利申请；法国、英国、瑞典、以色列和苏联各有1件专利申请。由于我国城镇化进程正在飞速发展中，城镇新房和旧房改造对供暖都有相应的需求，尤其是我国秦岭、淮河以南由于历史原因没有采暖设施的地区也出现了供暖需求，因此，中国的低品位能源地板采暖市场是个大市场。日本在中国的专利申请量最大，而且涉及控制方法、地板采暖系统和蓄热等多个方面，其专利布局力度应当引起我国业界的足够重视。韩国在中国有6件专利申请，韩国一直视中国为最重要的市场，并且其近年在低品位能源地板采暖领域的专利申请量增幅明显，因此，其在中国的专利布局亦需引起业内足够重视。

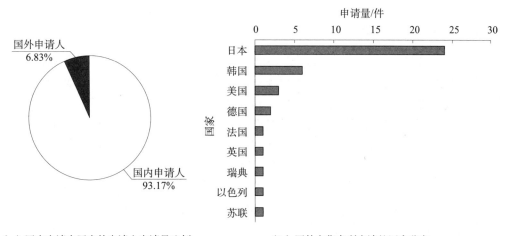

（a）国内申请中国内外申请人申请量比例　　　　（b）国外在华专利申请的国家分布

图4－2－9　低品位能源地板采暖领域国外在华专利申请国家分布

国外申请人在中国的专利申请的法律状态如图4－2－10所示。其中有效专利共17件，占国外申请人在华申请总量的42%；未决专利申请共11件，占国外申请人在华申请总量的28%；失效专利申请共12件，占国外申请人在华申请总量的30%。可见，国外申请人在华专利申请中处于有效状态的占近半数，这些有效专利应当引起业界的重视，在生产经营中必须要避开这些有效专利，并密切关注未决专利申请，这些处于未决状态的专利申请的权利要求对市场来说仍然潜在侵权诉讼风险，一旦这些未决专利申请的法律状态确定，即采取相应的应对措施。对于失效专利，也要给予足够重视，既可以吸收借鉴其技术长处，为己所用，又可以避免国外申请人使用失效专利再次主张权利，进行恶意侵权诉讼和欺诈行为。

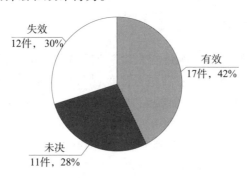

图 4 - 2 - 10　低品位能源地板采暖国外在华专利申请法律状态

4.3　技术发展路线

太阳能、土壤能、空气能和余热能在地板采暖方面的应用有着各自不同的技术发展路线。本节对上述每种低品位能源地板采暖的技术发展路线逐一说明，以便国内企业对各种低品位能源地板采暖的专利技术进行单独了解。

4.3.1　太阳能地板采暖

太阳能采暖分主动式采暖，被动式采暖和主、被动混合式采暖。被动式采暖就是利用太阳光的照射直接给室内加热，而不采用中间的机械装置，其主要靠房屋结构完成。主动式采暖就是采用中间机械装置，比如小功率的电机带动的恒温器、风扇、泵和阀门等，也可以说是除了房屋结构以外还有人为干预的采暖。太阳能采暖和房屋建筑结构以及房屋保温材料是分不开的，可以说，如果房屋无法把热损失降低到最低程度，对一个四处透风和无法保温的房屋仅通过太阳能进行采暖是根本无法实现的。主、被动混合式采暖就是将主动式和被动式太阳能采暖结合起来，可以说，通过实践经验，当认识到两种采暖方式都是利用太阳能采暖的有效手段之后，这种结合是自然而然的技术发展结果。

图 4 - 3 - 1 示出了太阳能采暖全球专利技术发展路线。1980 年以前，在太阳能地板采暖技术发展初期，太阳能地板采暖多采用被动形式，或者说是直接受益形式，大体上是采用全朝南的建筑形式，让太阳光透过玻璃窗进入室内，辅以能够接收阳光的墙体和地面进行蓄热，这需要房屋墙体具有好的蓄热性能和保温性能。早期被动式太阳能地板采暖专利申请技术采用太阳光直接照射朝向阳光的墙体或者屋顶的形式，1974 年 3 月 27 日，瑞典的 SVENSKA FLAEKTFABRIKEN AB 公司申请了专利 DE2511861A，该专利技术采用了纯被动式太阳能地板采暖形式，被太阳能加热的空气流入地板下和地下室，对建筑进行供暖。图 4 - 3 - 2（a）为该专利的技术示意图，该

建筑具有集热蓄热墙1，在地板2下设置了蓄热材料5，被太阳光加热的空气流过蓄热材料5对地板2进行加热。1975年11月12日，美国的 HEILEMANN VOLKMAR 申请了专利 US3991937A，该专利技术亦采用了纯被动式太阳能地板采暖形式，被太阳能加热的水对地板进行加热，图4-3-2（b）为该专利的技术示意图，图中3a～3g为被太阳光加热的水盘管，在地板17下设置了加热水层对地板17进行加热。

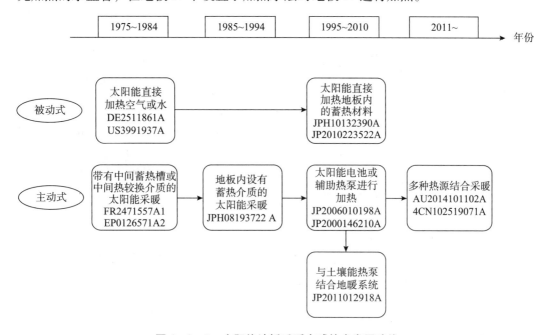

图4-3-1　太阳能地板采暖全球技术发展路线

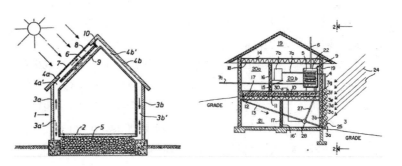

（a）专利申请DE2511861A的技术示意图　　（b）专利申请US3991937A的技术示意图

图4-3-2　1980年以前被动式太阳能地板采暖专利技术示意图

　　1980年以后，被动式太阳能采暖偏重于阳光直接加热地板内蓄热材料的形式。1996年10月25日，日本的 IZENA KK 申请了专利 JPH10132390A，图4-3-3（a）为该专利的技术示意图。该专利涉及一种被动式太阳能地板采暖结构，地板和天花板都设置了液体封装层，太阳能集热器18对液体封装层进行加热以对室内进行供暖。2009年3月24日，日本的 TOKYO ELECTRIC POWER CO 申请了专利 JP2010223522A，

图4-3-3（b）为该专利的技术示意图。该专利涉及在地板内设置了在太阳光辐射温度下即可发生相变的相变蓄热材料132a，以实现集热和蓄热；同时，该专利申请中，还设置了用换热水管134加热的另外一种相变蓄热材料132b，与只设置一种相变蓄热材料相比，其蓄热能力更强，放热更稳定，舒适度明显提高。

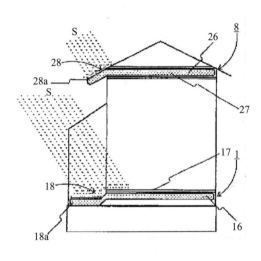
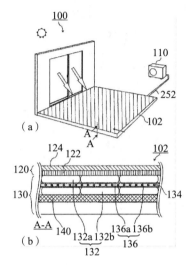

（a）专利申请JPH10132390A的技术示意图　　　（b）专利申请JP2010223522A的技术示意图

图4-3-3　1980年以后被动式太阳能地板采暖专利技术示意图

被动式采暖由于对房屋设计和保温有严格要求，并且单纯利用太阳能，极难满足冬季供暖需求，因此单独的被动式太阳能应用于地板采暖的专利申请不多。

主动式太阳能地板采暖发展与被动式太阳能采暖几乎是同时出现的，由于被动式太阳能地板采暖难以满足供暖需求，尤其是在寒冷地区，因此，主动式太阳能地板采暖占应用太阳能进行地板采暖专利申请的绝大多数。

1979年12月12日，法国的EUROP PROPULSION申请了专利FR2471557A1。该专利技术采用了主动式太阳能地板采暖形式，图4-3-4（a）为该专利的技术示意图。被太阳能加热的水首先进入热水箱20，然后进入地板供热系统50对地板进行加热，该专利申请还额外提供了溢流回路40以进行多余热水的蓄热。1983年5月6日，日本的MIYAGAWA T申请了专利EP0126571A2，该专利技术亦采用了主动式太阳能地板采暖形式，图4-3-4（b）为该专利的技术示意图。图中50为太阳能集热器，被太阳光加热的工质加热水箱53内的水，循环管路56和57连接地板采暖系统。该专利技术采用了一种间接加热的方式，将地板采暖循环加热工质和太阳能集热器循环工质分开，减少了工质因受热而导致的蒸发损失，同时减少了防冻液的使用量。

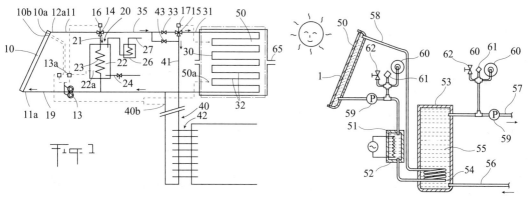

（a）专利申请FR2471557A1的技术示意图　　　　（b）专利申请EP0126571A2的技术示意图

图4－3－4　1985年以前主动式太阳能地板采暖专利技术示意图

1990年以后，蓄热材料被应用到主动式太阳能地板采暖技术中。1994年7月29日，日本的NAT HOUSE IND申请了专利JPH08193722A，图4－3－5为该专利申请的技术示意图。图4－3－5（a）中，1为太阳能集热器，2为风扇，5和6为两层蓄热材料，3为地板；图4－3－5（b）中，11为太阳能集热器，12为泵，5和9为两层蓄热材料，3为地板，14为辅助热源。

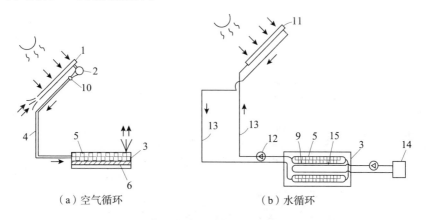

（a）空气循环　　　　　　　　　　　（b）水循环

图4－3－5　专利申请JPH08193722A的技术示意图

1995年以后，主动式太阳能地板采暖领域出现了以太阳能电力为能源的加热系统。1998年11月9日，日本的YAZAKI CORP和IDA SANGYO KK申请了专利JP2000146210A，该专利申请的技术方案如图4－3－6（a）所示，太阳能电池1的电力对地板采暖模块3供电，对地板进行加热。2004年6月25日，日本的SANYO ELEC-TRIC CO LTD申请了专利JP2006010198A，该专利申请的技术方案如图4－3－6（b）所示，制冷剂工质为二氧化碳的热泵回路4对地板采暖模块32进行加热，热泵回路4的压缩机由太阳能电池46进行供电。

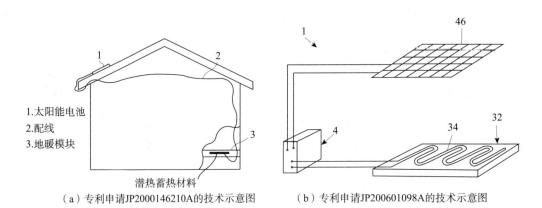

1. 太阳能电池
2. 配线
3. 地暖模块

潜热蓄热材料

（a）专利申请JP2000146210A的技术示意图　　　（b）专利申请JP200601098A的技术示意图

图 4 – 3 – 6　1985 年以后主动式太阳能地板采暖专利技术示意图

2009 年 7 月 3 日，日本的 TAKAHASHI KANRI KK 申请了专利 JP2011012918A，图 4 – 3 – 7 为该专利的技术示意图，其中太阳能集热系统 120 与土壤能集热管 63、68、72、76 共同对地板进行供暖。

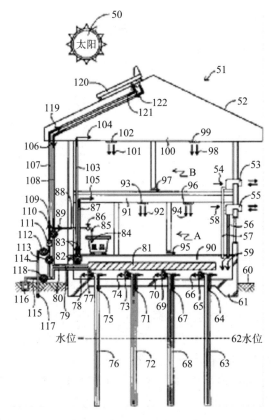

图 4 – 3 – 7　专利申请 JP2011012918A 的技术示意图
（120—太阳能集热系统；63，68，72，76—土壤能集热管）

2014 年 7 月 30 日，澳大利亚的 DEVEX SYSTENS 申请了专利 AU2014101102A4。该申请涉及一个能量管理系统，图 4 - 3 - 8 为该专利的技术示意图。该系统具有太阳能集热模块 21、热泵模块 22 和 33、燃气炉模块 23、地板采暖模块 32。该专利申请代表了目前太阳能地板采暖技术的水平，即除了利用太阳能，还结合采用了其他多种能源的方式，是太阳能地板采暖的主流技术方向。

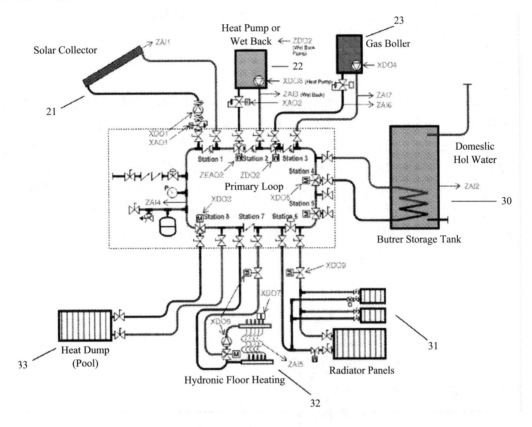

图 4 - 3 - 8 专利申请 AU2014101102A4 的技术示意图
（21—太阳能集热模块；22，33—热泵模块；23—燃气炉模块；32—地板采暖模块）

在实际应用中，被动式和主动式太阳能地板采暖相结合的方式也较多，采用主、被动结合的太阳能采暖方式结合了二者各自的优点。中国专利申请中，涉及被动式采暖的共有 10 件，包括：CN101672115A、CN101650080A、CN201575609U、CN102383499A、CN102607099A、CN102776959A、CN102797365A、CN202810229U、CN103453576A 和 CN203586366U。这些专利技术都涉及的是空气流在房屋空间内循环进行供暖，而不涉及液态工质的地板采暖盘管，与在前分析的国外早期的被动式采暖原理相同。由于目前我国房屋在保温方面还不够完善，因此，采用纯被动式太阳能采暖难以达到用户实际采暖需求。但是，本着对节能和环保的追求，采用纯被动式太阳能供暖仍然是值得关注的，尤其是在具有合理的建筑结构设计和应用高性能的保温材料的房屋进行单纯的被动式太阳能采暖还是一个令人感兴趣的话题。中国专利申请中，采用主动和被动结合采暖的专利申请也是 10 件，包括：CN203215848U、CN201649476U、CN102561729A、CN103363577A、 CN102995845A、 CN202658915U、 CN202973580U、 CN202852967U、CN203049949U 和 CN203571864U。采用主动式太阳能地板采暖的专利申请则占绝对优势。

太阳能的利用存在季节、天气和周期性（夜晚无法利用）等影响因素，因此，利用太阳能作为地板采暖的热源通常是必不可少却又缺陷明显的采暖方式，太阳能集热和蓄热技术仍然是业内关注的焦点。

4.3.2　土壤能地板采暖

1912 年，瑞士的 ZOELLY HEINRICH 首次提出利用浅层地热能作为热泵系统低温热源的概念，并申请了专利 CH59350A。图 4 - 3 - 9 是该专利的技术示意图。该专利标志着地源热泵系统的问世。而直至 1984 年，ZOELLY HEINRICH 的专利技术才真正引起人们的普遍关注，尤其美国和欧洲各国，开始重视此项技术的理论研究。1974 年以来，随着能源危机和环境问题日益严重，人们更重视以低温地热能为能源的地源热泵的研究，具有代表性的有 Oklahoma 州立大学、OakRidge 国家实验室、Louisiana 州立大学、Brookhaven 国家实验室等。现今，地源热泵已在北美、欧洲等地广泛应用，技术也趋于成熟。

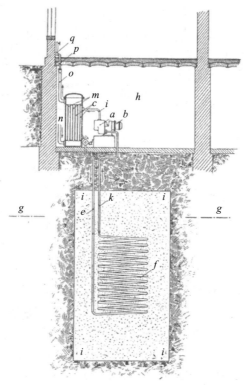

图 4 - 3 - 9　专利申请 CH59350A 的技术示意图

（i—土壤；f—热交换管；h—地板下空间）

从世界范围来看，利用温泉洗浴已有数千年历史，但只是在 20 世纪，地热资源才被大规模用来发电、供暖和进行工农业利用，地热开发利用的步伐在 20 世纪 70 年代初开始加快。据统计，目前全球有 27 个国家利用地热发电，总装机容量约 10700MWt，利用地热发电所生产的电力达 67246GW·h/a，平均利用系数为 72%（一年中有 72% 的时间在工作）；地热直接利用的国家有 78 个，总设备容量约为 50583 MWt，利用热能 121696GW·h/a。美国、意大利、日本、冰岛、新西兰、印度、菲律宾等世界上地热资源丰富且开发利用较好的国家，地热在整个国民经济中已起到重要作用，如冰岛全国 87% 的供暖靠地热，菲律宾电力供应中地热发电已占 21%。

地源热泵技术的采用，使热源的可利用温度低至 5℃ 左右，过去所谓"地热资源在分布上有局限性"的观念已被改变，这为地热资源的开发利用打开了一个新窗口，且大大提高了整个地热在能源系统中的地位。如瑞士是一个传统意义上没有地热资源的国家，但采用热泵技术后，1995 年就可以利用浅层地温能提供 228GW·h/a 的热功率用于地热供暖。据 2010 年世界地热大会统计（印尼的统计数据），向本次世界地热大会报告地源热泵利用的国家有 43 个，地源热泵的年利用能量已达到 214782 TJ（1TJ = 10^{12}J），近 5 年平均年增长率达到 19.7%。全球地源热泵的应用集中在北美、欧洲和中国。按美国和西欧典型家用机组的平均容量 12 kW 计算，2010 年世界累计装机 294 万套，是 2005 年的 2 倍，是 2000 年的 4 倍。由上述数字可以看出，利用浅层地热是全球都很重视的。

采用土壤能地板采暖的全球技术发展路线如图 4-3-10 所示，图中主要从供热形式、地下管路和蓄热形式 3 个方面给出各自的技术发展情况。

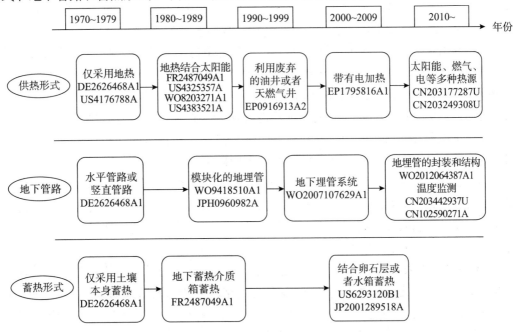

图 4-3-10 土壤能地板采暖全球技术发展路线

从供热形式上来看，在20世纪70年代，热量的利用形式是直接利用布置在地下浅层土壤内的管路，管路内的导热流体如空气或者水等与土壤直接进行热交换，将土壤内的热量传递到地板采暖盘管中，对室内进行供暖，如1976年6月12日，德国的ANGER H J G申请了专利DE2626468A1。图4-3-11是该专利的技术示意图，空气在土壤埋管11内循环，加热地板采暖系统8。

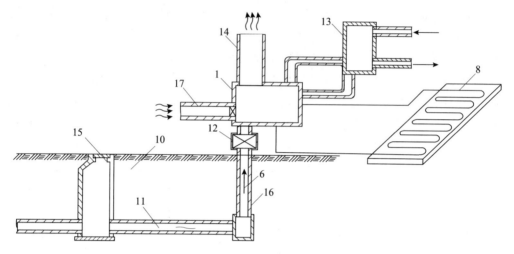

图4-3-11　专利申请CH59350A的技术示意图

（8—地板采暖系统；11—土壤埋管）

到20世纪80年代，人们注意到仅利用土壤源的热量对室内进行供暖难以满足要求，尤其是在房屋保温不够理想的情况下，于是出现了太阳能取热和土壤能共同使用的技术，如法国的BERIM SA在1980年7月16日提出的专利申请FR2487049A1、美国的WORMSER E M在1980年5月12日提出的专利申请US4325357A、日本的KUBOTA LTD在1981年3月13日提出的专利申请WO8203271A1和美国的BOUNDS EDWARD G在1981年11月30日提交的专利申请US4383521A等。将太阳能技术与浅层土壤能的结合使用，可以利用太阳能对单纯土壤能进行弥补，更重要的是可以将日照充足时的太阳能热量储存在浅层土壤中，并在需要时取出热量。该技术的优势还在于，对冬季和夏季取热和取冷不平衡的地区，可以通过太阳能热量进行调节，以避免浅层土壤由于取热蓄热的不均匀而产生的热失衡。浅层土壤的热失衡是浅层土壤供暖的技术瓶颈，如果热失衡达到一定程度，不仅整个浅层土壤供暖系统会效率下降甚至失效，还会由于地下温度场失衡而导致破坏地下生态系统，其不利影响是相当深远的。为了解决上述问题，中国的新疆电力科学研究院在2008年12月3日提交的专利申请CN201391936Y中采用锅炉排烟余热存储在地下土壤层中，维持年内浅层土壤热量收支平衡。中国的中国建筑设计研究院和国家住宅与居住环境工程技术研究中心在2009年8月19日提交的专利申请CN101634466A中将太阳能和浅层土壤能结合，构筑浅层土壤内的热平衡。中国的天津市国兰佰特新能源投资有限公司在2013年8月29日提交的专利申请CN203442937U中在浅层土壤中设置了温度监控装置，以监测浅层土壤的温度场。中国的上海理工大学在 2012 年 2 月 7 日提交的专利申请 CN102590271A 中还为了监测浅层土壤的温度而专门设置了温度监测井。利用浅层土壤进行供暖需要打井埋设换热管，初期投资较大。在 20 世纪 90 年代，德国的 ELIN EBG ELEKTROTECHNIK GMBH 提交的专利申请 EP0916913A2 中提出，利用废弃的油井或者天热气井进行采暖，以节省铺设地埋管的费用。2000 年以后，电能、燃气以及空气能等其他辅助能源形式也越来越多被结合应用到浅层土壤供暖中，如中国的福州斯狄渢电热水器有限公司于 2013 年 1 月 31 日提交的专利申请 CN203177287U，图 4 - 3 - 12 是该专利的技术示意图。该申请涉及一种真空管太阳能、地热、燃气互补组合式供暖供热系统，包括供暖环路总成 2、真空管太阳能总成 3、地源热泵总成 5 和燃气壁挂炉总成 6，多种能源组合对地板采暖盘管 21 进行供热。类似专利还有 EP1795816A1 和 CN203249308U 等。

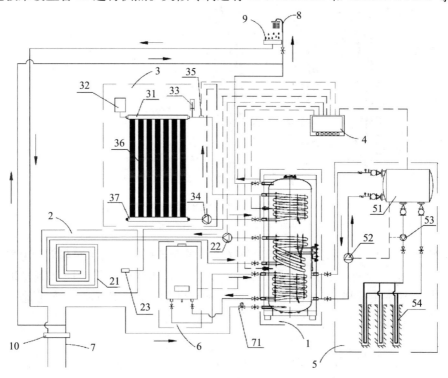

图 4 - 3 - 12　专利申请 CN203177287U 的技术示意图
（2—供暖环路总成；21—地板采暖盘管；3—真空管太阳能总成；
5—地源热泵总成；6—燃气壁挂炉总成）

从地下埋管形式来看，由于地埋管通常埋入地下后，基本不可能进行维修或更换，因此，地埋管通常采用化学性能稳定、耐腐蚀的聚乙烯（PE）、聚丁烯（PB）或聚氯乙烯（PVC）管，也有为了强化换热而采用薄壁的不锈钢管，但应用并不多。在利用浅层土壤进行采暖的初期，浅层土壤内的埋管基本上是水平的或者竖直的地下埋管，如德国的 ANGER H J G 在 1976 年 6 月 12 日提交的专利申请 DE2626468A1。在 1990 年以后，开始出现模块化的地埋管，如美国的 CLIMATE MASTER INC 在 1993 年 2 月 8 日提交的专利申请 WO9418510A1。图 4 - 3 - 13 是该专利的技术示意图，其设置了地埋管的进口总管和出口总管，在进出口总管上并联设置竖直地埋管，这样布置有利于浅层土壤内温度场的稳定，也利于大规模生产、储存和运输。日本的 SUZAWA AKIMI 在 1995 年 8 月 25 日提交的专利申请 JPH0960982A 中也公开了同样的思想。

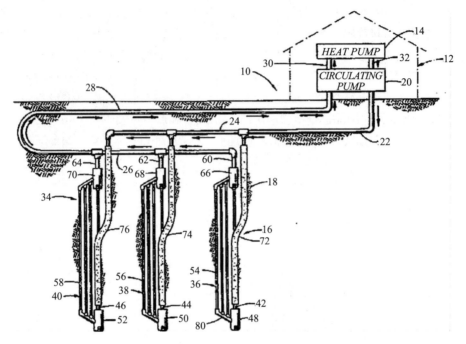

图 4 - 3 - 13 专利申请 WO9418510A1 的技术示意图

（22—进口总管；28—出口总管）

2006 年 3 月 16 日，芬兰的 MATEVE OY（马泰夫公司）申请了专利 FI20060005172A。图 4 - 3 - 14 是该专利的技术示意图，其中 7 是室内地板采暖盘管，1a、1b 是地下热交换管，80 为地下集热罐，100 为地下集热罐间的热交换管。地下设置多个地下集热罐

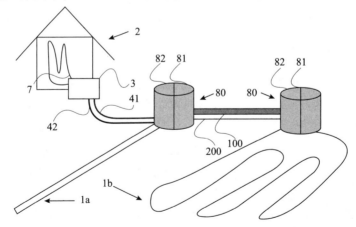

图 4 - 3 - 14 专利申请 FI20060005172A 的技术示意图

（1a, 1b—地下热交换管；7—室内地板采暖盘管；80—地下集热罐；100—地下集热罐间热交换管）

80 以及各地下集热罐 80 都与地埋管连通，以按区域收集浅层土壤的热量。同时，在同一地埋管内，流体再次进行热交换，以使浅层土壤内的温度场更加均匀。该专利技术对浅层土壤层内的热交换系统布置具有非常积极的借鉴意义。

从蓄热形式来看，采用浅层土壤进行供暖的初期，仅使用浅层土壤本身作为蓄热材料，如德国的 ANGER H J G 在 1976 年 6 月 12 日提交的专利申请 DE2626468A1，只要地下埋管有足够的长度和热交换面积，仅采用土壤蓄热仍被广泛应用。但为了蓄热的方便和高效，法国的 BERIM SA 在 1980 年 7 月 16 日提交的专利申请 FR2487049A1 中，在地下设置了蓄热水箱，结合太阳能，将热量积蓄在蓄热水箱中，相比直接利用土壤蓄热，虽然需要增加初期建设成本，但蓄热效果也相应提高。当使用空气作为换热介质时，采用卵石床进行蓄热是比较多见的，如日本的 TOKO KOGYO KK 在 1999 年 10 月 18 日提交的专利申请 US6293120B1 中就采用了该种蓄热方式利用浅层土壤的热量对地板进行加热。总的来说，采用蓄热水箱蓄热的形式最多。

然而，必须认识到，地下水是比热能更宝贵的资源，如何保证地下的物质平衡，尤其是地下水的平衡，业界应该给予足够重视。虽然各国对地下水的利用都有严格规定和控制，但在利用地下热能时，对地下水的破坏还是会不同程度地发生，如果对地下水开采超过一定程度，会产生地下水漏斗现象，我国的河北省就已经形成 20 多个地下水漏斗区，地下水漏斗区会造成地面沉降或者污染地下水的危险。地下水的污染问题同样是值得关注的问题，其不仅关系到用水安全，也关系到地下生态系统的安全问题，其重要性不言而喻，也应该成为所有利用土壤能领域都关注的问题。

4.3.3　空气能地板采暖

图 4 - 3 - 15 示出了空气能地板采暖的技术路线。在 20 世纪 70 年代，纯粹采用空气能热泵的地板采暖专利开始出现，如德国的 RABIEN P 在 1974 年 4 月 9 日提交的专利申请 DE2417220A1。法国的 BET SOGETI 和 CIAT CIE IND APPL THERM 在 1977 年 9 月 20 日提交了专利申请 FR2408792A2，其公开了利用太阳能和空气能热泵结合的地板采暖系统。

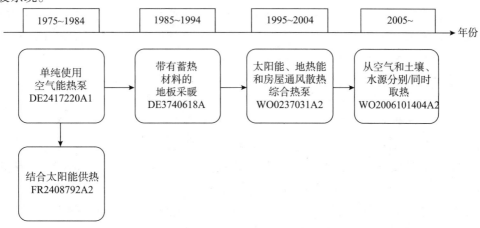

图 4 - 3 - 15　空气能地板采暖全球技术发展路线

德国的 SCHEU W 在 1987 年 12 月 1 日提交了专利申请 DE3740618A，其中公开了空气能热泵辅助蓄热材料的地板采暖系统。2000 年 11 月 6 日，比利时的 ATELIER D 等提交了专利申请 WO0237031A2。该专利申请涉及的地板采暖系统结合了太阳能模块、地热能模块和房屋通风散热空气能热泵，这种多热源的地板采暖形式代表了目前应用空气能的主流技术。

限制空气能热泵应用的因素至少有：第一，当室外温度越低，需要热量最大时，空气能热泵输出热量却是最小的；第二，室外换热器盘管容易结霜，必须有融霜措施；第三，温度波动大，控制困难；第四，室外蒸发器有噪音。在低温或者超低温下利用空气能的能效比（也称 COP 值，是产出热量和投入电力的比值）不高，当能效比太低时，就完全没有必要采用热泵从空气中取热了，直接利用电加热等热源更经济。业界普遍认为，在空气温度低于零下 25℃时，空气能热泵基本无法运行。空气能热泵室外蒸发器的结霜问题也一直是限制空气能热泵使用的一大难题，尽管业内采用各种除霜技术，但结霜问题仍然是制约空气能热泵发展的一个技术瓶颈。经验表明，如果气候适中，冬季虽长却较温暖，那么空气是一种经济的热源。我国的大部分地区，特别是沿海一带，采用空气能采暖还是可取的。同时也必须注意到，当供暖需求较大时，空气能热泵的室外机需增大，风扇增多，噪音也会相应增加，是否有足够的空间放置室外机和是否能容忍噪音的困扰也是在选择是否有必要使用空气能热泵采暖的重要因素。

分析上述限制空气能热泵使用的限制因素，业界目前在前两个制约因素上关注最多，如使用喷气增焓技术，实现在低温或者超低温下能够工作的空气能热泵，并且具有在经济上可以接受的能效比。而对室外机除霜的问题上，也多有研究，如增加除霜装置、逆循环制冷剂、室外机风扇反转，以及对空气做预处理以降低空气中的水蒸气，如设置干燥剂吸附空气中的水分以减少结霜等。可以说，空气能热泵采暖的关键技术仍然是热泵本身的技术和对空气预处理的技术，这些技术瓶颈不突破，则空气能供暖仍然会受到地域限制。

4.3.4 余热能地板采暖

余热利用的地板采暖主要是对有余热的场所，特别是工业废热进行再次利用的采暖方式。在很多工业企业中，对设备的冷却需要大量的设备冷却水，而设备冷却水又通常是利用地表水（包括海水）、地下水和空气进行冷却。如果把需要冷却的热量利用到居民采暖上，既能节省传统冷却资源，又能解决居民在采暖季所需要的热源，而在非采暖季，可以供应居民热水，是值得推广的采暖方式。但是，利用余热采暖的局限在于居民采暖需要靠近有余热产生的场所，特别是靠近场矿企业。图 4 - 3 - 16 示出了采用余热进行地板采暖的全球技术发展路线。早期阶段是单纯使用废热作为热泵的热源，如德国的 RABIEN P 在 1974 年 4 月 9 日提交的专利申请 DE2417220A1 和瑞典的 ANDERSSON BROR G 在 1979 年 4 月 9 日提交的专利申请 SE432478B。1992 年 10 月 12 日，德国的 WEBER HEINZ BERT 在专利申请 DE4234367A1 中提出使用废弃的矿坑的余热。2001 年 3 月 26 日，德国的 SESOL GES FUER SOLARE SYSTEME 和 RICHTER

RALF 提出了专利申请 DE10114990A1，提出使用废热与太阳能结合的地板采暖方式。2003 年 2 月 11 日，德国的 BRAUN JOSEF 提交的专利申请 DE10305583A1 中提出使用热电厂的废热。2006 年 7 月 17 日，中国的葆光（大连）节能技术研究所有限公司在专利申请 CN101109538A 中提出使用汽轮机循环冷却水余热进行地板采暖。2008 年 8 月 13 日，加拿大的 BARDSLEY JAMES E 和 LAY TERRY G 提交的专利申请 CA2638235A1 中提出使用溜冰场的废热作为供暖热源。2012 年 4 月 9 日，中国的天津大学提交的专利申请 CN202581506U 中提出从工业冷却循环水中取余热进行地板采暖。除了热源的不同，采用余热进行地板采暖的专利技术并非申请人热衷申请的技术，根据不同余热源地板采暖技术基本上是平行发展，互相借鉴较少。

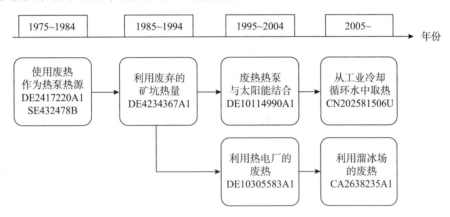

图 4－3－16　余热能地板采暖全球技术发展路线

污水源热泵也是余热利用的一种形式，随着我国居民城镇化的趋势加快，城市都在不断扩容，城市污水量也不断加大，以城市污水作为提取和储存能量的冷热源，借助热泵机组系统达到制冷和供暖就逐渐被关注。与其他热源相比，污水源热泵的技术关键点和难点在于防堵塞、防污染与防腐蚀。20 世纪 80 年代初在瑞典、挪威等北欧国家就已经开始对污水源热泵技术的应用，我国应用该技术要晚一些，2004 年才出现污水源热泵取暖方面的专利申请，如 2004 年 8 月 2 日于永辉提交的专利申请 CN1587872A。截至目前，我国关于污水源热泵供暖的专利申请共 39 件，但没有明确采用污水源热泵与地板采暖技术结合的专利申请，说明在我国采用污水源热泵与地板采暖结合的技术尚没有人关注。

4.4　小　　结

本章从全球和中国两个角度对采用低品位能源地板采暖的专利申请趋势、区域分布、热源构成、技术功效和申请人进行了分析，还分析了全球六大专利申请国的专利布局情况和国外在华的专利布局情况。本章还分别对低品位能源地板采暖的的 4 种热源类型的技术发展路线进行了分析。从所做工作中，可以得到如下结论。

低品位能源地板采暖领域全球专利申请量总体呈增长态势，2008 年后增长趋势迅猛，可以预见，该行业的专利申请量仍将保持增长态势。低品位能源地板采暖全球专利申请中，中国数量占第一位，日本占第二位，德国、韩国和美国位居第三位到第五位，中国专利申请量高峰明显滞后于日本的专利申请量高峰，日本专利申请量高峰又明显滞后于德国和美国的专利申请量高峰，中国专利申请量的增幅和其技术储备情况不相符，需引起高度重视。低品位能源地板采暖全球和中国专利申请中，太阳能作为热源占据申请量中的第一位，其后依次是土壤能、空气能和余热能，该申请趋势短期内不会改变。低品位能源地板采暖全球专利申请中，节能是专利申请最关注的技术，增强换热和舒适度是关注度第二位的因素，降低成本、环保和便于安装与运输也都受到不同程度关注。而在中国的专利申请中，环保是仅次于节能的关注因素。节能和环保仍是低品位能源地板采暖专利申请的主要原因。低品位能源地板采暖全球专利申请大国分别是中国、日本、德国、美国、韩国和法国，全球专利布局力度最大的是美国籍申请人，其后依次是德国籍、美国籍、法国籍和韩国籍申请人，中国籍申请人在国外专利布局力度最小，没有利用专利制度的优势。

中国的福州斯狄渢电热水器有限公司在全球和中国的专利申请量大户中均占第一位，其重点技术可以整合在10项以内以节约专利申请费用。该公司在国外的专利布局非常薄弱，基本没有走出国门。低品位能源地板采暖全球申请量中，日本的公司申请人最多，也是最关注该领域的国家。低品位能源地板采暖中国专利申请量呈持续增长态势，2005年以后增长迅猛，可以预计，该增长趋势仍将继续。中国东部沿海经济发达省份专利申请量较大，福建是专利申请量排名第一位的省份。国外在中国的低品位能源地板采暖的专利申请量占中国专利申请总量的6.83%，专利申请量最多的国家是日本，说明日本抢占中国低品位能源地板采暖市场的意图明显。

低品位能源总的技术发展趋势是多种低品位热源相互结合、多种低品位热源与蓄热材料和常规高品位能源结合的形式，取长补短，单一的低品位热源由于都具有局限性因而不会单一存在，低品位能源地板采暖在短期内不会取代传统能源的主导地位。

第5章　重要申请人

　　地板采暖领域申请人中，松下电工株式会社是申请量最多的申请人，其申请量在全球申请人中遥遥领先，5.1节将对松下电工株式会社的专利申请情况进行分析。永大产业株式会社是地板采暖领域中非常专业的企业，其主要经营建材及木板，并在日本市场占有相当大的份额，5.2节将对永大产业株式会社的专利申请情况进行分析。

5.1　松下电工

5.1.1　发展历程

　　松下电工株式会社（MATSUSHITA ELECTRIC WORKS LTD，以下简称"松下电工"）的历史，可追溯到1918年松下幸之助先生所创建的松下电气器具制作所，创始名称为"Electric Housewares Manufacturing Works"，在1925年时公司名称改为"Matsushita Electric Manufacturing Works"，到1935年改为"Matsushita Electric Industrial Co., Ltd."。松下电工的前身是继承松下集团的松下电器产业株式会社（以下简称"松下电器"）的第三事业部（配线器具事业），于1935年组建的上市公司。松下电工有日本国内制造分公司29家、日本国内工程分公司9家、日本国内销售分公司63家、海外制造分公司44家、海外销售子公司37家（参见图5-1-1）。

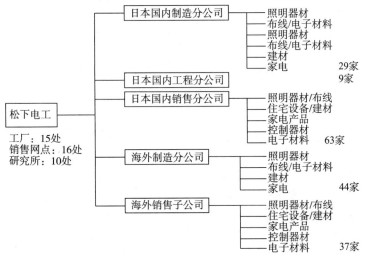

图5-1-1　松下电工分公司及其概要

　　松下电工主要由 6 个事业部组成：照明、信息装置、家用电器、住建、电子材料和控制装置，其中的住建事业部涉及采暖地板的研发和制造。松下电工开始涉足地板采暖行业是在 20 世纪 70 年代。

5.1.2　全球专利申请态势分析

　　松下电工在日本本土的专利申请为 361 项，在世界知识产权组织国际局专利申请为 1 项，在中国专利申请为 3 项。可见松下电工主要以日本本土地板采暖市场为主，在地板采暖领域还没有向全球进行专利布局。以下重点分析松下电工在日本本土的申请。

5.1.2.1　申请量态势

　　图 5 - 1 - 2 是该公司在地板采暖方面的日本专利申请态势图。从该图中可以看出，在 1982 ~ 1988 年，申请量非常少，累计仅有 10 项；1987 ~ 1990 年，日本人的财富上涨了 3 倍，日本国民将钱投到了房地产、股票等资产市场，导致这时期日本的房地产市场蓬勃发展（参见图 5 - 1 - 3），因此与房地产相关的地板采暖市场也迅速发展起来。松下电工没有放过这一机遇，大力研发，因而在 1989 ~ 1992 年，申请量稳健增长，已经由起步阶段的个位数上升到两位数 10 项；1992 年房地产泡沫破灭之后，日本地价持续下跌，因而在 1993 年，松下电工的申请量出现了一个低谷，仅有 5 项专利。1992 年宫泽喜一内阁为刺激经济，首次实施 10 万亿日元规模的经济对策，随后历代内阁迄今总共推出 10 次经济对策，总额近 130 万亿日元，因而在 1994 ~ 1998 年，出现一个快速增长期，专利数量比之前翻了 5 倍多，并在 1998 年达到了顶峰 36 项。然而，纵观日本土地价格走势，1992 年房地产泡沫破灭之后，日本地价持续下跌 14 年，直到 2006 年才有所回升。在这样的大环境下，1999 ~ 2005 年，松下电工在日本的专利申请量总体呈下滑趋势，但仍然保持在两位数的水平。2008 年，全球爆发经济危机，日本无疑也在波及范围之内，因而 2006 ~ 2011 年，其申请量大幅降低，到 2010 年已经仅有 1 项申请。2012 ~ 2013 年，申请量已经降为 0，不再有地板采暖方面的专利申请。2012 年以后松下电工的专利申请转向电池和洗浴电器方面。

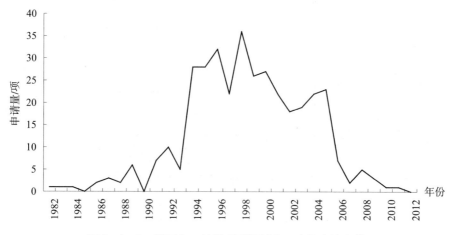

图 5 - 1 - 2　松下电工地板采暖领域在日本的申请态势

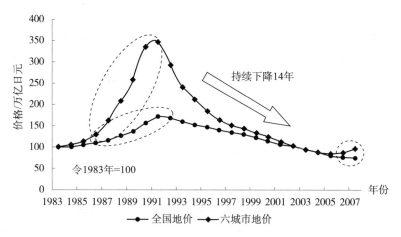

图 5 - 1 - 3　日本 1983 ~ 2007 年的土地价格走势❶

5.1.2.2　研发重点分析

松下电工在全球关于地板采暖方面共有专利申请 361 项，主要涉及地热板结构、加热器结构、配件、控制方法、系统、材料等方面，申请高峰期主要集中在 1996 ~ 2000 年（参见图 5 - 1 - 4 和表 5 - 1 - 1）。以下对每个研发重点分别进行分析。

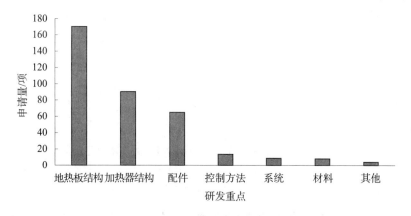

图 5 - 1 - 4　松下电工地板采暖领域全球研发重点分布

表 5 - 1 - 1　松下电工地板采暖领域全球申请主题时间分布 单位：项

年份	地热板结构	加热器结构	配件	控制方法	系统	材料	其他
1980 ~ 1985			3				
1986 ~ 1990	2	5	3			2	
1991 ~ 1995	38	18	13	4	2	2	
1996 ~ 2000	58	41	29	6	3	1	
2001 ~ 2005	58	26	11	1	3		4
2006 ~ 2012	14	1	6	3	1	3	

---

❶　资料来源：Bloomberg，招商证券研发中心。

关于地热板结构的专利申请共有 170 项，占总申请量的 47.09%，且在 1996~2005 年期间发展最为迅速。例如，JP2010210135A 涉及一种住宅用地热板（参见图 5 – 1 – 5），其具有保护加热板盖板的作用，上述盖板与凹口侧边可旋转连接，用来覆盖加热板。

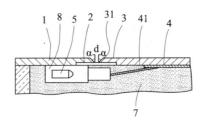

图 5 – 1 – 5　专利申请 JP2010210135A 的技术示意图

（1—盖板；3—表面材料；4—发热件；

5—连接器部分；7—隔热材料；8—壳体）

关于加热器结构的专利申请共有 91 项，占总申请量的 25.21%，且 1996~2000 年期间发展最为迅速。例如，JP2008144981A 涉及一种加热器（参见图 5 – 1 – 6），其具有设置在两层地板材料之间的梁，当地板材料被固定在梁的上表面时，梁被暂时固定到底层地板材料，以保护热辐射单元。

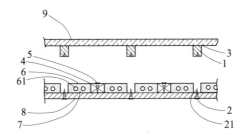

图 5 – 1 – 6　专利申请 JP2008144981A 的技术示意图

（1—梁；4—梁；6—热辐射单元；

8—底层地板材料；9—地板材料）

关于地热结构配件的专利申请共有 65 项，占总申请量的 18.01%，且 1991~2005 年期间发展最为迅速。例如，JP2007093056A 涉及一种电加热安装设备（参见图 5 – 1 – 7），其位于加热板的地板通道电缆 8 下面，包括设置在刨削块内并与传输绳连接的连接器，该连接器插入到热连接器中，作为热板的输入/输出部。

关于地板采暖控制方法的申请共有 14 项，占总申请量的 3.88%，且 1996~2000 年期间达到顶峰。例如，JP2000104934A 涉及一种地板加热器的控制单元（参见图 5 – 1 – 8），基于地板温度和预设温度之间的温度差控制开闭阀，以延迟阀的开闭操作，防止地板温度过热。

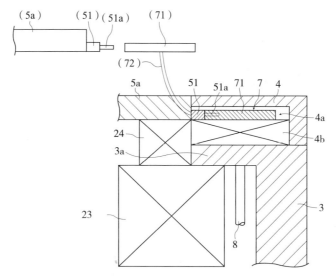

图 5 - 1 - 7　专利申请 JP2007093056A 的技术示意图
（4a—刨削块；5a—加热板；7—连接器；
8—通道电缆；72—传输电缆）

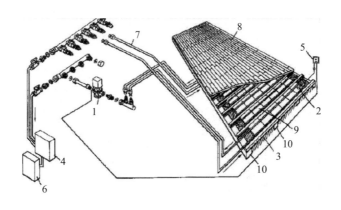

图 5 - 1 - 8　专利申请 JP2000104934A 的技术示意图
（1—温度控制开闭阀；5—控制单元）

　　关于地板采暖系统的专利申请共有 9 项，占总申请量的 2.49%。例如，JP2003294314A 公开了一种热水供应式地板采暖系统（参见图 5 - 1 - 9），其主热水供应管具有开口，位于罐的底端，通过位于循环管边上的反向回程移动温度与换热介质相等的热水返回到罐中；供应管与主热水供应管路的终端连接，分接头终端通过热水混合阀。

　　关于地板采暖材料的专利申请共有 8 项，占总申请量的 2.22%。例如，JPH03158553A 涉及一种用于地板采暖的地板材料（参见图 5 - 1 - 10），其包括保温层、均热板和结合部件。其中保温层位于均热板的下面；结合部件的结合部位于保温层的一端，结合部件的使用部分位于保温层的另一端；上述结合部件使用坚硬的材料。

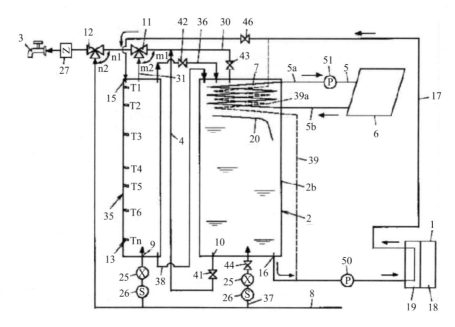

图 5 -1 -9　专利申请 JP2003294314A 的技术示意图

（3—分接头终端；4—主热水供应管；5—循环管；5b—反向回程管；

8—供应管；10—开口；12—热水混合阀）

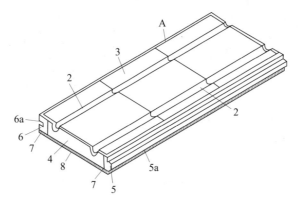

图 5 -1 -10　专利申请 JPH03158553A 的技术示意图

（4—保温层；5—结合部；6—使用部分；7—结合部件）

5.1.2.3　功效分析

松下电工的申请主要体现在优化结构、装配与维护、提高热效率、提高舒适度、降低成本、提高稳定性、提高安全性、节能、加工与运输（参见图 5 -1 -11）。可以看出，关于优化结构的专利申请是 84 项，为松下电工申请最多的功效方向。地板结构是地板采暖地板的精髓，松下电工对地板采暖地板结构的多个组成部分都进行了优化，如对于地板间连接部件的改进等。关于装配与维护的专利申请是 64 项，地板采暖地板的安装与维护对于消费者和施工者都很重要，这也是地板采暖企业很看重的一个方面。关于提高热效率的专利申请是 59 项，地板采暖地板的热效率，决定了地板的品质，自然是松下电工的一个研发目标。关于舒适度的专利申请是 50 项，说明松下电工同样对消费者的感受也很重视，如通过控制地板的温度，满足消费者对舒适度的要求。关于减低成本的专利申请是 33 项。降低成本是各行各业追求的一个目标，低成本且高品质的地板采暖地板，是所有地板采暖企业追求的目标之一。关于稳定性的专利申请是 29 项，地板采暖地板需要保持稳定的温度和结构，才能达到预期目标，因而这也是松下电工的一个研发目标。关于安全性的专利申请是 23 项。安全性是消费者非常看重的一个方面，自然这方面也是松下电工很重要的研究方向，如通过对地板加热层增加保护盖板等的改进，可以提高地板的安全性。关于节能的专利申请是 8 项。近几十年，世界能源危机的爆发，和环境的加快恶化，使得地板采暖行业对地热地板的节能效果非常看重，因而松下电工也在如何实现地板采暖地板的节能效果方面作了很多研究。关于加工与运输的专利申请是 4 项，地板采暖地板实现批量生产的前提就是具有简单的加工工艺，松下电工对于这方面的专利数量不多，但是对地板采暖地板的加工工艺，提出了很多新的思想。

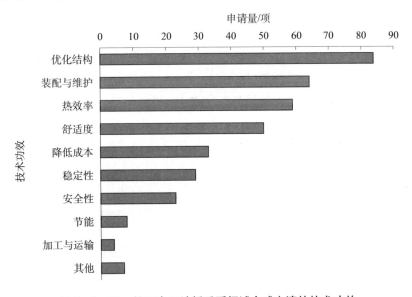

图 5 - 1 - 11 松下电工地板采暖领域全球申请的技术功效

图 5 - 1 - 11 中的优化结构主要是热板的自身结构的优化；装配与维护主要是地板采暖设备的装配与维护方面的改进；热效率主要是指提高地板采暖设备的热效率；舒适度主要是提高使用者的体感和脚感；稳定性主要是从耐久性、可靠性以及使用寿命考虑，提高地板的使用寿命；安全性主要是提高地板在使用中的安全性。分析时对这几个方面的分类各有所侧重，实际上某些专利在几个方面均有所考虑。

5.1.2.4 供热方式

松下电工在地板采暖领域供热方式的研究上，没有绝对偏重某个方式。图 5 - 1 - 12 显示，涉及电热式地板采暖方面的专利申请最多，为 63 项，占总申请的 17%；涉及热水加热方面的专利申请为 53 项，占总申请的 15%；涉及蓄热式方面的专利申请为 46

项，占总申请的13%。3个方面的研究也是交替出现，每个时期都有3个方面的申请。说明松下电工这3个方面的供暖，在日本市场的需求量相差不多，都有一定的消费群体。

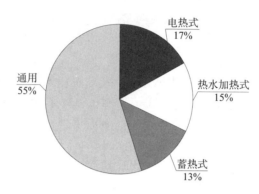

图5－1－12　松下电工地板采暖领域全球申请供热方式分布

5.1.3　在华申请

松下电工在中国共有3项关于地板采暖的专利申请，分别涉及电热线及热敏电热线、地板采暖装置和电热地毯及其制造方法。

其中电热线及热敏电热线的专利申请为CN1224324A［参见图5－1－13（a）］。该申请的申请日为1998年12月16日，授权公告日为2003年10月22日，于2011年未缴年费终止失效。该申请涉及电热毯和电地板加热器等地板供暖装置所使用的电热线及热敏电热线，即使在与额定电压AC.200（V）商用电源相连接的情况下，绝缘的可靠性也高并可制成线径细且柔软性良好并易弯曲的电热线及热敏电热线。其结构为金属导体3螺旋形卷装在芯线2上，在金属导体3的外侧以螺旋形且多层地卷装绝缘性带8，并用绝缘材料4覆盖绝缘层15的表面。

电热地毯及其制造方法的专利申请为CN1179693C［参见图5－1－13（b）］。该申请的申请日为2003年2月25日，授权公告日为2004年12月15日，于2014年未缴年费终止失效。该申请涉及一种铺设在住宅地板上作为暖气器具使用的电热地毯及其制造方法。该电热地毯由表面材料1、面状发热体2、具有隔热性的底衬3、具有防滑性的防滑材料4层压而成。

地板采暖装置的专利申请为CN2560884Y［参见图5－1－13（c）］。该申请的申请日为2002年7月30日，授权公告日为2003年7月16日，于2012年专利权保护期限届满终止失效。该申请涉及一种价格低廉、可缓冲步行时的冲击力，且其地板装修材的可选外观图案的地板采暖装置，其中地板基材上敷设有平面加热单元，该平面加热单元上面配设有地板装修材，平面加热单元中设置有支撑体填充区，填充有厚度薄于平面加热单元的支撑体，由支撑体支撑敷设于平面加热单元上的地板装修材，使地板装修材压缩缓冲层。

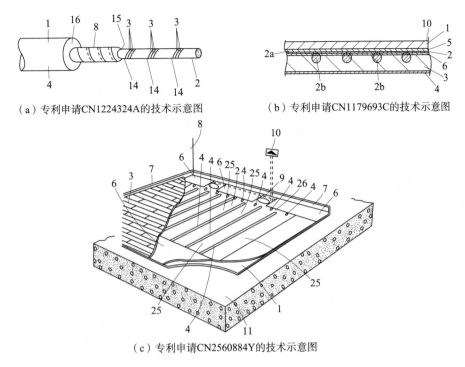

（a）专利申请CN1224324A的技术示意图　　　　（b）专利申请CN1179693C的技术示意图

（c）专利申请CN2560884Y的技术示意图

图 5 - 1 - 13　松下电工在华专利申请的技术示意图

5.1.4　研发团队

5.1.4.1　发明人情况

由图 5 - 1 - 14 可知，松下电工的 MAEDA F（前田太）作为发明人的申请量最大，为 88 项，紧随其后的是 TAMURA T（田村隆博）和 HOTTA T（堀田敏郎），分别为 56 项和 54 项。这 3 人为松下电工在地板采暖方面的主要发明人，因此下面将对这 3 人分别进行分析（参见图 5 - 1 - 15）。

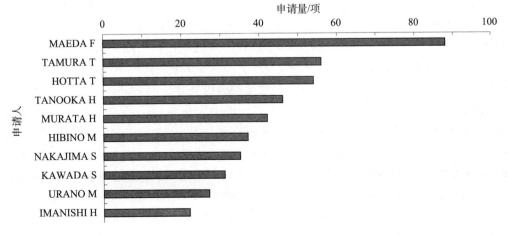

图 5 - 1 - 14　松下电工地板采暖领域发明人排名

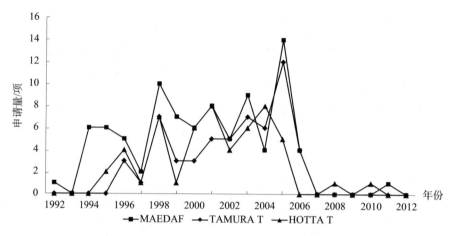

图 5 – 1 – 15　松下电工地板采暖领域前 3 名发明人的申请分布

松下电工关于地板采暖的 361 项专利申请中，有 88 项的发明人为 MAEDA F，其申请量位列第一，主要致力于隔声地板、蓄热地板和加热地板的研究。前田太在松下电工关于地板采暖的第一项专利申请始于 1992 年，专利公开号为 JPH0634287，涉及一种用于地板采暖的蓄热板，属于相变蓄热型地板采暖。TAMURA T 作为发明人的申请量位列第二，共有 56 项，主要致力于蓄热系统、地板采暖控制系统的研究。其关于地板采暖的第一项专利申请始于 1996 年，专利公开号为 JPH09310869，涉及一种热水型地板采暖系统的控制系统，属于热水型地板采暖。HOTTA T 作为发明人的申请量位列第三，共有 54 项，主要致力于热水型地热、地热板结构的研究。他在松下电工关于地板采暖的第一项专利申请始于 1995 年，专利公开号为 JPH0914678，涉及一种热水型地热系统，可为房间提供舒适的温度。

5.1.4.2　重要团队及技术路线

（1）团队一——MAEDA F 团队（参见图 5 – 1 – 16）

1992 年，MAEDAF 与 KISHIMOTO T、SEI M、SUGAWARA A、TSURUKI M 合作提出一项申请，涉及蓄热板结构。1994 年，MAEDAF 与 HIBINO M、TANOOKA H 合作，提出一系列申请，涉及地热板的防水、防短路等。1995 ~ 2005 年，MAEDAF 与 KAWADA S 为核心，提出 22 项申请，涉及具有 PTC 元件的地热板、地热板的电线结构、蓄热型地热器结构等。1995 年，MAEDAF 与 ADACHI K、HIBINO M、HIROISHI A、TANOOKA H 合作，提出一系列申请，涉及地热板的防水、防短路等。1997 ~ 2005 年，MAEDAF 与 HOTTA T、TAMURA T 为核心，提出大量申请，涉及蓄热型地热系统。1997 ~ 2006 年，MAEDAF 与 TAMURA T 为核心，共提出 52 项申请，涉及地热控制系统、地热显示系统、改进型的地热板。2011 年，MAEDAF 与 ADACHI S、HASHIMOTO M、KAWATA S、NAKAJIMA S 合作，提出 1 项申请，涉及具有地热系统的空间加热系统。

团队一的核心人员为 MAEDA F，其中 MAEDAF 与 TAMURA T 合作最多，共有 52 项申请，并且贯穿 MAEDA F 的整个申请高峰期；其次与 KAWADA S 合作较多，共有 22 项申请，同样也贯穿 MAEDA F 的整个申请高峰期。可以看出，MAEDA F 团队的主

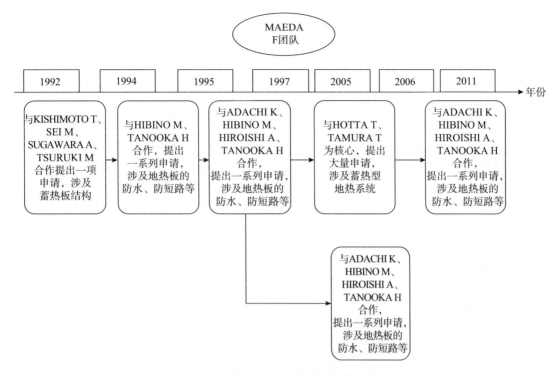

图 5 - 1 - 16　MAEDA F 团队的技术路线

要研发方向就是地热板，在 1995 ~ 2006 年间，是松下电工专利申请活跃期，这时期的 MAEDA F 团队非常活跃，为松下电工在地板采暖方面的研发作出了很大贡献。可以看出，这些年间，松下电工对地板采暖方面尤其重视，鼓励研发团队不断创新；另一方面，松下电工的研发团队非常稳定，由此可见，松下电工对技术人员非常重视。这些核心人员是企业最大的财富，只有这些研发的核心人员长期稳定，企业才可以不断创新，不断发展。

（2）团队二——HOTTA T 团队（参见图 5 - 1 - 17）

1995 ~ 1996 年，HOTTA T 与 HIBINO M 合作，申请涉及热水蓄热/储热型地热。1997 ~ 1998 年，稳定团队的成员为 KAWADA S、MAEDA F、MORIMOTO Y、TAMURA T、TODA M 和 URANO M，提出的申请涉及改进型储热地热。1999 ~ 2003 年，HOTTA T 与 MAEDA F 和 TAMURA T 成为团队的核心，提出了大量申请，涉及蓄热型地热系统。2004 ~ 2005 年，HOTTA T 与 MURATA H 合作，申请涉及地热板的相关结构。2008 年，仅有 1 项申请，HOTTA T 与 NAKANO A 合作，申请涉及地热板的连接结构。2010 年，仅有 1 项申请，没有团队合作，为独自申请，涉及一种减少热损失的地热板。

团队二的核心人物为 HOTTA T，该团队在早期研发阶段，多涉及热水型地热，在后期研发阶段，重点转为地热板结构的研究。该团队的核心成员阶段性明显，研发方向在各个阶段也不同。1999 年该团队从热水型蓄热地热转到地热板的研究，关于地热板的研究持续了 10 年，涉及了地热板结构的很多方面的改进。

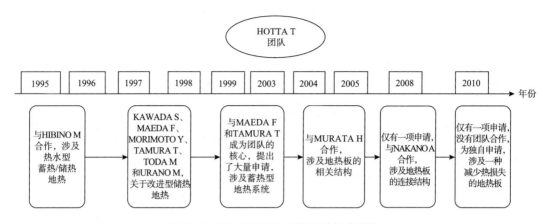

图 5 – 1 – 17　HOTTA T 团队的技术路线

5.1.5　关联公司

松下电工与松下电器都起源于同一母公司（参见图 5 – 1 – 18），属兄弟公司。松下电工在华申请只有 3 项涉及地板采暖方面的申请，其他都是以另一分公司——松下电器为申请人，在中国市场进行布局，二者的申请侧重点不同。其中松下电工主要侧重地热板结构方面的申请，松下电器侧重地板采暖系统或地板采暖电器相关方面的申请，二者的在华专利共同支撑了松下集团在华关于地板采暖方面的布局，因此对同属松下集团的松下电器在华申请有必要进行分析。另外，松下集团于 2008 年 11 月 7 日与三洋电机株式会任（以下简称"三洋"）进行了合并，将三洋并购到松下集团旗下，因此对于三洋在华关于地板采暖方面的申请也有必要进行分析，以下将分别对松下电器和三洋的在华申请进行分析。

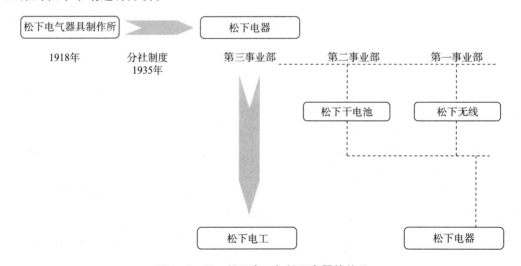

图 5 – 1 – 18　松下电工与松下电器的关系

5.1.5.1　松下电器产业公司

（1）在华申请量分析

由图 5 – 1 – 19 可知，松下电器在中国共申请了 15 件专利，起始时间为 2008 年，当年提交了 2 件申请，涉及热水供给系统；2009 年受到 2008 年全球经济危机的波及，松下电器申请量为零；2010 年，经济复苏，松下电器提出 6 件申请，达到了峰值，涉及液体循环式供暖系统和面状采暖器；2011～2012 年，申请量呈缓慢下降趋势，分别为 3 件和 4 件，涉及热泵热水供暖装置、面状采暖器的制造方法和供暖系统的控制方法。纵观松下电器的 15 件专利，大多涉及热泵式地板采暖供暖系统，关注点主要在于整个地板采暖系统的优化。

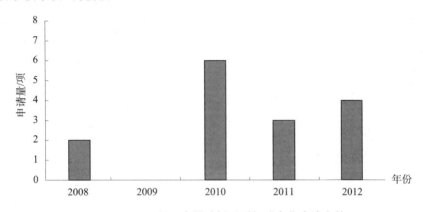

图 5 – 1 – 19　松下电器地板采暖领域在华申请态势

（2）全球布局

松下电器除了在中国进行布局外，还在欧洲、美国和澳大利亚进行了专利布局（参见图 5 – 1 – 20），分别为 11 项、9 项和 4 项。除了中国外，都是以松下集团作为申请人进行申请的。其中面状采暖器仅在中国大陆、日本和中国台湾进行了申请，供暖系统的控制方法仅在美国、日本进行了申请，而在欧洲、澳大利亚的申请都是涉及供暖装置、供给热水系统。可以看出，松下电器是依照不同地区的各自特点，采取侧重点不同的申请策略进行专利申请。

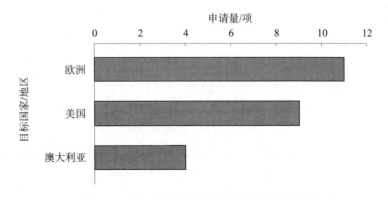

图 5 – 1 – 20　松下电器地板采暖领域海外布局

5.1.5.2　三　洋

（1）在华申请量分析

在地板采暖领域，三洋在中国作为申请人进行的申请，共有4件，涉及木质供暖垫块、热泵式水暖装置。

专利申请CN1202601A［参见图5-1-21（a）］，申请日为1997年12月17日，视撤公告日为2001年3月28日。该申请涉及一种与地面无高度差铺设、质量上乘、施工简易的上铺式木质供暖垫块，供暖垫块是在连接式地板材料内埋设热水管而构成的，连接式地板材料是用挠性表面材将多片木片连接成可卷起的状态，上述连接式地板材料的板缝方向的两端连接加工有向外侧倾斜的坡度的纵边材。

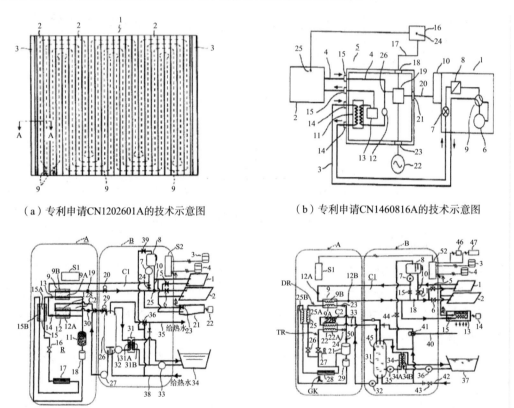

（a）专利申请CN1202601A的技术示意图　　　　（b）专利申请CN1460816A的技术示意图

（c）专利申请CN1517604A的技术示意图　　　　（d）专利申请CN1755199A的技术示意图

图5-1-21　三洋地板采暖领域在华专利申请

专利申请CN1460816A［参见图5-1-21（b）］，申请日为2003年4月24日，授权公告日为2005年12月28日，因费用终止公告日为2014年6月18日。该申请涉及一种热泵式热水暖气装置，地板暖气片和热水供给装置的热水配管连接容易，且不需要为防止冻结而使循环泵强制运转。该热泵式热水暖气装置包括热泵式室外机1、地板暖气片2、用制冷剂配管3和室外机1连接并用热水配管4和地板暖气片2连接的热水供给装置5。

专利申请CN1517604A［参见图5-1-21（c）］，申请日为2004年1月17日，授权公告日为 2006 年 3 月 8 日。该申请涉及一种热泵式供热水装置和热泵式供热水取暖装置，包括并联回路、冷媒回路、两条温水循环路和控制器。

专利申请 CN 1755199A ［参见图 5 - 1 - 21 （d）］，申请日为 2005 年 9 月 19 日，授权公告日为 2009 年 8 月 12 日，因费用终止公告日为 2012 年 11 月 21 日。该申请涉及一种热泵式水暖装置，包括储热水侧热泵冷媒回路、供暖侧热泵冷媒回路、储热水循环回路、供暖循环回路和控制装置，其在储热水和供暖运转的同时运转开始初期，使供暖侧热泵冷媒回路的供暖侧流量调节阀开度大于储热水侧热泵冷媒回路的储热水侧流量调节阀的开度。

（2）全球布局

地板采暖方面，三洋除了在中国内地申请外，仅在日本和中国香港进行了申请，可见三洋还是主攻日本本土市场。

5.1.6　专利策略

松下电工是松下集团旗下的分公司，其中的住建事业部负责地板采暖技术的研发、实施工作。在 1994～2006 年间，该公司在日本本土的申请量一直处于领先位置，创造了一个研发高峰期。不过随着日本房地产持续低迷，松下电工在 2006 年之后，在日本本土的申请量呈大幅下降趋势；相反在其他领域，例如电池、洗浴装置投入增加不少，可以预见松下电工在本土申请已经由地板采暖方向转向电池和洗浴装置方向。在国际市场方面，松下电工申请量非常少，主要是以整个松下集团为申请人，向国际市场进军，不过总量也不是很多，这可能是因为受到日本经济的影响；但是中国企业要时刻警惕，当日本经济复苏后，日本地板采暖企业可能会加快进军中国市场的速度。纵观中国市场，目前，中国本土地板采暖行业，以中小企业为主，无论是技术实力还是资金实力，都在积累阶段，如果松下集团完成中国市场的专利布局，势必会给中国国内的中小地板采暖企业造成很大冲击。所以需要中国国内的中小企业互相合作，共同抵御国际大公司的冲击。由于松下集团在华申请数量不多，申请的专利大多涉及地板采暖系统，例如热泵系统，对于地板采暖相关的地热板的具体结构，并没有涉及，而相关地热板的具体细节结构决定了地板采暖品质的高低，因而国内企业在地热板方面可以进行更多的研发。松下电工的研发团队非常稳定，说明松下电工对技术人员非常重视，这也是值得国内企业关注的方面。研发团队的核心人物，在整个松下电工的研发期，都在不间断地输出大量申请，因而这些核心人物就是企业的灵魂，保护好灵魂，才能使企业不停地变强变大。

5.2　永大产业株式会社

5.2.1　发展历程

永大产业株式会社（EIDAI CO LTD，以下简称"永大产业"），由大道正人于 1946

年创建，作为胶合板制造企业，主要经营住宅建材及木板。设立以来，延续一贯的以"树"为核心的理念，现在已发展成为从地板材料及室内门，到用作素材、制品的基材的木质板，甚至整体厨房（system kitchen）等的制品的开发和生产均涉及的综合住宅建材制造企业。永大产业从1985年开始销售木质隔声地板，属于地板采暖地板的一种类型；2007年在东京证券所上市；2011年5月，推出考虑了运输安全性的安全减震地板；2011年6月，在越南建立工厂。

5.2.2　全球专利布局

永大产业关于地板采暖方面的申请共有145项，其中日本本土申请共有143项，仅有的海外申请是在中国的2项申请，可见永大产业目前还是主攻日本本土市场。

5.2.2.1　申请量分析

图5-2-1是永大产业在地板采暖方面的全球专利申请量态势图。从该图中可以看出，1988~1994年，申请量非常少，仅在个别年份有1项申请；1997~2000年，申请量稳健增长，已经由起步阶段的个位数上升到两位数，并在2000年达到了顶峰，说明永大产业在技术上已经有了一些储备；2001~2003年，申请量呈缓慢下滑趋势；2004~2006年，申请量小幅回升，再次回到两位数水平；2007~2012年，申请量大幅降低，到2012年已经仅剩2项申请。

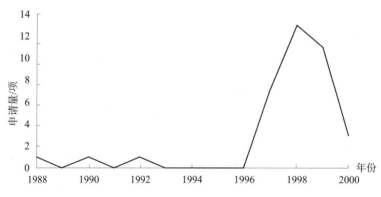

图5-2-1　永大产业地板采暖领域全球申请态势

5.2.2.2　技术构成布局

永大产业从1988年开始申请地板采暖地板方面的专利，第一件专利为JPH01269839A，申请日为1988年4月22日，涉及一种地板采暖板材的铺设方法，实现地热板良好的放热效果和精准安装（参见图5-2-2）。

初期（1988~1999年）的专利涉及两个方面，一方面为对地热板的防护，例如防水、防止膨胀、防止过热、防止漏电及具有减震结构的地热板；另一方面涉及地板之间的连接。这个期间的申请涉及地板多个方面。在中期（1999~2004年），永大产业的申请大多涉及热水型地热板的改进，也会有少量的地板之间的连接结构的申请。在后期（2004~2012年），永大产业对于热水型地热板的申请仅有几项，涉及结构的改进，可见研发重心明显从热水型地热板转移到电热型地热板。在2011年，永大产业申请了

2 项蓄热型地热板的专利，可以看出永大产业也在关注蓄热型地热板方向上的研发（参见图 5 - 2 - 3）。

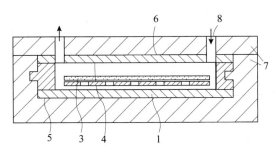

图 5 - 2 - 2 专利申请 JPH01269839A 的技术示意图

（1—表面材料；3—加热元件；4—隔热板；

6—弹性体；7—模具；8—注入口）

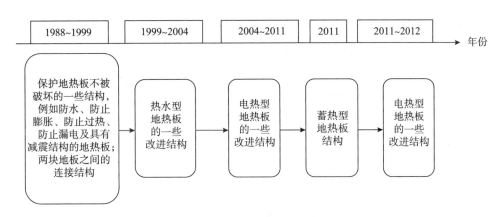

图 5 - 2 - 3 永大产业地板采暖领域全球技术构成布局

5.2.3 在华申请

永大产业在华关于地板采暖方面的专利申请只有 2 项。一项为专利申请 CN1523299A "地板供暖用地板材料的施工方法和地板供暖结构"［参见图 5 - 2 - 4（a）］，其申请日为 2003 年 7 月 29 日，当对地板供暖结构进行施工时，在地板下面材料 S 上，敷设的热源片 1，在其上，将临时固定件 20 临时固定，然后，将地板材料 10 固定于热源片 1 上，在施工过程中，将临时固定件 2 拆下。在安装最初设置的地板材料中的榫槽侧，设置嵌榫 40，形成起始地板材料 10B，由此，地板材料 10 的敷设容易进行。

对上述专利申请的审查过程为：审查员于 2005 年 6 月 24 日发出第一次审查意见通知书，指出该申请的权利要求涉及单一性和不清楚的情况，永大产业对此次通知书并没有进行意见答复，因而于 2006 年 1 月 6 日视撤。从审查员发出的通知书，可以看出该申请应当是具备授权前景的申请，但是永大产业对该申请没有继续跟进，属于主动放弃该申请。分析原因，永大产业从 2003 年尝试向海外市场的中国进军，然而或许是因为经营状况还不够支持它向海外投资，因而继续把全部精力放在日本本土的发展上，以储备技术和经济实力。

另一项为专利申请CN1590671A"地板取暖面板和地板取暖地面"［参见图5－2－4（b）］，其申请日为2003年9月5日，由面板基材11和用聚氨酯发泡等绝热材料制成的背板16构成的面板本体10，背板16预先与面状发热体20的背面形成一体，因而不需将绝热性片材等绝热材料敷设在地板底层材料上，可在短时间内高效率地进行地板取暖地面施工。

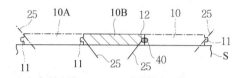

（a）专利申请CN1523299A的技术示意图
（S-地板下面材料；10-地板材料；10B-起始地板材料；12-榫槽；25-钉子；40-嵌榫）

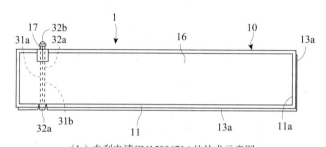

（b）专利申请CN1590671A的技术示意图
（10-面板本体；11-面板基材；16-背板；31a-电源线；31b-接地线；32a-固定侧插接件；32b-可动侧插接件）

图5－2－4　永大产业在华地板采暖专利申请的技术示意图

对上述专利申请的审查过程为：审查员于2007年12月7日发出第一次审查意见通知书，指出该申请不具备《专利法》第22条第2款规定的新颖性，引用的对比文件为永大产业的早期专利JP2002106870A（公开日期为2002年4月10日），永大产业并没有对此通知书进行意见陈述，因而于2008年6月20日视撤。分析原因，一方面该申请与永大产业的早期专利JP2002106870A确实很类似，因而不再进行意见答复；另一方面2008年全球经济危机爆发，永大产业也受到影响，因此对海外市场的专利申请速度放缓。

永大产业主要重心还是放在日本本土，对于中国的市场还处于试探阶段。不过随着企业的发展，一旦技术和经济储备充足时，其势必会对海外市场进行专利布局，而中国是很重要的海外市场，因此永大产业在未来可能会继续在中国进行专利布局。

5.2.4　研发团队

5.2.4.1　主要发明人情况

永大产业申请量最多的发明人为MIWA K，申请量为91项；其次为INOUE T，申请量为87项；其后为TERAYAMA K，申请量为37项。虽然TERAYAMA K作为发明人的申请数量不是最多，但是他作为永大产业早期申请的带头人，为永大产业后期发展奠定了很好的基础。其申请年份为 1988～2000 年，主要致力于对地热地板保护及地板之间的连接的研究。从 1997 年开始，INOUE T 加入到永大产业的研发团队中，在 TERAYAMA K 的带领下，产业的开始对电热型地热板进行研究。从 1998 年开始，MIWA K 也加入到永大产业的研发团队中，同样在 TERAYAMA K 的带领下，开始对热水型地热板进行研究。从 2000 年后，TERAYAMA K 逐渐退出永大产业的研发团队，而与此同时，INOUE T 和 MIWA K 已经成长为两个研发团队的带头人，分别带领各自的团队致力于一个方向的研究，并提出了大量的专利申请（参见图 5 - 2 - 5 和图 5 - 2 - 6）。

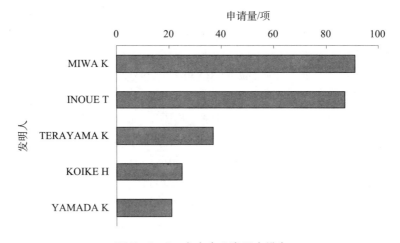

图 5 - 2 - 5 永大产业发明人排名

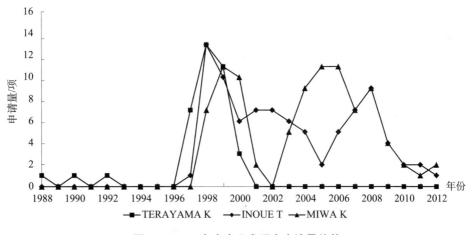

图 5 - 2 - 6 永大产业发明人申请量趋势

5.2.4.2 重要团队及技术路线

（1）早期专利申请的重要研发团队——TERAYAMA K 团队（参见图 5 - 2 - 7）

永大产业于 1985 年开始销售隔声地板，3 年后 TERAYAMA K 团队就开始提出专利申请，可见 TERAYAMA K 团队为永大产业最早的研发团队。1988～1992 年，TERAYAMA K 与 ARAI M 组成一个研发团队，提出一系列申请；1997 年，TERAYAMA K 与

OKAZAKI T 合作提出一系列具有防水功能的地热板结构的申请；1997 年开始，INOUE T 加入该团队，成为新生力量，提出一系列涉及地板安装结构的申请；1998 年开始，MIWA K 加入该团队，提出大量申请。该团队为永大产业早期专利申请的重要研发团队，为永大产业后期的申请奠定了很好的基础。TERAYAMA K 作为该团队的带头人，为永大产业早期专利的带头人。

（2）涉及领域最多的研发团队—— INOUE T 团队（参见图 5 - 2 - 8）

早期，INOUE T 与 MIWA K 和 TERAYAMA K 联合，提出大量申请；2001 年，INOUE T 与 YAMADA K 合作，组成新的研发团队，开始对热水型地板采暖板进行研究，并提出一系列申请；2002 ~ 2003 年，INOUE T 与 YAMAMOTO Y 合作，对地板的安装结构进行了大量研究；2006 年开始，INOUE T 重新与 MIWA K 合作，开始对电热型地板采暖板进行研究；2011 年，INOUE T 尝试对蓄热型地板采暖板进行研究，提出 2 项申请，不过之后对蓄热型地板采暖板没有再提出申请。

（3）申请数量最多的研发团队——MIWA K 团队（参见图 5 - 2 - 9）

早期，MIWA K 与 INOUE T 和 TERAYAMA K 联合，提出大量申请，从 2000 年开始，MIWA K 与 KOIKE H 合作，组成新的研发团队，开始对热水型地板采暖板进行研究，并提出一系列申请，二人的合作一直持续到 2003 年；2004 ~ 2005 年，MIWA K 的大多数申请发明人都是一个人，并没有其他团队成员，其提出大量关于电加热的供电系统的申请；2006 年开始，INOUE T 重新与 MIWA K 合作，开始对电热型地板采暖板进行研究。

5.2.5 专利策略

永大产业的申请大多数都是研发团队的结晶，汇聚了集体的智慧，每个团队都有各自的研发方向，有各自的领头人，因此研发方向非常明确，并与市场接轨，会随着市场的变化，改变研发方向。永大产业的专利链，从热水型地板采暖到电热型地板采暖，就是一个市场发展的方向链，并且当市场有新的需求时，永大产业也会适时调整研发方向，例如对蓄热型地板采暖进行研发。

永大产业的申请多涉及地热板的结构，其对地热板的各个部件都提出了相应的申请，例如地热板材料、连接部件、加热元件的布线等，把一个集成的发明分解成很多不同的专利申请，这些专利申请经常是一环套一环，层层保护。单从一件专利并不能得到完整的方案，这样做就加强了专利的保护效果，使外人难以简单复制集成。永大产业在华申请只有 2 项，在日本本土的申请共有 143 项，说明永大产业目前还主要专注日本本土的市场，在日本已经形成一个很好的专利保护圈。在地板采暖地板领域，可以称之为非常专业的企业。永大产业从成立开始，至今已有 60 多年的历史，企业规模不断扩大，拥有了雄厚的资金支持，并成立了海外工厂，可见永大产业已经开始瞄准海外市场。可以预期，永大产业为了开拓市场，必然会在外国进行专利布局。

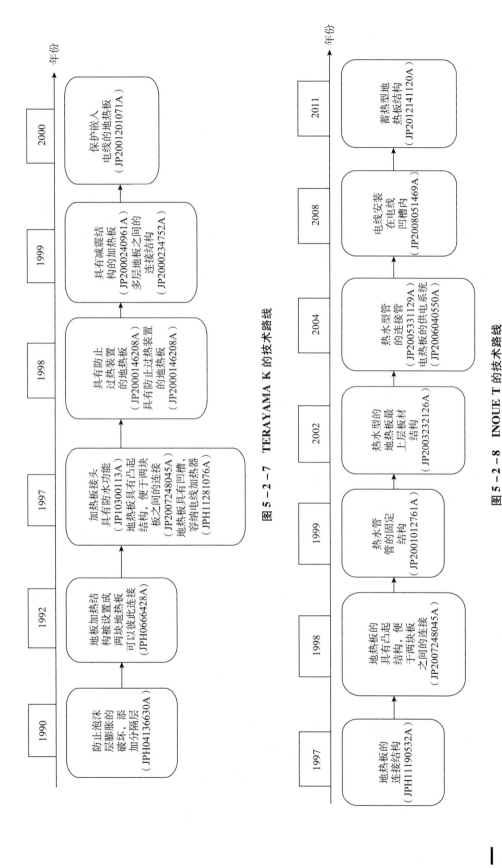

图 5-2-7 TERAYAMA K 的技术路线

图 5-2-8 INOUE T 的技术路线

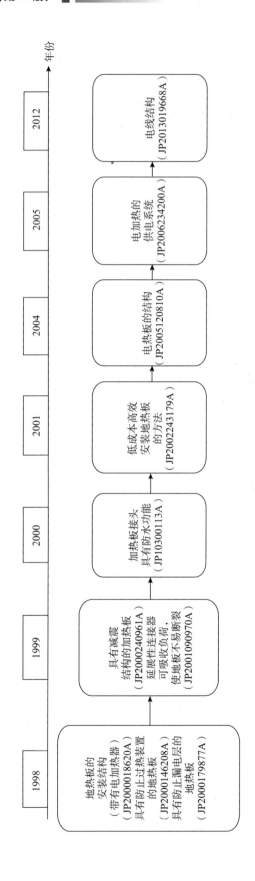

图 5 - 2 - 9　MIWA K 的技术路线

5.3 申请人对比

从表 5 - 3 - 1 中可以看出，全球申请中，松下电工的申请数量占绝对优势，并且申请时间最早，其最早开始研究地板采暖方面的技术改进；相对而言，永大产业起步要晚些，因而申请数量也相对较少。二者在华申请量都不是很多，没有在华形成专利包围圈；二者的发明人通常都为多个，有固定的研发团队，每个研发团队通常会专攻一个技术点，因而会在一个技术点研发出多个改进的技术点，研发效率更高。对于海外市场的申请，松下电工已经在多个国家有多项专利申请，永大产业仅在中国有几项专利申请，但是这些申请对于企业来说，都是非常重要的申请，通常为每个技术点提出一个申请，一旦授权，就会长时间维持，为后续进入中国市场做铺垫。根据申请的地域和数量，可以看出松下电工已经具备一定规模，正在海外市场逐渐形成有利的专利壁垒。对于研发的技术点，二者都关注地热板细节的改进。

表 5 - 3 - 1 松下电工和永大产业全球申请对比

	松下电工	永大产业
申请年份	1982 ~ 2012	1988 ~ 2012
全球申请量/项	361	145
在华申请量/件	3	2
申请区域	日本、美国、澳大利亚、欧洲、中国	日本、中国
发明人	研发团队	研发团队
技术点	地热板结构为主	地热板结构

纵观上述两家日本企业，可以归纳总结一些值得中国企业学习借鉴的经验：

① 两家日本企业起步比较早，专利申请的时间跨度大，经历了整个经济的变革期，因而日本企业应对各种经济时期的方式，也值得我们借鉴。例如在日本房地产泡沫破灭时，在全球经济危机爆发时，日本企业并没有停止发展，而是放慢研发的脚步，减少申请量，对于企业的核心研发团队，并没有放弃，依然保持研发团队的完整性，继续研发。因此等到经济复苏后，其仍然具备一定的实力，继续进行专利布局。

② 中国企业目前大多都是孤身作战，仅仅依靠企业的某个技术人员，申请相关专利。纵观国外企业，普遍采用多个研发团队的形式，每个研发团队攻破一个技术点，这样的合作方式，大大提高了申请效率和质量。

③ 中国关于地板采暖方面的专利，申请时间偏晚，因而目前中国市场地板采暖行业还处在起步阶段。众多国外地板采暖企业并没有在中国形成严密的专利包围圈，因而对于中国企业来说，这是一个很好的机会。学习研究国外企业在外国的专利，可以为企业提供很多技术改进的灵感，从而提出适合中国的相关专利申请；另外，对于企业自身已经投入的研发项目，可以加大投入，努力在中国本土形成专利包围圈，将国

外企业的申请挡在国门之外。

④ 专利的发展与经济密不可分，当国家经济突飞猛进、快速发展时，专利的申请数量同样也为快速增长期。地板采暖领域与房地产行业关系紧密，当房地产快速发展时，相应的地板采暖领域的专利也会呈增长态势。例如日本在 20 世纪 80 年代末期，房地产业蓬勃发展，相应的地板采暖申请也稳健增长，而随着 1992 年房地产泡沫的破灭后，日本的地板采暖申请也出现一个低谷。专利受经济的约束，同时也会对经济进行推动。专利的快速发展，预示企业在相关技术上的投入和产出的增加，进而市场可以利用的技术也随着增加，更加优良合理的产品会涌入市场，激发人们的购买欲，促进经济市场的进步。松下电工已经达到一定规模，具备向海外市场进军的能力，因而才能够在海外部分国家进行专利布局。

⑤ 国外企业经过多年的研发，其专利的技术含量通常都要高于中国企业。中国企业应向国外企业学习、借鉴，并最终实现超越。对于国外企业成熟的技术点，国内企业可以研发适合中国国情的技术；对于自身擅长的技术，可以从撰写、研发方面进行改进，努力提高专利申请质量，实现最优保护范围，提高专利的稳定性。国内企业，因为起步相对晚，与国外企业相比，企业规模并不是很大，可以先进行经济和技术储备，充分开发国内市场。有利的是，中国房地产业由高速增长期转为稳定增长期，目前中国本土依然有足够的市场，让中国企业成长和壮大，当其羽翼丰满、具备一定规模后，便可以向国际市场进军。

5.4 小　　结

本章对松下电工、永大产业的专利申请情况进行了细致分析。两个申请人都具有一定的代表性，在地板采暖领域中，松下电工作为全球专利申请量最多、企业规模最大的国外企业代表，永大产业作为地板采暖领域最专、研发方向最清晰的国外企业代表。本章分别从二者的申请时间、申请量、申请区域、研发团队和技术方向，对两个申请人进行了比对，从中总结归纳出一些值得中国企业学习、借鉴的经验：专利申请可由粗放型向精细型转变；采用多个研发团队的形式，每个研发团队攻破一个技术点；当经济不景气时，依然保持研发团队的完整性，继续研发，等到经济复苏后，仍然具备一定的实力，继续进行专利布局；当企业规模不大时，可以先进行经济和技术储备，充分开发国内市场。值得庆幸的是，目前中国市场仍然存在机遇：2008 年经济危机，导致很多国外企业放缓进入中国市场的脚步，因而中国市场地板采暖行业还处在起步阶段，众多国外地板采暖企业并没有在中国形成严密的专利包围圈；中国房地产业由高速增长期转为稳定增长期，目前中国本土依然有足够的市场，让中国企业成长和壮大。

第6章　期待走出国门的中国独有技术

蓄热材料在地板采暖领域应用广泛，蓄热材料分为显热蓄热材料和相变蓄热材料，传统的显热蓄热材料多应用水泥砂浆、碎石混凝土或者水等，相变蓄热材料多应用石蜡和无机水合盐等。由于相变蓄热材料蓄热密度高，温度波动小，对追求舒适度的地板采暖来说，具有很好的应用前景。对采用太阳能进行地板采暖，可以通过相变蓄热材料，实现阴雨天气或者夜晚的供暖需求；对采用电加热的地板采暖，可以利用低谷电价时段进行蓄热，在高峰电价时段进行放热，以达到经济采暖的目的。

在水地板采暖系统中，有很多加热方式，毛细管网是其中的一种。毛细管网是模拟毛细血管调节人的体温一样调节地板温度，以流动的水为介质传递热量，从而控制室内温度。毛细管网通常由两根供回水主管和若干毛细管组成集配式结构，其特点是换热面积大，换热均匀，流量分布均匀，水力损失小，占用空间少和启动快。基于上述优点，毛细管网是一种高效的换热器。毛细管网只需要使用与室内温差很小的水就可以调节室温，在热交换过程中几乎没有能量损失，也大大提高了舒适度和安全性。由于毛细管网的传热管直径较普通地板采暖盘管的直径要小得多，因此，采用毛细管网进行地板采暖还能降低地板采暖系统的厚度，节省布管空间，相对能提高室内层高和增大室内空间。

使用毛细管网对地板进行加热或使用相变蓄热材料进行蓄热是地板采暖领域的成熟技术，亦多见于专利文献中。然而，将毛细管网与相变蓄热材料在地板采暖中结合使用的技术却仅见于我国的专利申请中。本章将对我国的这种特有专利申请技术进行分析，了解其技术情况和专利申请情况，并分别从毛细管网技术和相变蓄热材料技术出发，探讨我国这种独有的技术的改进空间和应该参考借鉴哪些技术以提高技术含量，并指出我国这种独有技术除了在技术层面借鉴国外先进技术外，在申请文件的撰写上和专利申请布局上亦需有所突破，方能积极走出国门。

6.1　我国独有的专利申请技术

将毛细管网与相变蓄热材料在地板采暖中结合使用的技术是我国的独有技术，与之相关的专利申请共有 15 件，其专利申请人和申请数量情况如图 6 - 1 - 1 所示。最早的专利申请始于 2009 年。在这 15 件专利申请中，实用新型专利申请为 7 件，发明专利申请为 8 件。

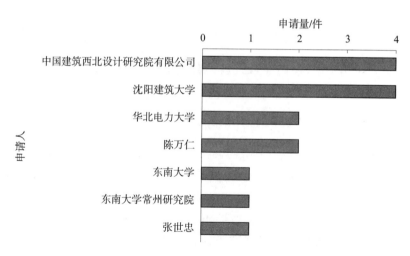

图6-1-1 毛细管网与相变蓄热地板采暖专利申请情况

图6-1-2至图6-1-6示出了我国毛细管网地板采暖方面的代表性专利申请。2011年7月8日，华北电力大学提出了专利申请CN102269443A。图6-1-2为该专利申请的技术示意图。在该图中，地板采暖结构自上而下包括地板装饰层1、上层相变材料2、龙骨架3、毛细管网栅4、下层相变材料5、反射膜6、保温层7和地板基层8。白天来自低温热源的热水在毛细管内流过并传热给上、下层相变材料，使上、下层相变材料融化，热量被融化的相变材料储存起来，同时通过地板装饰层向房间供热；晚上相变材料凝固放热，通过地板装饰层向房间供热。

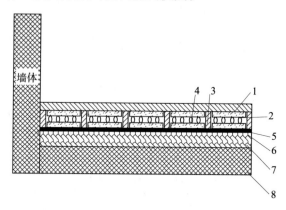

图6-1-2 专利申请CN102269443A的技术示意图

（1—地板装饰层；2—上层相变材料；3—龙骨架；4—毛细管网栅；
5—下层相变材料；6—反射膜；7—保温层；8—地板基层）

2012年1月21日，中国建筑西北设计研究院有限公司提出了专利申请CN102679434B。图6-1-3为该专利的技术示意图。该申请涉及一种太阳能相变蓄热及毛细管网辐射采暖系统，该系统由太阳能集热模块Ⅰ、相变蓄热模块Ⅱ、毛细管网辐射采暖模块Ⅲ以及其他辅助设备组成，其中，相变蓄热材料和毛细管网为分体结构。

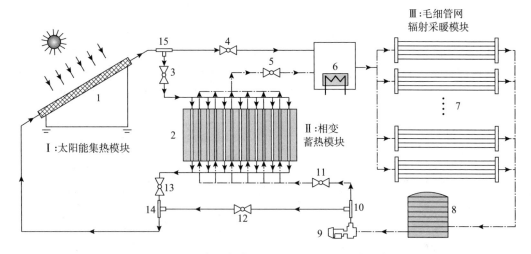

图 6 - 1 - 3　专利申请 CN102679434B 的技术示意图

（Ⅰ—太阳能集热模块；Ⅱ—相变蓄热模块；Ⅲ—毛细管网辐射采暖模块）

2013 年 5 月 8 日，东南大学常州研究院提出了专利申请 CN203323228U。图 6 - 1 - 4 为该专利的技术示意图。该申请涉及一种冷热一体化双层毛细管相变蓄能地板末端装置，具有蓄能地板，蓄能地板从上至下分别为地板面层 1、混凝土层 2、相变蓄热材料层 3、水泥砂浆找平层 4、蓄冷相变材料层 5、反射膜 6、保温层 7 和楼板结构层 8；在蓄热相变材料层 3 中铺设用于供热水的蓄热层毛细管网 9；在蓄冷相变材料层 5 中铺设用于供冷水的蓄冷层毛细管网 10。

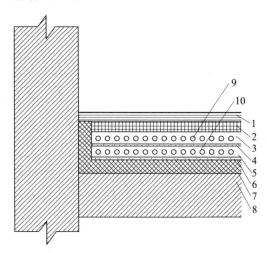

图 6 - 1 - 4　专利申请 CN203323228U 的技术示意图

（1—地板面层；2—混凝土层；3—相变蓄热材料层；4—水泥砂浆找平层；
5—蓄冷相变材料层；6—反射膜；7—保温层；8—楼板结构层；
9—蓄热层毛细管网；10—蓄冷层毛细管网）

2014年6月20日，东南大学提出了专利申请CN104048379A。图6－1－5为该专利申请的技术示意图。该申请涉及一种相变蓄能式辐射采暖供冷末端装置，包括采暖装置和供冷装置以及各自的控制系统，所述采暖装置为设置在地面上的相变蓄能式地板，所述供冷装置为设置在房顶处的相变蓄能式吊顶。图6－1－5（a）为控制系统，图6－1－5（b）为相变蓄能式地板，其中16为相变蓄热材料，17为毛细管网。

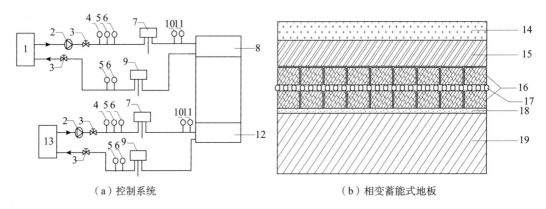

（a）控制系统　　　　　　　　　　（b）相变蓄能式地板

图6－1－5　专利申请CN104048379A的技术示意图

6.2　可借鉴的技术

毛细管网结合相变蓄热材料地板采暖的技术可以分解为毛细管网部分和相变材料蓄热技术。从上面列举的几个我国代表性专利申请的技术来看，在毛细管网的结构和相变蓄热材料的布置、封装上，基本上是示意性的结构描述，对控制系统的描述也不多。如果在毛细管网结构、相变蓄热材料和控制系统方面都能更进一步，则会提升我国毛细管网与相变蓄热材料结合地板采暖的技术含量。如果积极参考和借鉴外国先进的相关技术，可以让我国这项独有技术走出国门，争取更大的经济利益。

下面分别对毛细管网、相变蓄热地板采暖中相变蓄热材料的封装、布置和控制系统较好的专利技术作出分析，以作为我国前述独有技术的有益参考。经过检索，选取毛细管网技术较好的部分代表性德国专利技术和相变蓄热材料封装、布置和控制技术比较好的代表性日本专利技术进行分析。

6.2.1　德国地板采暖中的毛细管网专利技术

在前文提到了毛细管网作为地板采暖加热系统的优越性，德国是将上述技术思想运用的最好的国家。1989年1月25日，德国的PURMO AG申请了专利DE3902176A1。图6－2－1为该专利申请的技术示意图，其中，采用了毛细管网3对地板进行加热。毛细管网3可弯曲，供回水集管1和2、毛细管网3、衬垫4可以卷起放置，当需要用时，展开即可。可以卷起的结构方便毛细管网加热组件的收藏和运输。

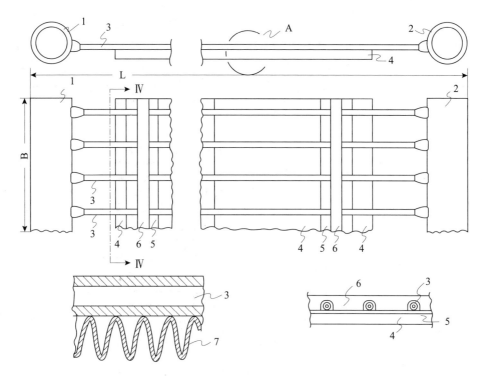

图6-2-1　专利申请 DE3902176A1 的技术示意图

（1—供水集管；2—回水集管；3—毛细管网；4—衬垫）

1991 年 11 月 15 日，德国的 KOESTER HELMUT 申请了专利 DE4137753A1。图 6-2-2 为该专利申请的技术示意图，其中，系列管 12～17 等构成毛细管网，对地板进行加热；为了增强换热效果，在毛细管网上铺设了不锈钢板 19，这样的结构可以将毛细管网的热量传递到不锈钢板上，强化了换热和放热的均匀性，地板采暖的舒适度提高。

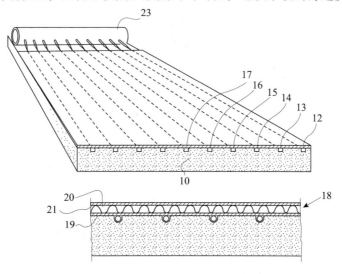

图6-2-2　专利申请 DE4137753A1 的技术示意图

（12，13，14，15，16，17—系列管；19—不锈钢板）

2001 年 3 月 29 日，德国的 CLINA HEIZ & KUEHLELEMENTE GMBH 申请了专利 DE20105619U，其技术方案如图 6-2-3 所示。图 6-2-3（a）中示出了毛细管网的结构，加热地板用的毛细管网包括多个毛细管 3，多个毛细管 3 固定在一个玻璃纤维网格结构 6 上；玻璃纤维网格结构 6 如图 6-2-3（b）所示，是一种可折叠结构，该可折叠结构使毛细管的安装、存放和运输更方便。

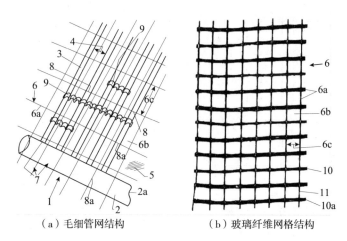

（a）毛细管网结构　　　　　（b）玻璃纤维网格结构

图 6-2-3　专利申请 DE20105619U 的技术示意图

（3—毛细管；6—玻璃纤维网格结构）

2001 年 10 月 26 日，德国的 JAHN AXEL 和 MARTIN ARND 申请了专利 DE10154042A1。图 6-2-4 为该专利申请的技术示意图，其中加热地板用的多个毛细管 24 连接在供回水总管 20 上，毛细管 24 和供回水总管安装在标准化模块 10 上，这样的结构规范化了毛细管网的安装。

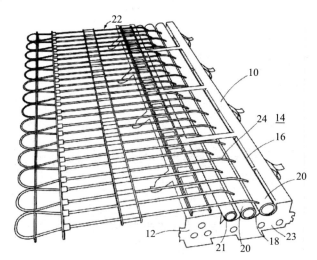

图 6-2-4　专利申请 DE10154042A1 的技术示意图

（10—标准化模块；20—供回水总管；24—毛细管）

2002 年 7 月 19 日，德国的 FRAENKISCHE ROHRWERK KIRCHNER 申请了专利 DE20210941U。图 6 – 2 – 5 为该专利申请的技术示意图，其中，毛细管网 16 的安装高度低于供回水集管的安装高度，在降低安装高度的同时不影响辐射换热效果。

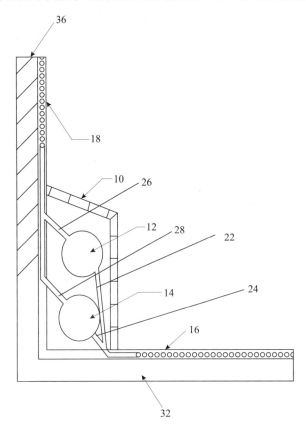

图 6 – 2 – 5　专利申请 DE20210941U 的技术示意图

（16—毛细管网；32—地板；36—墙）

上述德国毛细管网地板采暖专利技术代表了在地板采暖领域使用毛细管网的技术发展情况，相关专利申请还有：DE19831836A1、DE19720863A1、DE29708817U、DE4137753A1、DE4036520A1、DE102011001915A1、DE102006008921A1、DE102005050293A1、DE10342490A1 和 DE3919862A1 等。上述的德国的毛细管网地板采暖专利技术都没有在中国进行专利申请，因此，我国申请人可以自由借鉴这些技术，对我国独有的技术进行改进，进一步提升专利申请的技术含量。

6.2.2　日本相变蓄热地板采暖专利技术

课题组经过对日本采用相变蓄热材料进行地板采暖的专利申请的分析，发现日本在相变蓄热材料的布置、封装和对地板采暖的控制系统方面有很强的技术优势，这些技术在国内的专利申请中没有见到相关记载。下面分别对日本的这三种具有代表性的专利技术给出分析。

6.2.2.1 相变蓄热材料的布置

1995 年 3 月 22 日，日本的 HITACHI HOME TEC LTD 等申请了专利 JPH08261675A。图 6-2-6 为该专利申请的技术示意图，其中，2 为显热蓄热材料，3 和 4 为潜热蓄热材料，显热蓄热材料和潜热蓄热材料共用，并且两种潜热蓄热材料 3 和 4 的封装尺寸不同，交错排列。这种蓄热体结构能够将显热蓄热材料和潜热蓄热材料的优势互补，蓄热和放热性能更稳定。

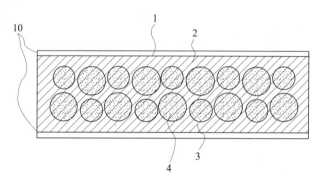

图 6-2-6　专利申请 JPH08261675A 的技术示意图

（1—蓄热本体；2—显热蓄热材料；3，4—潜热蓄热材料）

2002 年 11 月 26 日，日本的 SEKISUI CHEMICAL CO LTD 申请了专利 JP2004176983A。图 6-2-7 为该专利申请的技术示意图，其中，L 为相变温度点 18℃（低于室温 22℃）的相变蓄热材料，H 为相变温度点 28℃（高于室温 22℃）的相变蓄热材料，将上述两种相变材料混合设置，可以在加热器停止工作后，有效抑制地板的降温，提高地板采暖的舒适性。与其类似的专利还有 JP2006105493A、JP2005249377A 和 JP2006046886A。

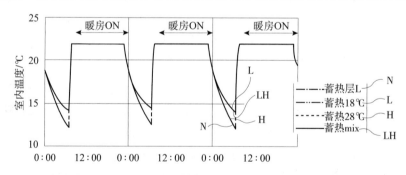

图 6-2-7　专利申请 JP2004176983A 的技术示意图

2003 年 1 月 28 日，日本的 MISATO KK 申请了专利 JP2004232897A。图 6-2-8 为该专利申请的技术示意图，其中，h_1、h_2 和 h_3 为具有低、中、高三种不同相变温度点的相变蓄热材料，三种相变材料混合设置，可以将地板温度控制在低、中和高三种不同的温度，提高地板采暖的舒适性。

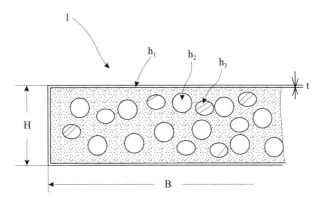

图 6 – 2 – 8　专利申请 JP2004232897A 的技术示意图

（h₁—低相变点蓄热材料；h₂—中相变点蓄热材料；h₃—高相变点蓄热材料）

2012 年 6 月 14 日，日本的 CONSULTANT KK F 申请了专利 JP2013257108A。图 6 – 2 – 9 为该专利申请的技术示意图，图 6 – 2 – 9（a）中示出了地板结构，地板 7 下依次布置了显热蓄热层 3、面状发热体 2 和相变蓄热层 1。在该专利申请中，对显热蓄热层 3、面状发热体 2 和相变蓄热层 1 的厚度采用不同的厚度给出了 13 个实施例，如图 6 – 2 – 9（b）中所示，并给出了开始加热后 60 分钟、开始加热后 120 分钟和停止加热后 120 分钟地板温度和室内温度的详细数据。从所公开的数据可以看出，不使用相变蓄热材料的工况下，其室内温度明显下降较快，而三个层面使用不同的厚度，对地板温度和室内温度都有一定的影响。

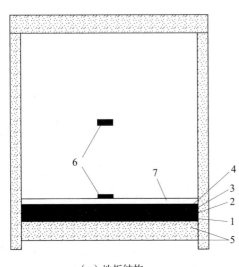

		実験例1	実験例2	実験例3	実験例4	実験例5	実験例6
顕熱蓄熱層（厚み）		1(27mm)	1(25mm)	1(20mm)	1(25mm)	2(30mm)	1(25mm)
面状発熱体（厚み）		1(1mm)	1(1mm)	1(1mm)	1(1mm)	1(1mm)	2(2mm)
潜熱蓄熱層（厚み）		1(3mm)	1(5mm)	1(10mm)	2(5mm)	1(5mm)	1(5mm)
加熱開始後60分	床表面温度	28℃	27℃	27℃	27℃	26℃	27℃
	空間温度	18℃	18℃	17℃	18℃	17℃	17℃
加熱開始後120分	床表面温度	33℃	33℃	33℃	33℃	33℃	33℃
	空間温度	20℃	21℃	23℃	20℃	20℃	20℃
加熱停止後120分	床表面温度	27℃	28℃	32℃	28℃	28℃	28℃
	空間温度	21℃	22℃	24℃	21℃	22℃	18℃

		実験例7	実験例8	実験例9	実験例10	実験例11
顕熱蓄熱層（厚み）		1(15mm)	1(25mm)		1(50mm)	1(100mm)
面状発熱体（厚み）		1(1mm)	1(1mm)	1(1mm)	1(1mm)	1(2mm)
潜熱蓄熱層（厚み）		1(15mm)	3(5mm)	1(3mm)		
加熱開始後60分	床表面温度	22℃	27℃	27℃	22℃	16℃
	空間温度	13℃	18℃	17℃	12℃	11℃
加熱開始後120分	床表面温度	29℃	33℃	33℃	32℃	28℃
	空間温度	19℃	20℃	23℃	19℃	18℃
加熱停止後120分	床表面温度	28℃	22℃	26℃	20℃	25℃
	空間温度	18℃	18℃	16℃	15℃	17℃

		実験例12	実験例13
顕熱蓄熱層（厚み）		1(30mm)	
面状発熱体（厚み）		1(1mm)	1(1mm)
潜熱蓄熱層（厚み）			1(30mm)
加熱開始後60分	床表面温度	20℃	22℃
	空間温度	12℃	13℃
加熱開始後120分	床表面温度	31℃	31℃
	空間温度	19℃	19℃
加熱停止後120分	床表面温度	20℃	20℃
	空間温度	15℃	15℃

（a）地板结构　　　　　　　　　　（b）实施方式

图 6 – 2 – 9　专利申请 JP2013257108A 的技术示意图

（1—相变蓄热层；2—面状发热体；3—显热蓄热层；7—地板）

6.2.2.2 相变蓄热材料的封装

2000 年 4 月 20 日，日本的 KINDEN KK 申请了专利 JP2001304596A。图 6 - 2 - 10 为该专利申请的技术示意图，地板 25 下相变蓄热材料 55 包围发热体 45，类似药品的封装一样被封装在裹板 252 中，这种封装方式可以调节相变蓄热材料与地板 25 的接触面积，以调节地板的温度，还能够减轻重量和体积。

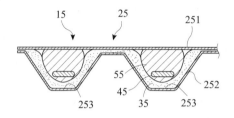

图 6 - 2 - 10　专利申请 JP2001304596A 的技术示意图

（25—地板；252—裹板；45—发热体；55—相变蓄热材料）

2011 年 2 月 10 日，日本的 DAIKEN KOGYO KK 申请了专利 JP2013079801A。图 6 - 2 - 11 为该专利申请的技术示意图，相变蓄热材料 B 被封装在容器 10 中，置于地板 1 下对地板 1 进行加热。容器 10 具有多个凸起空腔 12，以作为空气的容纳空间。该凸起的存在，势必降低了蓄热材料与地板 1 下表面的热交换面积。为了弥补这种传热上的弱点，传热件 17 被置于多个凸起 11 之间，大大增强了相变蓄热材料 B 与地板间的传热效果。

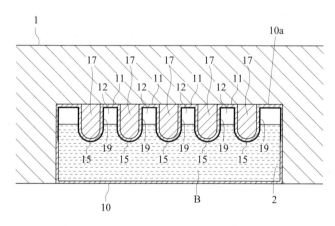

图 6 - 2 - 11　专利申请 JP2013079801A 的技术示意图

（1—地板；10—容器；11—凸起；12—凸起空腔；17—传热件；B—相变蓄热材料）

2012 年 2 月 1 日，日本的 DAIKEN KOGYO KK 申请了专利 JP2013160396A。图 6 - 2 - 12 为该专利申请的技术示意图，相变蓄热材料 13 被封装在盒式容纳装置 9 中，置于地板 1 下对地板 1 进行加热。盒式容纳装置 9 既可以是单体结构，也可以是多个集中在一个模块中。这种封装方式为规模化生产、运输、存储和安装蓄热模块提供了极大方便。

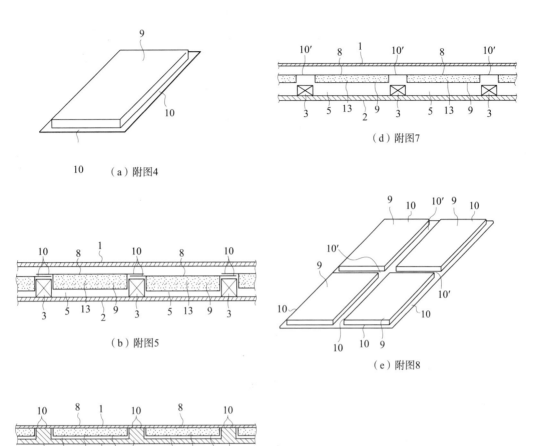

（a）附图4

（b）附图5

（c）附图6

（d）附图7

（e）附图8

图 6 - 2 - 12　专利申请 JP2013160396A 的技术示意图

（1—地板；9—容纳装置；13—相变蓄热材料）

6. 2. 2. 3　控制技术

　　1989 年 6 月 14 日，日本的 SUMITOMO CHEMICAL CO 申请了专利 JPH0317439A。图 6 - 2 - 13 为该专利申请的技术示意图，蓄热材料分为显热蓄热材料 2 和相变蓄热材料 1，控制开关 11 的通断以控制显热蓄热材料 2 和相变蓄热材料 1 的温度保持相同。对显热蓄热材料 2 的加热使用常规价格电力 13，对相变蓄热材料 1 的加热使用折扣价格电力 12。当折扣价格电力开始计时的时候，选用折扣价格电力对相变蓄热材料 1 进行加热以保持显热蓄热材料 2 和相变蓄热材料 1 的温度相同。这种控制方式的好处是随时让相变蓄热材料和非相变蓄热材料的温度保持一致，并当有折扣价格电力供应时，随时切换到该电力供应上通过加热相变蓄热材料来对非相变材料进行加热，能够在保持舒适性的同时节省成本。

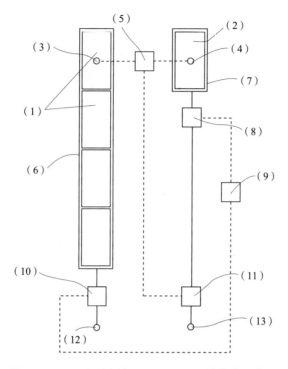

图 6 – 2 – 13　专利申请 JPH0317439A 的技术示意图

（1—相变蓄热材料；2—显热蓄热材料；

11—控制开关；12—折扣电力；13—常规电力）

1999 年 3 月 25 日，日本的 FURUKAWA ELECTRIC CO LTD 申请了专利 JP2000274712A。图 6 – 2 – 14 为该专利申请的技术示意图，根据蓄热材料在 T_0 时刻的温度 t 与该时刻预设目标温度 t_0 的差值来初始化开启深夜电力加热的确切时间。这种控制方式的主要目的是精确地控制电加热器的启动时间，防止过早启动带来的能源浪费和过晚启动的蓄热量短缺。

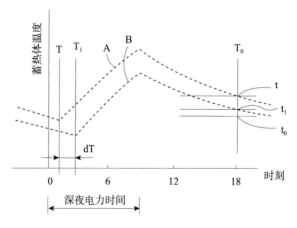

图 6 – 2 – 14　专利申请 JP2000274712A 的技术示意图

1999 年 9 月 24 日，日本的 MATSUSHITA ELECTRIC WORKS LTD 申请了专利 JP3102788B。图 6 - 2 - 15 为该专利申请的技术示意图，通过当日室外温度与相应蓄热量下的环境温度变化情况预测第二日需要的蓄热量，决定电加热器的运行时间，电加热器以该预测值作为起始时间，再次根据加热终了时间反推出蓄热的开始时间，并根据室外温度变化。这种控制方式结合了室外温度变化所带来的影响，较单一性的室温控制更能节约能源。

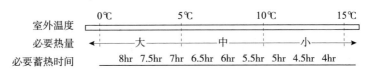

图 6 - 2 - 15 专利申请 JP3102788B 的技术示意图

2003 年 8 月 21 日，日本的 MITSUBISHI CABLE IND LTD 申请了专利 JP2005069528A。图 6 - 2 - 16 为该专利申请的技术示意图，通过检测蓄热材料的温度升高速率，控制电加热器的运行，根据不同的温升速率控制电加热器以非线性加热的方式运行。采用该控制方式可以防止蓄热材料在室外温度上升或者下降过快的情况下过热或者过冷。

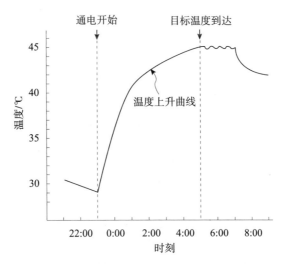

图 6 - 2 - 16 专利申请 JP2005069528A 的技术示意图

2003 年 11 月 20 日，日本的 TOKYO GAS CO LTD 申请了专利 JP2005147636A。图 6 - 2 - 17 为该专利申请的技术示意图，当室内温度高于设定温度一定值时，由供 60℃的地板加热水变为 40 ~ 45℃的地板加热水；当室内温度低于设定温度一定值时，恢复使用高温加热水。这样的控制方式可以节约供热能源，减少存储器容量。

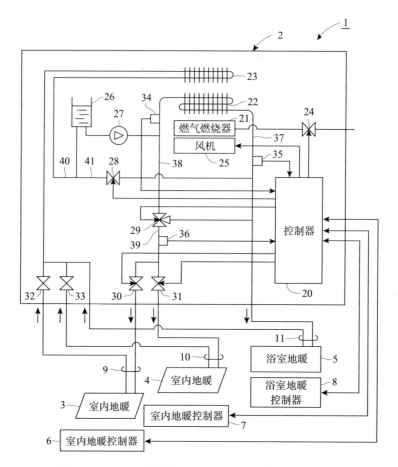

图6－2－17　专利申请 JP2005147636A 的技术示意图

2011年9月30日，日本的 DAIKEN CORP 申请了专利 JP2013076522A。图6－2－18为该专利申请的技术示意图，当探测到相变蓄热材料有一部分已经变成固态时，开启加热器加热，直到所有相变蓄热材料都变为液态。这样的控制方式使得相变蓄热材料一直保持相对稳定的温度，避免相变蓄热材料蓄热、放热所产生的温度波动，提高了地板采暖的舒适度。

日本在相变蓄热材料地板采暖方面涉及控制的专利申请是非常多的，相关申请还有 ASAHI KASEI HOMES KK 和 OSAKA GAS CO LTD 的专利申请 JP2014009819A、OSAKA GAS CO LTD 的专利申请 JP2012193899A、MATSUSHITA ELECTRIC WORKS LTD 的专利申请 JP2005214440A 和 MITSUBISHI CABLE IND LTD 的专利申请 JP2005147596A 等。

上述日本的专利申请同样在我国都没有进行专利申请，因此我国发明人也可以自由参考借鉴上述专利技术，不仅可以作为技术储备，还可以将上述专利申请技术借鉴到我国毛细管网加热相变蓄热材料地板采暖专利申请中，在其基础上改进创新。

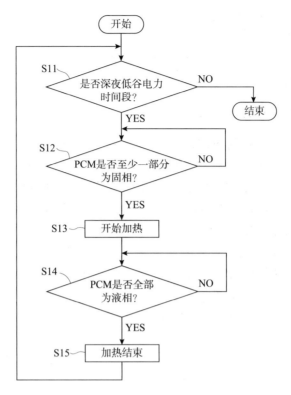

图 6 - 2 - 18　专利申请 JP2013076522A 的技术示意图

6.3　技术与专利并非一步之遥

　　仅仅从技术上借鉴别人的长处，只能提升我国专利申请的技术含量，然而，专利制度的核心理念是进行合理的专利布局以得到最大的经济利益，有了好的技术，还要能将该技术转化为合适的专利申请文件，尤其是要撰写出范围合理的权利要求，并进行合理的专利申请布局。如果将一项权利要求写成一个点，那么其保护力度将大大削弱，基本失去了申请专利的意义，完全得不到合理保护；而如果一项权利要求保护范围概括过大，也大大增加了不予授权和专利权不稳定的风险。同时，如果将一项技术完全公开在申请文件中，不作任何保留，那么，对于没有进行专利申请的国家或者地区来说，其公开的申请文件就成了免费的午餐，申请人的技术成果将完全得不到任何保护；即使对申请了专利的国家或地区，如果最优的技术方案完全披露，其技术成果被盗用的风险也大大增加。

　　我国申请人目前在申请文件的撰写和专利申请布局上尚有欠缺，具体体现在：

　　① 不能将权利要求概况到合适的程度，还存在不是太大就是太小的问题；

　　② 对发明点不能进行尽可能的扩展，通常局限于已有产品或者方法，不能进行领域扩展，尤其是已有构思的情况下不能大胆"圈地"；

　　③ 不善于保留适当的技术诀窍，将所有技术成果和构思全都记载在申请文件中；

④ 向国外进行专利申请、走出国门的意识不强。

在我国专利代理人水平参差不齐的情况下，申请人对上述欠缺就有必要给予足够重视。本节以德国的一个专利申请为例进行说明，意图使我国申请人从该专利申请的撰写和专利布局上得到一些启示。

6.3.1 独立权利要求的适度概括

1999 年 7 月 6 日，德国的 SCHUEMANN SASOL GMBH（舒曼·萨索尔公司）提出了一项专利申请 DE19858794A1，该申请要求了 DE19981037730 和 DE19981058794 的优先权。该申请要解决的技术问题由德国实用新型专利 DE8408966U 引出，该实用新型专利公开了一种多孔泡沫材料作为载体物质，然而这种泡沫材料在潜热储存材料的加热状态达不到要求的结构强度。此外，这种多孔泡沫材料不能毫无困难地浸渍潜热储存材料，而是必须采取特色措施，例如挤压。该发明的目的就是为了克服实用新型DE8408966U 所存在的问题，提供一种潜热体，它在便于生产的同时有高的效率，即有高的蓄热能力；而且即使在加热状态它也有足够的结构强度并能满足高的静力要求。此外，该申请力图使载体物质尽可能自动充填或吸入潜热储存材料并且对于潜热储存材料有高的滞留能力。

为了解决上述技术问题，该申请采用了如下技术方案（亦是独立要求1）：一种具有潜热储存材料7的潜热体，该潜热储存材料置于具有存放腔的载体物质5内，在载体物质5内部构成潜热储存材料7的毛细存放腔6；以及，载体物质5含有一种毛细开口多孔结构8的矿物质（图6-3-1为该专利申请的技术示意图）。

需要强调的是，图6-3-1所公开的技术方案中，相变蓄热材料是浸渍到矿物质载体中的毛细结构中，对相变蓄热材料的加热是通过外部对载体物质的加热来实现的，这与6.1节中介绍的我国独有的毛细管网结合相变蓄热材料的技术是有本质区别的。

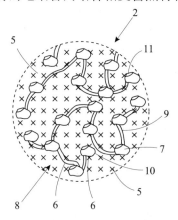

图 6 – 3 – 1　专利申请 DE19858794A1 的技术示意图
（5—载体物质；6—毛细存放腔；7—潜热储存材料；8—矿物质）

该申请的权利要求书还包括方法独立权利要求41，具体如下：

一种制造潜热储存材料（7、7′、7″、54、55）的潜热体（1、17、20、30、39、

49、50)的方法,该潜热储存材料(7、7′、7″、54、55)置于具有存放腔的载体物质(5)内,其特征在于:使潜热储存材料(7、7′、7″、54、55)液化;将该事先已液化的潜热储存材料(7、7′、7″、54、55)引向毛细状自吸的载体物质(5)存放腔(6)处;以及,采用一种载体物质(5),它含有一种具有毛细开口多孔结构(8)的矿物质。

上述两个独立权利要求将产品权利要求和方法权利要求进行了明晰的阐释,说明书中给出了很多实施方式,也使得上述两个权利要求能够得到充分的支持。通常,我国申请人有这样一个想法:将独立权利要求的保护范围写得尽可能地大,以得到最大的保护范围。对于上述两个权利要求,值得关心的问题是:

① 为什么两个权利要求没有限定载体物质含有一种毛细开口多孔结构的"物质",而是限定范围相对较小的"矿物质"呢?

② 为什么两个权利要求没有限定"具有蓄热物质的蓄热体"以得到更大的保护范围,而是限定范围相对较小的"具有潜热材料的潜热体"呢?

对于第一个问题,经过分析,不难知道,首先,德国1984年的实用新型专利DE8408966U已经公开了一种多孔泡沫材料作为载体材料,其用来吸附潜热储存材料,因此,用"物质"代替"矿物质"就要冒没有创造性的风险。其次,说明书中明确了发明解决的技术问题是:要有高的蓄热能力,而且即使在加热状态它也有足够的结构强度和满足高的静力要求。仅从结构这个角度来讲,不是所有物质都能满足这个要求,比如DE8408966U中公开的作为载体材料的多孔泡沫材料,该材料就不具备解决这一技术问题的条件,因此,如果将载体物质概括为"物质",则权利要求的概括明显是偏大的,不满足权利要求的授权条件。

对于第二个问题,为了有高的蓄热能力,选择限定具有潜热材料的潜热体远较限定具有蓄热物质的蓄热体更有实际意义,如果使用在热作用下不发生相变的蓄热材料,其蓄热效果比在热作用下发生相变的潜热蓄热材料差得多。

可见,从解决技术问题和实用的角度,该申请的申请人没有采用看起来范围更大的撰写方式。上述两个权利要求撰写的高明之处在于,将本发明的核心之处"载体物质内部构成潜热储存材料的毛细存放腔;以及,载体物质含有一种毛细开口多孔结构"给出了精准但却是强有力的保护,因为该撰写方式既精确地描述了结构特征,又体现了功能性限定的强大作用,只要是通过毛细作用使得潜热储存材料得以储存的矿物质,都在两个权利要求的保护范围之内。

6.3.2 核心发明点的应用扩展

德国 SCHUEMANN SASOL GMBH 的专利申请 DE19858794A1 共有 64 项权利要求,其中独立权利要求 1 要求保护的主题是一种潜热体,其技术方案在前文已经有详细描述,不再赘述。在从属于独立权利要求 1 的权利要求 16 中,还进一步限定了如下技术特征:具有置于其内部的毛细存放腔内的潜热储存材料的载体物质被一种浸没介质包围。该权利要求实质上是对潜热体的封装进行了保护。本领域技术人员知道,该从属权利要求实际上更进一步地使得潜热体载体物质内的潜热储存材料能够更有效地留存于载体物质之内，也是该申请的重要发明点之一，其重要性是不言而喻的。果然，申请人在独立权利要求17内体现了其意图，独立权利要求17如下：

"一种潜热体，它具有载体物质和置于其中毛细存放腔内的潜热储存材料，其中，潜热体包括一些潜热分体，以及一个潜热分体包括一个载体物质分体和置于其中毛细存放腔内的潜热储存材料，其特征在于：这些潜热分体共同被浸没介质包围；以及，载体物质包括木纤维和/或硬纸板和/或硅石粒和/或硅藻土。"

申请人在该独立权利要求17中，突出了以浸没介质的封装为核心的技术，同时对载体物质作了更多的扩展。

在该申请的独立权利要求28中，要求保护的主题是一种保温板，包括板状基体和设计在板状基体上的用于食品的容器，板状基体含有按照权利要求1~15中任一项所述的潜热体，该权利要求将潜热体应用到食品保温领域。

在该申请的独立权利要求30中，要求保护的主题是一种地板供热设备，该设备使用了按照权利要求1~15中任一项所述的潜热体，该权利要求将潜热体应用到地板供暖领域。

在该申请的独立权利要求39中，要求保护的主题是一种输送容器，包括一个外壳和在外壳内通过间隙隔开间距安装的一内壳，在此间隙内布置按照权利要求1~15中任一项所述的潜热体，该权利要求将潜热体应用到便携式或固定式保温箱领域。

在说明书具体实施方式中，权利要求书中限定的潜热体还被用在鞋底中。

上述对核心发明点进行领域扩展的做法，是值得我国申请人参考借鉴的。这些领域扩展，不仅体现了占领市场的意识，也同时蕴含了即使占领不了市场或者没有意图进入市场，也会以公开的形式，防御其他可能的竞争者专利申请的创造性。

6.3.3 巧妙保留技术诀窍

值得探讨的是，围绕德国 SCHUEMANN SASOL GMBH 的专利申请 DE19858794A1 的独立权利要求1和41，在权利要求书和说明书中对于潜热储存材料、矿物质、潜热储存材料增稠剂、包围潜热体的外套、载体物质内添加的纤维等均给出了详细的优选实施方式，那么是不是申请人将所有最优的技术方案都全盘托出，没有任何保留呢？先看一下下面的分析：

综观该发明申请权利要求书和说明书中记载的全部技术内容，对该发明申请的核心部分"载体物质内部构成潜热储存材料的毛细存放腔"的进一步描述却不多，权利要求24中提到："载体物质分体或潜热分体总体上有一种粒状或纤维状结构，以及，载体物质分体或潜热分体典型的几何尺寸数量级为几毫米至几厘米"，说明书中以引用的形式作了如下描述："由未先公开的 PCT/EP98/01956 同样已知一种潜热体，其中，由一个个载体物质单元例如通过黏结组合成载体物质，在任何情况下在载体物质单元之间都构成用于潜热储存材料的毛细状存放腔。因此，此文件的内容被全部吸收在本申请的公开内容中，为此目的此文件的特征也吸收在本申请的权利要求中"，经查阅，在该申请引用的专利申请 PCT/EP98/01956 中，对载体物质的制备是这样描述的："载体材料部件即便在无潜热储存材料的情况下也能够粘附在一起，因此，载体材料具有一种或者多种结构，每一种结构都含有多个结合的载体材料部件。按照本发明，用下列的方式组合载体材料部件，使得在载体材料之间形成用于潜热储存材料的毛细管存储空间，该空间可以以开口的形式存在"，"存储空间大小的可调性由于潜热储存材料边界张力或表面张力的作用进一步提供了确定存储空间大小（理想地是达到尽可能大的存储能力）的可能性，同时提供了足够高的毛细管作用"。根据专利申请 DE19858794A1 和 PCT/EP98/01956 公开的技术内容，在载体物质内部制作出构成潜热储存材料的毛细存放腔对本领域技术人员来说是可以实现的。但在专利申请 DE19858794A1 和专利申请 PCT/EP98/01956 中，都没有提到最值得关心的核心问题的解决方案：如何制作毛细存放腔才能获得最大的蓄热能力，或者说如何得到自己需要的毛细存放腔的数量。是申请人自己也没有最优的实施方式，已经把自己的技术都全盘托出了呢？还是申请人故意保留了技术诀窍呢？

无论是哪一种情况，有一个事实不能被忽略，那就是申请文件中并没有把最佳的实施方式公布出来，解决上述问题的途径似乎只有两种：一种是根据申请文件的记载，本领域技术人员自己去试验，经过多次试验得到自己需要的结果。这样的试验方式，针对该申请来说不易完成，因为载体物质内的毛细存放腔数量多而且容积小（需能达到毛细力可以吸液入内的程度），想达到一个理想值是非常困难的。另一种是向专利权人请教技术细节，这样就无法跨越专利权人这一关。这种有所保留的撰写方式，使得仿冒产品变得不容易，被侵权的概率降低，真正体现了专利权得到有效保护。

6.3.4 永远别忘了"圈地"

德国 SCHUEMANN SASOL GMBH 的专利申请 DE19858794A1 除了在德国进行了专利申请外，还在多个国家进行了专利申请，其同族专利公开号分别为：WO0011424A1、CA2339728A1、AU4908099A、NO20010696A、EP1108193A1、TR20010055T2、ZA200100942A、CN1324446A、EP1108193B1、CZ20010403A3、DE59900960G、ES2170587T3、JP2002523719A、NZ510634A、 AU753297B、 CN1174214C、 PL345893A1、 PL193336B1、 AT214152T、DK1108193T3。这种多边申请的做法对有效占领国际市场和得到充分保护是非常有利的。

除了如上所述的将专利申请在多个国家进行布局外，申请人还进行了另外的"圈地运动"，几乎在同一时期申请了"互补式"专利（公开号为 WO9853264A1）。该"互补式"专利申请的产品独立权利要求 1 如下：潜热体（1），具有在具有存储空间的载体材料中装有的石蜡基潜热储存材料，载体材料包括有机塑料材料或天然材料，其特征在于：载体材料是由单个载体材料部件通过黏结组合而成的，至少在载体材料部件之间形成储存潜热储存材料的毛细管状存储空间。该专利申请的方法独立权利要求51 如下：潜热体（1）的制备方法，它具有转入在有存储空间的载体材料的石蜡基潜热储存材料（78），其特征在于：液化潜热储存材料（78），并将预先已经液化的潜热储存材料（78）靠液化材料的自动吸入而输入到载体材料（86）的毛细管状存储空间中。可以看出，"互补式"专利申请 WO9853264A1 中载体材料限定的是"有机塑料材料或天然材料"，而专利申请 DE19858794A1 中，载体材料限定的是"矿物质"，这样的互补形式又将保护力度增强了很多，并成互相依存支撑之势，很难突破其包围圈。专利申请 WO9853264A1 同样在多个国家进行了布局，其同族专利公开号为：DE19813562A1、WO9853264A1、AU7428998A、NO995732A、EP0983474A1、SK158699A3、BR9809649A、CN1261432A、AU730134B、HU0003353A2、MX9910691A1、EP0983474B1、CZ9904004A3、DE59801183G、NZ500732A、ES2159434T3、JP2001527635A、RU2194937C2、CA2290393A1、TR9902811T、PL336940A1、ID24974A、YU59699A、AT204071T、DK0983474T、PT983474E、GR3037052T、SI983474T。从这两项专利申请布局的力度来看，申请人意图占领多国市场和强化排他性是极为明显的，想突破其专利防线绝非易事。

从德国 SCHUEMANN SASOL GMBH 的专利申请 DE19858794A1 来看，在撰写和申请策略上，我国申请人可以借鉴如下思想：

① 权利要求的保护范围应该适度，不能脱离实际应用而任意拓展其保护范围，也不应局限到一个具体实施方式那么小。避免将权利要求的保护范围限定到一个点，必须是以面的形式进行专利布局。

② 对核心发明点，应该在不同领域进行应用方面的扩展，而不是局限于最初欲解决技术问题时所涉及的领域，尤其是当已经有发明构思或者可预见性的应用领域。

③ 专利申请文件的撰写在符合专利授权条件的情况下，说明书应该避免将最佳实施方式完全暴露于人。也就是说，需要在技术上有所保留，如保留一些技术诀窍，这些技术诀窍必须待到专利技术转让时，才公开给专利权受让人。这样，本领域技术人员在仅看到申请文件后，难于实现最优的有真正经济价值的实施方式。

④ 专利申请应该以网的形式构筑，不留余地给竞争者。有价值的专利申请应该尽可能在其他国家进行专利申请，欲抢占市场，必须先进行专利布局。

6.4 小　　结

本章分析了采用毛细管网结合相变蓄热材料的地板采暖专利申请是我国独有的专利申请技术，但我国采用毛细管网结合相变蓄热材料地板采暖的专利申请技术上仍有完善空间，可以自由借鉴德国的毛细管网技术和日本的蓄热材料技术。我国申请人在专利申请的撰写上有一定欠缺，在技术转化为专利方面应该借鉴国外优秀专利申请的撰写方式。为使我国独有的专利申请技术能够更加完善，应该在技术上和撰写上积极借鉴国外的现有专利技术的撰写技巧。中国申请人目前仍缺少向国外进行专利申请的概念，在专利布局理念上有所欠缺。

第7章 主要结论及建议

7.1 主要结论

7.1.1 全球和中国专利申请态势的分析结论

由图7-1-1可以看出,电热膜地板采暖和蓄热地板采暖呈逐年升高的趋势,但是总体数量并不是很多,最多的一年也只达到50项左右,而低品位地板采暖由于热源种类较多,同时符合近些年各国提出的环保节能要求而呈现出井喷的状态。

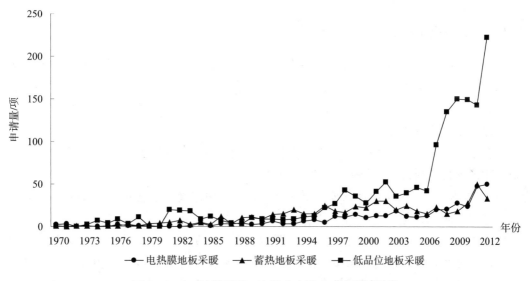

图7-1-1 地板采暖三个技术点的全球申请量趋势

由图7-1-2可以看出,中国三种类型的地板采暖技术趋势与全球基本相符,从2005年开始,基本上占据了全球专利申请的半壁江山。2006年以来,随着大量新建住宅的出现,我国地板采暖行业进入高速发展阶段,虽然地板采暖行业在采暖领域仍不占主流,但由于国家鼓励自主采暖的政策,以及地板采暖所具有的舒适性,地板采暖在采暖领域的市场份额会逐年上升。

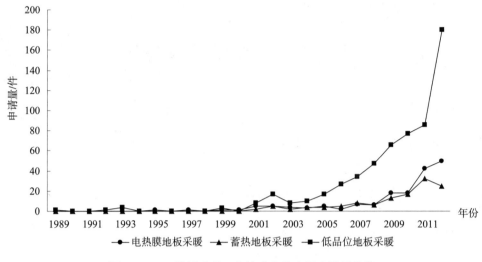

图 7 - 2 - 2　地板采暖三个技术点的中国申请量趋势

7.1.2　电热膜地板采暖的分析结论

①　电热膜地板采暖专利技术主要集中在中国、日本、韩国等亚洲国家以及德国、法国、美国等欧美国家。近几年中国专利申请量尤其突出，已经跃居第一位，但是以实用新型专利居多，发明专利申请占比较小，且授权后保护期限较短，说明国内企业仍需注重专利质量的提高。

②　国内地板采暖市场迅速扩大，而国外企业在国内专利布局很少，当前正是国内企业积极进行专利布局、开拓市场的好机会。

③　电热膜地板采暖技术未来需要关注用户的使用体验，重点在于舒适性、安全性、耐久性等方面的研究。

④　目前欠缺国家标准和强制认证，国内企业产品质量参差不齐，设计和施工安全两个环节之间脱节，直接影响市场推广。未来需要加强企业之间的兼并重组，优质的企业不断做大做强，使我国电热膜地板采暖行业稳步健康发展。有技术实力的企业还需要走出国门，坚持专利先行的策略，积极布局海外市场。

7.1.3　蓄热材料地板采暖的分析结论

①　蓄热地板采暖领域的专利申请主要集中在日本、中国、韩国、德国。日本的专利申请占了全球申请总量的 62%，具有绝对领先优势。中国是该领域近几年最活跃的国家，发展非常迅速。全球专利申请的主要申请人前 10 位中，日本松下电工、三菱电线等公司占据了 8 个席位，中国的芜湖科华和清华大学占据 2 个席位。主要申请人集中在日本和中国。

②　以松下电工为代表的国外重要申请人的专利申请涉及多个技术分支，如地板结构、拼装、蓄热地板的散热控制、系统控制技术等。松下电工的专利研发涉及技术面

广，具有稳定研发团队，重视在先专利的后续研发，一项技术重视专利全面布局。

③ 蓄热地板采暖中国专利申请中，发明占 43.09%，有效发明占 8.94%。国内申请人排名第一的为芜湖科华，国内的申请人以清华大学、北京建筑工程学院为代表的大学在该领域从事了深入研究。仅有 2 项专利为国外申请人的在华专利申请。今后，国内企业在技术深度上仍需要作进一步研究，并加快国内专利布局。

④ 蓄热地板结构结构的技术发展，从开始的结构简单，仅侧重节能效果，逐渐关注蓄热材料的安全性、热传导性，及地板安装的便利性和温控的方便性。

7.1.4　低品位能源地板采暖的分析结论

① 低品位能源地板采暖领域全球专利申请量总体呈增长态势，2008 年后增长趋势迅猛，可以预见，该行业的专利申请量仍将保持增长态势。

② 低品位能源地板采暖全球专利申请中，中国数量占第一位，日本占第二位，德国、韩国和美国位居第三位到第五位，中国专利申请量高峰明显滞后于日本的专利申请量高峰，日本专利申请量高峰又明显滞后于德国和美国的专利申请量高峰，中国专利申请量的增幅和其技术储备情况不相符，需引起高度重视。

③ 低品位能源地板采暖全球和中国专利申请中，太阳能作为热源占据申请量中的第一位，其后依次是土壤能、空气能和余热能，该申请趋势短期内不会改变。

④ 低品位能源地板采暖全球专利申请中，节能是专利申请最关注的技术，增强换热和舒适度是关注度第二位的因素，降低成本、环保和便于安装与运输也都不同程度受到关注。而在中国的专利申请中，环保是仅次于节能的关注因素。节能和环保仍是低品位能源地板采暖专利申请的主要原因。

⑤ 中国的福州斯狄渢电热水器有限公司在全球和中国的专利申请量均占第一位，其重点技术可以整合在 10 项以内以节约专利申请费用。该公司在国外的专利布局非常薄弱，基本没有走出国门。低品位能源地板采暖全球申请中，日本的公司申请人最多，也是最关注该领域的国家。

⑥ 低品位能源地板采暖全球专利申请大国分别是中国、日本、德国、美国、韩国和法国，全球专利布局力度最大的是美国籍申请人，其后依次是德国籍、美国籍、法国籍和韩国籍，中国籍申请人在国外专利布局力度最小，没有利用专利制度的优势。

⑦ 低品位能源地板采暖中国专利申请量呈持续增长态势，2005 年以后增长迅猛。可以预计，该增长趋势仍将继续。

⑧ 中国东部沿海经济发达省份专利申请量较大，福建省是专利申请量排名第一位的省份。

⑨ 国外在中国的低品位能源地板采暖的专利申请量占中国专利申请总量的 6.83%，专利申请量最多的国家是日本，说明日本抢占中国低品位能源地板采暖市场的意图明显。

⑩ 低品位能源总的技术发展趋势是多种低品位热源相互结合、多种低品位热源与蓄热材料和常规高品位能源的结合形式，取长补短，单一的低品位热源由于都具有局

限性因而不会单一存在。

7.1.5　重要申请人的分析结论

① 松下电工的申请数量占绝对优势，并且申请时间最早，先于永大产业开始研究地板采暖方面的技术改进。

② 对于研发的技术点，显然日本企业更多关注地热板细节的改进。

③ 日本企业的发明人通常都为多个，有固定的研发团队，每个研发团队通常会专攻一个技术点，因而会在一个技术点研发出多个改进的技术点，研发效率更高；中国企业，目前大多都是孤身作战，仅仅依靠企业的某个技术人员，撰写相关专利。

④ 地板采暖领域与房地产行业关系紧密，当房地产快速发展时，相应的地板采暖领域的专利也会呈增长态势。

7.1.6　我国独有技术的分析结论

① 采用毛细管网结合相变蓄热材料的地板采暖专利申请是我国独有的专利申请技术。

② 我国采用毛细管网结合相变蓄热材料地板采暖的专利申请技术上仍有完善空间，可以自由借鉴德国的毛细管网技术和日本的蓄热材料技术。

③ 我国采用毛细管网结合相变蓄热材料地板采暖的专利申请在撰写上有一定欠缺，在技术转化为专利方面应该借鉴国外优秀专利申请的撰写方式。

④ 中国籍申请人目前仍缺少向国外进行专利申请的概念，在专利布局理念上有所欠缺。

7.2　建　　议

7.2.1　行业层面

① 加强合作，促进地板采暖企业与高校和科研院所技术创新合作

与其他传统行业一样，地板采暖行业的发展应以国家利益为根本，包括经济利益和社会效益。为实现稳定的收益，从地板采暖技术创新方面开展工作是非常重要的。我国地板采暖技术创新在个人、企业、高校和科研院所的分布平均，力量分散，技术深度的挖掘不够，技术应用的力度较弱，申请专利的目的多样化，造成技术创新不能更好地为整个地板采暖行业利用。地板采暖行业应该促进企业与高校和科研院所进行创新合作，充分利用互补资源，确保我国地板采暖行业保持持久的竞争力。

② 注重长远，逐步培育我国特色地板采暖类型

我国属于地大物博的国家，环境呈现多样性，因而各类地板采暖类型都有市场需求，为一些新技术的研发提供了有利的实验环境，孕育了很多适合我国特色的地板采暖技术，例如毛细管网与相变蓄热材料的结合。地板采暖行业需要充分利用天时、地

利，实现人和的有利环境，加强企业间交流合作，共同开发特色技术，确保特色技术的可持续性发展。

③ 完善标准，形成健康发展的市场竞争环境

地板采暖行业目前欠缺国家标准和强制认证，国内企业产品质量参差不齐，设计和施工安全两个环节之间脱节，直接影响市场推广。未来应该促进对地板采暖产品实施统一的3C认证，制定国家标准，规范行业标准和市场准入，对没有资质的企业严格取缔，避免假冒伪劣产品干扰正常的市场竞争；需要加强企业之间的兼并重组，优质的企业不断做大做强，使地板采暖行业稳步健康发展。

7.2.2　企业层面

① 增强意识，充分认识专利保护对企业发展的重要作用

首先，应立足国内，及时申请专利，争取在技术实验前提交专利申请，在最优产品成功前获得专利权，为产品进入市场做好准备；其次，应积极向全球扩展，加强技术保护的地域范围，重视通过《专利合作条约》（PCT）途径同时向多国申请基础专利，打开国外专利市场，让专利先行于产品，从而在日后的国际市场竞争中掌握主动权。

② 重视研发，保持研发团队的完整

日本企业起步比较早，专利申请的时间跨度大，经历了整个经济的变革期，因而日本企业应对各种经济时期的方式，也值得我们借鉴。例如在日本房地产泡沫破灭时，在全球经济危机爆发时，日本企业并没有停止发展，而是放慢研发的脚步，减少申请量，对于企业的核心研发团队，并没有放弃，依然保持研发团队的完整性，继续研发，等到经济复苏后，仍然具备一定的实力，继续进行专利布局。

③ 关注经济，与房地产市场协调发展

专利的发展与经济密不可分，当国家经济突飞猛进、快速发展时，专利的申请数量同样也为快速增长期。地板采暖领域与房地产行业关系紧密，当房地产快速发展时，相应的地板采暖领域的专利也会呈增长态势；然而当房地产市场低谷时，专利申请也会受到影响。专利技术的研发，短则需要一年，长则需要几十年，因而需要企业具有远瞻性，不仅要关注当年的经济发展趋势，还需要对今后几年，甚至十几年的经济发展进行预测，避免不必要的投入和损失。

④ 提高质量，做好经济和技术储备

国外企业经过多年的研发，其专利的技术含量通常要高于中国企业，因而中国企业有必要向国外企业学习、借鉴，并最终实现超越。另外，中国企业，因为其起步相对晚，与国外企业相比，企业规模并不是很大，可能目前不适合向国际市场进军，相对而言，永大产业的发展历程倒是值得中国企业去学习借鉴：当企业规模不大，可以先进行经济和技术储备，充分开发国内市场。有利的是，中国房地产业由高速增长期转为稳定增长期，目前中国本土依然有足够的市场，让中国企业成长和壮大，当其羽翼丰满、具备一定规模后，便可以向国际市场进军。

图 索 引

关键技术二 锆基耐火材料

关键技术三　供热终端

表 索 引

关键技术三　供热终端

书　号	书　名	产　业　领　域	定价	条　码
9787513006910	产业专利分析报告（第 1 册）	薄膜太阳能电池 等离子体刻蚀机 生物芯片	50	
9787513007306	产业专利分析报告（第 2 册）	基因工程多肽药物 环保农业	36	
9787513010795	产业专利分析报告（第 3 册）	切削加工刀具 煤矿机械 燃煤锅炉燃烧设备	88	
9787513010788	产业专利分析报告（第 4 册）	有机发光二极管 光通信网络 通信用光器件	82	
9787513010771	产业专利分析报告（第 5 册）	智能手机 立体影像	42	
9787513010764	产业专利分析报告（第 6 册）	乳制品生物医用 天然多糖	42	
9787513017855	产业专利分析报告（第 7 册）	农业机械	66	
9787513017862	产业专利分析报告（第 8 册）	液体灌装机械	46	
9787513017879	产业专利分析报告（第 9 册）	汽车碰撞安全	46	
9787513017886	产业专利分析报告（第 10 册）	功率半导体器件	46	
9787513017893	产业专利分析报告（第 11 册）	短距离无线通信	54	
9787513017909	产业专利分析报告（第 12 册）	液晶显示	64	
9787513017916	产业专利分析报告（第 13 册）	智能电视	56	
9787513017923	产业专利分析报告（第 14 册）	高性能纤维	60	
9787513017930	产业专利分析报告（第 15 册）	高性能橡胶	46	
9787513017947	产业专利分析报告（第 16 册）	食用油脂	54	
9787513026314	产业专利分析报告（第 17 册）	燃气轮机	80	
9787513026321	产业专利分析报告（第 18 册）	增材制造	54	

书 号	书 名	产 业 领 域	定价	条 码
9787513026338	产业专利分析报告（第19册）	工业机器人	98	
9787513026345	产业专利分析报告（第20册）	卫星导航终端	110	
9787513026352	产业专利分析报告（第21册）	LED 照明	88	
9787513026369	产业专利分析报告（第22册）	浏览器	64	
9787513026376	产业专利分析报告（第23册）	电池	60	
9787513026383	产业专利分析报告（第24册）	物联网	70	
9787513026390	产业专利分析报告（第25册）	特种光学与电学玻璃	64	
9787513026406	产业专利分析报告（第26册）	氟化工	84	
9787513026413	产业专利分析报告（第27册）	通用名化学药	70	
9787513026420	产业专利分析报告（第28册）	抗体药物	66	
9787513033411	产业专利分析报告（第29册）	绿色建筑材料	120	
9787513033428	产业专利分析报告（第30册）	清洁油品	110	
9787513033435	产业专利分析报告（第31册）	移动互联网	176	
9787513033442	产业专利分析报告（第32册）	新型显示	140	
9787513033459	产业专利分析报告（第33册）	智能识别	186	
9787513033466	产业专利分析报告（第34册）	高端存储	110	
9787513033473	产业专利分析报告（第35册）	关键基础零部件	168	
9787513033480	产业专利分析报告（第36册）	抗肿瘤药物	170	
9787513033497	产业专利分析报告（第37册）	高性能膜材料	98	
9787513033503	产业专利分析报告（第38册）	新能源汽车	158	